中国式现代化的河南实践
系列丛书

HENAN'S PRACTICE OF COLLABORATIVE GOVERNANCE FOR ECOLOGICAL CONSERVATION IN THE YELLOW RIVER BASIN

黄河流域生态保护协同治理的河南实践

曹明 ◎ 主编　杜明军 ◎ 副主编

社会科学文献出版社
SOCIAL SCIENCES ACADEMIC PRESS (CHINA)

中国式现代化的河南实践系列丛书
编委会

前 言

河南作为经济大省、人口大省、粮食大省、文化大省，在中国式现代化进程中具有举足轻重的地位。党的十八大以来，习近平总书记先后5次到河南视察，发表与作出了一系列重要讲话和重要指示，寄予河南“奋勇争先、更加出彩”的殷切期望，擘画了中国式现代化建设的河南蓝图，为现代化河南建设提供了总纲领、总遵循、总指引。全省上下坚持以习近平新时代中国特色社会主义思想为指导，砥砺奋进、实干笃行，奋力推进中国式现代化河南实践迈出坚实步伐，中国式现代化在中原大地展现光明图景。

“中国式现代化的河南实践系列丛书”由河南省社会科学院研创。该丛书从理论与实践相结合的视角出发，生动、翔实、立体地总结河南省委、省政府在现代化建设中谋划的战略布局、实施的有力举措、推动的实践创新、取得的亮点成效，既是向中华人民共和国成立七十五周年献礼，也是为高质量推进中国式现代化建设提供服务和智力支持。

“中国式现代化的河南实践系列丛书”包括《黄河流域生态保护协同治理的河南实践》《法治守护黄河“母亲河”的河南实践》《传承弘扬焦裕禄精神的河南实践》《传承弘扬大别山精神的河南实践》《以人为核心推进新型城镇化的河南实践》《“买全球卖全球”跨境电商发展的河南实践》6部。该系列丛书围绕深刻领会习近平总书记关于中国式现代化的重要论述和对河南工作的重要讲话重要指示精神，结合党的二十届三中全会对进一步全面深化改革、推进中国式现代化作出的总体部署和战略安排的最新精神，同时系统梳理和展示河南在落实新时代推动中部地区崛起、黄河流域生态保护和高质量发展等重大国家战略中的生动实践，旨在不断总结新经验，探索新路径，实现新突破，进一步全面深化改革，高质量推进中国式现代化建设河南实践，谱写新时代新征程中原更加出彩的绚丽篇章。

目 录

绪论　黄河流域生态保护协同治理的背景条件

黄河是中华民族的母亲河，孕育滋养了伟大的中华民族，培育诞生了灿烂的黄河文化，是中华民族生存、发展和永续存在的伟大摇篮，在中华文明发展史上具有不可替代的重要地位。保护黄河，推动黄河流域高质量发展是事关中华民族伟大复兴和永续发展的千秋大计。历史上的黄河，“三年两决口、百年一改道”，在滋养哺育中华民族和华夏文明的同时，也因为汹涌之势和频繁变迁严重威胁着沿岸人民的生命财产安全。中国历朝历代都把治理黄河作为治国安邦的大事，广大劳动人民同黄河水患进行了几千年艰苦卓绝的斗争和探索。党的十八大以来，习近平总书记走遍沿黄九省区，并于2019年9月18日在河南郑州主持召开黄河流域生态保护和高质量发展座谈会，将黄河流域生态保护和高质量发展上升为国家战略，并提出了“共同抓好大保护，协同推进大治理”的指导方针，改写了治黄历史，创造了黄河“岁岁安澜”的历史奇迹，开创了黄河流域生态保护协同治理的新篇章。

第一节　黄河的重要地位

翻开中华大地百万年的人类史、一万多年的文化史、5000多年的文明史，可以看出，黄河流域是中国古人类进化的摇篮，是中华民族形成的根基，更是中华文明演进发展的源泉和关键所在。在这里孕育并不断升华的黄河文化，在中华文明体系形成发展过程中，始终是一条主干、主轴、主线，并演化为中华民族的根和魂，是中华民族伟大复兴的历史文化奠基石。正因为有了黄河，有了黄河文化，中华文明从此有了真正的起点和标志，解答了中华文明的身份认同、源起探索以及未来方向的基因密码、信仰精髓、精神底色。

一　黄河是生命之河，提供了得天独厚的生活家园

早在 80 多万年前，黄河流域就诞生了原始人类。从直立人到早期智人再到晚期智人，这三个阶段的远古人类化石在黄河流域均先后被发现，其数量之多、类型之全以及所展现出的完整性、系统性，独占鳌头。彼时的古人类，发现黄河流域四季分明，雨量丰沛，气候湿润，非常适合生存。特别是这里厚厚的黄土层，能够用石头开凿洞穴，遮风挡雨、躲避野兽。于是，古人类陆续走出丛林，聚集在这片黄土地上，披荆斩棘，辛勤劳作。从蓝田猿人，到大荔人、许家窑人、河套人、山顶洞人，一处处文化遗存古迹，清晰勾勒出了中华祖先在黄河流域繁衍生息的足迹和脉络。

二　黄河是文明之河，孕育了灿烂的中华文明

中华文明探源工程成果表明，中华文明的起源出现在黄河流域、长江中下游以及西辽河等区域。之后，中原地区形成了更为成熟的文明形态，在“群星闪耀”中居于核心位置，辐射四方。作为中华民族公认的人文初祖炎黄二帝，其称雄的历史舞台就在黄河流域。在广袤的黄河流域，马家窑文化、齐家文化、裴李岗文化、仰韶文化等璀璨的新石器时代文化遗址如星辰般散落，共同勾勒出了中华文明最初的文化图景。在洛阳盆地的二里头遗址，更是被誉为“最早的中国”，这里见证了中国古代文明的诞生与成长，展现了古人类智慧的结晶。在中国五千多年的文明史中，黄河流域占据了极其重要的地位，在长达三千多年的时间里，它一直是中国政治、经济、文化的中心。在这片土地上，孕育了河湟文化、河洛文化、关中文化、齐鲁文化等众多文化类型，这些文化不仅各具特色，而且相互交融，共同推动了中华文明的演进与发展。此外，黄河流域还分布着郑州、西安、洛阳、开封等古都，这些城市不仅是古代中国的政治中心，更是经济和文化的重要枢纽。它们见证了中华文明的辉煌与荣耀，也承载着中华民族的历史记忆和文化传承。同时，黄河流域诞生并发展了一系列最具代表性的中华优秀传统文化，如天文历法、数理算术、农耕技术等均率先在黄河流域高度发展；造纸术、指南针、火药、印刷术“四大发明”均诞生在黄河流域，不仅对中华文明影响深远，更是中华民族对世界文明的突出贡献；《诗经》《易经》《论语》《孟子》等众多元典在中华文明中有着重要地位，

是中华民族优秀传统文化的精髓。第三次全国文物普查结果显示，有 30 余万处不可移动文物分布在黄河流域 9 省区，占全国的近 40%。此外，黄河流域还分布着 11 处世界文化遗产，1 处世界文化和自然混合遗产，3 处世界灌溉工程遗产，以及 16 处国家历史文化名城，678 处中国传统村落。

三　黄河是信仰之河，滋养了中华民族的精神土壤

九曲黄河，波澜壮阔，奔流入海，所展现出的勇往直前的磅礴气势和百折不挠的雄浑风采，构成了自强不息民族精神的底色，成了中华民族的重要象征和代表，也成了中华民族坚定文化自信、推动文化自强、铸就社会主义文化新辉煌的重要根基。中华民族还始终与黄河同呼吸、共命运，尤其是中国共产党成立以来，领导人民开展了一系列治黄、护黄、兴黄的伟大实践，形成了敢为人先、百折不挠、锲而不舍的意志品质，成为中国人民在灾难和困难面前众志成城、攻坚克难的精神密码。此外，黄河具有极强的包容性，在黄河流域，中原文化与草原文化、汉族文化与少数民族文化、东方文化与西方文化等多元、多样的文化形态交汇融合，不仅丰富了中华文明的文化内涵，也塑造了中华民族多元一体的独特格局，还彰显了中华民族以和为贵、追求大同的文化理念，更强化了同根同源的民族文化认同，因而造就了中华文明的恢宏格局和独特气象。黄河流域的人民不仅务实、勤劳、奋进、勇于开拓，而且乐观积极、包容宽厚、多元并蓄，这正是黄河文明源远流长、具有强大生命力的原因所在。

四　黄河是命脉之河，提供了源源不断的发展动力

在古代，在黄河的哺育滋养下，农耕文明在黄河流域生根发芽、发展壮大，为中华文明做出了巨大贡献。黄河流域是全国重要的粮食基地，能源、化工、原材料和基础工业基地，在中华民族伟大复兴战略全局中具有重要地位。2022 年末，黄河流域九省区总人口 42062 万人，占全国的 29.79%；GDP 总量 304067.5 亿元，占全国的 25.24%，占比超过全国的 1/4。[①] 黄河流域还是我国的传统农区，2022 年黄河流域九省区农作物总播种面积 5831.51 万

① 此处数据根据《中国统计年鉴》计算所得。

公顷，占全国的 34.3%；粮食总产量 24254.56 万吨，占全国的 35.33%。①黄河流域的农业发展模式特色鲜明，农产品丰富多样，其中河套平原、汾渭平原和黄淮海平原是我国农产品主产区，对保障国家粮食安全、“确保中国人的饭碗牢牢端在自己手中”发挥着重要作用。沿黄流域的能源和矿产资源丰富，其中原煤产量占全国的 80%，是我国名副其实的“能源流域”，稀土、铝土、铌、钼等 8 种矿产资源储量也在全国具有显著优势，占比均在 32%以上。此外，黄河还为经济社会发展提供了重要的水资源支撑，不仅滋养着流域内的山川草木，还承担着向天津、河北以及胶东半岛等流域外供水的任务，有力保障了全国粮仓充实和群众生产生活。

五　黄河是生态之河，构成了我国的生态屏障

黄河是我国的重要生态安全屏障，在调节气候、防风固沙、涵养水源等方面发挥着重要作用，是重要的“气候调节库”，同时为动植物栖息提供了生存家园，在保护生物多样性等方面发挥着重要作用，是重要的“物种基因库”。从全国生态建设格局看，黄河自西向东相继流经青藏高原、内蒙古高原、黄土高原和华北平原，流域内拥有 12 个国家重点生态功能区，包括三江源草原草甸湿地生态功能区、甘南黄河重要水源补给生态功能区、祁连山冰川与水源涵养生态功能区以及黄土高原丘陵沟壑水土保持生态功能区等，在全国 25 个重点生态功能区中占据了近半壁江山。此外，国家生态安全战略格局中“两屏三带”中的“两屏一带”均与黄河流域密切相关。具体来说，青藏高原生态屏障和黄土高原—川滇生态屏障均位于黄河流域或其周边，而北方防沙带则穿过黄河流域。从黄河上游看，黄河河源所在的“三江源”地区被誉为“中华水塔”，不仅滋养了广袤的湿地生态系统，还为下游地区提供了宝贵的水资源，在青藏高原乃至中国的生态安全格局中都具有不可替代的重要地位。在黄河水的灌溉下，宁蒙灌区成功孕育出一片稳定的绿洲生态系统，不仅成为我国重要的粮食生产区域，还发挥了重要的生态屏障作用，有效遏制了乌兰布和、库布齐、腾格里等沙漠的进一步扩张，为保障西北、华北地区的生态安全打造了绿色屏障。从黄河中游看，黄土高原的水土流失，是导致黄河下游河床淤积、形成地上悬河的

---

① 此处数据根据《中国统计年鉴》计算所得。

根源所在。因此，保护黄土高原生态环境，控制黄土高原水土流失，是保障黄河安澜的关键所在。从黄河下游看，黄河泥沙在入海口沉积形成的黄河三角洲，是黄河和海洋物质能量交换的重要场所，形成了我国暖温带面积最大、最年轻、功能最为完善的湿地生态系统，不仅为上千种野生动物提供了栖息家园，也成了衡量黄河生态状况的“晴雨表”。此外，黄河本身就是重要的生态廊道，除了是水资源流通和行洪排沙的载体，还具备补给地下水、保护物种多样性等一系列生态功能，对调节局部气候也有重要作用。

第二节　黄河流域的自然地理特征

从地质学讲，黄河母体的最初发育，起始于一亿年到3600万年前相继发生的轰轰烈烈的燕山运动和喜马拉雅运动。此后，经过千万年剧烈动荡，在150万年至120万年前这段时间，随着冰河期结束，气候变暖，冰川消融，降雨丰沛，河水暴涨，河流冲刷力持续增强，加之中西部高原持续上升，西高东低的地势差进一步加大。在双重力量作用下，河床不断下切，冲击着高山峻岭，原来封闭的峡谷湖盆和相互独立的河段先后被贯通，组成相互流通的水系。这些古老水系以猛烈的奔涌动力，不断冲刷下切，最终切穿三门峡，进入华北平原，在距今100多万年前的更新世中期，伟大的黄河初具规模。经过百万年的地质演变，黄河最终发育为自西向东相继流经青海、四川、甘肃、宁夏、内蒙古、陕西、山西、河南、山东9个省区，连接青藏高原、黄土高原、华北平原等地理单元，全长5464公里的万里巨川。

一　黄河流域的地形特征

“黄河之水天上来，奔流到海不复回”。黄河流域幅员辽阔，总面积达79.5万平方公里（含内流区面积4.2万平方公里）。黄河流域按照地势的高低呈现为三级阶梯，第一级阶梯是青藏高原，被称为“世界屋脊”，平均海拔4000米以上。第二级阶梯包括河套平原、鄂尔多斯平原、黄土高原，东界直达太行山，海拔1000~2000米。第三级阶梯为黄河下游冲积平原，由太行山系以东直至滨海，海拔在1000米以下。根据黄河发展演化的地理、地质及水文条件，可将黄河流域分为上、中、下游三部分。从黄河源头至内蒙古托克托县河口镇为黄河上游，沿途经过积石峡、龙羊峡、青铜峡等峡谷，银川平原、河套平原镶嵌其上，干流河道长 3472 公里，落差 3496 米，流域面积为 42.8 万平方公里，占整个黄河流域总面积的 53.8%。从河口镇到河南郑州的桃花峪为黄河中游，途经山陕峡谷，水流湍急，沿途有无定河、渭河、汾河、伊河、洛河等支流流入，有娘娘滩、乾坤湾、壶口瀑布、三门峡等奇异壮美的自然与人文景观，干流河道长 1206 公里，落差 890 米，流域面积为 34.4 万平方公里，占整个黄河流域面积的 43.3%。从桃花峪到山东东营的入海口为黄河下游，河流穿越平原地带，河道宽阔平坦，河床泥沙淤积，全靠堤防挡水，形成了世所罕见的地上悬河，干流河道长约 786 公里，落差 94 米。但是黄河下游的流域面积较小，只有 2.3 万平方公里，仅占黄河流域总面积的 2.9%。

二　黄河流域的气候特征

黄河流域处于中纬度地带，流域内气候差异较大，从高寒地带穿越温带半荒漠带、温带草原带，最后穿越温带落叶阔叶林带入海。黄河流域整体为大陆性季风气候，根据降雨量可以大致分为干旱、半干旱和半湿润气候。黄河流域多年平均降水量 466 毫米，总的趋势是西部较为干旱，东部较为湿润，降水最多的是流域东南部湿润、半湿润地区，如秦岭、伏牛山及泰山一带年降水量达 800～1000 毫米；降水量最少的是流域北部的干旱地区，如宁蒙河套平原年降水量只有 200 毫米左右。黄河流域冬季和春季天气较为干燥，夏季和秋季则较为湿润，其中 6～9 月为雨季，降水量可占全年降水量的七成。黄河流域的年蒸发量高达 1100 毫米，尤其是黄河上游的甘肃、宁夏和内蒙古的中西部地区最大年蒸发量甚至可达 2500 毫米，位居全国前列，对水资源管理和生态保护提出了严峻的挑战。黄河流域的气温分布呈现出显著的空间差异，从西向东，气温逐渐升高；从南向北，气温则逐渐降低。值得注意的是，南北向的温度落差相较于东西向的温度落差要小一些。黄河上游的年平均气温为 1℃～8℃，中游为 8℃～14℃，下游为 12℃～14℃。这种气温分布的不均衡性不仅体现了黄河流域气候的多样性，也对当地的农业生产、生态环境以及居民生活产生了深远的影响。受气候影响，草地、农田、森林是黄河流域的主要土地利用类型，其面积分别占黄河流域总面积的48.35%、25.08%、13.46%。

三　黄河流域的水文特征

水资源贫乏、“水少沙多”是黄河流域最显著的特征。黄河是我国西北、华北地区的重要水源，但是流域近一半地区位于干旱、半干旱地区，天然河川多年平均径流量580亿立方米，仅占全国河川径流总量的2%，居我国七大江河的第四位，不仅只相当于长江年径流量的5%，也低于珠江和松花江；人均径流水量为全国人均水量的30%，耕地平均水量为全国平均水量的18%。然而黄河水资源在时空上的分布很不均匀。空间分布上，黄河的河川径流主要来自兰州以上以及龙门到三门峡区间，但需水最旺盛的地区在中下游。兰州以上控制流域面积占花园口以上控制面积的30.5%，但多年平均径流量却占花园口以上径流量的57.7%；龙门到三门峡区间，流域面积占花园口以上控制面积的26.1%，年径流量占花园口以上径流量的20.3%；兰州到河口镇区间集水面积16万平方公里，由于区间径流损失，河口镇的多年平均径流量反而小于兰州站。时间分布上，河川径流以降水补给为主，黄河流域的降水主要集中在7~10月的汛期，干流及较大支流汛期径流量占全年的60%左右，而需水最旺盛的时间是非汛期的冬春季节。水资源在时间和空间上的不均衡分布以及供水与用水需求之间的不匹配，使黄河有限的水资源面临着多重挑战。此外，黄河还承载着输送大量泥沙入海和流域外调水的重要职责，加剧了水资源短缺的严峻形势，要把水资源、水环境与水生态作为有机整体进行统筹考虑、系统治理。

第三节　黄河流域生态保护协同治理的背景要求

治理黄河，重在保护，要在治理。治理是关键，突破在协同。黄河流域生态保护和高质量发展是一个跨区域的重大发展战略，黄河流域的生态环境具有突出的整体性、复杂性、脆弱性特征。因此，在黄河流域的生态治理中，需要树立一种超越地方和局部的“大系统”思维，立足黄河流域生态保护的整体性、全局性，深刻认识黄河流域生态治理的复杂性、脆弱性，打破行政区划界线，实现政策联动一体化，完善区域互动合作机制，推动由黄河源头至入海口的全域统筹和科学治理，着力防范水之害、破除水之弊、大兴水之利、彰显水之善，努力开创大江大河治理新局面。

一　黄河流域生态环境的整体性要求协同治理

从生态学的视角来看，黄河流域其实是一个以水的循环为核心的自然水文生态系统，它涵盖了各种自然元素，如气候、地形、土壤和植被等。从社会学和经济学的视角来看，黄河流域是一个由众多经济社会要素构成的综合性区域经济体和复杂的社会网络系统。在这个系统中，自然要素与人文要素之间互相影响、互相制约，使黄河流域成为由自然、经济、社会组成的整体性极高、系统性极强、协同性密切的有机体。黄河流域的上游、中游和下游地区以及其中的江河湖库、左右岸和干支流等，都因为水循环这一纽带而紧密相连。这种紧密的联系不仅体现在自然环境上，更体现在社会关系和经济发展上。无论是在农业生产、工业发展，还是在城市建设、交通运输等方面，黄河流域的各个部分都相互依存、相互影响，形成了一个以水循环为纽带的紧密网络。正如习近平总书记指出的："山水林田湖草是一个生命共同体。"因此，保护黄河、推动黄河流域生态治理，绝非一地一段的事情，而是全流域多个省区、多个领域、多个部门共同的使命和任务。但长期以来，我国流域治理采取以区域管理为主，流域管理与区域管理相结合的方式。流域内的地方政府往往以行政单元为管理边界，各自为政进行属地管理，容易形成一种以行政单元为界的碎片化治理现象。这种治理模式虽然对本辖区内的流域生态环境治理问题比较重视，但缺乏跨行政区域的协调与合作，忽视了流域作为一个完整系统所需的整体性和协调性。因此，原本应当作为一个整体考虑的流域生态环境空间，在现实中被人为地分割成了多个相对独立的治理单元，最终形成了"纵向分级、横向分散""条块结合、以块为主"的"碎片化"流域生态环境治理格局，难于协同治理的困局一直没有真正打破。这种单要素的割裂式治理，不仅难以形成合力、促进要素间的良性互动，还造成治理的失范和地区发展的失衡。可以说，治理主体的分散化、治理结构的破碎化以及治理资源的孤岛化显著掣肘着黄河流域的生态保护和高质量发展。因此，要在统筹区域与流域、地方与中央的协调联动中，运用整体论思维对流域生态环境进行系统性治理，正确把握分散与集中、部分与整体的辩证关系，增强保护和治理的系统性、整体性、协同性。

二　黄河流域生态环境的复杂性要求协同治理

黄河河情特殊、管理体制独特、生态问题复杂，其生态治理不仅涉及生态领域，还与资源、安全、发展、文化等方面密切相关。从自然的角度来看，黄河地理跨度大，自西向东横贯我国的东、中、西部，形成了一条独特的生态纽带，连接着壮丽的青藏高原、厚重的黄土高原和富饶的华北平原。流域内地势起伏显著，地形地貌复杂，孕育了丰富多样的生态环境，既有绿意盎然的森林草地，也有广袤的河湖湿地，同样存在着一些生态极度脆弱的区域，如五大沙漠沙地及黄土高原的水土流失区等。复杂的地理环境造就了黄河流域生态保护复杂性的特征，也给黄河流域生态环境的保护和治理带来了一定的困难。特别是黄河以极高的泥沙含量而著称于世，这一特性使确保河流顺畅行洪和有效输沙成为维护黄河健康的关键基础。只有实现水沙资源的科学配置和合理利用，才能确保河流的持久健康，生态环境的和谐稳定以及经济社会的持续繁荣。因此，在治理黄河的生态环境问题时，我们不能忽视问题之间的内在联系，“头痛医头，脚痛医脚”是根本行不通的，而应该找准问题的根源，牢固树立起协同治理的观念，实行流域协同治理。从经济社会的视角来看，黄河流域内的发展模式整体较为单一和粗放，农业和畜牧业交错分布，空间发展不均衡，许多地区的发展潜力未能得到充分挖掘和合理利用。且黄河流域横跨我国多个区域经济带，西部经济较为落后，而东中部经济较为发达，经济发展水平差异大，单纯从经济水平来看，实现黄河流域九省区生态保护的“一盘棋”有一定困难，如何在经济均衡发展的同时兼顾可持续发展是黄河流域生态保护协同治理面临的现实问题。从文化角度看，黄河流域文化资源丰富，文化积淀厚重，中华上下五千年的文化在这里孕育、发展。尤其是黄河上游地区，是我国的少数民族聚居区，形成了丰富多彩、差异万千的文化传承。因此，黄河流域的生态保护、生态建设问题，也与文化保护传承问题、民族团结问题和社会稳定问题息息相关。

三　黄河流域生态环境的脆弱性要求协同治理

从生态系统的健康与稳固性角度审视，黄河流域面临着先天的生态缺陷与后天的生态退化双重挑战。流域大部分坐落于干旱、半干旱地带，地貌丰富但生态环境严峻，包括气候条件恶劣的青藏高原、水土流失严重的黄土高原以及风沙肆虐的库布齐沙漠和毛乌素沙漠等。这使黄河流域成为我国生态脆弱性最为显著、脆弱类型最为繁多、脆弱区域分布最为广泛的流域之一，流域内超过3/4的地区属于中度或以上的生态脆弱等级。因此，黄河流域生态环境整体比较脆弱，对人为及自然干扰比较敏感，一旦生态环境遭到破坏，自然恢复和人为修复的难度很大且过程较长，保护治理的任务因此更显重要和紧迫。从黄河流域的上游、中游和下游来看，其生态状况各具挑战。黄河上游源区湖泊和沼泽众多，湿地面积广阔，为重要的水源涵养地，有“黄河之肾”“中华水塔”之称。在上游地区，人为活动和气候变化的双重作用对生态系统产生了显著影响。研究表明，黄河上游的天然草原超载放牧现象屡见不鲜，再加上受气候变化的影响，河源区的降水量有所减少，冰川退缩、冻土和天然草原退化现象较为突出。黄河中游的黄土高原区沟壑纵横、土质疏松，再加上人为活动的破坏和雨季降水的冲刷，千百年来，一直是黄河泥沙的主要来源，其水土流失面积占整个黄河流域水土流失面积的九成以上，也是世界上水土流失最严重的地区之一。库布齐沙漠、毛乌素沙地、腾格里沙漠东部、贺兰山西麓等地，新中国成立以来经过几代人的不懈努力，尽管其生态保护和治理取得了显著成效，但是其沙漠化、荒漠化的势头仍未得到根本控制。同时，河套平原区因为降水量少、蒸发量大，再加上不合理的引黄灌溉方式，盐分在土壤表层累积，使其面临着严重的土地盐碱化问题。黄河下游生态流量偏低，水沙关系不协调，造成河道淤积，形成地上悬河，河流摆动，存在洪水泛滥风险。位于黄河入海口的黄河三角洲，近30年来湿地面积萎缩了超过一半，对整个流域的生态系统安全构成了严重威胁。

第四节　黄河治理的历史

“黄河平，天下宁。”黄河是中华民族的母亲河、生命河，自古以来，黄河就与国家民族命运息息相关，川流不息的黄河水，有力支撑了历代经济社会发展。但是，黄河也是一条桀骜难驯的“忧患之河”，素来“善淤、善决、善徙”，历史上曾“三年两决口、百年一改道”，已有文献统计，在1949年之前的3000多年间，黄河下游决口泛滥有1500余次，较大的改道有二三十次。北达天津，南抵江淮，黄淮海大平原深深烙下了黄河洪水肆虐的印记。中华民族始终以勤劳勇敢、自强不息的民族精神，与黄河同呼吸、共命运、共患难，在开发黄河水利、造福沿岸百姓的同时，与黄河水患进行了几千年艰苦卓绝、不屈不挠的斗争。中国历朝历代都把治理黄河水患作为治国安邦的大事，无数先贤和广大劳动人民为之进行了长期而艰难的探索。可以说，“一部治黄史，半部中国史”。

一　古代的黄河治理

战国时期秦国修建的郑国渠，使关中地区粮食丰裕，国力强盛，为秦国扫平六国、统一天下奠定了坚实的经济基础。战国时期开挖的鸿沟水系，在中国历史上第一次沟通黄河、淮河、长江三大水系，大大加强了各诸侯国之间的交流，对于全国经济地理产生了重大影响。汉武帝时期修建白渠，发展关中平原灌溉，巩固了都城长安的政治中心地位，也为北征匈奴提供了物质保障。隋唐时期，先后开凿疏浚广通渠、山阳渎、通济渠、永济渠，沟通海河、黄河、淮河、长江四大水系，形成以长安、洛阳为中心，南至江浙、北抵涿郡，长达 2700 多千米的隋唐大运河，对中国历史影响深远。唐朝时期，黄河流域先后修建和改建引汾灌区、成国渠，农田灌溉面积猛增，粮食丰收，物产富饶，有力巩固了唐王朝统治地位。北宋年间，以汴河为中心，上接黄河，下通淮河、长江，长达数千里的水运交通网，成为宋王朝重要的立国之基。北宋还大力发展引黄淤灌，许多盐碱不毛之地变成肥沃良田，成为卓有成效的富国裕民之举。

黄河在滋养着、哺育着中华民族的同时，也因其频繁的洪水泛滥给沿岸的居民带来了深重的灾难。在古代，由于生产力水平极低，人们无力与凶猛的黄河洪水相抗衡，只能选择在丘陵地带居住，以此躲避洪水的侵袭。相传共工和鲧两位治水英雄采用了“障洪水”的方式，即在部落定居地周围筑起土坝来阻挡洪水。这种简单的防洪方法虽然无法从根本上解决洪水问题，但显示了人类对治水技术的初步探索。大禹治水是中国治水史上的一次重大飞跃。他采用了“疏川导滞”的策略，不再是一味地阻挡洪水，而是根据地形地势，将洪水引导到已经疏通的河道、洼地或湖泊中，并最终使其流入大海。这种由“堵”到“疏”的治水理念，不仅有效地减轻了洪水的危害，还促进了水资源的合理利用。

此后，从春秋时期齐桓公主持签订黄河堤防盟约，到秦始皇“夷通川防”统一修筑黄河大堤；从汉武帝亲率文武百官堵塞黄河决口，到东汉王景治河安流数百年；从北宋朝堂围绕黄河治理长达60多年的激烈论战，到元代贾鲁治河留下的功过得失；从明代潘季驯等治河良臣殚精竭虑治黄河保漕运，到清代朝廷把治理黄河作为国策刻在金銮殿柱子上……黄河安澜始终是华夏儿女的深切期望。古代人民在与黄河长期共处的岁月里，持续地对治河的方针策略进行了调整和完善，使黄河的治理取得了一定的积极成果，不仅展现了古代人民对自然的敬畏和尊重，也为后世提供了宝贵的治河经验和启示。然而，受限于对黄河、对自然规律的认识以及生产力水平，他们将精力主要集中在与黄河洪水的直接对抗上，而且治理措施往往局限于黄河的下游区域。因此，尽管他们倾注了极大的心血和努力，但是依然面临着严峻的挑战，河床淤积、堤防不断加高，治理后频繁决堤的困境始终没有打破。

二　中国共产党领导的黄河治理

中国共产党的诞生开辟了中国历史的新纪元，在中国共产党的领导下，黄河的保护与治理也进入了新的历史时期。毛泽东始终对黄河怀有深厚的情怀，高度重视黄河的治理。在抗日战争时期，毛泽东给予《黄河大合唱》高度评价，认为其“体现了中国人民自强不息、蓬勃向上的伟大精神”。1946年，晋冀鲁豫边区政府在菏泽成立了冀鲁豫解放区治河委员会，这是中国共产党在解放区成立的一个专门针对黄河治理的机构，后更名为冀鲁豫黄河水利委员会，因此，1946年也成为党领导人民治理黄河的时间起点，在治黄历程中具有标志性意义。解放战争时期，刘邓大军在黄河流域不断发展壮大，并在1947年6月在鲁西强渡黄河突破黄河防线，揭开了人民解放军战略进攻的序幕。新中国的成立，开启了治理黄河的新篇章。从1952年到1955年，毛泽东先后四次考察黄河，并于1952年发出了“要把黄河的事情办好”的伟大号召。1955年《关于根治黄河水害和开发黄河水利的综合规划的决议》审议通过，党中央领导人民在开展植树造林、加强黄土高原水土保持、兴建水利工程等方面做了大量工作。

党的十一届三中全会以来，以邓小平同志为核心的党的第二代中央领导集体也始终关心着黄河的保护与治理。1978年，“三北”防护林工程开始实施，建设范围包括西北、华北和东北地区的13个省（区、市）的725个县（旗、区），为黄河沿岸打造了“绿色长城”，对保护黄河生态环境有重要意义。1979年全国人大常委会审议通过了《环境保护法（试行）》，标志着我国环境保护工作正式步入法治轨道。1983年在第二次全国环境保护会议上，明确提出环境保护是我国的一项基本国策。1987年我国首个五年环境保护规划《“七五”时期国家环境保护计划》发布，把努力控制黄河等江河的水质污染作为一项重要内容。1988年，国家环境保护局开始独立设置。这些举措为黄河的保护与治理奠定了制度化、规范化、体系化基础。

以江泽民同志为核心的党的第三代中央领导集体，同样始终高度重视黄河治理开发这一重大问题。1991年小浪底水利枢纽工程前期工程开始建设，至2001年底主体工程全面完工，“为人民治黄事业树起了一座新的历史丰碑”。1991年基于“退耕还林、封山绿化”的战略基础，江泽民发出了“再造秀美山川”的号召。随后，中国实施了重点区域的水土流失治理工程、天然林资源保护工程以及三江源自然保护区的生态保护和建设工程等，这些项目规模之大、面积之广、影响之深，被誉为世界生态工程建设之最。1999年6月黄河治理开发工作座谈会在河南郑州召开，江泽民在会上强调：“21世纪即将到来，我们必须从战略的高度着眼，继续艰苦奋斗，不懈努力，进一步把黄河的事情办好，让古老的黄河焕发青春，更好地为中华民族造福。”

进入21世纪，以胡锦涛同志为代表的中国共产党人，倡导黄河治理应更加尊重自然规律，更加强调人与水的相互依存关系，并更加注重生态环境的保护，“人与自然和谐相处”成为这一时期黄河治理的鲜明标识。2006年8月，《黄河水量调度条例》正式实施，这是首次在国家层面上针对黄河而特别制定的行政法规。2006年11月胡锦涛指出，要“坚持人与自然和谐相处，全面规划，统筹兼顾，标本兼治，综合治理”。2009年10月，胡锦涛到黄河三角洲视察时强调，要进一步加强黄河三角洲自然保护区建设，加强黄河入海口的生态环境保护。2011年7月，中央水利工作会议召开，胡锦涛再次提出要把水利作为国家基建优先领域，着重强调“继续加强大江大河大湖治理”。

经过几代共产党人的不懈努力，黄河形成了“上拦下排、两岸分滞”处理洪水和“拦、调、排、放、挖”综合处理泥沙的方略，并从单一关注下游治理，扩展到了对整个黄河流域的全面综合治理，从传统的被动应对方式，转而采取了积极主动的治理模式，成功抵御多次洪水的冲击，创造了黄河70多年伏秋大汛期间未发生决口的奇迹，改变了黄河频繁决口改道的危险局面，保障了黄河流域的生态安全和人民生活的安宁。在保障黄河健康生命的道路上，我们率先进行了积极探索与实践。率先在黄河实施了水量统一调度策略，成功化解了黄河面临的严重断流危机，为黄河的可持续发展奠定了坚实基础，在大江大河治理中树立了典范。开展了水土流失综合治理实践，黄土高原在水土流失治理方面取得了显著进展，实现了从局部到全面、从单项措施到综合治理的跨越性转变，使黄土高原的植被覆盖度大幅提升。基于黄河特有的复杂河情，建立了由流域管理机构直接管理下游河道和防洪工程的特殊管理体系，探索出了一条独具特色的大江大河保护与治理之路，使黄河的面貌焕然一新。

第五节　协同治理的理论基础

黄河流域生态保护的协同治理建立在坚实的理论基础之上。协同治理理论是自然科学中的协同理论与社会科学中的治理理论的有机结合，是一种新兴的交叉理论，不仅为治理领域带来了新的视角，也为解决复杂环境问题提供了有力的理论支撑。可以说，协同治理理论诞生于对传统治理理论的重新检视，而协同理论及其分析方法则为这种检视提供了知识基础和方法论启示。

一　协同理论

1971年，德国物理学家赫尔曼·哈肯首次提出了协同的概念，并在1976年深入系统地阐述了协同理论。他基于物理学中的信息论、控制论和突变论等基本原理，构建了一套独特的数学模型。这套模型运用统计学和动力学的多种类比方法，旨在揭示不同系统和运动现象中无序到有序转变的共通法则。哈肯特别强调了系统内各个子系统或要素之间协同、合作与配合的重要性。他将协同定义为系统内各组成部分相互协作所产生的整体或集体效应。他认为，任何系统都是由多个部分组成的，而一个开放、有序、稳定的系统的形成，关键在于通过有意识地推动系统内各个组成部分的有序协同工作，产生大于各个部分单独效果之和的整体效果。协同理论的核心在于系统间的联结和相互作用。这种系统间的联结是社会各要素间相互联系、相互作用和协同合作的产物。正是这些要素内部及其相互之间的协同作用，促进了组织结构的有序性，进而引发了有组织现象的出现。协同理论的提出不仅具有深远的理论意义，更在方法论上展现了其独特的价值，为不同学科领域之间的交叉融合与创新提供了重要的桥梁和纽带，为解决复杂问题提供了新的视角和方法。

二　治理理论

治理一词在传统意义上，通常与国家的公共事务管理活动或政治活动紧密相连。其原始含义涵盖了控制、操纵以及引导等要素，这些活动旨在确保公共事务的有序进行和国家政治的稳定运行。因此，在过往的语境中，治理与统治这两个词汇常常被相互替代使用。然而，20 世纪 90 年代以来，随着时间的推移和治理理念的演进，治理一词逐渐被赋予了更为广泛和深刻的内涵，成了一个跨学科的研究热点，在经济学、社会学等领域均有广泛应用。治理理论的创始人之一罗西瑙在其重要著作《没有政府的治理》和《21 世纪的治理》中，对治理的概念进行了深入的阐述，特别是从政府与社会关系的角度探讨了治理的发展态势。他将治理视为一种全新的管理模式和管理机制，这种模式不仅适用于政府领域，同样适用于非政府领域。传统的政府统治模式往往依赖于政府的强制力来维护社会秩序和公共利益，而治理则更加注重政府与企业、社会组织、公民个人等非政府主体之间的平等合作和互动，从而实现社会公共利益的最大化。这种利益不仅是经济方面的，还包括政治、文化、社会等多个方面。在全球化和信息化日益深入的今天，许多全球性问题需要各国政府和非政府主体共同协作来解决，这使治理的理念和实践具有更加广泛的适用性。国内学者对治理概念的本土化论述丰富了我们对治理的理解。在俞可平和陈振明等学者的观点基础上，治理可以被认为是一个包容性、互动性极强的过程。它要求政府、社会组织和公民个人等多元主体共同参与，通过协商、合作和互动，实现公共资源的优化配置和公共利益的共同增进。在这个过程中，每个主体都扮演着不可或缺的角色，共同推动着社会的和谐与进步。

三　协同治理理论

协同治理理论是协同理论和治理理论的有机结合和协调统一。协同治理的核心在于围绕共同的发展蓝图和规划，通过构建坚实可靠的组织框架和权力体系，建立起一种长期且稳固的治理关系。这一治理模式的精髓在于摒弃传统治理中单一管理主体的局限，引入多元化的治理参与者，并通过这些参与者之间的紧密合作、有序行动、规范管理以及目标效益的优先考量，实现资源的有效共享和效益的显著提升。协同治理的本质在于推动多方共同参与、构建相互依存且协调一致的治理结构，并共同分享治理成果。它强调集体行动的重要性，倡导各方积极沟通、相互支持、步调一致，以实现最佳的治理效果。协同治理不仅是一种治理模式，更是一种精神理念，它鼓励各方在共同目标下，形成合力，共同推动治理体系的完善和发展。同时，协同治理还强调不断审视和改进治理理论，以适应不断变化的社会需求，进而提升治理效果。在跨域性公共事务的治理中，协同治理理论尤其重要。它指出，地方政府间的协同合作是实现跨域性公共事务有效治理的关键。但这种协同合作并非自然而然地产生，而是需要通过构建协同机制来推动。这种机制旨在确保地方政府在治理目标上保持一致性，在行动上实现协调性，在治理过程中保持有序性，从而提升跨域性公共事务的政府协同治理绩效。简而言之，协同治理的显著特点是强调多元主体的广泛参与、相互间的紧密协同、治理过程的程序化和规范化以及追求治理目标的效益最大化。通过促进多元主体之间的协同合作，协同治理能够有效应对跨域性公共事务的挑战，对解决当前社会治理中的诸多难题、推动社会治理体系和治理能力现代化具有重要意义。

实现流域内各省区生态保护的协同治理是推动黄河流域生态保护和高质量发展的关键途径。黄河流域的生态治理是一项长期、复杂且艰巨的系统性工程，涉及多个省份和地区，是典型的跨域性公共事务，带有显著的公共性和外部性特征。传统的基于行政区划的属地治理模式难以解决黄河流域生态环境治理的外部性、低效率等问题。鉴于黄河流域独特的自然、社会和文化背景，建立区域协同治理机制，最大程度促进公共利益和提升治理效能已经迫在眉睫。具体而言，黄河流域生态环境的协同治理是以生态保护和高质量发展为共同目标，全流域范围内多元主体共同参与、协调配合、良性互动的治理模式。这种模式旨在打破组织、地域、学科、信息和技术五大壁垒，实现共商共建共享，构建社会多元共治网络，凝聚社会治理合力。通过这种模式，可以推动黄河流域生态保护治理范式从传统的“片段化、切块式”向更加高效、全面的“协同式、整体性”转变，从而显著提升黄河流域生态环境保护成效，为黄河流域的高质量发展注入了强劲的动力。

第六节　习近平总书记视察及黄河国家战略的实施

黄河流域生态保护治理既是重大政治问题，又是重大社会问题，更是涉及复杂系统工程的重大科学问题。党的十八大以来，习近平总书记心系黄河，立足黄河流域生态脆弱的现状，着眼黄河治理发展的千秋伟业，踏遍黄河上中下游九省区，多次就三江源、祁连山、秦岭和黄土高原等重点区域生态保护工作提出要求，并提出了一系列新理念、进行了一系列新探索、做出了一系列新安排，开创了黄河治理的新局面。

一　黄河国家战略的提出

2016 年 8 月，习近平总书记在青海考察时指出，青海最大的价值在生态、最大的责任在生态、最大的潜力也在生态，必须承担好维护生态安全、保护三江源、保护“中华水塔”的重大使命。2019 年 3 月，习近平总书记在参加十三届全国人大二次会议内蒙古代表团审议时强调，生态保护和修复必须进行综合治理，必须遵循生态系统内在的机理和规律，坚持自然恢复为主的方针，因地制宜、分类施策，增强针对性、系统性、长效性。2019 年 8 月，习近平总书记在甘肃考察时来到兰州市黄河治理兰铁泵站项目点，听取黄河治理和保护情况介绍，强调甘肃是黄河流域重要的水源涵养区和补给区，要首先担负起黄河上游生态修复、水土保持和污染防治的重任。尤其是 2019 年 9 月 18 日习近平总书记在河南郑州主持召开黄河流域生态保护和高质量发展座谈会，将黄河流域生态保护和高质量发展上升为国家战略，科学擘画了黄河流域生态保护和高质量发展蓝图，从宏大的历史视野和战略高度提出“保护黄河是事关中华民族伟大复兴和永续发展的千秋大计”，强调要“因地制宜、分类施策，上下游、干支流、左右岸统筹谋划，共同抓好大保护，协同推进大治理”，掀开了黄河治理、保护和高质量发展新篇章。这一重大战略布局，着眼中华民族伟大复兴的宏伟目标，着眼于社会主义现代化建设整体布局，着眼于黄河长治久安的迫切需要，是黄河治理史上的一个里程碑，全面展现了其深远的全局视野和系统性的战略考量。2021 年 10 月 22 日，习近平总书记又在山东济南主持召开的深入推动黄河流域生态保护和高质量发展座谈会上，进一步指出要“大力推动生态环境保护治理”，“把握好全局和局部关系，增强一盘棋意识，在重大问题上以全局利益为重”。

黄河流域生态保护和高质量发展是以习近平同志为核心的党中央在深刻把握新时代我国社会主要矛盾和黄河流域突出问题的基础上做出的重大战略部署，科学完整擘画了黄河流域生态保护和高质量发展的宏伟蓝图，全面掀开了新时期黄河流域生态保护和高质量发展新篇章，奏响了新时代的黄河大合唱，具有重要的历史性意义。

二　黄河流域生态保护和高质量发展“四梁八柱”的搭建

在习近平总书记重要讲话精神的指引下，关于黄河流域生态保护和高质量发展的一系列规划、政策、文件陆续出台，逐渐搭建起黄河流域生态保护和高质量发展的“四梁八柱”，黄河流域生态保护协同治理也驶入了历史快车道。

2021 年 10 月，中共中央、国务院印发《黄河流域生态保护和高质量发展规划纲要》，明确要求构建黄河流域生态保护“一带五区多点”的空间布局，既囊括了连通青藏高原、黄土高原、北方防沙带和黄河口海岸带的沿黄河生态带，又包含了以黄河上中下游 5 个重点生态功能区为主的水源涵养区，更涉及多个重要野生动物栖息地和珍稀植物分布区，使黄河流域的生态保护更加全面、立体。该《规划纲要》还多次强调要强化全流域协同合作，“建立健全统分结合、协同联动的工作机制，上下齐心、沿黄各省区协力推进黄河保护和治理，守好改善生态环境生命线”，为黄河流域生态环境协同治理提供了纲领性的指导。2021 年 11 月，中共中央、国务院印发《关于深入打好污染防治攻坚战的意见》，强调要“推进山水林田湖草沙一体化保护和修复，强化多污染物协同控制和区域协同治理”，并将打好黄河生态保护治理攻坚战确定为标志性战役。2022 年 6 月，生态环境部、国家发展和改革委员会、自然资源部和水利部四部门联合印发《黄河流域生态环境保护规划》，立足黄河流域生态保护需解决的突出问题，明确了“加强区域协作，实现减污降碳协同增效”的重点任务。2022 年 8 月，生态环境部等 12 部门又联合印发《黄河生态保护治理攻坚战行动方案》，明确了“多元共治、协同推进”的基本原则，并就深化全流域联防联控，建立健全上下游、左右岸、干支流协同保护治理机制提出了明确要求。2022 年 10 月 30 日，全国人大常委会第三十七次会议通过了《中华人民共和国黄河保护法》，要求流域各省区按照“统筹谋划、协同推进”的原则，在规章制定、规划编制、监督执法等方面加强协作，建立省际河湖长联席会议制度，协同推进黄河流域生态保护和高质量发展。这是继长江保护法之后，我国在流域保护领域取得的又一重要立法成果，是全面推进国家“江河战略”法治化的关键一步，为黄河流域生态保护和高质量发展提供了坚实的法律支撑，也展现了我国持续推进生态文明建设的坚定决心和实际行动。

三 黄河流域生态保护协同治理取得的成效

随着黄河流域生态保护和高质量发展战略的深入推进，沿黄各省区在习近平生态文明思想的指引下，坚持“绿水青山就是金山银山”的理念，深入贯彻落实“共同抓好大保护，协同推进大治理”的方针，坚持生态优先，绿色发展，坚持山水林田湖草沙冰一体化保护和系统治理，在突出区域差异性的基础上实行上下游、干支流、左右岸统筹谋划，形成上游“中华水塔”稳固、中下游生态宜居的生态安全格局。上游地区，着重加强水源涵养能力建设。在被誉为“中华水塔”的三江源地区，致力于生态环境的系统治理，实施综合化、个性化、一体化的保护方案，确保山水林田湖草沙等生态要素得到全面保护，实现生态系统的健康、稳定与可持续发展；提升公众的湿地保护意识，推动生态恢复项目的实施，加大对青海玉树和果洛、四川阿坝和甘孜、甘肃甘南等地区河湖湿地资源的保护力度，修复受损的湿地生态系统，保护黄河的重要水源补给地；科学认识生产生活和生态环境保护的关系，坚守生态保护红线，重点防控过度资源开发利用、过度放牧以及过度旅游等人为活动，切实减轻其对生态系统带来的破坏和压力，以确保生态系统的健康稳定。中游地区，重点抓好黄河水土保持和污染治理。黄河是全世界泥沙含量最高的河流，水少沙多、水沙关系不协调，是黄河复杂难治的症结所在。紧紧抓住水沙关系调节这个“牛鼻子”，完善水沙调控机制，加强流域生态保护修复，深化农业面源污染、工业污染、城乡生活污染的综合治理，持续推进矿区生态环境的深度修复与改善，全面提升环境质量和生态保护水平。下游地区，大力推进湿地保护和生态治理。加强黄河三角洲湿地生态系统的保护与修复，确保河口湿地生态流量稳定，扩大自然湿地的面积，提升湿地对于生物多样性和生态平衡的贡献；保护河道自然岸线，加快集防洪护岸、水源涵养、生物多样性保护等功能为一体的黄河下游绿色生态走廊建设；实施滩区生态环境综合整治工程，提升黄河下游河道生态功能并改善黄河入海口的生态环境，推动生态环境保护与经济社会的协调发展。此外，还建立了跨省区跨部门的黄河流域生态保护协同治理机制，突破行政区划壁垒，将行政区资源、区位特点等的差异性和流域协调发展相结合，各省区在生态修复、污染源溯源、司法协作、区域共治共管共建等方面相互促进、共同发力，不断增强黄河流域生态保护的系统性、整体性和协同性，形成互利共赢的格局，改写了治黄历史，创造了黄河“岁岁安澜”的历史奇迹，开创了黄河流域生态保护和高质量发展的新局面。

河南是重大战略的首倡地、千年治黄的主战场、沿黄经济的集聚区、黄河文化的孕育地、黄河流域生态屏障的支撑带，在黄河流域生态保护和高质量发展中战略地位重要、使命责任重大。黄河在河南省经济社会发展中的地位至关重要，可以说，河南生态文明建设的重点在黄河、高质量发展的潜力也在黄河。就地理位置而言，河南地跨黄河中游和下游，是黄河的“豆腐腰”，黄河保护治理工作更需上下游省份紧密联系。黄河河南段的独特地理位置决定了其特殊性。这一区域黄河河道显著变宽，河水流速减缓，进而引发严重的泥沙淤积问题，形成了举世闻名的“地上悬河”，导致水患频繁，防洪形势异常严峻；黄河沿线分布着郑州、洛阳、开封等城市，是中原城市群的核心区域，人口稠密，商业发达，工业园区建设密集，化工、医药、石油、炼焦、纺织、冶炼等产值占全省比例大于80%，各种用水需求量大，面临着严峻的水资源问题和环保问题。

近年来，河南省以习近平新时代中国特色社会主义思想和习近平总书记视察河南重要讲话精神为指导，深入贯彻习近平总书记在黄河流域生态保护和高质量发展座谈会上的重要讲话精神，紧紧围绕统筹推进“五位一体”总体布局和协调推进“四个全面”战略布局，始终牢记“国之大者”，牢牢把握共同抓好大保护、协同推进大治理的战略导向，积极作为，先行先试，与山东创新实行省际横向生态保护补偿机制，探索开展省内横向生态保护补偿机制，就黄河防洪保安、水资源管理、生态保护和高质量发展等重大事项与流域其他省份进行充分会商协作，省级统筹协调、部门协同配合、属地抓好落实、各方衔接有力的工作机制逐渐成熟，黄河流域生态环境协同保护的机制不断完善，一系列创新举措走在流域前列，起到了示范引领作用。深入落实“节水优先、空间均衡、系统治理、两手发力”的治水方针和水资源、水生态、水环境、水灾害统筹治理的“四水同治”新思路，深入推进河长制、湖长制，2020 年以来，黄河干流稳定保持Ⅱ类水质。强化细颗粒物和臭氧协同治理，推进氮氧化物和挥发性有机物协同减排，持续推进结构调整、污染治理和清洁能源替代，黄河流域大气环境质量明显改善。坚持中游“治山”、下游“治滩”、受水区“织网”思路，统筹山水林田湖草沙一体化修复治理，大力实施矿山环境整治，稳步开展滩区综合治理，积极推进生态廊道标准化建设，持续加强生物多样性保护，安澜黄河、生态黄河、美丽黄河建设成效显著，奏响了黄河流域生态环境协同治理的河南乐章。

第一章　河南践行黄河流域生态保护协同治理的价值意义

习近平总书记在黄河流域生态保护和高质量发展座谈会上指出，“要坚持绿水青山就是金山银山的理念，坚持生态优先、绿色发展，以水而定、量水而行，因地制宜、分类施策，上下游、干支流、左右岸统筹谋划，共同抓好大保护，协同推进大治理，着力加强生态保护治理、保障黄河长治久安、促进全流域高质量发展、改善人民群众生活、保护传承弘扬黄河文化，让黄河成为造福人民的幸福河。”治理黄河，重在保护，要在治理。践行黄河流域生态协同保护治理，以流域大保护促进区域大开发，立足黄河流域九省区资源禀赋差异、发展基础不同，将绿色发展理念贯彻到经济发展、社会建设的方方面面，切实推进绿色成为黄河流域乃至全国高质量发展的主色调，是新时代生态文明建设的重要任务，也是实现黄河流域乃至全国高质量发展的必由之路。

黄河生态系统是一个有机整体，其健康与稳定对于整个流域乃至全国的生态安全都具有重要意义。具体而言，上游要提升水源涵养能力，中游要突出抓好水土保持和污染治理，下游要做好保护工作，形成协同共治的良好局面，共同促进维护黄河流域生态系统的健康与稳定。河南省位于黄河流域中下游，同时作为黄河流域生态保护和高质量发展重大战略的提出地以及千年治黄的主战场，长期以来坚定不移深入实施黄河流域生态保护协同治理行动，是在深刻理解把握习近平生态文明思想核心要义的基础上做出的实际行动。

黄河流域生态保护协同治理有利于流域生态环境的保护与修复，推动流域产业结构绿色化调整和优化，提升流域不同省区的跨区域协作治理水平，为地区经济绿色转型提供生态支撑、方向支撑和能力支撑。黄河流域是我国重要的能源资源基地和经济区域，拥有丰富的水资源、土地资源、生物资源等生态资源以及珍贵的文化资源，践行黄河流域生态保护协同治理能够强化区域经济健康发展动能。黄河流域生态保护协同治理能够为地区高质量发展提供优质的生态空间，在推动形成绿色生产方式和生活方式的过程中加速现代产业体系的构建，有效巩固脱贫攻坚成果，助力乡村全面振兴。践行黄河流域生态保护协同治理，有利于九省区齐心协力共护黄河安澜，筑牢民生福祉安全防线，促进全流域绿色集约发展，激发更加殷实的沿黄地区民生福祉的内生动力。黄河流域的人口规模红利、生生不息的黄河文化以及举足轻重的生态安全屏障功能，在推进中国式现代化的进程中发挥着重要作用。

综上所述，河南践行黄河流域生态保护协同治理，不仅是推动地区产业绿色化转型的现实需要，是区域经济保持发展活力、持续健康发展的前提条件，能够为新时期河南的高质量发展提供重要支撑，还是使民生福祉更加殷实的坚实基础，更是实现中国式现代化、展现河南担当的主动选择。河南践行黄河流域生态保护协同治理，在促进河南发展的同时，为黄河流域乃至全国的生态保护和经济社会发展做出了积极贡献。

第一节　经济绿色转型的现实需要

当前，世界百年未有之大变局加速演进，逆全球化思潮抬头，全球性问题加剧，世界进入新的动荡变革期。在此背景下，国内经济社会发展方式随之转变，但生态脆弱带来的环保压力、产业结构不优带来的转型压力等成为新时期制约黄河流域健康持续发展的短板。在此条件下，河南省大力践行黄河流域生态保护协同治理，推动流域产业开展绿色化转型，不仅是响应国家发展战略的实际行动体现，还是当下黄河流域适应新发展阶段的先决条件和必然选择，更是实现我国经济绿色转型的现实需要。

一　推动产业绿色化转型是适应新发展阶段的必然选择

绿色转型是指以生态文明建设为主导，以循环经济为基础，以绿色管理为保障，发展模式向可持续发展转变，实现资源节约、环境友好、生态平衡，人、自然、社会和谐发展。其核心内容是从传统发展模式向更加科学的发展模式转变，就是由人与自然相背离以及经济、社会、生态相分割的发展形态，向人与自然和谐共生以及经济、社会、生态协调发展形态转变，即绿色内涵更加立体化、直观化的发展形态。产业绿色化转型指将传统产业通过技术升级、结构调整、管理创新等方式，转变为资源消耗低、环境污染少、经济效益好、可持续发展能力强的产业模式。在新发展阶段，推动产业绿色化转型是适应经济、社会、环境协调发展的必然选择。

从国际形势来看，全球生态环境正面临诸多威胁，如气候变化、空气污染、水资源短缺等，这些问题对人类的健康生存和生态平衡构成了巨大威胁。传统的高碳、高污染产业发展模式已经无法满足可持续发展的要求，通过绿色转型，可以降低能耗和污染，减少产业领域的碳排放，提升产业效率，实现经济、社会和环境的和谐共生。可见，推动产业的绿色化转型成为当下的迫切需求。同时，在逆全球化的背景下，推动产业绿色转型是提升国际竞争力的重要途径。随着当前国际竞争规则的变化，绿色低碳产业成为新的经济增长点，绿色产业已经成为国际竞争的新高地。掌握更多的绿色低碳技术、制定绿色低碳技术标准的国家及其企业，将握有国际竞争的主动权。因此，为了在全球竞争中占据有利地位，进行产业绿色化转型是不可或缺的。

从国内形势来看，传统的高能耗、高污染产业模式已经对我国环境和生态造成了严重破坏，长此以往必将影响我国高质量发展的质效，制约中国式现代化实现的进程。产业绿色化转型通过降低能耗和污染，提升产业效率，有助于实现可持续发展，确保经济、社会和环境的和谐共生。资源利用效率低下是推动产业绿色转型的重要因素之一，以传统工业为代表的高污染、高能耗产业长期以来依赖于不可再生的矿产资源和化石燃料，不仅导致了资源的过度开采和浪费，还带来了环境污染和生态破坏。而产业绿色化转型不仅能够提高产业的生态效率，还能够推动技术创新和产业升级，提升产业的经济效益，推动资源集约节约循环高效利用，实现对有限资源的可持续发展利用。同时产业绿色化转型能够有效减少污染物的排放和提高能源效率，有助于改善环境质量，保护生态系统，建设资源节约型、环境友好型社会。

从黄河流域发展情况来看，黄河流域九省区及主要城市群的资源型城市特征明显，黄河流域城市群资源型城市数量约占全国 262 个资源型城市的 1/4，特别是黄河的“几字湾”区域，更是我国的重要能源支撑区。但长期以来黄河流域仍存在生态环境脆弱、资源开采方式粗放、区域发展不协调等制约因素，导致黄河流域生态环境保护和经济社会发展面临着巨大的压力。具体来看，黄河流域的煤炭、石油、天然气和有色金属等资源丰富，但资源集中分布、产业层次不高、结构单一的问题十分突出，这种资源驱动型的产业发展模式已经不可持续，对生态环境造成了严重破坏。黄河流域的产业构成以第二产业为主体，燃煤和铁钢等重工业在黄河流域的经济增长中起着重要作用，但这种模式不仅导致了环境污染和资源浪费，而且使黄河流域经济发展整体滞后，与全国的发展水平存在差距。为了降低环境污染和资源浪费，更好地推动黄河流域生态保护和高质量发展，黄河流域需要加速产业绿色转型升级，实现经济持续健康发展。

二　黄河流域生态保护协同治理是地区经济绿色转型的先决要求

黄河作为中国的母亲河，其生态环境状况直接关系整个流域的可持续发展，长期以来黄河流域在维护我国生态安全和推动经济社会发展等方面扮演着极为重要的角色。但当前黄河流域面临水资源短缺、植被被破坏、环境污染和气候变化等多重生态问题，同时流域许多地区的经济发展仍然依赖于传统的资源消耗型产业，这种发展模式不仅加剧了生态环境的恶化，更严重制约了地区经济的持续健康发展。生态保护与经济发展是相辅相成的，《黄河流域生态保护和高质量发展规划纲要》指出，黄河流域各省区要走生态优先、绿色发展的道路，只有通过加强流域协同治理，注重生态保护，才能改善黄河流域的生态环境质量，才能为地区经济的绿色转型提供坚实的基础。

首先，黄河流域生态保护协同治理有利于流域生态环境的保护与修复，为地区经济绿色转型提供生态支撑。黄河生态系统是一个有机整体，协同治理注重保护和治理的系统性、整体性、协同性，以系统思维和全局高度打破一地一段一岸的局限，协调解决跨区域重大生态环境问题。在上游地区，采取退耕还林、植树造林等措施，持续加强水源涵养；在中游地区，实施水土保持工程，加强农业面源污染治理，保护土壤和水质安全；在下游地区，做好湿地保护，加强入海口的污染治理。通过加强生态系统保护和建设，采取退耕还林、植树造林等措施，实施生态保护工程，提升流域生态服务功能，改善流域生态环境质量，为经济产业绿色转型提供有力的生态支撑，有利于实现经济与环境的双赢。

其次，黄河流域生态保护协同治理有利于推动流域产业结构绿色化调整和优化，为地区经济向绿色低碳发展提供方向支撑。一方面，协同治理鼓励和支持企业加强技术创新和研发，特别是在水安全、生态环保等领域的技术攻关，推广清洁能源和节能环保技术，推动传统产业转型升级的同时，加快淘汰高污染、高能耗的落后产能，发展绿色低碳产业。另一方面，协同治理强调资源节约和循环利用，推动黄河流域工业、农业等领域实现资源的高效利用。推动绿色产品、绿色工厂、绿色工业园区和绿色供应链管理企业建设，将绿色低碳理念贯穿于生产全过程；推广循环经济模式，减少资源消耗和废弃物排放，提高资源利用效率，促进经济产业绿色持续发展。黄河流域的山西、宁夏、甘肃、青海等省区是我国重要的能源基地，青海、甘肃、内蒙古等省区还蕴含风能、太阳能等大量清洁能源，而中下游的陕西、河南、山东等省份拥有较强的产业基础，协同保护治理能够有效提升黄河流域绿色转型效率。

最后，黄河流域生态保护协同治理有助于提升流域不同省区的跨区域协作治理水平，为地区经济的绿色转型提供有力的能力支撑。黄河流域横贯我国东中西部，涉及多个省份和地区，各地在生态保护协同治理方面面临着共同的问题和挑战。通过协同治理的有效推进，可以加强地区间的合作与交流，共同制定和执行生态保护政策，形成治理政策合力，在提高本地区生态保护协同治理水平的同时，推动整个流域的生态保护治理工作落地。

三 河南推动黄河流域生态协同治理的现实情况和基础条件

河南省在黄河流域中具有重要的地位和作用，不仅是黄河中下游的关键区域、主要的交通枢纽，还是生态保护的重要区域以及经济发展的重要战场。

从河南大力践行黄河流域生态保护协同治理的现实情况来看，既存在问题也取得成效。一是河南生态环境问题亟待解决。河南作为黄河流域的重要省份，同样长期面临水资源短缺、水污染严重、生态环境脆弱等问题，这些问题不仅影响了当地居民的生产生活，也对黄河流域的生态环境造成了严重威胁。因此，推动黄河流域生态协同治理，对于改善河南的生态环境质量、保障黄河流域的生态安全具有重要意义。二是河南在黄河流域生态保护协同治理方面成效初步显现。近年来，河南在黄河流域生态保护和协同治理方面取得了显著成效，通过实施一系列生态工程，加强水污染治理，推进生态修复等措施，黄河河南段的水质得到了明显改善，生态系统功能也在逐步恢复。同时河南建立了黄河流域横向生态保护补偿机制，通过“保护责任共担、流域环境共治、生态效益共享”的方式，促进了区域间的协同治理。这些举措为河南进一步推动黄河流域生态协同治理奠定了坚实基础。三是河南在黄河流域生态保护治理方面政策支持力度持续加大，国家高度重视黄河流域的生态保护和治理工作，出台了一系列政策文件和规划方案，河南作为黄河流域的重要省份，同时是黄河流域生态保护和高质量发展国家战略的提出之地，积极响应国家号召，制定了一系列地方性的政策措施，如《河南省黄河流域生态保护和高质量发展规划》《河南省“十四五”生态环境保护和生态经济发展规划》等，为黄河流域生态保护协同治理提供了有力的政策保障。

从河南大力践行黄河流域生态保护协同治理的基础条件来看，一方面，河南具备地理位置优势。河南位于黄河流域中下游地区，是黄河流域的重要地理位置节点和枢纽，这一区位优势使河南在推动黄河流域生态协同治理方面具有得天独厚的条件。河南可以充分发挥其地理位置优势，加强与上、中游地区的合作与交流，共同推进黄河流域的生态保护和治理工作。另一方面，河南经济、资源、人力基础条件优渥。河南作为我国经济大省、工业大省、资源大省和人口大省，具有雄厚的经济基础、丰富的资源基础和扎实的人才基础，为河南在黄河流域生态协同治理方面提供了有力的物质保障和智力支持。河南 GDP 常年排名全国前列，可以充分利用其经济优势，加大对黄河流域生态保护和治理的投入力度，推动相关绿色产业的发展和创新，为黄河流域生态保护和协同治理提供经济支撑；河南工业门类齐全、体系完备，制造业总量稳居全国第 5 位、中西部地区第 1 位，在制造业、农业等领域具有雄厚的产业基础，在协同治理方面潜力巨大；河南动植物资源丰富，拥有多个森林公园和国家级自然保护区，为协同治理提供良好的生态基础；河南是全国重要的矿产资源大省，丰富的矿产资源为协同治理、推动绿色循环经济发展提供丰富的资源基础；河南人力资本雄厚，拥有众多高校和人力资源，能够为黄河流域生态保护协同治理提供人才智力保障。

第二节　区域经济持续发展的前提条件

生态保护是区域经济持续发展的基石，协同治理能够促进生态保护与经济发展实现双赢，黄河流域生态保护协同治理有助于形成流域协调发展新格局，是黄河流域经济持续发展的前提条件。加强黄河流域生态保护、推动上中下游协同治理能力增强，形成合力，提升流域应对环境风险能力以及综合竞争力，是黄河流域区域经济持续健康发展的前提条件。

一　黄河流域在我国经济社会发展中作用不可或缺

黄河流域面积广阔，横跨东中西部，是我国重要的生态安全屏障和人口活动、经济发展的重要区域，在保障国家生态安全、提高能源资源利用效率、推动三次产业结构优化、促进地区经济社会发展等方面发挥着举足轻重的作用。但当前，黄河流域生态环境脆弱等问题严重制约流域经济社会持续健康发展，迫切需要加大黄河流域生态保护协同治理力度，提升黄河流域生态环境韧性。

从三次产业发展角度来说，黄河流域是全国重要的粮食生产基地，对保障国家粮食安全起到至关重要的作用，流域内分布有黄淮海平原、汾渭平原、河套灌区等农产品主产区，黄河流域的河南、山东等省份的粮食产量一直名列前茅，为我国的粮食安全做出了重要贡献，黄河丰富的水资源对于保障粮食安全和农业可持续发展具有不可替代的作用。同时，黄河是流域内工业和居民生活用水的重要来源，黄河丰富的水能资源为区域经济发展提供了强大的动力，通过合理开发和利用水能，不仅可以满足当地能源需求，还可以促进清洁能源产业的发展，对流域城市的经济发展和社会稳定具有重要意义。

从资源利用角度来说，黄河流域的资源丰富多样，尤以能源资源最为突出，流域内煤炭、石油、天然气等能源资源富集，这些能源资源的开采、加工、运输等环节，涉及多个产业链的协同发展，在开发利用能源资源的同时促进了黄河流域区域经济的多元化，极大地推动了流域内及周边地区的经济发展。与此同时，风能、太阳能等可再生能源在黄河流域具有得天独厚的优势，通过对这些清洁能源的开发利用，黄河流域为我国的能源结构转型提供了重要资源支撑，并推动绿色、低碳、循环经济的发展，为我国的经济社会发展注入了新的活力。

从文旅融合发展角度来说，黄河流域是中华文明的发祥地之一，拥有丰富的文化遗产，承载着深厚的历史文化底蕴和丰富的旅游资源，在促进文化旅游产业深度融合发展、推动区域经济多元化方面具有重要作用。黄河流域横跨多个省份和地区，通过文旅融合，可以加强各地之间的合作与交流，实现资源共享、优势互补。传统的黄河流域经济以农业和能源产业为主，通过文旅融合，可以发展文化旅游、文化创意等新兴产业，形成多元化的经济结构。黄河文化旅游线路以及黄河文化品牌，在吸引国内外游客前来观光旅游的同时有效带动如交通、住宿、餐饮等相关产业的发展，推动地区经济持续健康发展。

二　生态保护协同治理有助于形成黄河流域协调发展新格局

首先，生态保护是区域经济发展的基石。黄河流域拥有丰富的水资源、土地资源、生物资源等生态资源，这些资源在农业、工业、服务业等多个领域发挥着不可替代的作用，不仅是当地居民生产生活的基础，也是区域经济发展的重要支撑。然而，长期以来黄河流域的生态环境遭受了严重破坏，水土流失、水资源短缺、生物多样性减少等问题凸显，这些问题不仅威胁着生态系统的平衡和稳定，也严重制约了区域经济的可持续发展。因此，加强黄河流域生态保护，恢复和提升生态系统功能，是确保区域经济持续发展的首要任务。

其次，协同治理是实现生态保护与经济发展双赢的关键之举。黄河流域地理空间跨度大，气候和地理特征差异显著，生态环境表象具有明显的空间地域性。黄河流域生态保护协同治理是一个复杂而庞大的系统工程，协同治理能够打破生态保护与经济发展之间的传统对立关系。通过合理划定生态环境保护分区，优化分区保护目标，明确上中下游不同区段、不同功能区的定位，坚持"非均衡互补性协调发展"，将针对性的差异化政策转变为互补性的兼容化政策，形成上游涵养水源、中游抓好水土保持和污染治理、下游做好保护工作的互补性整体发展新格局，方能更加有效落实主体功能区战略，促进区域经济协调发展，实现生态保护和经济发展相互促进。通过协同治理，可以整合各方资源，形成保护治理合力，推动生态保护工作深入开展。同时，协同治理能够促进资源的优化配置和高效利用，是实现生态与产业融合发展的关键。通过协同治理，可以打破生态与产业之间的壁垒，推动资源的共享和高效利用，促进生态保护和产业发展相互协调，实现生态保护与经济发展的深度融合，推动区域经济向绿色、低碳、循环方向发展。

最后，生态保护协同治理有助于构建区域协调发展新格局，提升区域综合竞争力。随着全球对环境问题的日益关注，绿色发展已成为衡量区域竞争力的重要指标，黄河流域作为我国重要的生态屏障和经济区域，其生态环境质量直接关系区域的形象和竞争力，绿色发展对于提升黄河流域综合竞争力具有重大意义。其一，黄河流域生态保护协同治理通过整合各方资源和力量，协同推动生态环境保护和治理工作的开展，有助于打破地域限制，实现跨区域的合作与共赢，不仅可以促进各地区的生态资源有效利用和保护，还可以推动形成优势互补、相互促进的区域发展格局，黄河流域与其他地区形成的紧密经济联系，能够有效推动我国区域经济的协调发展。其二，生态保护协同治理有助于实现黄河流域经济发展与生态保护的良性循环。通过推动绿色产业的发展和传统产业的转型升级，在促进区域经济可持续发展的同时确保其生态环境的持续改善，这种发展模式有助于实现经济效益、社会效益和生态效益的统一，推动区域协调发展迈向更高水平。其三，通过协同治理，可以制定更加科学合理的流域生态保护政策，还可以加强流域生态产品的品牌建设和市场推广，有助于将黄河流域的生态优势转化为经济发展动力，提升区域经济竞争力。

三　做好生态保护协同治理是推动河南经济发展的前提要义

从重要生态地位的角度出发，河南位于黄河流域的重要位置，是黄河流域生态保护和高质量发展的主战场，作为黄河流域的关键区域，河南生态环境的健康状况关系整个流域乃至全国的水资源利用及生态安全，河南做好生态保护工作对于保障黄河流域乃至全国的生态环境、提高水资源集约利用效率、维护地区社会稳定均具有重要意义。

河南作为全国农业大省、人口大省以及工业大省，依赖黄河及其支流的水资源进行农业灌溉、工业生产和居民生活用水供应。其一，河南是全国重要粮食主产区，截至2023年，全省实有耕地面积稳定在1.1亿亩以上，相当于全省土地面积的一半左右，2023 年河南粮食总产量 1324.9 亿斤，连续 7 年稳定在 1300 亿斤以上。种粮食的土地必须是肥沃优质的好地，做好生态保护和协同治理有助于改善地区土壤结构，在严守耕地红线的前提下，提高土地生产力和利用率，保障粮食生产供应安全，做好“国之大者”的河南担当。其二，2022 年河南省水资源总量为 249.4 亿立方米，排名位于全国第 23，仅相当于全国的 0.92%，人均水资源占有量约 400 立方米，不足全国平均水平的 1/5，河南水资源短缺严重。做好生态保护有助于保持水源地的水质安全，安全的水资源能够大大提高水资源的利用效率，在水资源总量有限的前提下提升水资源的可持续供给能力。同时协同治理能够促进水资源的合理配置和高效利用，通过科学规划和管理水资源，结合生态保护的需求，优化水资源的配置方案，进一步避免有限水资源的浪费和滥用。其三，河南历史上多次遭受黄河泛滥等自然灾害影响，做好生态保护和协同治理，如植树造林增加绿地面积，实施水土保持措施固定土壤，加强防洪设施建设提高防洪能力，合理规划管理河道防止洪水泛滥等，能够有效减轻自然灾害对经济社会的影响，保护人民群众生命财产安全，维护社会稳定。

从提升河南区域竞争力的角度来说，通过优化生态环境、推动地区绿色转型，促进黄河流域乃至全国区域间合作与交流，能够有效提升河南形象和品牌价值，增强河南协同治理能力。首先，河南做好生态保护协同治理有助于优化区域生态环境，提高生态资源的质量和可持续性，通过整合各方资源和力量，协同推动生态环境保护和治理工作，可以有效改善本地区环境质量，保护生物多样性，提升生态系统的稳定性和服务功能，吸引更多的人才和资本流入，进而促进旅游业、生态农业等绿色产业的发展，从而增强河南的产业竞争力。其次，在协同治理的过程中，政府、企业、社会组织和公众等各方的参与和合作，推动绿色技术的研发和应用，有助于减少环境污染和资源浪费，提高资源利用效率，推动河南经济向绿色、低碳、循环的方向发展，提升区域经济的整体竞争力。最后，生态保护协同治理还能够促进河南同黄河流域其他省区之间的合作与交流，在协同治理的过程中，流域省区共享资源、技术和经验，共同应对生态环境问题，形成互利共赢的局面，同时增强河南的协同治理能力，为河南经济社会持续健康发展增添动力。

第三节　地区高质量发展的重要支撑

践行生态保护协同治理能够为地区高质量发展提供优质的生态空间，在推动形成绿色生产方式和生活方式的过程中加速现代产业体系的构建，有效巩固脱贫攻坚成果，助力乡村全面振兴，为高质量发展提供支撑作用。践行生态保护协同治理，不仅体现了生态文明建设与地区经济发展的内在关联，也是实现可持续高质量发展的重要途径。河南作为黄河流域生态保护和高质量发展的主战场，同时是中部地区崛起的中坚力量，推动高质量发展义不容辞。

一　为地区高质量发展提供优质的生态空间

生态空间作为人类生存和发展的基础，其质量直接关系经济社会发展的健康和可持续性，优质的生态空间则是地区经济社会高质量发展的重要支撑保障。一是践行生态保护协同治理有助于修复受损的生态系统，改善和优化黄河流域生态环境。在过去的发展过程中，由于过度开发、污染排放等原因，黄河流域的生态系统遭受了相当严重的破坏。新时代下，通过实施生态保护协同治理，能够及时有效修复这些受损的生态系统，使其逐渐恢复原有的功能和稳定性，在改善流域省区环境质量的同时，能够为黄河流域高质量发展提供更为可靠的生态保障，以及更为优质、健康的生态空间。二是践行生态保护协同治理能够优化生态空间布局，提升黄河流域的生态服务功能。在共同抓好大保护、协同推进大治理的过程中，沿黄九省区能够充分考虑流域上、中、下游生态系统的系统性、完整性和连通性，根据不同地域的主体功能和资源要素禀赋，合理规划布局流域生态空间，避免人为活动对生态系统造成过度干扰。同时通过协同治理能够有效加强黄河流域的生态保护和修复工作，提升黄河流域生态系统如水源涵养、气候调节、生物多样性保护等服务功能，为地区高质量发展打造更为优质的空间布局。三是践行生态保护协同治理能够推动黄河流域形成以绿色为底色的生产生活方式。在生产层面，生态保护协同治理提倡发展绿色产业和循环经济，推动产业结构优化升级，减少污染排放和资源消耗；在生活层面，生态保护协同治理倡导居民践行低碳循环生活模式，开展绿色消费，共建环境友好型社会。不仅能够提升经济发展的质量和效益，还能够为高质量发展营造良好的生产生活氛围，提供高质量发展的社会基础。

从推动河南高质量发展的现实情况来看，当前大气污染、水体污染等问题依然突出，在生态环境保护和治理方面的短板有待补齐，生态空间质量有待进一步提升等问题影响河南的可持续发展能力，制约河南的高质量发展进程。基于河南在黄河流域生态保护和高质量发展国家战略中的主战场作用，河南迫切需要大力践行黄河流域生态保护来提升生态环境质量，在协同治理的过程中通过流域九省区之间的资源共享和优势互补，共同推进黄河流域的生态保护与治理工作，注重加强生态保护治理方面的技术交流和经验分享，推动河南生态环境治理水平有效提升，为河南经济社会高质量发展提供优质的生态空间。

二　为现代产业体系的加速构建提供催化剂

加快构建现代化产业体系是高质量发展主要内容之一，现代产业体系的构建依赖制造业高端化、智能化、绿色化发展，需要推动新一代信息技术、人工智能、生物技术、新能源、新材料、高端装备、绿色环保等作为新的增长引擎。黄河流域作为我国经济社会发展的重要区域，具有承东启西的重要战略地位，实施黄河流域生态保护协同治理，对于推动流域高质量发展、构建现代产业体系具有特殊的重要意义。同时，现代产业体系的建设可以促进地区加速技术创新和产业升级，提升河南乃至整个黄河流域的产业竞争力和可持续发展能力。

首先，严格的生态保护措施能够为现代产业体系建设提供优质的生态支撑保障。现代产业体系，特别是高新技术产业和绿色产业，对生态环境有着较高的要求，这些产业往往需要依托良好的生态系统进行研发、生产和经营活动。生态保护措施通过保护自然生态系统、恢复受损生态功能、优化空间布局等方式，提升生态空间的承载能力，为现代产业体系的可持续健康发展提供生态支撑。其次，协同治理可以促进资源的共享和优化配置。黄河流域拥有丰富的自然资源和产业基础，通过流域上中下游协同治理，可以实现资源的跨区域整合和高效利用，有助于推动产业链上下游的衔接和协作，形成更具竞争力的产业集群，为现代产业体系的建设提供动力支撑。再次，协同治理可以推动地区科技创新和产业升级。通过加强科技创新和研发投入，培育新的产业增长点和发展动能，推动产业创新和协同发展，为现代产业体系的建设注入新的活力。最后，从黄河流域自身来看，黄河流域上、中、下游经济发展态势呈现出明显的区域特征，上游相对落后，中游正在崛起，下游相对发达，协同治理能够打破当前流域省际存在的信息孤岛及信息相互矛盾等现象，经过民主协商、科学决策提供的顶层设计和政策支持，能够为现代产业体系的建设提供坚实的制度保障。

基于河南现代产业体系建设视角，河南地处黄河流域中下游，拥有丰富的自然资源和生态优势，具备扎实的产业基础和完备的产业体系。在黄河流域生态保护协同治理的过程中，加强黄河流域生态保护协同治理，能够基于河南农业大省禀赋，积极拓展生态农业、生态旅游等绿色产业的发展平台。通过应用生态农业技术，加强农业废弃物的资源化利用，提高农业生产的生态效益和经济效益，推动河南农业产业的绿色转型。通过区域合作引进先进的产业技术和管理经验，推动本地区的技术创新和管理升级，加快传统产业的转型升级，提高产业的附加值和竞争力。通过大力发展清洁能源、循环经济等绿色产业，推动新能源、新材料等战略性新兴产业的发展，加速形成具有竞争力的绿色工业产业体系。

三　为巩固脱贫攻坚成果和乡村全面振兴提供现实支撑保障

高质量发展，即能够更好满足人民日益增长的美好生活需要的发展。全面推进乡村振兴是脱贫攻坚取得胜利后“三农”工作重心的历史性转移，也是推动我国经济转向高质量发展阶段的必然要求，乡村全面振兴能够增强乡村的内生发展动力和自我发展能力，为经济社会的高质量发展提供持续动力支持。黄河流域横跨东、中、西三大区域，承担着重要的水源涵养、水土保持、荒漠化防治等生态服务功能，是我国不可或缺的生态安全屏障和重要经济地带，黄河流域生态安全不仅关乎黄河安澜和生态面貌改善，更关乎本流域乃至全国高质量发展的资源环境基础稳固。

通过加强生态环境保护和协同治理，不仅能够改善地区生态环境质量，而且可以有效加强农村基础设施建设，改善农村生产生活环境，提高农民的生活质量和幸福感。通过发展生态农业、生态旅游等绿色产业，还可以增加农民的收入来源，提升农民的生活品质和生产效率，促进乡村经济的繁荣和发展。黄河流域同时是我国陆上、空中、网上“丝绸之路”的重要经济带和核心文化保护传承创新区，对于国家和民族的发展具有重要影响。大力践行生态保护协同治理，可以为当地的经济社会发展注入新的动力，通过引导传统产业向绿色、低碳、循环方向发展，推动农业、工业、服务业等领域的绿色转型，有利于培育新的经济增长点，增强乡村的造血功能。此外，黄河流域还是我国少数民族聚居较为集中的区域以及打赢脱贫攻坚战的重要区域。推动黄河流域生态空间一体化保护和环境协同化治理，有利于加快区域发展、维护社会稳定和促进民族团结，而民族团结作为乡村振兴工作的重要抓手之一，能够为我国全面乡村振兴提供民族力量保障。

对河南自身来说，当前全省水资源集约利用效率相对较低，部分乡村地区水资源短缺现象依然存在，省辖市之间发展不平衡不充分的难题尚未破解，部分省辖市生态环境破坏的现象依然没有得到有效缓解，不同省辖市的环境治理水平有待提高等因素，一定程度上制约了河南全面乡村振兴的前进步伐。河南践行黄河流域生态保护协同治理不仅能够提高水资源节约集约利用效率，缓解乡村地区的水资源短缺问题，促进农业生产和乡村生活的可持续发展；而且能够立足本地区特色优势产业，利用黄河流域的丰富资源和独特优势，发展生态农业、文化旅游等产业，培育壮大龙头企业，推动产业集聚发展，带动乡村经济的增长和农民收入的提高。同时，可以通过加强基础设施建设，改善乡村交通、水利、电力等基础设施条件，提升乡村公共服务水平，打破制约乡村发展的基础设施瓶颈，为全面乡村振兴提供强有力的基建支撑。

第四节　民生福祉更加殷实的坚实基础

民生福祉是一个涉及多方面的综合性概念，主要指的是民众在物质生活和精神需求上达到美满幸福的生活状态，涉及民众的基本生存和生活状态以及现实发展，黄河流域横跨我国东中西部，涉及全国九个省区，2023年黄河流域九个省区的总人口约为4.2亿，占全国总人口的29.1%；经济总量约为31.6万亿元，占全国的25.1%，黄河流域的民生福祉是否殷实直接影响我国的民生福祉，而当前黄河流域面临的最大弱项就是民生发展不足。生态环境保护和可持续发展是增进民生福祉的重要方面，践行生态保护协同治理则为增进民生福祉提供保障和动力，是使民生福祉更加殷实的坚实基础。

一 共护黄河长治久安，筑牢民生福祉防线

2019年习近平总书记在黄河流域生态保护和高质量发展座谈会上指出，尽管黄河多年没出大的问题，但黄河水害隐患还像一把利剑悬在头上，丝毫不能放松警惕，要保障黄河长久安澜。黄河作为地上悬河，洪涝灾害等危害始终威胁着流域人民群众的生命财产安全和生活质量，威胁九省区的经济社会发展。要治黄河水之患，兴黄河水之利，显黄河水之善，切实将黄河打造成为造福人民的幸福河。

一方面，践行生态保护工作能够有效保护黄河安澜。其一，生态保护直接关系黄河流域的自然环境和生态系统，实施如水土保持、水源涵养、生态修复等有效的生态保护措施，能够改善流域内的生态环境，增强土壤保持和水资源管理能力，从而防止水土流失、减少自然灾害的发生，确保黄河的河道稳定和水流安全。其二，生态保护有助于恢复和维持黄河流域的生物多样性，通过保护湿地、植被和野生动物等生态系统，能够维护地区生态平衡，提高生态系统的稳定性和抵抗力，保护黄河的自然安澜。另一方面，加强协同治理能够更加高效地推进黄河安澜保障工作。协同治理的方式可以实现黄河流域上下游、左右岸、干支流之间在生态保护方面的深度合作，有助于确保整个流域的生态治理工作有序、高效地进行。协同治理注重建立健全生态保护与修复的长效机制，黄河流域九省区通过共同制定和执行生态保护政策，在有效推进黄河流域生态保护工作的同时，更加注重生态系统的整体性和关联性，有利于增强生态系统的稳定性和自我调节能力，进而降低黄河发生洪涝等自然灾害的风险，保障黄河安澜。同时，协同治理注重社会参与和公众监督，通过广泛动员社会力量，加强环保宣传和教育，提高公众的生态环保意识，形成全社会共同关心、支持和参与黄河生态保护的良好氛围。这种社会共治的模式能够增强生态保护工作的可持续性和长效性，为保障黄河安澜提供坚实的社会基础。

黄河流域作为河南的重要水源地，其生态安全直接关系河南的民生福祉发展程度。当前，河南在保障黄河安澜方面仍存在亟待提升之处，具体包括河道生态安全，部分干支流河道内存在威胁黄河行洪安全隐患，生态环境脆弱需要进一步加强生态保护和修复工作等。河南亟须加强水资源管

理和水污染治理，提高有限黄河水资源的集约节约利用效率；保护黄河的土壤环境，维护黄河生态平衡；提高生态系统的稳定性和自我修复能力，恢复黄河流域的生态功能，保障黄河的安全。通过保护黄河岁岁安澜，为河南人民群众更加殷实的民生福祉提供生态安全保障。

二　促进绿色集约发展，激发民生福祉动力

开展黄河流域生态保护和协同治理对于促进地区绿色集约持续发展具有重要意义，能够为更加殷实的民生福祉提供动力源泉。黄河以全国2%的水资源承担着保障沿黄河省区人民群众生活和工农业生产的重要任务，是我国西北、华北地区的生命线。随着生态保护工作的深入，实施节水措施、加强水土保持、推进水资源优化配置等生态保护治理措施，可以实现水资源的合理利用和高效配置，提高水资源利用效率，有助于缓解水资源短缺压力，降低生产成本，提升企业竞争力，促进其绿色集约发展。在此条件下转型发展起来的绿色产业不仅为当地民众提供了更多的就业机会，也带动了区域经济的繁荣，提高了居民的收入水平，进一步增强地区民生福祉动力。

此外，践行黄河流域生态保护和协同治理还能催生新的经济增长点，随着居民环保意识的提高和市场绿色消费需求的增加，绿色产业和环保产业逐渐成为新的经济增长点。践行黄河流域生态保护和协同治理，可能催生一系列特色绿色产业，积极发展生态旅游、生态农业、清洁能源等绿色产业，培育新的经济增长动能。具体来看，生态农业的发展能够带动农民增收，促进农村经济的繁荣和可持续发展；清洁能源产业的发展能够减少对传统能源的依赖，降低环境污染，为当地带来新的经济增长点。传统的高污染、高能耗产业将逐渐被绿色、低碳、环保的产业替代，更加健康、可持续的经济发展模式为实现更加殷实的民生福祉提供动力保障。

一方面，丰富的自然资源和良好的生态环境为河南产业绿色集约发展提供良好基础，河南的广袤平原、丰富的水资源和多样的生物资源，为绿色产业的发展提供了丰富的物质基础和生态空间，有利于大力发展绿色集约产业。广袤平原为绿色农业和生态农业的发展提供了广阔的土地资源，有利于推动绿色种植、有机农业等绿色农业的发展，提高农产品的品质和附加值；丰富的水资源为产业的绿色集约发展提供了充足的保障，还为水

产养殖、水生生物资源保护等绿色产业的发展提供了条件；多样的生物资源为产业的绿色集约发展提供了丰富的生物材料和生态服务。另一方面，持续改善的生态环境质量为绿色产业的发展提供了有力支撑，有助于吸引更多的绿色投资和创新资源，推动河南经济向绿色、低碳、循环方向转型。协同治理模式注重科技创新和绿色技术的研发与应用，通过引进和推广先进的绿色技术，使河南更加注重资源的循环利用，这种资源节约和高效利用的模式，正是绿色集约发展的核心要求，也为河南的绿色集约发展提供了有力支撑。

三　改善流域生态质量，切实增进民生福祉

生态环境作为人类生存和发展的基础，其质量好坏直接关系民生福祉。黄河流域生态状况不仅关系流域内的自然气候和环境质量，更直接关乎流域内居民的生活品质。首先，黄河的生态健康直接关系流域内居民的生活用水安全。黄河水是沿岸地区居民生活和农业灌溉的重要水源，一旦水质受到污染或水量减少，将直接影响居民的正常生活和农业生产。因此，保护黄河生态，确保水质安全和水量稳定，是维护民生福祉的重要一环。其次，一个健康的生态环境能够提供充足的食物、水源和居住空间，满足人民的基本生存需求，黄河流域的植被覆盖、水土保持等生态因素，对于调节气候、减少沙尘暴等自然灾害具有重要作用。而健康的黄河生态系统，有助于改善流域内的气候和环境质量，提高居民的生活舒适度。再次，践行黄河生态保护关系流域内的生物多样性。黄河生态系统孕育了丰富的生物资源，这些资源不仅具有生态价值，同时具有经济价值，保护黄河生态、维护生物多样性，有助于促进流域内的生态平衡和可持续发展，进一步增进流域民生福祉。最后，黄河流域生态保护能够推动地方经济发展，改善居民生活条件。通过发展绿色产业、推动生态旅游等方式，将黄河生态优势转化为经济优势，促进流域经济发展，提高居民收入水平。同时，改善黄河生态环境还可以提升城市的形象和吸引力，吸引更多的投资和人才，黄河流域经济的进一步繁荣是民生福祉更加殷实的动力保障。

对于河南来说，通过践行黄河流域生态保护协同治理，河南能够在黄河生态保护与经济发展之间，以及农业大省与经济大省之间找到良好的平衡点。从优势来看，一是河南平原地区地势平坦，有利于开展大规模的生

态修复和绿化工程；二是河南地势自西向东由中山、低山、丘陵过渡到平原，呈阶梯状下降，多样的地形地貌使生态系统具有丰富的多样性，有利于生物多样性的保护和恢复；三是黄河、淮河、海河等河流流经河南境内，为河南践行生态保护协同治理提供了充足的水源支持。从现实发展来看，深化沿黄工业园区水污染治理，不仅显著提升了黄河水质，而且为沿岸居民提供了更为安全、健康的饮用水源；加强防风固沙林、生态景观林等建设，有效提升了黄河滩区的生态系统稳定性，能够为滩区居民提供更好的生活环境；推动工业绿色转型升级，在提升企业竞争力的同时减少工业污染；发展森林特色小镇和森林乡村，能够实现生态保护和乡村振兴的有机结合，为农村居民提供更多的就业机会和增收渠道等。践行黄河流域生态保护协同治理，改善河南沿黄生态环境，不仅能够为河南经济发展和社会进步注入新的活力，还能够为增进河南民生福祉提供生态环境和经济发展基础，有效提升河南的民生福祉。

第五节　中国式现代化河南担当的主动选择

当前我们党的中心任务就是团结带领全国各族人民全面建成社会主义现代化强国、实现第二个百年奋斗目标，以中国式现代化全面推进中华民族伟大复兴。黄河流域在我国经济社会发展过程中具有不可替代的重要作用，黄河流域的生态保护和协同治理与中国式现代化的理念和目标是相辅相成的，是实现中国式现代化的重要途径和实践领域。河南作为黄河流域生态保护和高质量发展战略的首倡之地，在推进中国式现代化的进程中肩负着重要职责和特殊使命。

一　以人口红利助力实现全体人民共同富裕的现代化

中国式现代化是人口规模巨大的现代化，而人口众多也是黄河流域的显著特征之一，2023 年黄河流域九个省区的总人口约为 4.2 亿，占全国总人口的近三成，其中河南有近 1 亿人口，占整个流域的 23.4%。共同富裕是中国式现代化的本质要求，黄河流域上中游 7 个省区发展相对不充分，部分地方存在少数民族聚集区和贫困区交织重合现象。这些地区往往资源匮乏、环境恶劣，其生存和发展方式往往依赖对自然资源的过度开发和利用，这种过度开发不仅导致环境破坏，也加剧了贫困地区的生态问题，黄河流域是推动巨大规模人口实现共同富裕的重要攻坚区。为了更好地实现共同富裕，需要充分发挥人口优势，推动地区经济发展和社会进步，拥有巨大人口优势的黄河流域在实现共同富裕道路上起到举足轻重的作用，河南更应主动担当。

从生态保护协同治理、人口规模巨大与共同富裕之间的关系来看，践行黄河流域生态保护协同治理是实现共同富裕的基础。一方面，黄河流域规模巨大的人口意味着对资源的需求和环境承载的压力都相应增大，如果不加以合理规划和利用，很容易导致资源的过度消耗和枯竭。因此，只有通过加强生态保护协同治理，优化自然资源配置，提高自然资源利用效率，确保自然资源的可持续利用和生态环境的健康稳定，才能为人口可持续发展及共同富裕的实现提供基础发展条件。同时，通过改善环境质量、保护生态系统，可以为人们提供更多的就业机会和创业空间，促进社会公平正义，推动共同富裕的实现。另一方面，黄河流域规模巨大的人口对生态保护协同治理和共同富裕提出了更高的要求。庞大的人口数量意味着需要更多的资源来支撑其生存和发展，这要求我们在推进现代化进程中更加注重资源的节约和环境的保护，必须优化资源配置，提高资源利用效率，同时加强环境监管，防止过度开发和污染。同时，黄河流域规模巨大的人口意味着社会结构和利益关系的复杂性增加，需要更加注重公平和共享，而共同富裕的实现离不开社会的公平正义。通过改善环境质量、保护生态系统，可以推动经济社会的可持续发展，为人们创造更加公平的发展机会，更有利于实现共同富裕。

从巨大人口规模促进共同富裕实现的路径来看，首先，庞大的人口基数可以转化为支撑我国现代化的技术和管理人才，为实现中国式现代化提供丰富的人力支撑。人是现代化建设的主体，也是创新驱动的核心，黄河流域的人口众多，意味着拥有庞大的知识库和智力资源，通过教育和培训，这些人口资源可以转化为具备专业技能和创新能力的技术和管理人才，为黄河流域的产业升级、科技创新和现代化建设提供有力的人才保障。其次，人口众多对于实现内需驱动的经济增长模式具有积极作用，有助于实现国内市场的扩大和深化。市场是现代化建设的重要舞台，也是经济增长的重要动力，黄河流域的人口规模庞大，意味着黄河流域拥有庞大的市场潜力和旺盛的消费需求，为当地产业的发展提供了广阔的市场空间。同时，随着人民生活水平的提高，消费需求也在不断升级，这为黄河流域的产业升级和经济发展提供了强大的内需动力。最后，众多的人口为社会保障和公共服务体系建设提供了坚实的人力基础。通过优化流域人口结构、提高流域人口素质、完善流域社会保障制度等措施，可以推动黄河流域上中下游经济社会更加协调发展，早日实现中国式现代化共同富裕的目标。

二　依托黄河文化实现物质文明和精神文明相协调的现代化

中国式现代化是物质文明和精神文明相协调的现代化，物质文明为精神文明提供必要的物质前提和条件，精神文明一定程度上决定了物质文明的方向。从物质文明的角度来看，黄河流域是我国重要的经济区域，拥有丰富的自然资源和文化遗产。加强生态保护协同治理，有助于维护黄河流域的生态平衡，促进资源的可持续利用，从而推动经济的绿色、健康发展。通过实施有效的生态保护措施，可以保护黄河流域的水资源、土壤资源等自然资本，为农业生产、工业发展等提供稳定的环境支撑。同时为当地人民提供更好的生活条件和发展机会，有助于实现经济的繁荣和社会的稳定。

从精神文明的角度来看，黄河流域是中国文化的发源地之一，拥有深厚的历史底蕴和人文内涵，黄河文化是中华文明的重要组成部分，是中华民族的根和魂，保护、传承、弘扬与创新黄河文化，是我们坚定文化自信的重要基石，也是中华民族伟大复兴进程中凝聚民族伟力的力量源泉。生态保护协同治理不仅是对自然环境的保护，更是对文化遗产的传承和弘扬，通过加强生态保护，可以保护黄河流域的自然景观和人文遗迹，促进旅游业的发展，提升地区的文化软实力，同时有助于增强人们的环保意识和文化自信，推动形成人与自然和谐共生的文明理念。

对河南来说，践行黄河流域生态保护协同治理对于实现物质文明和精神文明相协调的现代化具有重要意义。一方面是物质文明，河南地处黄河中下游，是黄河流域生态保护和经济发展的关键区域，其生态保护工作的成效直接关系黄河流域整体乃至全国生态环境的改善和可持续发展。河南还是黄河流域以及我国重要的农业和工业基地，加强生态保护可以确保当地农业生产和工业发展的可持续性，避免过度开发和污染带来的生态问题。通过加强生态保护协同治理，可以有效地改善河南的水质和土壤质量，优化生态环境条件，促进自然资源的可持续利用，不仅能够为河南居民提供更加宜居的生活环境，提升当地的经济实力，还有助于提升河南及黄河流域的吸引力，促进旅游业等相关产业的繁荣发展。

另一方面是精神文明，黄河流经河南，为这片土地带来了丰富的自然资源和深厚的文化底蕴，河南是黄河文化的重要发源地和核心展示区，黄河文化最早孕育于石器时代，早期有河南新郑的裴李岗文化，中期有河南渑池的仰韶文化等。河南践行生态保护协同治理有助于保护和传承历史文化遗产和人文景观，弘扬黄河文化，提升河南的文化软实力。河南拥有众多的古文化遗址、古建筑和古村落，这些宝贵的文化遗产是黄河流域文化的重要组成部分，加强生态保护可以有效保护这些文化遗产所在的自然环境，防止过度开发和污染对其造成损害，协调治理能够确保文化遗产在可持续利用中得到更好的传承和发展。河南践行生态保护协同治理还有助于弘扬黄河文化。加强生态保护可以保护好黄河流域河南段的自然景观和人文环境，为传统文化的弘扬提供有力支撑，协调治理还能够促进河南文化与旅游的融合发展，吸引更多的游客前来河南观光旅游，促进河南文旅深度融合发展。

三　以协同治理推动实现人与自然和谐共生的现代化

2018 年 5 月习近平总书记在全国生态环境保护大会上的讲话中指出，“生态兴则文明兴，生态衰则文明衰。生态环境是人类生存和发展的根基，生态环境变化直接影响文明兴衰演替”。中国式现代化强调人与自然和谐共生的现代化，体现对自然的尊重和保护，坚持绿色发展方式和生活方式，扭转我国改革开放以来经济快速发展的同时生态环境却持续恶化的趋势，从根本上解决“发展悖论”问题，走出一条中国式现代化生态绿色发展道路，以实现中华民族永续繁荣发展。黄河流域作为我国重要的生态屏障，在人与自然和谐共生层面责任重大，践行黄河流域生态保护协同治理，推动人与自然和谐共生，是实现黄河流域高质量发展的基本前提和重要基础，更是推进中国式现代化的必由之路。

践行黄河流域生态保护协同治理是实现人与自然和谐共生的现代化的基础。首先，黄河生态系统内的各种生物相互依存、相互制约，形成了复杂而稳定的生态链，保护黄河流域生态，就是保护这些生物的栖息地和生存环境，维护生态平衡。只有生态系统保持健康稳定，才能为人类提供持续的资源供给和生态服务，实现人与自然的和谐共生。其次，黄河流域生态保护有助于缓解人类活动对自然环境的压力。随着工业化和城市化进程的加速，作为我国重要经济区域的黄河流域为满足生产生活需要，加剧对自然资源的开发和利用，导致生态环境被破坏。通过加强生态保护，可以有效降低人类活动对生态环境的破坏，缓解人类活动给自然环境带来的压力，为人与自然和谐共生创造更好的条件。再次，协同治理有助于推动黄河流域的经济社会发展与生态保护相协调。在协同治理的框架下，经济发展不再以牺牲环境为代价，而是寻求经济发展与生态保护的平衡点，通过推广绿色技术、发展循环经济等措施，实现人与自然和谐共生的目标。最后，践行黄河流域生态保护协同治理具有促进现代化的重要意义。现代化发展强调可持续，是经济、社会和环境的协调发展，通过保护黄河流域生态，可以促进流域绿色产业的发展，推动经济结构的优化和转型升级，实现经济发展与环境保护的双赢，在提升黄河流域综合竞争力的同时，为我国其他地区提供可借鉴的经验和模式，推动全国的现代化发展进程。

河南必须以生态保护协同治理为抓手，以河南担当主动推动人与自然和谐共生，原因包括以下几个方面，一是河南地跨长江、黄河、淮河、海河四大流域，有太行山、伏牛山、大别山等重要山脉，在全国生态格局中地位重要，其生态保护状况直接影响全国生态系统的稳定性和健康程度，河南在推动实现人与自然和谐共生建设中使命重大。二是作为人口大省和资源大省，河南长期以来受高强度的矿产资源开采、国土开发建设及自然灾害等影响，资源环境承载压力大，部分地区生态系统受损退化，生态保护修复历史欠账多，导致河南面临资源开发利用与生态保护双重压力，在此条件下，推动实现人与自然和谐共生显得尤为重要。三是建设美丽河南、生态强省是推进中国式现代化建设河南实践的重要目标。通过加强生态环境保护，推动绿色发展和生态文明建设，河南将为实现人与自然和谐共生的现代化目标奠定坚实基础。

第二章　河南践行黄河流域生态保护协同治理的积极探索

2019 年 9 月 18 日，习近平总书记在河南郑州主持召开黄河流域生态保护和高质量发展座谈会并发表重要讲话，黄河流域生态保护和高质量发展上升为重大国家战略。他强调，要坚持绿水青山就是金山银山的理念，坚持生态优先、绿色发展，以水而定、量水而行，因地制宜、分类施策，上下游、干支流、左右岸统筹谋划，共同抓好大保护，协同推进大治理，着力加强生态保护治理、保障黄河长治久安、促进全流域高质量发展、改善人民群众生活、保护传承弘扬黄河文化，让黄河成为造福人民的幸福河。5 年来，河南省以习近平总书记视察河南重要讲话为指引，结合本地实际，积极探索，在流域内率先出台了一系列政策法规，坚定实施了一系列工程项目，联合举办了一系列首创活动，力争做好黄河流域生态保护和高质量发展战略在河南的落地实施。

第一节　强化顶层设计

党的十八大以来，习近平总书记多次实地考察黄河流域生态保护和经济社会发展情况，就三江源、祁连山、秦岭、贺兰山等重点区域生态保护建设做出重要指示批示。为深入贯彻习近平总书记重要讲话和指示批示精神，中共中央、国务院以及各部委相继出台针对黄河流域生态保护和高质量发展的规划政策，形成了完善的上层规划政策体系。

一　国家层面的政策与规划体系

（一）全面规划

2021 年 10 月，中共中央、国务院印发《黄河流域生态保护和高质量发展规划纲要》（以下简称《规划纲要》）。《规划纲要》是指导当前和今后一个时期黄河流域生态保护和高质量发展的纲领性文件，是制定实施相关规划方案、政策措施和建设相关工程项目的重要依据。

《规划纲要》指出：黄河流域发展最大的矛盾是水资源短缺、最大的问题是生态脆弱、最大的威胁是洪水、最大的短板是高质量发展不充分、最大的弱项是民生发展不足。《规划纲要》对黄河流域生态保护和高质量发展提出了总体要求，以习近平新时代中国特色社会主义思想为指导，明确了坚持的主要原则，对黄河流域生态保护和高质量发展提出了四个战略定位，规划了近期2030年、中期至2035年、远期展望至21世纪中叶的发展目标，提出了黄河流域生态保护空间布局、发展动力格局和文化彰显区的战略布局；对上、中、下游生态保护的重点进行了明确，并对全流域水资源配置、防洪调沙、污染治理、产业发展、城乡发展、基础设施、黄河文化、民生和改革开放等方面进行了详细规划。

（二）专项规划

国家《规划纲要》出台后，按照构建“1+N+X”规划政策体系，国家发展和改革委员会、水利部、生态环境部等部委针对水安全、生态环境保护、水利和文化公园建设等细分领域，纷纷出台相应的专项规划，确保国家《规划纲要》落地实施。

1.《黄河流域生态保护和高质量发展水安全保障规划》

2022年5月，水利部、国家发展和改革委员会正式印发实施《黄河流域生态保护和高质量发展水安全保障规划》（以下简称《水安全保障规划》）。该《规划》为黄河流域生态保护和高质量发展重大国家战略“1+N+X”规划政策体系中首个国家层面印发实施的专项规划。坚持“节水优先、空间均衡、系统治理、两手发力”的治水思路，按照“共同抓好大保护，协同推进大治理”的要求，在深入分析黄河流域水安全保障面临的形势与挑战的基础上，提出水安全保障的主要目标和重点任务，为全面提升黄河流域水安全保障能力提供重要依据和有力支撑。《水安全保障规划》提出了近期、中期、远期目标。到2030年，黄河流域防洪减灾能力全面提升，水资源节约集约利用水平显著提高，水生态环境质量明显改善，先进水文化得到传承和弘扬，流域协同治理能力显著提升，人民群众获得感、幸福感、安全感显著增强。到 2035 年，基本实现“防洪保安全、优质水资源、健康水生态、宜居水环境、先进水文化”的幸福河目标。展望到 21 世纪中叶，全面实现“让黄河成为造福人民的幸福河”目标。

《水安全保障规划》确定了六方面重点任务。一是保障黄河长治久安。紧紧抓住水沙关系调节“牛鼻子”，完善水沙调控体系，健全防洪减灾工程体系，强化灾害应对能力建设。二是强化水资源安全保障。强化水资源刚性约束，打好深度节水控水攻坚战，优化流域水资源配置格局，实现水资源节约集约安全利用。三是强化水生态安全保障。加强水源涵养能力建设，提升河流生态廊道功能，推进河口区生态保护与修复，强化河湖涉水空间监管，复苏河湖生态环境。四是加强水土保持。坚持山水林田湖草沙综合治理、系统治理、源头治理，科学推进水土流失综合防治，提升全流域水土保持水平。五是保护传承弘扬黄河水文化，为筑牢流域水安全屏障提供文化支撑和精神动力。六是提升流域治理能力。健全黄河保护治理法治体系，完善流域保护治理协同机制，充分发挥流域管理机构作用，提升流域治理水平和管理能力。

2.《黄河流域生态环境保护规划》

2022 年 6 月，《黄河流域生态环境保护规划》（以下简称《环境保护规划》）由生态环境部、国家发展和改革委员会、自然资源部、水利部联合印发，《环境保护规划》是落实《黄河流域生态保护和高质量发展规划纲要》“1+N+X”要求的专项规划，是指导黄河流域当前和今后一个时期生态环境保护工作，制定实施相关规划方案、政策措施和工程项目建设的重要依据。规划期与国家《规划纲要》保持一致。

《环境保护规划》明确提出，坚持生态优先、绿色发展，系统治理、分区施策，三水统筹、还水于河，责任落实、协同推进的原则。《环境保护规划》坚持远近结合，提出中长期黄河流域生态环境保护任务，既确定了近期目标要求，又锚定远景目标。提出通过 2030 年、2035 年两个阶段的努力，力争到 21 世纪中叶，黄河流域生态安全格局全面形成，重现生机盎然、人水和谐的景象，幸福黄河目标全面实现，在我国建设富强民主文明和谐美丽的社会主义现代化强国中发挥重要支撑作用。《环境保护规划》明确了 7 个方面重点任务和 8 类重点工程，8 类重点工程包含水环境保护与治理工程、重点行业大气污染治理工程、清洁取暖改造工程、移动源污染治理工程、土壤与地下水污染治理工程、生态保护修复工程、危险废物收集处置能力提升工程和医疗废物收集处置能力提升工程。

3.《黄河国家文化公园建设保护规划》

国家文化公园是传承中华文明的历史文化标识、凝聚中国力量的共同精神家园、提升人民生活品质的文化体验空间。2023 年 7 月，国家发展改革委等部门联合印发《黄河国家文化公园建设保护规划》（以下简称《建设保护规划》）。《建设保护规划》共包括规划背景、总体思路、分类建设重点功能区、推进实施重点任务、建立健全体制机制、加强规划实施保障等 6 部分内容及其相应附件。该规划指出黄河国家文化公园具有地域空间广阔、文化底蕴深厚、文化遗产富集、保护利用有效、发展水平较好等 5 个方面的建设基础；坚持保护优先、强化传承，文化引领、彰显特色，因地制宜、分类指导，积极稳妥、改革创新的主要原则；明确了黄河国家文化公园建设的总体布局。《建设保护规划》对黄河国家公园建设近期及远期建设情况进行了展望：到 2023 年黄河国家文化公园建设管理机制建立健全，协调推进局面初步形成；到 2025 年黄河国家文化公园建设任务基本完成；展望 2035 年，建成具有世界影响力的大河文明展示带。提出分类建设规定管控保护区、打造主题展示区、建设文旅融合区和优化传统利用区等重点功能区。明确推进实施强化文化遗产保护传承、深化黄河文化研究发掘、提升环境配套服务设施、促进黄河文化旅游融合和加强数字黄河智慧展现等五项重点任务。

（三）良法善治

为了加强黄河流域生态环境保护，使黄河安澜得以保障，使水资源节约集约利用得以推进，推动高质量发展，保护传承弘扬黄河文化，实现人与自然和谐共生、中华民族永续发展，《黄河保护法》于 2022 年 10 月 30 日在第十三届全国人民代表大会常务委员会第三十七次会议上通过，并已于 2023 年 4 月 1 日起施行。《黄河保护法》包括总则、规划与管控、生态保护与修复、水资源节约集约利用、水沙调控与防洪安全、污染防治、促进高质量发展、黄河文化保护传承弘扬、保障与监督、法律责任和附则共计 11 章 122 条。《黄河保护法》是我国第二部针对流域的专门法律。

《黄河保护法》有力贯彻落实了习近平生态文明思想和党中央有关决策部署，是一部推动黄河流域生态保护和高质量发展的法律，从法的层面对整个流域生态保护、对高质量发展提供了保障。《黄河保护法》是对政府责任要求最多的法律之一，共有 84 条有关政府责任的规定，占法律条文总数的 68.8%，大大提升了地方政府生态治理保护的积极性。其就如一把利剑，既明确了政府的职责，又让政府在执法过程中更有底气，做到有法可依，以法律为准绳保护黄河，执法力度也有所加大。《黄河保护法》“对症施治”，就水源涵养、水土保持、生态流量等做出全面规定，开启了依法治河新篇章。

（四）各部委政策支持

1.《“十四五”黄河流域生态保护和高质量发展城乡建设行动方案》

住房和城乡建设部于 2022 年 1 月 24 日印发《“十四五”黄河流域生态保护和高质量发展城乡建设行动方案》（以下简称《建设行动方案》）。《建设行动方案》提出了到 2025 年黄河流域城乡建设的具体目标并列明了行动方案的具体 20 个指标（见表 2-1），提出实施城镇生态保护治理行动、安全韧性城镇建设行动、城乡水资源节约集约利用行动、城乡人居环境高质量建设行动和历史文化保护利用与传承行动等 5 大行动 63 条具体行动举措。

表 2-1 黄河流域城乡建设行动方案主要指标及目标

序号	指标名称	2025 年目标
1	城市生活污水集中收集率（%）	≥70%，或较 2020 年提高 5 个百分点以上
2	城市生活垃圾焚烧处理能力占比（%）	下游城市≥65%，中游城市和上游大城市≥60%，上游其他城市≥40%
3	城镇清洁取暖率（%）	上游和中游北方地区≥80%，下游地区≥85%
4	城市供热管网热损失率（%）	较 2020 年降低 2.5%
5	城镇新建建筑节能标准执行率（%）	100%
6	城市可渗透地面面积比例（%）	≥40%
7	城镇储气能力	不低于保障本行政区域日均 3 天需求量
8	城市公共供水管网漏损率（%）	≤9%，有条件的城市力争≤8%

续表

序号	指标名称	2025年目标
9	城市公共机构节水器具使用率（%）	100%
10	城市再生水利用率（%）	≥30%
11	城市建成区人口密度（万人/平方公里）	≤1万人/平方公里，超大特大城市≤1.2万人/平方公里、个别地段最高≤1.5万人/平方公里
12	城市新建住宅建筑密度（%）	≤30%
13	城市建成区路网密度（公里/平方公里）	≥8公里/平方公里
14	城市公园绿化活动场地服务半径覆盖率（%）	中下游城市≥85%，上游城市≥80%
15	城市市政管网管线智能化监测管理率（%）	省会城市和计划单列市≥30%，地级城市≥15%
16	历史文化街区保护修缮率（%）	≥60%
17	县城建成区人口密度（万人/平方公里）	0.6~1万人/平方公里
18	县城建成区建筑总面积与建设用地面积比值	0.6~0.8
19	县城新建住宅中6层及以下建筑面积占比（%）	≥70%
20	县城生活垃圾无害化处理率（%）	≥99%

2.《黄河生态保护治理攻坚战行动方案》

生态环境部等12部门于2022年8月31日联合印发了《黄河生态保护治理攻坚战行动方案》（以下简称《攻坚战行动方案》）。《攻坚战行动方案》明确了到2025年黄河流域地表水达到或优于Ⅲ类水体的比例，要基本消除地表水劣Ⅴ类水体；森林覆盖率达到目标；综合治理沙化土地面积，水土保持率达到目标；明确了坚持因地制宜、分类施策，休养生息、还水于河，问题导向、重点攻坚，源头管控、防范风险，多元共治、协同推进的基本原则；提出了河湖生态保护治理行动、减污降碳协同增效行动、城镇环境治理设施补短板行动、农业农村环境治理行动和生态保护修复行动等5大行动。

3.《黄河流域生态保护和高质量发展科技创新实施方案》

科技部对标《黄河流域生态保护和高质量发展规划纲要》有关部署，于2022年10月8日印发了《黄河流域生态保护和高质量发展科技创新实施方案》（以下简称《实施方案》）。《实施方案》针对黄河水少沙多、生态环境脆弱和悬河发育等自然特点以及流域现状、社会背景和科学挑战，以“水”为主线，以“流域”为着眼点，重点针对水资源短缺矛盾和生态环境脆弱等突出问题，紧紧抓住水沙关系“牛鼻子”，通过基础理论和关键技术突破、沿黄地区科技创新走廊构建，推动由黄河源头至入海口的全域科学治理，支撑黄河流域生态保护与高质量发展重大战略的实施。

4.《关于深入推进黄河流域工业绿色发展的指导意见》

工信部、国家发改委、住建部、水利部四部门于 2022 年 12 月 12 日发布了《关于深入推进黄河流域工业绿色发展的指导意见》（以下简称《意见》）。《意见》提出了到 2025 年的主要目标及要求，提出了流域工业绿色健康发展的 5 个重点方向 14 项具体任务。5 个重点方向：一是推动产业结构布局调整，二是推动水资源集约化利用，三是推动能源消费低碳化转型，四是推动传统制造业绿色化提升，五是推动产业数字化升级；具体任务包括促进产业优化升级、构建适水产业布局、大力发展先进制造业和战略性新兴产业、实施降碳技术改造升级，加强绿色低碳工艺技术装备推广应用、深化生产制造过程的数字化应用等。

二　构建河南“金字塔”式政策规划体系

黄河流域生态保护和高质量发展上升为国家战略以来，河南积极对接国家战略，站位国家区域经济布局，着力构建以河南省黄河流域生态保护和高质量发展规划为“塔尖”、重点领域专项规划为“塔腰”、关键环节专项政策为“塔基”的“金字塔”式政策规划体系，从过去的立足“要”向立足“干”转变、向先行先试转变，引领沿黄生态文明建设，在全流域率先树立河南标杆。

（一）强化“塔尖”

在顶层设计上，河南省推动中原城市群、郑州国际航空货运枢纽建设等 53 项重大事项纳入国家《规划纲要》。此外，河南省积极贯彻落实黄河流域生态保护和高质量发展重大国家战略，于 2021 年 6 月制定印发《河南省黄河流域生态保护和高质量发展规划》（以下简称《规划》）；河南人大于 2021 年 9 月审议通过《河南省人民代表大会常务委员会关于促进黄河流域生态保护和高质量发展的决定》，共同构成了河南省黄河流域生态保护和高质量发展的政策规划体系“塔尖”。

《规划》是河南省实施黄河流域生态保护和高质量发展重大国家战略的纲领性文件，体现了中央和省委省政府的要求，彰显了时代特征与河南特色，既是干在当下的前提依托，也是谋划长远的根本遵循，具有重要的引领作用。《规划》为标杆立尺，提出今后一个时期河南省黄河流域生态保护和高质量发展的总体要求、重点任务、重大工程和政策措施，为加快推进河南省黄河流域各专项规划编制，为山水林田湖草沙一体化治理和沿黄生态廊道建设提供指引遵循。《规划》提出了河南省到2030年和2035年生态保护和高质量发展要实现的目标任务：“到2030年，黄河流域人水关系进一步改善，流域治理水平明显提高，生态共治、环境共保、城乡区域协调联动发展的格局逐步形成，现代化防洪减灾体系基本建成……流域人民群众生活更为宽裕，获得感、幸福感、安全感显著增强。”“到2035年，黄河流域生态保护和高质量发展取得重大战略成果，黄河流域生态环境全面改善，生态系统健康稳定……人民生活水平显著提升。”《规划》站位黄河流域全局，提出构建形成黄河流域“一轴两区五极”的发展动力格局，促进地区间要素合理流动和高效集聚。《规划》提出了应坚持的基本原则：生态优先、绿色发展，量水而行、节水优先，因地制宜、分类施策，统筹谋划、协同推进；提出聚焦保障黄河长治久安、改善黄河流域生态环境、优化水资源配置、促进全流域高质量发展、改善人民群众生活，保护传承弘扬黄河文化等重点任务，确保2025年前黄河流域生态保护和高质量发展取得明显进展。

河南省第十三届人民代表大会常务委员会于2021年9月29日审议通过了《河南省人民代表大会常务委员会关于促进黄河流域生态保护和高质量发展的决定》（以下简称《决定》）。《决定》聚焦黄河流域规划引领、流域生态保护修复、水资源节约集约利用、滩区治理、流域高质量发展、破解“九龙治水”等方面，全面对接国家规划纲要，针对黄河流域保护治理工作中的突出问题，做出一系列有针对性且具创新性的规定，为各方面工作提供了制度规范，向全省上下发出了动员和号召。《决定》还提出河南省“四区”战略定位，对河南省自上而下的规划体系提出了具体指导，提出坚持“重在保护、要在治理”原则，提出了分段特色化错位发展、推进干支流廊道融合连通等要求。《决定》提出，省人民政府应当建立推动工作落实的目标责任制和考核评价制度，完善奖惩机制和容错纠错机制；全面推行“河长+检察长”模式和林长制，探索建立“河长+警长”制，建立黄河流域河湖长联席会议机制。《决定》为推动黄河战略落地落实提供了法制保障，为建立健全政策规划体系提供了法律依据。

此外，结合《河南省黄河流域生态保护和高质量发展规划》和《河南省国民经济和社会发展第十四个五年规划和二〇三五年远景目标纲要》，又出台了《河南省“十四五”黄河流域生态保护和高质量发展实施方案》，为“十四五”时期河南省进行黄河流域生态保护和高质量发展提供了具体指引。

（二）巩固“塔腰”

全省上下积极对照《河南省黄河流域生态保护和高质量发展规划》，制定了重点领域的专项规划，突出生态保护、污染防治、水资源高效利用、高质量发展、文化旅游等领域，编制了河南省黄河流域生态廊道建设、文化保护传承等规划。2021 年 12 月 31 日，河南省人民政府印发了《河南省四水同治规划（2021-2035 年）》、《河南省“十四五”水安全保障和水生态环境保护规划》和《河南省“十四五”生态环境保护和生态经济发展规划》。

1.《河南省四水同治规划（2021-2035 年）》

《河南省四水同治规划（2021-2035 年）》对全省河湖水系与水资源、水生态、水环境和水灾害进行了详细统计（见表 2-2），提出以黄河流域生态保护和高质量发展、南水北调后续工程高质量发展为引领，开展水资源、水生态、水环境、水灾害统筹治理，实施重大工程，全面深化改革和科技创新，着力推进水治理体系和治理能力现代化，建设水资源节约集约利用先行区，构建兴利除害的现代水网体系，为全省经济社会高质量发展提供坚实的水安全保障。

表 2-2 河南省河湖情况统计

名称		长江流域	淮河流域	黄河流域	海河流域	合计
流域面积	河南省内（万平方公里）	2.72	8.83	3.62	1.53	16.7
	省内占比	16%	53%	22%	9%	100%
	流域占比	2%	33%	5%	6%	—

续表

名称			长江流域	淮河流域	黄河流域	海河流域	合计
主要河流（条）	流域面积（平方公里）>10000		2	4	3	2	11
	10000>流域面积（平方公里）>3000		3	9	3	1	16
	3000>流域面积（平方公里）>1000		9	20	5	5	39
	1000>流域面积（平方公里）>200		38	113	33	19	203
	200>流域面积（平方公里）>100		51	150	68	22	291
	小计		103	296	112	49	560
湖库	大型水库	数量（座）	3	15	7	2	27
		控制省内流域面积（平方公里）	0.34	1.52	1.03	0.28	3.17
		省内流域面积占比	13%	17%	28%	18%	19%
		防洪库容（亿立方米）	3.29	37.69	102.90	3.00	146.88
		兴利库容（亿立方米）	8.90	32.57	78.26	3.49	123.22
	中型水库	数量（座）	28	55	20	18	121
		控制省内流域面积（平方公里）	0.47	0.58	0.5	0.3	1.85
		省内流域面积占比	17%	7%	14%	20%	11%
		防洪库容（亿立方米）	3.14	6.51	1.78	2.19	13.97
		兴利库容（亿立方米）	3.91	7.49	2.16	2.89	16.45
	天然湖泊	数量（处）		8			8
		水面面积（平方公里）		17.33			17.33

《河南省四水同治规划（2021-2035年）》明确了坚持人水和谐、绿色发展，节水优先、高效利用，因地制宜、合理布局，统筹兼顾、系统治理，两手发力、创新引领的基本原则。对“十四五”、2035年和21世纪中叶的规划目标进行了展望，提出践行习总书记十六字治水思路，立足近5年、谋划后15年、前瞻30年，持续建设一张水网，大力构建六个体系，统筹推进五水综合改革，有效保障四个安全，把水瓶颈变为水保障、水支撑，基本实现治水兴水现代化。一张水网即建设“系统完备、丰枯调剂、循环畅通、安全高效、绿色智能”兴利除害的现代化水网；六个体系即构建水灾害科学防治、水资源节约集约利用、水环境综合治理、水生态系统修复、水文化保护传承、水法规制度保障的现代化水治理体系；五水综合改革即统筹推进水源、水权、水利、水工、水务改革；四个安全即保障防洪安全、供水安全、水环境安全、水生态安全。到2025年，

河南省防灾减灾救灾能力进一步提升，节水型社会初步建成，水质优良比例持续提升，综合现代化水治理体系和治理能力显著提升，水安全保障能力进一步增强；到 2035 年，全省新老水问题得到系统解决，防灾减灾救灾体系基本完善，监测、预警、预判、预报、预演、预案和防洪调度水平大幅提升，节水型社会达到更高水平，城乡供水得到可靠保障，水环境质量优良，水生态得到有效保护，“系统完备、丰枯调剂、循环畅通、安全高效、绿色智能”兴利除害的现代水网体系基本形成，水治理体系和治理能力现代化基本实现，美丽健康水生态系统基本形成，经济社会高质量发展的水资源支撑和水安全保障坚实牢固；展望 2050 年，建成兴利除害的现代化水网体系，水治理体系和治理能力现代高效，实现水灾害总体可控、供用水全面保障、水生态环境健康美丽，为现代化强省建设提供坚实的水安全保障（见表 2-3）。

表 2-3 《河南省四水同治规划（2021-2035 年）》规划指标

序号	分类	主要指标及目标					性质
		指标	单位	2020 年（基准值）	2025 年（目标值）	2035 年（目标值）	
1	水灾害	1~5 级堤防达标率	%	68	77	85	预期性
2		重要防洪城市达标率	%	40	64	[94]	预期性
3		洪涝灾害年均损失率	%	—	≤0.5	≤0.4	预期性
4		干旱灾害年均损失率	%	—	≤0.7	≤0.5	预期性
5	水资源	全省用水总量	亿立方米	237.15	<292.47	<302.78	约束性
6		万元生产总值用水量下降	%	—	10	[25]	约束性
7		万元工业增加值用水量下降	%	—	5	[12]	约束性
8		新增水利工程供水能力	亿立方米	—	17.0	21.0	预期性
9		农田灌溉水有效利用系数	/	0.617	0.630	0.649	预期性
10		耕地灌溉面积	万亩	8006	[8100]	[8300]	预期性
11		缺水型城市再生水利用率	%	30.8	35	40	预期性
12		城乡饮用水地表化率	%	41	60	75	预期性
13		农村自来水普及率	%	91	93	95	预期性
14	水环境	地表水达到或好于Ⅲ类水体比例	%	73.7	75.6	完成国家下达目标	约束性
15		城市集中式饮用水水源达到或好于Ⅲ类比例	%	—	完成国家下达目标		约束性

续表

序号	分类	主要指标及目标					性质
		指标	单位	2020 年（基准值）	2025 年（目标值）	2035 年（目标值）	
16	水环境	城市生活污水集中收集率	%	74.82	郑州≥90，其他省辖市、县级市≥70（或比 2020 年提高 5%）	—	约束性
17	水环境	地表水劣Ⅴ类水体比例	%	4.4	基本消除	完成国家下达目标	约束性
18	水生态	水土保持率	%	87.35	[88.55]	[91.55]	约束性
19	水生态	地下水压采	亿立方米	—	10.74	19.29	约束性
20	水生态	湿地保护率	%	52.19	53.21	53.50	预期性

注：[ ] 内为五年累计数，下同。

《河南省四水同治规划（2021-2035 年）》提出了构建“三横一纵四域”的兴利除害的现代水网布局，全面提升水安全保障能力。“三横”指黄河干流、沙颍河干流、淮河干流，不仅是国家水网的重要组成部分，也是省内水流网络的主骨架、大动脉，为全省水资源时空调配和水安全保障的主要水流通道；“一纵”指南水北调中线总干渠，纵贯河南省南北、连通四大流域，是国家水网的重要骨架之一，也是全省水资源时空调配的重要水流通道；“四域”是指全省涉及长江、淮河、黄河、海河四大流域。

《河南省四水同治规划（2021-2035 年）》对水文化的保护和传承格局进行了规划，提出立足流域区域治水兴水的文化特色，深度挖掘水文化内涵和时代价值，打造“一轴三带”和 10 个水文化传承弘扬节点，结合涉水工程，打造水文化载体，保护传承弘扬特色水文化，助力现代化河南建设。“一轴三带”指黄河文化主轴和隋唐大运河永济渠文化带、通济渠文化带、南水北调中线文化带；10 个水文化传承弘扬节点为安阳、济源、焦作、郑州、开封、洛阳、三门峡、驻马店、南阳和信阳。

此外，由《河南省四水同治规划（2021-2035 年）》衍生出一系列子规划，如《河南省节水专项规划》《河南省水资源配置专项规划》《河南省河湖水域岸线专项规划》《河南省水生态修复与水环境治理专项规划》《河南省南水北调水资源利用专项规划》《河南省黄河水资源节约集约利用专项规划》《河南省骨干工程建设专项规划》《河南省地下水综合治理专项规划》《河南省水灾害防治专项规划》《河南省智慧水利专项规划》，这些规划是对《河南省四水同治规划（2021-2035 年）》的进一步补充。

2.《河南省“十四五”水安全保障和水生态环境保护规划》

《河南省“十四五”水安全保障和水生态环境保护规划》（以下简称《保障和保护规划》）按照河南省委、省政府“四水同治”工作部署和深入打好水污染防治攻坚战的要求，统筹发展和安全，紧扣治水主要矛盾，以黄河流域生态保护和高质量发展、南水北调后续工程高质量发展为牵引，以水安全风险防控为底线，以水资源刚性约束为上限，以水生态环境保护为控制红线，统筹推进水源、水权、水利、水工、水务综合改革，统筹开展水灾害防治、水资源利用、水环境治理、水生态保护，完善水安全保障和水生态环境治理体系，提升水治理能力现代化水平，加快构建兴利除害的现代水网体系，提升水安全保障能力，持续改善水生态环境质量，促进经济社会发展绿色转型，为确保高质量建设现代化河南、确保高水平实现现代化河南提供坚实保障；明确坚持以人为本、造福人民，节水优先、量水而行，生态优先、绿色发展，风险防控、保障安全，统筹兼顾、综合施策，改革创新、协同推进的基本原则；提出了“十四五”时期的具体目标并对 2035 年的目标进行了展望。“十四五”目标：水旱灾害防御能力进一步增强，节水型生产和生活方式基本形成，水资源配置格局进一步优化，重点河湖水生态环境明显改善，兴利除害的现代水网框架初步建成，水安全保障能力明显提升，水生态环境保护能力持续增强。2035 年目标展望：防洪减灾体系基本完善，预警、预判、预报、预案、预演和防洪调度水平大幅提升，防灾减灾能力显著增强；节水型社会达到更高水平，城乡供水保障能力明显增强，经济社会发展与水资源承载能力基本协调；水生态环境根本好转，河湖生态流量得到有效保障，水源涵养和水土保持能力不断提升，水生态功能逐步恢复，污染物排放得到有效控制，城乡黑臭水体全面消除，城乡居民饮水安全得到全面保障；兴利除害的现代水网基本建成，水治理体系和治理能力现代化基本实现，水安全保障体系与经济社会发展要求相适应，人民群众饮水放心、用水便捷、亲水宜居、洪旱无虞（见表 2-4）。

表 2-4　《保障和保护规划》主要指标

类别	规划指标	单位	2020 年（基准值）	2025 年（目标值）	属性
水安全保障	1. 1~5 级堤防达标率	%	68	77	预期性
	2. 新增水库总库容	亿立方米	—	4.5	预期性
	3. 新增防洪库容	亿立方米	—	1.5	预期性
	4. 全省用水总量	亿立方米	237.15	<292.47	约束性
	5. 万元生产总值用水量下降	%	—	10	约束性
	6. 万元工业增加值用水量下降	%	—	5	约束性
	7. 农田灌溉水有效利用系数		0.517	0.630	预期性
	8. 新增水利工程供水能力	亿立方米	—	17.0	预期性
	9. 农村自来水普及率	%	91	93	预期性
	10. 耕地灌溉面积	万亩	8006	[8100]	预期性
	11. 水土保持率	%	87.35	[88.55]	约束性
	12. 重点河湖基本生态流量达标率	%	—	>90	预期性
水生态环境保护	13. 地表水达到或好于Ⅲ类水体比例	%	73.7	[75.6]	约束性
	14. 地表水劣Ⅴ类水体比例	%	4.4	基本消除	约束性
	15. 城市集中式饮用水水源达到或好于Ⅲ类比例	%	—	完成目标任务	约束性
	16. 达到生态流量要求的河湖数量	个	—	12	预期性
	17. 试点开展水生生物完整性评价的水体	条	—	8	预期性
	18. 河湖生态缓冲带修复长度	公里	—	>200	预期性
	19. 湿地恢复（建设）面积	平方公里	—	>20	预期性
	20. 城市建成区黑臭水体控制比例	%	地级及以上城市建成区全部消除	县级城市基本消除	
	21. 恢复“有水”和河流数量（平水年）	个	—	6	预期性
	22. 恢复或重现土著鱼类的水体数量	个	—	6	预期性

在水安全保障方面，《保障和保护规划》提出要立足省情水情，以自然水系为基础、重大引调水工程为通道、综合性水利枢纽和调蓄工程为节点，全面提升水安全保障能力。《保障和保护规划》明确“十四五”期间，要以完

善防洪减灾体系、优化水资源配置体系为重点，保障水安全。在水生态环境保护方面，《保障和保护规划》明确要构建“全省—流域—河流—控制单元—控制断面（河段）汇水范围”的流域空间管控体系，以分区管控为基础，以改善水生态环境质量为核心，实施精准治污、科学治污、依法治污，持续增强水生态环境保护能力。此外，《保障和保护规划》对水安全保障和水生态环境保护的具体措施、工程建设、工作要点和重点任务进行了详细说明。

3.《河南省“十四五”生态环境保护和生态经济发展规划》

《河南省“十四五”生态环境保护和生态经济发展规划》（以下简称《保护和发展规划》）锚定“两个确保”，实施“十大战略”，以推动高质量发展为主题，以深入打好污染防治攻坚战为主线，以改革创新为动力，坚持稳中求进总基调，把握减污降碳总要求，激励与约束并举，增容与减排并重，统筹推进绿色低碳转型、环境污染治理、生态系统保护、生态经济发展、环境风险防控、治理能力提升，加快建设生态强省，促进大河大山大平原保护治理实现更大进展、生态文明建设实现新进步，为确保高质量建设现代化河南、确保高水平实现现代化河南奠定坚实的生态环境基础；坚持人民至上、生态惠民，低碳引领、绿色发展，系统观念、协同增效，安全为基、守牢底线，改革引领、创新驱动的基本原则。《保护和发展规划》明确了2025年和2035年的规划目标：到2025年，国土空间开发保护格局得到优化，生产生活方式绿色转型成效显著，生态经济产业体系基本形成……生态文明建设实现新进步；到2035年，生产空间安全高效、生活空间舒适宜居、生态空间山清水秀，在黄河流域率先实现生态系统健康稳定，绿色生产生活方式广泛形成，碳排放达峰后稳中有降，生态环境根本好转，生态经济优势彰显，基本实现人与自然和谐共生的现代化（见表2-5）。

表2-5 “十四五”主要指标

指标类别	序号	指标	2020年（基准值）	2025年（目标值）	指标性质
环境质量改善	1	省辖市PM2.5浓度（微克/立方米）	52	42.5	约束性
	2	省辖市空气质量优良天数比率（%）	66.7	71.0	约束性
	3	地表水达到或好于Ⅲ类水体比例（%）	73.7	75.6	约束性
	4	地表水劣Ⅴ类水体比例（%）	4.4	基本消除	约束性

续表

指标类别	序号	指标	2020年（基准值）	2025年（目标值）	指标性质
环境质量改善	5	地下水国家考核区域点位Ⅴ类水体比例（%）	—	25	预期性
	6	县级城市建成区黑臭水体比例（%）	—	基本消除	预期性
	7	农村生活污水治理率（%）	30	45	预期性
生态经济发展	8	单位地区生产总值二氧化碳排放降低（%）	—	19.5	约束性
	9	单位地区生产总值能源消耗降低（%）	—	15	约束性
	10	万元地区生产总值用水量下降（%）	—	10	约束性
	11	全省用水总量（亿立方米）	237.15	292.47	约束性
	12	非化石能源占一次能源消费比例（%）	10	15	预期性
	13	生态经济增加值占地区生产总值比重（%）	—	持续提升	预期性
污染物排放总量控制	14	氮氧化物重点工程减排量（万吨）	—	[11.68]	约束性
	15	挥发性有机物重点工程减排量（万吨）	—	[4.57]	约束性
	16	化学需氧量重点工程减排量（万吨）	—	[18.38]	约束性
	17	氨氮重点工程减排量（万吨）	—	[0.49]	约束性
环境风险防控	18	受污染耕地安全利用率（%）	—	95	约束性
	19	重点建设用地安全利用	—	有效保障	约束性
	20	放射源辐射事故发生率（起/万枚）	<1.5	<1.3	预期性
	21	危险废物利用处置率（%）	95.5	98	预期性
	22	县级以上城市建成区医疗废物无害化处置率（%）	100	100	预期性
生态保护	23	森林覆盖率（%）	25.07	26	约束性
	24	生态保护红线面积（万平方公里）	—	不减少	约束性
	25	生态质量指数（EQI）	—	稳中向好	预期性

注：1. 地表水达到或好于Ⅲ类水体比例是指全省国考断面中达到或好于Ⅲ类的比例。2020年基准值以“十四五”时期160个国考断面计。2. 地表水劣Ⅴ类水体比例是指全省国考断面中劣Ⅴ类断面所占的比例，2020年基准值以“十四五”时期160个国考断面计。3. “十四五”时期“受污染耕地安全利用率”考核基数发生变化，以最新标准为准。

《保护和发展规划》全方位对接国家重大战略，以推动经济社会全面绿色低碳转型为统领，聚焦事关全省生态环境保护和生态经济发展的重点领域、重点区域，深入实施具有基础性、引领性的七大战略行动。具体包括：碳排放达峰行动、黄河流域生态环境保护行动、南水北调中线水源地生态安全保障行动、大运河绿色生态带建设行动、革命老区绿色振兴发展行动、乡村生态振兴行动、城市生态环境提质行动；提出全面落实黄河流域生态保护和高质量发展等重大国家战略部署，坚持“双碳”（碳达峰、碳中和）引领，加快形成节约资源和环境友好的生态保护格局和绿色发展格局，全力打造黄河流域生态保护和高质量发展示范区；提出推动形成区域绿色发展布局，着力构建优势互补、合作共赢的绿色发展格局；强化与京津冀、长三角、粤港澳大湾区等合作，推动郑洛西高质量发展合作带建设，深化晋陕豫黄河金三角区域合作，协同推进淮河生态经济带、汉江生态经济带建设，打造中原—长三角经济走廊，加强毗邻地区省际合作。

4.《河南省黄河流域生态保护和高质量发展水利专项规划》

《河南省黄河流域生态保护和高质量发展水利专项规划》深入贯彻习近平总书记“九一八”重要讲话精神和对“十四五”规划编制工作做出的重要指示精神，积极对接国家“十四五”规划纲要、黄河流域生态保护和高质量发展规划纲要、“十四五”水安全保障规划等上位规划，深度融入河南省“十四五”规划、黄河流域生态保护和高质量发展规划以及四水同治“1+10”规划、“十四五”水安全保障规划等重要规划；提出以落实“水资源最大刚性约束”为首要任务，建立水资源刚性约束机制，建设水资源节约集约利用先行区，加快构建“一轴两翼三水”水安全保障格局；深化改革创新，完善体制机制，加快推进水治理体系和治理能力现代化。

（三）筑牢“塔基”

1. 法治护航

五年来，河南省连续出台多项配套地方法规，从省级到市级，形成了较为立体完备的法规体系。省级层面，河南省在全国出台了首部《黄河保护法》配套地方法规《河南省黄河河道管理条例》；市级层面，濮阳、洛阳、焦作和三门峡等市也纷纷出台了针对性的地方法规。

（1）《河南省黄河河道管理条例》

为了加强黄河河道管理与保护，保障黄河长治久安，促进黄河流域生态保护和高质量发展，河南省第十四届人民代表大会常务委员会于 2023 年 3 月 29 日表决通过《河南省黄河河道管理条例》（以下简称《条例》），并于 2023 年 7 月 1 日起施行。这是黄河流域 9 省（区）在黄河保护法颁布后首部新制定出台的配套地方性法规，为黄河河道管理提供了法治保障。《条例》体现了习近平总书记对黄河流域生态保护和高质量发展的重要指示和要求在河南的具体贯彻落实，是黄河流域生态保护和高质量发展重大国家战略在河南落地的具体举措，为黄河河道管理提供了坚实的法治保障。《条例》包含总则、规划编制、整治与建设、管理与保护、黄河河长制、法律责任和附则共7章66条。《条例》"总则"一章明确对黄河河道管理范围、管理模式和治理费用、规划编制、水利修建管理维护、水资源保护、河长制以及违反禁止行为的法律责任进行了明确规定；《条例》"规划编制"一章中提出应当"建立以国家发展规划为统领，以空间规划为基础，以专项规划、区域规划为支撑的黄河流域规划体系"。《条例》"整治与建设"一章中明确"滩区居民迁建遵循政府主导、群众自愿，生态优先、科学规划，集中安置、及时复垦的原则，保障黄河安全和滩地利用。"《条例》"管理与保护"一章明确了"黄河河道水工程的管理范围、黄河河道地方安全保护区的范围以及保护区外二百米范围内的禁止行为。"《条例》"黄河河长制"一章明确黄河河道管理全面推行河长制，建立省、市、县、乡四级河长体系，负责组织领导水资源保护、水域岸线管理保护、水污染防治、水环境治理、水生态修复、执法监管等工作。对河长履职情况和相关部门工作目标任务完成情况进行考核，考核结果纳入领导干部综合考核评价体系。《条例》"法律责任"一章中对违反本条例的行为的法律后果进行了明确，为相关部门执法提供了处罚依据。

另外，《条例》立足河南黄河滩区的具体特殊情况，明确河道管理保护红线，以"小切口"立法服务保障河南黄河保护治理"大格局"。此外，省人大根据黄河国家战略已经将《河南省实施〈黄河保护法〉办法》立法和《河南省黄河防汛条例》《河南省黄河工程管理条例》修法列入2024年度立法计划审议项目，《黄河保护法》河南"一办法、三条例"的配套法规体系正逐步完善。其中，《河南省黄河工程管理条例》已先后经历4次修订，2020年6月3日根据河南省第十三届人民代表大会常务委员会第十八次会议《关于修改〈河南省人口与计划生育条例〉等八部地方性法规的决定》第四次修订。

（2）各省辖市、厅局的法治实践

为了保证《黄河保护法》在濮阳市行政区域内贯彻执行，市人大常委会组织市、县两级人大、政府系统对全市涉及黄河流域的地方性法规、规章和规范性文件进行专项审查，及时提出废止建议3件，列入纠正计划，确保与上位法相适应。2023年5月，濮阳市人大常委会在全省18个地市中率先制定出台《濮阳市人大常委会关于推进〈黄河保护法〉贯彻实施促进我市黄河流域高质量发展的决定》。

2024年1月1日，洛阳市人大常委会调研组暗访调研洛河、伊河流域生态环境保护情况，为《洛阳市伊洛河保护条例》立法奠定基础。洛河、伊河是洛阳的"母亲河"，对洛河伊洛河进行保护立法是洛阳市对河流立法的首次实践，也是贯彻实施《黄河保护法》、落实黄河流域生态保护和高质量发展国家战略的重要举措。

自2015年获得地方立法权以来，焦作市人大常委会先后制定《北山生态环境保护条例》《大沙河保护条例》等8部涉及生态文明建设地方性法规，三门峡市人大常委会出台全国第一部以保护大天鹅为主的地方法规《三门峡市白天鹅及其栖息地保护条例》，为两市黄河流域生态保护和高质量发展提供了有力法治保障。

《黄河保护法》颁布实施一年多以来，河南黄河河务局全力全速推进《黄河保护法》配套水法规制度体系建设，切实做好与《黄河保护法》的制度衔接。于2023年3月30日，出台了《黄河保护法水行政处罚裁量权基准和适用规则》，推动水行政执法人员公平、公正、合理地行使水行政处罚裁量权；于2023年6月29日，制定印发《河南河务局水行政执法（行政处罚和行政强制）事项清单》，进一步厘清水行政执法责任，提升水行政执法质量和效能；于2023年8月9日，制定印发《河南黄河河务局行政相对人法律风险防控清单》，通过服务型行政执法最大限度保护行政相对人的合法权益，降低违法行为的发生。

2. 实施指导

随着上位法《黄河保护法》的逐步完善，河南省出台了一批具体事项的实施办法和实施意见。

（1）《关于服务保障〈河南省黄河流域生态保护和高质量发展规划〉实施意见》

《河南省黄河流域生态保护和高质量发展规划》出台后，河南法院积极行动，推出集中管辖改革举措，河南省高院经过反复研究，出台指导性文件，为《规划》实施提供优质的司法服务和有力的司法保障。2021 年 9 月 26 日，河南省高院召开新闻发布会，对外通报该院出台的《关于服务保障〈河南省黄河流域生态保护和高质量发展规划〉实施意见》（以下简称《意见》）相关情况。《意见》围绕涉及黄河流域生态保护的重点任务做好服务保障，并未按照传统的审判类型进行起草，是河南省进行的一项创新亮点。《意见》依法支持黄河中下游生态保护修复治理工程建设、废弃矿山整治、城市生态功能提升、下游生态治理、平原生态绿网和生态廊道建设，加大黄河流域自然保护区、湿地公园、森林公园、地质公园等重点生态功能区的保护力度，推进黄河流域生态环境保护和治理；依法支持行政机关开展黄河“清四乱”专项行动、滩区居民迁建安置，严厉打击非法开采水资源、向农用地倾倒排放未经无害化处理的固体废物与工业废水等污染土壤的违法犯罪行为，以及污水偷排、直排、乱排和超标排放污染物的违法犯罪行为。《意见》主要围绕实现碳达峰碳中和刚性目标推进节能减排、使用清洁能源，积极参与美丽乡村建设，推进黄河流域高质量发展；加强对历史文化名城名镇名村、历史街区、历史建筑和重点遗址片区的司法保护，大力支持郑州、开封、洛阳黄河历史文化地标城市建设和各类文化博物馆建设，服务保障黄河文化传承弘扬；创新机制，为发挥审判职能作用提供机制支持。

（2）《河南省以数据有序共享服务黄河流域（河南段）生态保护和高质量发展试点实施方案》

河南省人民政府办公厅于 2022 年 6 月 21 日印发了《河南省以数据有序共享服务黄河流域（河南段）生态保护和高质量发展试点实施方案》（以下简称《方案》）。《方案》为《国务院办公厅关于建立健全政务数据共享协调机制加快推进数据有序共享的意见》（国办发〔2021〕6 号）精神和国务院办公厅关于开展以数据有序共享服务黄河流域（河南段）生态保护和高质量发展试点工作在河南贯彻落实的重要举措。《方案》注重数据有序共享、注重数据创新应用、注重数据安全可控。《方案》提出 2022 年 10 月底前应实现的主要目标：黄河防洪保安全体系加快构建，水利管理智慧化水平不断提升，洪水灾害防御气象服务能力更为全面，郑州防汛监测预警应急指挥更加智能，自然资源调查监测和生态修复基础支撑持续强化，林草湿荒生态综合监测能力进一步增强，非天然地震识别更加精准，生态环境要素综合监管能力不断提升，为通过数据有序共享服务黄河流域生态保护和高质量发展提供“河南样板”。《方案》确定了赋能黄河防洪保安全体系构建等8大应用场景共计20项专题任务，并且列出了每个应用场景所需的数据集合，明确了每个专题任务的时间节点和任务分工，压实工作责任。

(3)《河南省贯彻〈黄河保护法〉推进黄河流域节水减污增效实施方案》

为深入贯彻习近平总书记关于黄河流域生态保护和高质量发展的系列重要讲话和指示批示精神，全面落实党中央、国务院和省委、省政府决策部署，扎实推进《黄河保护法》实施，统筹推进河南省黄河流域水资源节约集约利用、减污降碳协同增效，加快推进高质量发展，2023年7月4日，省发展改革委、省生态环境厅、省水利厅联合制定了《河南省贯彻〈黄河保护法〉推进黄河流域节水减污增效实施方案》（以下简称《实施方案》）。《实施方案》提出了2025年的目标：到2025年，河南省黄河流域万元GDP用水量控制在34.0立方米以下，较2020年下降16%；农田灌溉水有效利用系数达到0.630以上；城市公共供水管网漏损率控制在9%以内，非常规水源利用量达到11.0亿立方米，80%以上县（区）级行政区基本达到节水型社会建设标准。黄河流域保护治理水平明显提升，流域地表水达到或优于Ⅲ类水体比例为88.6%，地表水劣Ⅴ类水体、县级城市建成区黑臭水体基本消除，共同抓好大保护、协同推进大治理的格局基本形成，让黄河成为造福人民的幸福河。《实施方案》明确了三个方面10项重点任务。

（4）其他行动计划或实施方案

为推动全省生态环境质量稳定向好，促进经济社会高质量发展，河南省人民政府办公厅于2023年7月13日印发了《河南省推动生态环境质量稳定向好三年行动计划（2023-2025年）》（以下简称《行动计划》）。《行动计划》明确了2025年黄河干流水质保持稳定，提出要建设黄河流域美丽幸福河湖示范段，开展美丽幸福河湖建设的执行标准制定，提出2023年底前、2024年底前应完成的入河排污口溯源及整治任务以及2025年底前应全部完成入河排污口整治任务。在黄河流域建设美丽幸福河湖示范段，明确到2025年应建成的省级和市、县级美丽幸福河湖示范段的具体数量。此外，各厅局也出台了相应的实施方案或配套政策措施。比如，省水利厅于2022年11月24日印发《学习宣传贯彻落实〈黄河保护法〉实施方案》，从指导思想、工作举措、工作保障三个方面对宣传贯彻落实《黄河保护法》做出安排部署。河南黄河河务局制定了《河南黄河依法治河管河实施方案（2016-2020年）》《河南黄河法治政府建设实施方案（2022-2025年）》。

第二节　重大工程项目建设稳步推进

习近平总书记强调，中国式现代化，也包括水利现代化；中国式现代化的特征之一是人与自然和谐共生的现代化。重大水利工程是河南黄河高质量发展的“压舱石”，加快完善现代化水利基础设施体系，着力抓好重大工程建设是推进河南黄河中国式现代化伟大实践的重要路径。黄河流域（河南段）生态修复和生态廊道建设取得重大进展，满足了人民群众日益增长的美好的生态需要。

一　筑牢安全防线 打造精品工程

人民治黄以来，从无到有，由弱到强，初步形成了黄河防洪工程体系，以人民胜利渠、三门峡、小浪底水利枢纽和标准化堤防等重大工程建设为标志，赢得了半个多世纪岁岁安澜的伟大胜利。河南沿黄地区经济社会的快速发展以及中原崛起、河南振兴战略的实施，虽然对黄河防洪安全、供水安全、生态安全提出了越来越高的要求，但河南黄河防洪工程体系还存在一些不容忽视的薄弱环节。因此，加快推进防洪工程建设、提高黄河下游整体抗洪能力十分迫切。

（一）黄河下游引黄涵闸改建工程

黄河是河南省最大的客水资源，开发利用好黄河水资源是加快河南沿黄地区发展的第一需求。1952年，黄河（河南段）兴建了第一座引黄涵闸——人民胜利渠渠首闸，之后，沿黄各地相继建涵闸引水。这些涵闸工程为沿黄地区工农业生产、城市居民生活用水、生态环境改善提供了有力的水资源保障。近年来，受诸多因素影响，黄河下游部分河段涵闸引水困难，特别是每年春灌时节，黄河来水量小、水位低，部分河段引黄涵闸出现无法正常引水的情况，影响了农业灌溉。为改善黄河（河南段）下游两岸及相关地区灌溉、城镇生活、工业及生态供水条件，2022年国家发展和改革委员会批准改建赵口闸、马渡闸等涵闸。

黄河下游引黄涵闸改建工程作为2022年国家确定的150项重大水利工程之一、2022年国务院第167次常务会议确定重点推进的55项重大水利工程之一，也是水利部2022年确保年内新开工建设的30项重大水利工程之一。河南段共涉及郑州、焦作、濮阳、新乡4市9县（区）15座涵闸，初步设计批复投资7.28亿元。河南涵闸改建工程共包含14个引黄灌区，灌溉面积56.1万公顷，占黄河下游引黄灌区设计灌溉面积的49.5%。2022年6月25日，伴随着施工现场机器发出的轰鸣声，黄河下游引黄涵闸改建工程（河南段）正式开工建设，年度计划投资2亿元。2022年10月15日，10座涵闸主体工程开工建设，黄河下游涵闸改建工程（河南段）2024年度计划投资2.5亿元，截至2024年3月8日已完成投资0.88亿元，投资计划完成率35.2%。2024年4月18日，伴随着赵口引黄闸12扇工作闸门成功下闸，河南黄河引黄涵闸改建工程2023年开工的5座涵闸工作闸门全部完成安装，标志着河南黄河涵闸改建工程取得了阶段性胜利，为实现安全度汛目标和涵闸通水验收打下了良好基础。项目建成后，将全面提升河南引黄供水能力，有效保证灌区灌溉用水，提高用水保障率，确保灌区粮食安全，持续改善供水区生态环境，为沿黄区域经济社会发展提供强有力的水安全保障。

（二）黄河下游“十四五”防洪工程

2022年5月，黄河下游“十四五”防洪工程可行性研究报告通过国家发展改革委批复。7月，黄河水利委员会在郑州保和寨控导工程召开黄河下游“十四五”防洪工程（河南段）动员会议，吹响了工程建设的集结号。2023年3月，水利部以《黄河下游“十四五”防洪工程初步设计报告准予行政许可决定书》正式批复黄河下游“十四五”防洪工程初步设计报告。该项目是国务院部署实施的150项重大水利工程之一，同时也是黄河流域生态保护和高质量发展重大国家战略实施以来，河南黄河落地的又一项重大水利工程。根据行政许可，该项目共安排河南段控导续建工程33处，控导改建工程26处，险工改建工程6处，防护坝改建工程7处，防汛道路建设58.01公里，涝河口扩建堤防1088米，总投资15.87亿元。2023年4月7日，黄河下游“十四五”防洪工程（河南段）正式开工建设，截至2024年3月8日，黄河下游“十四五”防洪工程（河南段）89处工程已主体完工

57处，2024年度计划投资5亿元，目前已完成投资1.99亿元，投资计划完成率39.8%。该项目是推进黄河流域生态保护和高质量发展的重要举措和具体行动，项目建成后，对进一步完善黄河下游防洪工程体系、有效改善游荡性河段河势、提高河道排洪输沙能力，对确保堤防不决口、保障黄河长治久安、促进流域高质量发展具有重要意义。

二　筑牢生态屏障，建设幸福黄河

河南省扎实推进黄河流域生态保护和高质量发展，在黄河沿岸建设了复合型的生态廊道，流域环境质量持续改善、生态系统功能不断增强。通过生态廊道建设，推动了生态修复、打造了生态产业、发展了生态旅游，守护了一泓清水入黄河，也让黄河之水滋润沿岸百姓生活。

黄河生态廊道是河南省黄河流域生态保护和高质量发展的“先手棋”，也是贯穿河南的重要生态绿带。河南省沿黄生态廊道以黄河干流为经脉、以山水林田湖草为有机整体，按照串联黄河生态系统绿色纽带、传承中原文化的精神文脉、丰富居民生活的休闲空间、拉动经济发展的旅游线路定位，坚持因地制宜，结合各地特色，融合森林氧吧、山水花海、休闲健身、治黄文化、古城驿站等功能，打造集生态屏障、文化弘扬、休闲观光、高效农业为一体的复合型生态廊道样板，突出景观设计和园林规划，在保护黄河生态环境的同时，让群众亲近黄河，感受黄河带来的自然美景、田园风光、文化魅力，实现人、河、城相依相存、和谐统一。坚持“一廊三段七带多节点”的总体布局。“一廊”是黄河生态廊道，串联黄河河道、滩区、黄河大堤防护林、自然保护地等，形成千里画廊、生态长廊；“三段”是西部生态涵养段、中部生态休闲段、东部生态田园段，立足沿黄地形地貌、水库岸线、城镇滩区等不同特色，分段确定生态廊道具体功能定位；“七带”是黄河主河道保护带和两侧的河滩生态修复带、大堤生态屏障带、堤外生态过渡带等；“多节点”是充分利用沿黄生态、文化资源，打造14个功能节点。

作为黄河入豫第一站，三门峡坚决落实“中游要突出抓好水土保持和污染治理”重大要求，按照“三河为源、四水同治、五库联调、六区受益”工作总布局，突出抓好流域整治、水沙调控、生态涵养，统筹实施“18条黄河支流改造、百里黄河湿地修复、千里城市绿廊建设、万亩矿山修复、亿吨淤积泥沙综合利用”黄河生态建设“十百千万亿”工程，在生态廊道建设上突出生态、景观、休闲、文化、特色等“五项”功能，在绿化、花化、彩化、果化、美化上下功夫，高质量打造人、河、城和谐统一的复合型绿色生态廊道。240公里复合型沿黄生态廊道基本贯通，打造千里城市绿廊，实施库区30亿立方泥沙清淤和综合利用项目，加强黄河主河道和塌岸塌滩治理，实现了“河畅、水清、岸绿、景美”。

随着国家战略的实施，居于黄河文化中心地位的郑州，迎来了前所未有的发展机遇，也承担了前所未有的历史重担。2021年底，郑州市发布了《郑州建设黄河流域生态保护和高质量发展核心示范区总体发展规划（2020—2035年）》和《郑州建设黄河流域生态保护和高质量发展核心示范区起步区建设方案（2020—2035年）》，明确将在1200平方公里范围内打造沿黄生态保护示范区、国家高质量发展区域增长极和黄河历史文化主地标。核心示范区对郑州沿黄生态廊道建设规划范围为：西起巩义康店镇，东至中牟狼城岗镇，北至黄河主河道，南至S312，全长158.5公里，涉及6个县（市）区，19个乡镇106个行政村20余万人，区域面积约550平方公里。沿黄生态廊道将建设“三区四带”，即由邙岭生态休闲带、滨河观光生态带“双线双景”组成的西部山水观光区，由城市生态景观带贯穿始终的中部城河融合区，由田园生态风光带为主线主轴的东部湿地修复区。谋划建设5个森林公园（新建3个，前期2个），5个湿地公园（新建4个，前期1个）。其中，西部山水观光区建设区域为江山路以西至郑洛界邙岭区域，东西长75公里，面积330平方公里。建设内容包括高标准建设全国一流黄河生态观光带、建设邙岭生态休闲带，建设郑州黄河国家步道和骑行通道及服务设施，建设5个森林湿地公园、建设多个规模采摘园。中部城河融合区建设区域为江山路至京港澳高速东2公里，东西长约50公里（简称“百里长廊”），面积95平方公里。建设内容为高标准建设S312城区段，打造全国一流沿黄生态景观大道。整合大堤、淤背堤、防护林为有机整体，建设沿黄生态景观带。另外，还包括建设郑州黄河国家步道和骑行通道及服务设施、建设两个湿地公园。东部湿地修复区建设区域为京港澳高速东2公里处至郑汴界，东西长33公里，面积125平方公里。建设内容为田园生态风光带，建设郑州黄河国家步道和骑行通道以及服务设施，建设农田林网、修复湿地，还将建设3个森林湿地公园、10个规模采摘园。

2020年初，开封市谋划黄河生态廊道建设项目，并于2020年3月开工建设开封黄河生态廊道示范带。黄河生态廊道示范带建设坚持“绿为底、水为带、文为珠、业为基、人为本”的原则，以绿化提升、园路建设、小品建设、驿站和节点建设等为主体，以“一轴、一带、两线、三片区、十五个景观节点”为总体布局。“一轴”即黄河大堤轴线，“一带”即宋词文化体验带，“两线”分别是文化展示线和生态展示线，“三片区”即宋文化展示区、悬河文化展示区、黄河文化传承区，“十五个景观节点”即水龙吟、兰陵王、鹧鸪天、如梦令、西江月、蝶恋花、河神传说、黄河悬河城摞城展示馆、黄河古渡、林公长堤、悬河落日、伟人足迹、黄河人家、于谦治河、镇河铁犀。总长 21 公里，总投资 13 亿元，目前已打造成为“开封黄河文化的讲述地、开封市民了解黄河的打卡地”。开封打造的示范带慢行系统更是成为市民和游客的幸福廊道，黄河生态廊道慢行系统总长 88.04 公里，其中新建 64.47 公里，分为城区段和兰考段，城区段全长 56.39 公里，新建慢行道路 46.91 公里；兰考段全长 31.65 公里，新建慢行道路 17.56 公里。慢行系统宽 5~7 米，基层水泥碎石层厚 20~25 厘米。目前实现了西起中牟、东至开封与山东交界，全长 88 公里的慢行道路系统全市域贯通，两个多月的建设周期体现了开封速度，成为全省黄河生态廊道建设的标杆。

河南扛稳“让黄河成为造福人民的幸福河”的时代责任，把生态保护作为“先手棋”，推动黄河流域生态环境持续好转、发展质量持续提升。黄河河南段长 710 公里，为确保生态廊道建设质量，根据黄河沿线地形地貌、水库岸线、城镇滩区等不同特征，区分黄河中游、下游两岸大堤内外等区段，河南省林业局专门出台了《沿黄生态廊道建设标准》。按照构建堤内绿网、堤外绿廊、城市绿芯的区域生态格局，河南省把黄河生态廊道建设工作放在全省黄河流域生态保护的大局中通盘考虑，坚持因地制宜、分类实施，优化黄河生态廊道树种、林种和林分结构，打造沿黄森林生态网络，把黄河生态廊道建成绿色廊道、生态廊道、安全廊道、人文廊道、幸福廊道，打造河南新的“绿色名片”，筑牢幸福河的生态屏障。截至 2023 年 11 月，河南已建成西起三门峡、东至开封的沿黄 1200 多公里的复合型生态廊道，干流右岸全线贯通，真正将黄河打造成造福人民的幸福河。

第三节　典型活动示范引领

黄河流域生态保护和高质量发展上升为国家战略以来，河南省主动作为、积极探索，广泛开展与相邻省份联动活动，共同抓好大保护、协同推进大治理，在全流域内率先开展多项活动，取得了良好的经济和社会效益，为流域内其他省区进行政策探索提供了很好的经验借鉴。

一　新时代黄河协同治理的典范——“鲁豫有约”

豫鲁两省携手打造省际横向生态补偿机制，初步形成黄河流域生态治理共担共享的新格局。2021 年 4 月，山东、河南两省签署黄河流域首个横向生态保护补偿协议《山东省人民政府、河南省人民政府黄河流域（豫鲁段）横向生态保护补偿协议》（以下简称《补偿协议》），在黄河流域率先建立了省际横向生态补偿机制，以黄河干流跨省界断面的水质年均值和 3 项关键污染物的年均浓度值为考核指标兑现补偿资金，《补偿协议》规定：以刘庄国控断面水质为标准，如果水质在Ⅲ类基础上每改善一个类别，山东将给予河南 6000 万元补偿；如果水质在Ⅲ类基础上每恶化一个类别，河南将给予山东 6000 万元补偿。同时，刘庄国控断面关键污染物指数的升降情况也被纳入补偿范围。河流生态系统从“无价”转向“有价”，“绿水青山”变成“金山银山”。最终，山东省作为受益方，兑现河南省生态补偿资金 1.26 亿元。2024 年 4 月 1 日是《黄河保护法》施行一周年，“鲁豫有约”再度“续约”，省内横向生态保护补偿机制不断推进，河南黄河流域生态保护补偿机制日渐完善。新一轮的《黄河流域（豫鲁段）横向生态保护补偿协议》补偿期限延续至 2025 年，将水质年均值调整为月均值，增加总氮指标，水质考核更加精准，标准也更高，将更加有力保障黄河流域水质稳步改善，促进“绿水青山”向“金山银山”加速转化，为全国生态保护补偿工作提供示范。

河南目前已完成与黄河流域陕西、山西、山东等省《跨省流域突发水污染事件联防联控框架协议》签署工作，正探索与上下游、左右岸的山西、陕西两省签订黄河流域省际生态保护补偿协议。除了推进省际横向生态保护补偿机制，河南还不断探索省内横向生态保护补偿机制。从 2021 年起，河南省设立并每年安排黄河流域横向生态补偿省级引导资金1亿元，对沿黄九市一区给予资金激励，支持引导沿黄市县有序建立横向生态补偿机制。截至2023年底，金堤河沿线的长垣市、滑县、濮阳县，伊洛河沿线的三门峡、洛阳、郑州，蟒沁河沿线的济源、焦作，均已签订协议，建立横向生态补偿机制。

二　晋陕豫黄河金三角宣言——团结协作的“河南样板”

晋陕豫黄河金三角处于黄河中游核心区域，是黄河水沙矛盾最主要的集中区，治理、保护好晋陕豫黄河金三角生态，对确保黄河长久安澜具有重要的意义。共建“河安、水清、山绿、景美”的黄河流域绿色发展示范区，是运城、渭南、三门峡、临汾晋陕豫黄河金三角四市的美好愿景和共同目标。为有效整合晋陕豫黄河金三角优势资源，进一步凝聚加强黄河流域生态保护和高质量发展的区域协作合力，在前期深入沟通研究的基础上，四市共同组织起草了《共建黄河流域绿色发展示范区宣言》。2020年9月14日，山西、陕西、河南共同启动《共建黄河流域绿色发展示范区宣言》（以下简称《宣言》）。《宣言》进一步强化了区域协同推进机制，明确了“生态共保共治、流域协同治理、防洪减灾体系完善、产业布局优化、文旅融合提升”等领域的一系列重点工程，切实以推进黄河流域生态保护和高质量发展为核心抓手，加强上下游、干支流、左右岸统筹谋划，共同抓好大保护，协同推进大治理，保障沿黄生态安全，保障黄河岁岁安澜；围绕高质量发展，以融合集约化发展、绿色循环化发展、智能创新化发展为原则，优化产业布局，积极构筑产业高质量发展体系。同时，深入挖掘晋陕豫黄河金三角地区丰富的历史文化资源优势，全面梳理黄河文化脉络和挖掘时代价值，深度整合、串联黄河文化资源，讲好“黄河故事”，努力把晋陕豫黄河金三角区域建成人与自然和谐共生的黄河流域绿色发展示范区。

三　《黄河保护法》第一案——依法护河的“河南模式”

万里黄河，险在河南。河南位于黄河“豆腐腰”部位，“悬河”问题突出，既是黄河流域最大的风险点，也是确保黄河安澜、建设幸福河的关键点。作为重大战略的提出地、千年治黄的主战场，河南在贯彻落实《黄河保护法》上责任重大，也一直走在保护黄河的前列。近年来，河南综合运用刑事、民事、行政法律手段，构建以流域、生态功能区为特征的覆盖全省跨行政区划的“18+1+1”环境资源审判体系，形成黄河流域环资案件集中管辖的“河南模式”。针对黄河河南段河道全长达711千米，有的案发地距离法院较远，当事人应诉不便等情况，郑州铁路运输中级法院携手河南黄河河务局在黄河沿岸设立7个巡回法庭，常态化开展环境资源审判。2023年4月1日，在河南黄河流域第一巡回审判法庭所在地台前黄河影唐险工，张某某等五人在黄河河道禁采区范围内非法采砂一案公开开庭。当日，正是《黄河保护法》（以下简称黄河保护法）施行的首日。由此，该案也成为黄河保护法施行后全国首例适用该法对破坏黄河矿产资源犯罪予以惩处的案件。当天，巡回审判使庭审成了宣传黄河保护法的生动课堂，150多名社会各界人士旁听了案件审理。庭审结束后，河南省高级人民法院组织召开贯彻实施黄河保护法座谈会，与会黄河河务部门、检察机关、审判机关代表分别介绍了省内黄河流域环境资源案件集中管辖三年来，环境资源保护行政执法、司法、法院之间的司法协作情况和经验。郑州铁路运输法院在黄河岸边公开开庭审理非法采砂案件，具有重要的社会宣传和警示教育意义。

此外，郑州铁路中院、三门峡中院与山西运城中院、陕西渭南中院签署《晋陕豫黄河金三角区域环境资源审判协作框架协议》，让黄河流域逐步获得全方位的保护。

四 《〈黄河保护法〉学法用法手册》——普法宣传的“河南范式”

黄河保护法颁布后，黄河水利委员会河南黄河河务局迅速掀起宣贯热潮，并第一时间组织编著《〈黄河保护法〉学法用法手册》。历经6个月，成书20余万字，从条文理解、条文适用、参考资料三个方面，对黄河保护法122条法律条文进行了研究和讲解，具有很强的针对性、指导性和实用性，为干部职工学习、理解、掌握、运用黄河保护法提供了“引导单”和“说明书”，这是全国首个官方普及宣传黄河保护法的读本，为《黄河保护法》的宣传贯彻提供了“河南范式”。

第三章　河南践行黄河流域生态保护协同治理的典型成效

黄河是中华民族的母亲河、华夏文明的摇篮。黄河流域是我国重要的生态屏障和重要的经济地带。推动黄河流域生态保护和高质量发展，是以习近平同志为核心的党中央着眼中国式现代化全局，科学谋划中国经济发展、塑造区域协调发展新格局，做出的既利当前又惠长远的重大决策部署，对于实现中华民族伟大复兴的中国梦，具有重大战略意义。2019 年 9 月 18 日，习近平总书记在郑州主持召开黄河流域生态保护和高质量发展座谈会时，提出“黄河流域生态保护和高质量发展，同京津冀协同发展、长江经济带发展、粤港澳大湾区建设、长三角一体化发展一样，是重大国家战略”，发出了“让黄河成为造福人民的幸福河”的伟大号召。河南作为千年治黄的主战场、沿黄经济的集聚区、黄河文化的孕育地，在黄河流域中居于承东启西的战略枢纽位置，以占全国 1/16 的土地，承载了 1 亿多人口，全国 1/4 的小麦产量和全国 1/10 的粮食产量。因此这一战略的实施为河南高质量发展提供了重大历史机遇，也必将引领河南各地对自身优势、功能定位、发展思路梳理聚焦，探索富有特色的生态保护和高质量发展路径。

近年来，河南紧抓重大历史机遇，认真贯彻落实习近平总书记关于黄河流域生态保护和高质量发展的重要讲话和指示精神，坚持以生态文明建设为引领，牢牢遵循“重在保护，要在治理”重大要求，积极把握“绿水青山就是金山银山”理念，坚持“一盘棋”思想，因地制宜、统筹推进，着力打造黄河流域生态保护和高质量发展示范区，河南黄河流域生态保护协同治理取得积极成效。

第一节　生态环境持续向好

中国式现代化是人与自然和谐共生的现代化。尊重自然、顺应自然、保护自然，是美丽中国建设的一条基本原则，是全面建设社会主义现代化国家的内在要求。党的二十大报告指出："必须牢固树立和践行绿水青山就是金山银山的理念，站在人与自然和谐共生的高度谋划发展"。近年来，河南深入贯彻习近平新时代中国特色社会主义思想和生态文明思想，牢牢把握"共同抓好大保护，协同推进大治理"战略导向，积极践行"绿水青山就是金山银山"理念，坚定不移走生态优先、绿色发展之路，统筹山水林田湖草沙综合治理、系统治理、源头治理，推动全省生态文明建设步入了全面、快速、高效发展的崭新时代。

一　绿色低碳成效显著

（一）能耗持续下降

近年来，河南以"碳达峰、碳中和"为目标，更加注重经济发展的质量效益，大力实施绿色低碳转型战略，把结构优化调整作为促进绿色低碳转型的重点任务，坚决遏制"两高"项目盲目发展，巩固落后产能淘汰成效，推动清洁生产验收审核，积极培育壮大节能环保装备产业链，制定出台《河南省培育壮大节能环保装备产业链行动方案（2023—2025）》。2023 年，河南省规模以上工业综合能源消费量比上年增长 0.3%，规模以上工业单位增加值能耗下降 4.5%；在全部 40 个行业大类中，河南有 28 个行业单位增加值能耗下降，下降面达 70.0%；单位能耗持续下降体现了河南用更少的能源消耗支撑了更多的经济发展。开展企业碳排放核查，2021 年及 2022 年河南完成碳排放配额发放，信阳成功申报国家气候投融资试点城市；协同有关部门推动"公转铁""公转水"项目建设，推动重点行业企业大宗物料清洁运输，全省钢铁行业大宗物料清洁运输比例达到 55.8%，焦化行业达到 62.4%。

（二）绿色能源异军突起

作为能源生产和消费大省，河南统筹能源安全供应和绿色低碳发展，依托地域优势，持续推进光伏、风电和抽水蓄能项目建设，大力支持生物质能、地热能、氢能发展，可再生能源结构和品种进一步优化，产业逐步聚链成势，绿电交易取得新进展。2023 年，河南的可再生能源发电量近 1000 亿千瓦时，同比增长 21%，约占全社会用电量的 1/4；可再生能源发电装机量连续迈上 5000 万、6000 万千瓦两个台阶，由 2019 年的 2256 万千瓦增至 2023 年的 6776 万千瓦，进入全国前五，装机量历史性超过煤电，其中风电占比 32.1%，光伏占比 55.1%，水电占比 7.9%，率先完成“十四五”规划发展目标，可再生能源开发利用驶入快车道。推动全省各地加快公共领域车辆新能源更新替代，全省城市建成区公交车新能源占比达 95.6%，出租车占比达 45.1%，环卫车占比达 44.7%。中原大地上，绿色环保、节能低碳已成为一种新的生活方式和行动自觉。“光盘”行动，节约一滴水、节约一张纸、节约一度电的勤俭节约，艰苦奋斗理念内化于心、外化于行，简约适度、绿色低碳、文明健康的生活方式在中原大地蔚然成风。

（三）水资源利用更加高效

长期以来，受自然环境和产业结构影响，河南人均水资源不足 400 立方米，仅相当于全国人均水资源量 1/5，缺水依然是制约河南经济社会发展主要因素之一，地下水超采、部分河流断面不能稳定达标等问题，进一步加剧水资源利用的严峻形势。近年来，河南坚持“四水四定”原则，把节约用水作为高质量发展的重要抓手，驰而不息实施水资源消耗总量和强度双控，大力推进节水型社会建设，水资源综合利用效率显著提高。严格控制高耗水、高耗能项目，推进节水重点技术改造项目实施，积极采用节水新技术、新工艺、新设备，淘汰落后用水工艺、设备和器具。2023 年，河南省万元 GDP 用水量、万元工业增加值用水量分别为 19.7 立方米、13.5 立方米，与上年相比分别下降 10.5%、27.2%。城镇节水能力增强。河南加大对城区老旧供水管网的改造力度，减少水资源浪费。2023 年，河南省供水管网漏损率为 6.6%，比 2019 年下降 1.7 个百分点。地下水水位止降回升。河南划定地下水超采区和禁限采区、地下水岩溶水禁采区和限采区范围，通过水资源置换、引水补源、节水灌溉、地下水超采综合治理活动，严格限制地下水开采。截至 2022 年底，河南浅层地下水水位上升 2.1 米，存储量增加 13.1 亿立方米。

二　碧水蓝天净土常现中原

（一）空气质量明显改善

河南始终把大气污染防治作为重中之重，推动转型、治企、减煤、控车、降尘“五管齐下”，严格实施能耗双控，限制高污染、高能耗项目盲目发展，关停淘汰落后产能装备，对钢铁、水泥等重点行业进行超低排放工序改造。2023年，河南共淘汰474台35蒸吨/小时及以下中型燃煤锅炉，基本实现35蒸吨/小时及以下燃煤锅炉清零；推动7家13台（座）工业炉窑实施清洁能源替代，全省的高耗能、高污染工业炉窑基本实现清洁低碳能源替代；新建改造电能烟叶烤房8842座，完成15家钢铁、62家水泥企业超低排放改造，分类改造升级2138家企业；完成VOCS原辅材料源头替代72家，VOCS综合治理249家，臭氧污染形势较上年明显好转；整治各类扬尘问题29532个，约谈曝光企业270家；将2731个国家和省重点项目纳入重污染天气应急豁免清单，推行“一企一策”差异化管控。2023年，河南省的PM10、PM2.5浓度分别为73.8微克/立方米、45.3微克/立方米，分别比2019年下降22.2微克/立方米、13.7微克/立方米；城市空气质量优良天数比例从2019年的52.7%提高到2023年的68.0%，提高15.3个百分点，改善幅度位居全国前列。

（二）水污染得到改善

河南坚持目标导向，持续开展黄河“清四乱”专项行动，实行“河长+”工作机制，推进工业废水、农村生活污水治理，实现黑臭水体动态清零。印发实施《河南省2023年碧水保卫战实施方案》《河南省深入打好长江流域保护修复攻坚战工作方案》，统筹部署全省水污染防治工作。省辖市黑臭水体持续清零，县级城市黑臭水体排查整治加快推进。在国家下达的24条河流湖库入河排污口排查溯源任务的基础上，扩大到119条河流湖库，实现全省主要水体全覆盖。河南印发《南四湖流域水污染物综合排放标准》，编制《医疗机构污染物排放控制标准》《河南省水环境生态补偿暂行办法》等文件，开展省级美丽河湖优秀案例评选，积极参与国家级美丽河湖优秀案例征集，洛阳伊洛河获评国家级美丽河湖优秀案例。2023年，河南省160个国考断面中，Ⅰ~Ⅲ类水质占比达83%，优于国家目标8个百分点，劣Ⅴ类水质断面清零，黄河干流水质保持Ⅱ类。河南人民切实感受到环境变化带来的幸福和美好，对蓝天白云、碧水绿岸的满意度、获得感、幸福感大大提升。

（三）土质更加安全

近年来，河南坚持预防为主、保护优先，推动土壤、地下水及农村领域问题解决。2023年，河南积极开展农用地土壤镉等重金属污染源头治理，整治重金属污染企业231家；完成1337个用途变更地块土壤污染状况调查；完成194个化工园区、垃圾填埋场、尾矿库等重点污染源地下水环境状况调查，郑州国家地下水污染防治试验区建设成效显著；新增建设乡镇政府驻地污水处理设施82个，其中，周口、平顶山、漯河成功申报国家农村黑臭水体治理试点，332条被纳入国家监管清单的农村黑臭水体得到整治，农业面源污染治理“南乐样板”、畜禽养殖污染防治“内乡模式”在全国推广。截至2023年12月底，河南受污染耕地安全利用率达100%，重点建设用地安全利用得到切实有效保障。

三　生态服务功能持续增强

河南牢固树立生态系统整体保护意识，分区分类推进山水林田湖草沙一体化修复，加大综合治理力度，生态屏障日趋稳固。通过对黄土沟壑区、风积沙区、遗留矿山区等进行系统修复，河南的水土流失得到有效遏制；全面加强林草植被建设、水土流失综合治理和矿山生态环境修复，持续巩固退耕还林还草成果，全省已治理水土流失面积1.1万平方公里，水土保持和生态质量有了新提高。扎实开展“绿盾”自然保护地强化监督工作，对洛阳、三门峡、南阳、信阳等地市开展专项督导，河南2017~2022年“绿盾”行动重点问题整改完成率由82.09%提升至88.73%。太行山、大别山和秦岭三大生物多样性保护优先区域外来入侵物种调查监测工作稳步推进，生物多样性基础更加扎实。

（一）国土绿化行动提质增效

河南加大储备林建设力度，营造农田防护林，实施山区生态屏障“扩绿”、矿山“复绿”、平原沙化土地“添绿”，重点建设沿线生态廊道，构筑生态绿网。2023年，河南共完成植树造林面积131.64千公顷，自然保护区30个，其中，国家级自然保护区13个；森林公园132个，其中，国家级森林公园33个。水土流失得到有效遏制。河南积极开展黄河流域小流域综合治理，坡耕地改梯田，提高植被覆盖率，有效减少水土流失，河南已累计治理黄河流域水土流失面积1.1万平方公里。2023年，河南成功创建“绿水青山就是金山银山”实践创新基地1个、国家生态文明建设示范区3个、省级生态县8个。

（二）矿山“复绿”成效显著

近年来，河南坚持以自然恢复为主、以人工修复为辅，开展“治旧控新”“关小上大”矿山集中整治和专项整治，淘汰关停一批利用率低、生态影响大、环境污染重、安全隐患多的露天矿山；加强露天矿山生态修复，压实矿山企业主体责任，积极推进绿色矿山建设，统筹推进山水林田湖草沙一体化保护和修复，实现矿坑变绿地、矿山变青山。

（三）湖泊湿地承载能力显著增强

河南强化政策保护措施，通过修复省内湖泊河道湿地水系，已建成以“国家级湿地自然保护区、国家级湿地公园、省级湿地公园”为主的湿地保护体系，省内动植物种类日趋多样。如孟州对黄河湿地国家级自然保护区采取拆除违规建筑和电力设施及栽植芦苇等水生植物一系列措施，完成退耕还湿近1万亩，退养还滩0.25万亩，累计修复湿地约1.2万亩，目前，包括国家一级、二级珍稀鸟类在内的6目、10科、25种共3287只水鸟在此休憩生活。如三门峡采取湿地保护与恢复、退耕还湿、湿地生态效益补偿工程等措施打造出黄河上的“天鹅湖”。濮阳金堤河国家湿地公园湿地率达到67.6%，园内植物317种、脊椎动物203种。其中，有“鸟类中的大熊猫”之称的震旦鸦雀在公园内拥有20多个种群500多只，而且呈梯级增长的现象。

（四）“一泓清水永续北送”

河南牢记“国之大者”“省之要者”，先后印发《河南省丹江口水库水质安全保障问题整改方案》《河南省南水北调中线工程饮用水水源保护区风险源排查整治实施方案》，全力保障南水北调中线工程饮用水水质安全。积极推进丹江口水库入河（库）排污口排查整治，已分类完成521个排污口的溯源工作。妥善应对丹江陕西入豫交界荆紫关断面锑超标事件。科学开展饮用水水源保护区监管、评估、调整工作，2023年南水北调中线工程水源地陶岔取水口水质持续达到Ⅰ类，总干渠稳定保持在Ⅱ类及以上，被纳入国家考核的62个县级以上城市集中式饮用水水源地水质全部达到目标要求。

四　黄河“岁岁安澜”基本得到保障

近年来，河南以黄河流域生态保护和高质量发展为引领，全面推动《黄河保护法》贯彻落实，颁布实施《河南省黄河流域水污染物排放标准》，完成250家涉水污染源提标改造；组织开展黄河流域环境问题和风险隐患排查整治，整治环境问题1018个；完成4594座历史遗留矿山的现场查勘、采样检测和成果评价等工作。完善洪水预警监测体系。2021年以来，沁河发生1982年有实测记录以来最大强降雨洪水，黄河干流先后出现3次编号洪水，黄河花园口站连续24天保持每秒4800立方米大流量行洪状态。河南通过制定灾情预警机制和紧急处理预案，运用数字智能等手段进行动态监测、联合调度，充分利用干支流削峰拦洪，有力地保障了人民群众生命财产安全和黄河长治久安。

（一）复合型生态廊道初具规模

河南根据不同功能区定位，因地制宜，协同推进，完善“一带三屏三廊多点”生态保护格局，建设黄河生态廊道高标准示范区，突出生态廊道“生态、景观、休闲、文化”等功能，完善提升黄河生态廊道建设质量，构建“堤内绿网、堤外绿廊、城市绿心”的区域生态格局，实施生态保护修复工程，先后建设黄河沿线复合型生态廊道1200多公里，建成501公里标准化堤防、98处控导工程，完成30万黄河滩区居民迁建，绿化造林460多万亩，治理水土流失面积9600平方公里，打造了河南治理黄河的样板，黄河正在成为中原大地的“绿色飘带”。紧盯黄河花园口断面水质波动问题，推进黄河干支流水环境保护治理，深化入河排污口溯源整治，河南段94%的国考断面水质在Ⅲ类以上，出豫入鲁水质保持在Ⅱ类以上，无劣Ⅴ类水质断面，实现了“一泓净水出中原，千回百转入大海”。

（二）环境安全底线更加牢固

河南建立“无废城市”建设协调推进机制，郑州、许昌、洛阳、南阳、三门峡、兰考“5+1”城市全部印发“无废城市”建设工作方案。探索建立危险废物分类分级管理模式、危险废物转移“白名单”制度和小微收集试点管理，全省五大区域全覆盖的危险废物集中处置格局初步形成。2023 年以来，河南对全部尾矿库开展“拉网式”排查，发现存在环境风险隐患尾矿库 73 座，全部完成整改 34 座，部分完成整改 39 座；全年共发生一般突发环境事件 3 起，均得到妥善处置。严密组织突发环境事件风险隐患排查，2023 年共检查各类企业 8338 家，发现问题 1630 个，已完成整改 1623 个，整改率达 99.6%。全省上下积极推进突发环境事件应急处置“南阳实践”，举办跨省流域突发环境事件应急演练，持续提升突发环境事件应急应对能力。

第二节　高质量发展成就显著

党的十八大以来，面对错综复杂的外部环境、艰巨繁重的改革发展稳定任务，特别是新冠肺炎疫情和严重洪涝灾害的双重冲击，河南深入贯彻落实习近平新时代中国特色社会主义思想，牢固树立“绿水青山就是金山银山”的理念，锚定“两个确保”，深入实施“十大战略”，将生态文明建设融入经济社会发展的全过程、各领域，坚决摒弃以牺牲生态环境换取一时一地经济增长的老路子，走出了一条生态环境“高颜值”、经济发展“高质量”的绿色发展路径，中原大地发生了令人鼓舞的深刻变化，实现了“两个跨越”“两个翻番”“三大转变”，即实现了经济总量相继跨越 3 万亿元、4 万亿元、5 万亿元，人均生产总值相继跨越 4 万元、5 万元、6 万元，实现了由传统农业大省向现代化经济大省的历史性转变，由传统交通要道向现代综合交通枢纽的历史性转变，由传统内陆省份向内陆开放高地的历史性转变。实践证明，抓生态就是抓发展，保护生态就是发展生产力。

一　综合实力不断提升

2023 年，河南省地区生产总值（GDP）达 59132 亿元，按可比价计算，是 2019 年的 1.142 倍，2020~2023 年年均增长 3.4%（见图 3-1）；人均地区生产总值 60073 元，按可比价计算，是 2019 年的 1.154 倍，2020~2023 年年均增长 3.7%；一般公共预算收入 4512 亿元，是 2019 年的 1.116 倍，2020~2023 年年均增长 2.8%。现代产业体系加快形成。近年来，河南锚定高质量发展主攻方向，深化供给侧结构性改革，调结构促发展，持续巩固加强第一产业、优化升级第二产业、积极发展第三产业，产业结构在调整中不断优化，三大产业协同向中高端迈进，推进河南现代产业体系加快形成。农业基础地位更趋稳固，工业逐步迈向中高端，服务业成为拉动经济增长的第一动力。随着经济结构调整和转型升级加快推进，河南产业结构进一步演变优化，新旧动能转换正在全方位提升，三次产业结构由 2019 年的 8.6∶42.9∶48.5 升级为 2023 年的 9.1∶37.5∶53.4。与 2019 年相比，2023 年河南省第二产业占比下降 5.4 个百分点，服务业占比提高 4.9 个百分点（见图 3-2）；河南经济增长由主要依靠第二产业带动转向依靠第二、三产业共同拉动，呈现三次产业协同发展新格局。

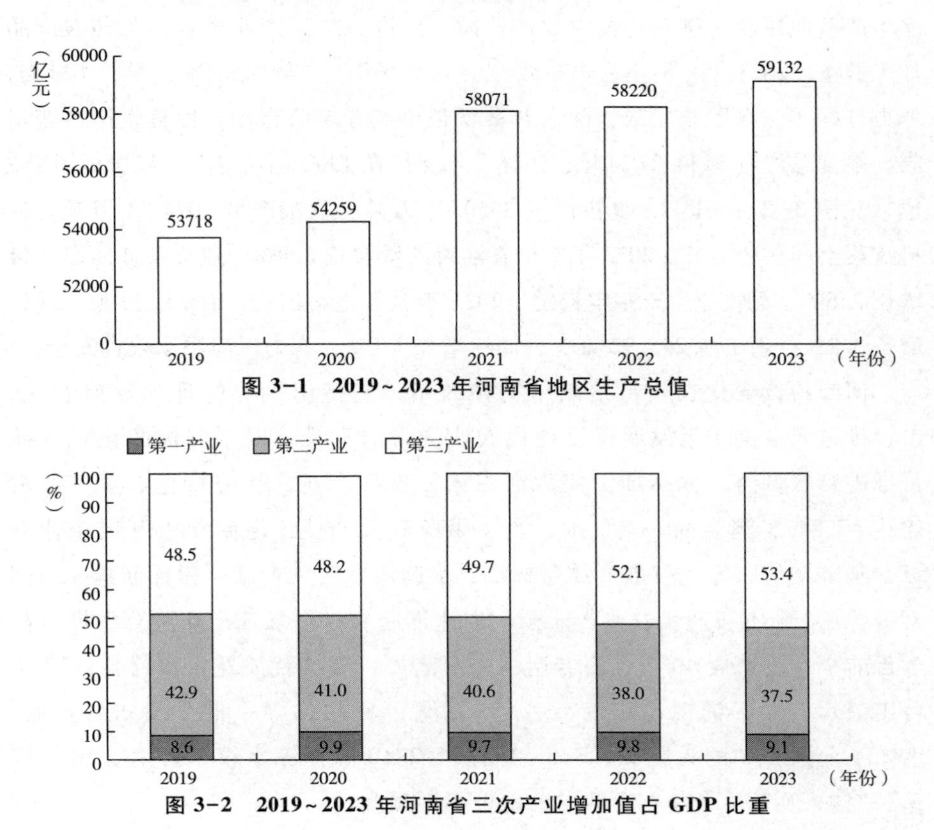

图 3-1　2019~2023 年河南省地区生产总值

图 3-2　2019~2023 年河南省三次产业增加值占 GDP 比重

二　农业现代化稳步推进

习近平总书记指出，粮食生产是河南的一大优势，也是河南的一张王牌，这张王牌任何时候都不能丢。河南始终牢记习近平总书记嘱托，坚决扛稳保障粮食安全政治责任，坚持农业农村优先发展，把确保重要农产品特别是粮食供给作为实施乡村振兴战略的首要任务，坚持藏粮于地、藏粮于技，大力实施高标准粮田“百千万”建设工程，稳步提高粮食生产能力，不断夯实经济社会发展基础，为全国稳住农业基本盘做出贡献。

河南坚决落实最严格的耕地保护制度，把耕地资源优先用于粮食生产，实施耕地“非农化”“非粮化”专项整治，划定粮食生产功能区 7844.52 万亩、重要农产品保护区 1034 万亩。自 2012 年在全国率先开展大规模高标准农田建设以来，河南累计建成高标准农田 8585 万亩，占全省耕地总面积的 76%，居全国第 2 位；启动神农种业省级重点实验室，抓好全省十大特色农产品生产基地建设，建立特色农业产业园，推进一二三产业融合，延伸农产品加工链条。2023 年，河南有力有效应对“烂场雨”“华西秋雨”等不利影响，努力打好“三夏”攻坚战，深入开展秋粮增产夺丰收行动，粮食生产再获丰收，粮食总产量 6624.27 万吨，连续 7 年保持在 1300 亿斤以上，稳居全国第 2 位（见图 3-3）；其中，夏粮产量 3550.06 万吨，秋粮产量 3074.21 万吨。油料蔬菜生产平稳增长。2023 年，全省油料产量增长 2.8%，蔬菜及食用菌产量增长 2.6%。畜牧业生产基本稳定。2023 年全省生猪出栏 6102.31 万头，同比增长 3.1%；牛出栏 245.92 万头，同比增长 1.0%，有力保障国家粮食安全。

河南持续深化农业供给侧结构性改革，坚持用工业的理念发展农业，出台推进农业高质量发展建设现代农业强省的意见，以“四优四化”为抓手推进结构调整，食品加工成为河南第一支柱产业，优势特色农业产值占比达 57.8%。围绕面、肉、油、乳、果蔬五大产业，河南积极开展企业升级、延链增值、绿色发展、质量标准、品牌培育五大行动，累计创建 8 个国家级、100 个省级现代农业产业园，加速推动农村一二三产业融合发展。截至目前全省已形成 40 个优质专用小麦示范县、72 个优质花生示范县、37 个食用菌示范县；涌现出双汇、三全、思念、好想你等一批全国知名企业，生产了全国 1/2 的火腿肠、3/5 的汤圆、7/10 的速冻水饺，河南“国人粮仓”“国人厨房”“世人餐桌”的地位不断提升。

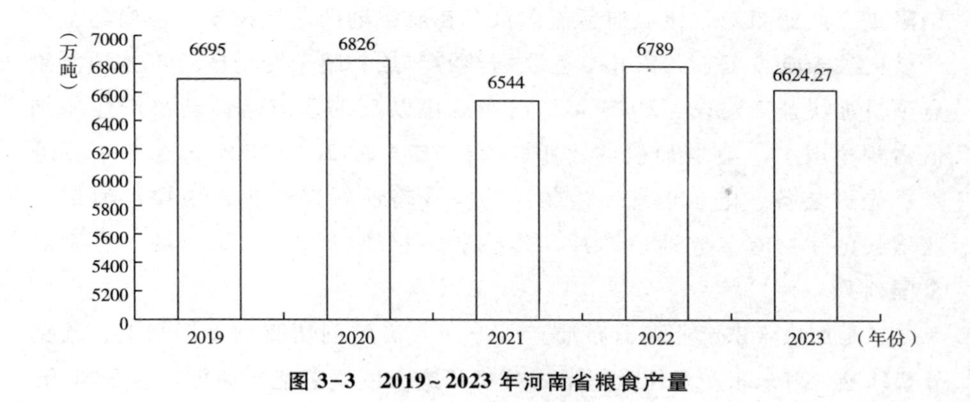

图 3-3　2019~2023 年河南省粮食产量

三　工业逐步迈向中高端

河南落实习近平总书记“把制造业高质量发展作为主攻方向”“要坚定推进产业转型升级，加强自主创新，发展高端制造、智能制造”的重大要求，大力实施创新驱动、科教兴省等战略，推动河南制造向河南创造、河南速度向河南质量、河南产品向河南品牌转变。

一是加快传统产业提质发展。河南锚定智能化、高端化、绿色化、融合化发展目标，以装备制造、新型材料、能源化工、绿色食品、电子信息、建筑装配、现代物流、文化旅游、健康养老、高效种养、烟草、酒业等 12 个重点产业为突破口，建立了包含 40 个大类、197 个中类、583 个小类的工业体系，通过制造业绿色、智能、技术三大改造，推动传统装备向高端化、智能化转型，加快成长为全球产业链供应链的重要参与者。2023 年，河南省冶金、建材、化工等五大传统产业增加值占规模以上工业增加值比重达 50.1%，较 2019 年提高 3.4 个百分点。

二是加快新兴产业重点培育。河南加快建设“能级高、结构优、创新强、融合深、韧性好”制造业强省，实施战略性新兴产业跨越发展工程，着力构建“7+28+N”现代化产业体系，加快重塑新材料、新能源汽车、电子信息、先进装备、现代医药、现代食品、现代轻纺 7 大先进制造业集群，形成了装备制造、现代食品 2 个万亿级产业集群及节能环保、智能电力等 19 个千亿级产业集群，河南的新能源客车、盾构机、特高压装备等享誉海内外，推动高端装备产业打造“大国重器”；超硬材料全链条纳入国家重点产业布局，比亚迪新能源汽车在航空港区落地投产，河南的整车产量突破 100 万辆；国家超算互联网核心节点、超聚变全球总部基地等重点项目加快开工建设。2023 年，河南规模以上工业战略性新兴产业增加值占规模以上工业增加值的比重达 25.5%，较 2019 年提高 6.5 个百分点；先进装备、电子信息、生物医药等战略性新兴产业成为拉动河南工业增长的主力军，光通信芯片、传感器、超硬材料等产品市场占有率居全国前列。

三是加快未来产业谋篇布局。河南深入实施创新驱动发展战略，借助外智外脑，对未来产业作全图谱式分析研究，围绕氢能与储能、量子通信、未来网络和类脑智能等领域谋篇布局，培育壮大了一批特色明显、发展潜力大的优质企业和产业集群。如精工锐意科技（河南）有限公司新研发的功能金刚石高功率微波等离子体化学气相沉积生长设备可满足 8 英寸功能金刚石的生产需求，填补了国内超硬材料行业高端装备空白；汉威科技新研发激光甲烷传感器、柔性触觉传感器、弹性应变传感器等品种，推动河南智能传感器产业链不断迈向高端化。

四 服务业成为带动经济增长新引擎

近年来，河南大力发展现代服务业，积极培育新业态新模式新载体，推进服务业标准化、品牌化、数字化建设，全省服务业规模日益壮大，层次不断提升，对产业转型升级的支撑能力不断增强。2023 年，河南服务业增加值占 GDP 比重达 53.4%，对经济增长的贡献率超过第二产业成为经济增长的第一动力。规模以上服务业营业收入较快增长。2023 年，河南规上服务业企业营业收入同比增长 10.5%，增速比上年一季度、上半年、前三季度分别加快 3.2 个、4.8 个、5.2 个百分点，比全国高 2.2 个百分点；分行业看，全省有 8 个行业门类营业收入实现增长，占比 80%。企业盈利能力全面好转。2023 年，河南省规模以上服务业企业实现利润总额增长 120.6%，比 2022 年提高 154.3 个百分点；10 个行业门类全部实现盈利。交通物流持续恢复。2023 年，河南货物运输量 28.17 亿吨，货物运输周转量 11892.48 亿吨公里，分别较 2019 年增长 28.9%、38.4%；旅客运输总量 5.90 亿人次，旅客运输周转量 1662.29 亿人公里，分别恢复至 2019 年的 52.9%、82.6%。金融支撑有力。2023 年，全省金融业经济运行总体较为平稳，势头向好，特别是存贷款保持平稳较快增长。截至 2023 年 12 月末，河南省人民币各项存款余额 100206.75 亿元，较 2019 年增长 44.2%；人民币各项贷款余额 83140.94 亿元，较 2019 年增长 49.4%。居民消费相关服务业迅速恢复。2023 年，全省规上文化、体育和娱乐业营业收入同比增长 30.2%，在 10 个规上服务业行业门类中增速保持第一，高于全部规上服务业营收增速 19.7 个百分点。此外，科学研究和技术服务业、金融业等行业年均增速均高于 GDP 年均增速，成为引领服务业发展的重要力量。新兴领域增势良好。2023 年，河南省规上战略性新兴服务业营业收入同比增长 11.7%，高于全部规上服务业营收增速 1.2 个百分点，对全省规上服务业有较强的拉动作用，服务业新动能加速释放。同时，河南积极培育"互联网+社会服务"新模式，互联网相关行业增长较快，2023 年河南省规上互联网游戏服务、互联网科技创新平台等服务业营业收入增长 58.7%、70.7%，分别高于全省规上服务业营收增速 48.2 个、60.2 个百分点。河南创新诠释传统文化打造的《唐宫夜宴》、《洛神水赋》及"奇妙游"系列节目屡次破圈，国潮文化成为河南的又一亮丽名片。

五　消费结构持续升级

近年来，河南居民消费处于结构快速升级期，消费形态逐步从基本生活型转向发展享受型，消费品质从中低端迈向中高端。河南以推进重点领域消费提档升级为重点，聚焦居民消费升级需要，加快消费扩容提质，消费对经济增长的"稳定器"和"压舱石"作用不断增强，对经济增长的贡献率达 70%左右。2023 年，河南社会消费品零售总额 26004 亿元，是 2019 年的 1.108 倍，年均增长 2.6%（见图 3-4）。消费呈现加速升级换代趋势，出行类消费支撑作用显著。2023 年，河南省限额以上石油及制品类商品零售额同比增长 22.2%，较上年提高 8.4 个百分点，拉动全省限额以上消费品零售额增长 2.7 个百分点。汽车类商品零售贡献突出。2023 年，河南限额以上汽车类商品零售额同比增长 13.4%，较上年提高 16.4 个百分点，拉动全省限额以上消费品零售额增长 4.7 个百分点。其中，新能源汽车在相关补贴政策和旺盛的市场需求带动下快速增长，2023 年全省限上零售额同比增长 64.2%；二手车市场飞速发展，2023 年全省限上零售额同比增长 113.4%。反映居民生活水平提高的汽车类、家具类商品销售旺盛。2022

年，河南省城镇居民每百户拥有的家用汽车、空调、电冰箱分别为53.05辆、209.48台、101.24台，分别比2019年增加18.35辆、26.78台、1.27台；农民家庭每百户拥有的家用汽车、空调、电冰箱分别比2019年增加14.35辆、31.11台、4.76台。新商业模式、新消费方式层出不穷，网上零售活跃旺盛。直播带货、短视频销售和社交零售等新模式快速发展，“云购物”已经成为越来越多人的消费选择，以网上零售为代表的新型消费蓬勃发展，成为消费增长新引擎，助推商贸经济新动能加快集聚。2023年，河南省限上商品零售额中，通过公共网络实现的商品销售额同比增长10.7%，高于全部限额以上零售额增速1.5个百分点。其中，全省实物商品网上零售额同比增长21.0%，高于全国平均水平12.6个百分点，较2022年提高4.3个百分点；实物商品网上零售额占全部社会消费品零售总额的比重为14.7%，较2022年提高2.0个百分点，占比呈逐年上升趋势。

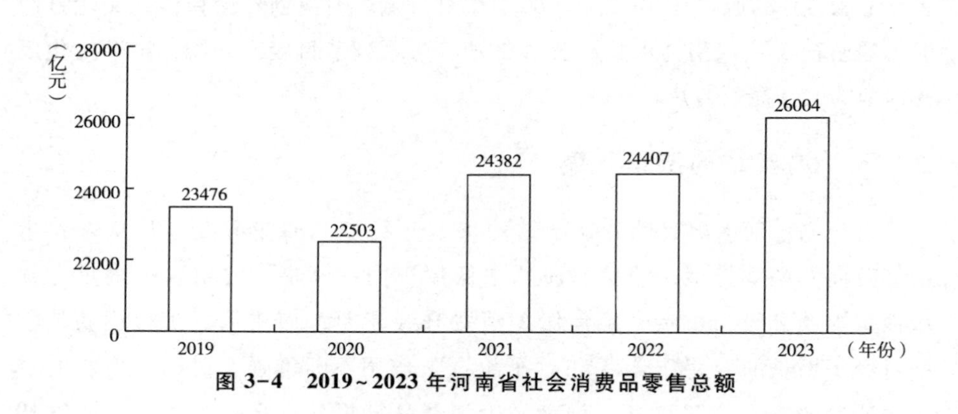

图3-4　2019~2023年河南省社会消费品零售总额

六　基础能力建设加快布局

近年来，河南突出重点、补短板、强弱项，不断加强交通、信息、能源、水利等重大基础设施建设，推动局部优势向综合优势转变。现代综合交通体系进一步完善。截至2023年末，郑州机场三期北货运区主体完工，郑州高铁南站枢纽工程即将竣工开通，济郑高铁全线贯通，率先在全国实现“米”字形高铁网梦想，高铁运营里程达到2215公里，较2019年增长15.7%；高速公路通车里程突破8300公里，达8320.78公里，较2019年增长19.4%，实现所有县（市）20分钟上高速，河南迈入了“市市通高铁”

时代。“宽带中原”战略全面实施。河南实现光纤网络全覆盖，乡镇、农村热点区域 5G 网络全覆盖，郑州国家级互联网骨干直联点提升扩容，全国十大通信网络交换枢纽地位进一步巩固。2023 年，河南新开通 5G 基站 5.3 万个，5G 终端用户总数达到 6467.8 万户。多元化能源保障体系加速构建。“疆电入豫”“青电入豫”投用，建成省级特高压交直流混联电网，发电总装机容量突破 1.1 亿千瓦，基本实现管道天然气县县通。2023 年末，河南发电装机容量（不含储能）达 13846.13 万千瓦，较 2019 年末增长 48.8%；其中，火电装机容量 7401.96 万千瓦，水电装机容量 534.90 万千瓦，风电装机容量 2177.92 万千瓦，太阳能发电装机容量 3731.36 万千瓦，分别比 2019 年增长 6.2%、31.1%、174.2%、254.1%。2023 年河南清洁可再生电力（水电、风电、光电）发电量达 521.30 亿千瓦时，占规模以上工业发电量的比重为 16.4%，较 2019 年提高 7.9 个百分点（见图 3-5）。

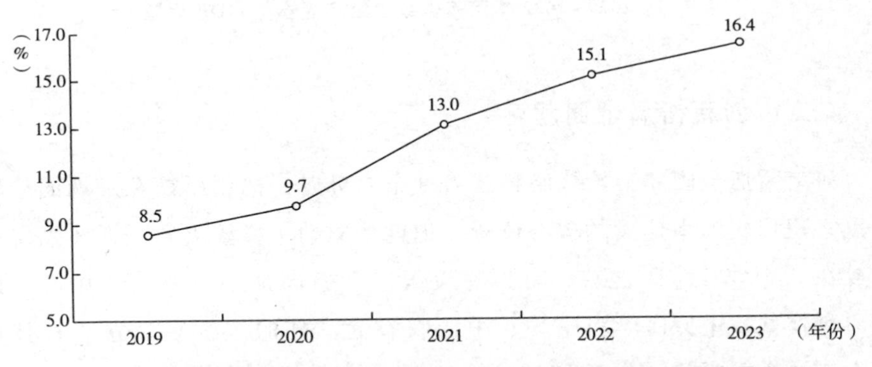

图 3-5　2019~2023 年河南省规模以上工业清洁可再生电力发电量占比

七　创新发展动能持续增强

（一）新质生产力蓬勃兴起

河南坚持把创新驱动、科教兴省、人才强省作为“首要战略”，围绕产业链部署创新链，围绕创新链完善服务链，加快形成新质生产力取得了明显成效。2023 年，河南规上工业战略性新兴产业、高技术制造业增加值分别同比增长 10.3%、11.7%，分别拉动全省规上工业增长 2.5 个、1.6 个百分点，其中新一代信息技术产业增加值增长 16.5%。液晶显示模组、光学仪器、锂离子电池产量分别增长 412.2%、104.0%、45.6%。数字经济快速发展。2022 年河南数字经济规模突破 1.9 万亿元，占 GDP 比重达到 32.6%，较 2019 年提高 9.3 个百分点（见图 3-6）。5G 基站总数达到 18.7 万个，互联网网内平均时延、网间平均时延分别居全国第 1 位和第 3 位。

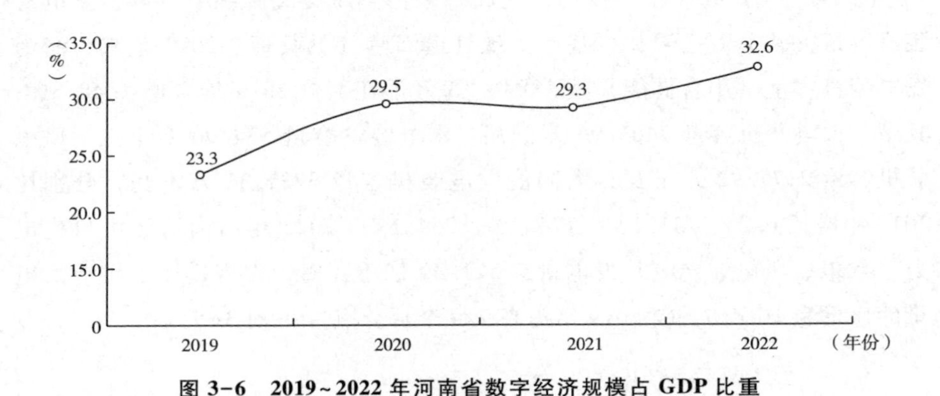

图 3-6　2019~2022 年河南省数字经济规模占 GDP 比重

（二）创新格局全面起势

河南紧抓全国新一轮战略科技力量布局机遇，把创新摆在发展的逻辑起点、现代化河南建设的核心位置，把创新驱动、科教兴省、人才强省战略放在“十大战略”之首，奋力建设国家创新高地和重要人才中心，以中原科技城、中原医学科学城、中原农谷为支柱的“三足鼎立”科技创新大格局全面起势。截至 2023 年底，河南省共拥有省级及以上企业技术中心 1768 个，其中，国家级 95 个；省级及以上工程研究中心（工程实验室）1072 个，其中，国家级 50 个；省级及以上工程技术研究中心 3852 个，其中，国家级 10 个；成立嵩山、神农、黄河、龙门等 16 家省实验室（见表 3-1）。新产业投资快速增长。2023 年，河南省高技术制造业投资增长 22.6%，高于工业投资增速 13.7 个百分点，其中电子及通信设备制造业投资增长 38.8%。市场活力持续增强。截至 2023 年底，河南实有经营主体 1094.0 万户，同比增长 5.8%，总量居全国第 4 位，其中实有企业 299.9 万户，同比增长 10.8%；一套表调查单位比 2022 年底增加 5960 个，新增规上工业企业 2785 家。

表 3-1　河南省实验室名单

序号	实验室名称	所在地市	聚集领域
1	嵩山实验室	郑州	聚集新一代信息技术领域
2	神农种业实验室	总部新乡、注册地郑州	聚集种业科技领域
3	黄河实验室	郑州	聚集黄河流域生态保护和高质量发展
4	龙门实验室	洛阳	聚集新材料和智能装备领域
5	中原关键金属实验室	总部郑州、基地三门峡	聚集关键金属和材料领域
6	龙湖现代免疫实验室	郑州	聚集生命健康与生物医药领域
7	龙子湖新能源实验室	郑州	聚集新能源及其智能化转型领域
8	中原食品实验室	漯河	聚集食品科技领域
9	天健先进生物医学实验室	郑州	聚集生物医学领域
10	平原实验室	新乡	聚集药物创新领域
11	墨子实验室	郑州	聚集光芯片领域
12	黄淮实验室	郑州	聚集环境保护和绿色低碳循环领域
13	中州实验室	郑州	聚集整合生物学领域
14	牧原实验室	南阳	聚集合成生物学领域
15	中原纳米酶实验室	郑州	聚集纳米生物学和生物医学领域
16	尧山实验室	平顶山	聚集先进基础材料、关键战略材料和前沿新材料等领域

资料来源：《河南日报》，截至 2023 年 12 月底。

（三）创新能力显著增强

2022 年，河南省共投入研究与试验发展（R&D）经费 1143.3 亿元，较 2019 年增加 350.3 亿元，增长 44.2%；R&D 经费投入强度达 1.86%，较 2019 年提高 0.38 个百分点（见图 3-7）。科技成果量质齐飞。2023 年，河南共签订技术合同 2.49 万份，是 2019 年的 2.7 倍；技术合同成交金额 1367.42 亿元，是 2019 年的 5.84 倍（见图 3-8）；专利授权量 109957 件，是 2019 年的 1.27 倍（见图 3-9）。坚持合作开放，汇聚优质创新资源。以打造国内创新高地和人才高地为目标，突出抓好一批创新引领型企业、培育一批创新引领型人才、建设一批创新引领型平台、引进一批创新引领型机构，河南的高新技术企业数量由 2012 年的 751 家猛增至 2023 年的 1 万多家；郑洛新国家自主创新示范区集聚了全省70%以上的国家级创新平台和60%左右的高新技术企业，成为引领现代化河南创新发展的核心增长极；国家农机装备创新中心、国家生物育种产业创新中心、食管癌防治国家重点实验室、作物逆境适应与改良国家重点实验室等“国字号”创新平台相继落户河南。坚持项目带动，增强支撑引领能力。河南推行“十百千”重大专项，在省级层面实施十大创新引领专项，省市联动实施100项示范专项，以市县为主安排了1000项创新应用专项。世界上最大直径硬岩掘进机、光互联芯片、氢燃料电池客车、豫粉1号蛋鸡、四价流感病毒裂解疫苗等一系列标志性成果脱颖而出，神舟飞船、复兴号高铁、C919大飞机、蛟龙号、航母等大国重器上有了更多河南元素，盾构机、新能源汽车、光通信芯片、超硬材料、流感疫苗、食品加工等产业的技术水平和市场占有率均居全国首位。

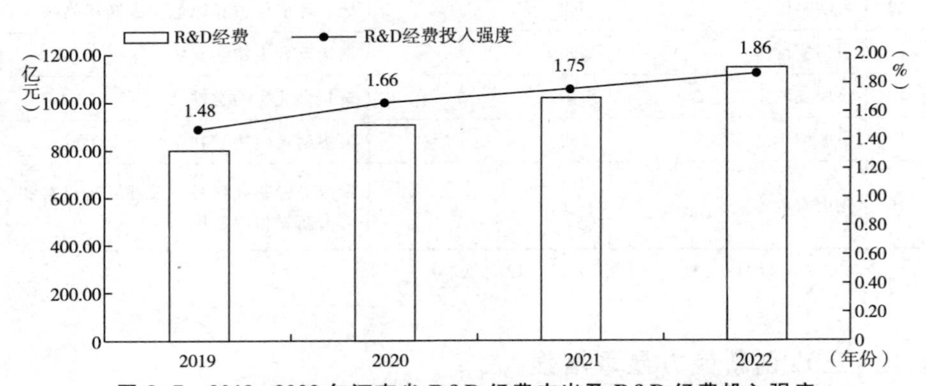

图3-7　2019~2022年河南省R&D经费支出及R&D经费投入强度

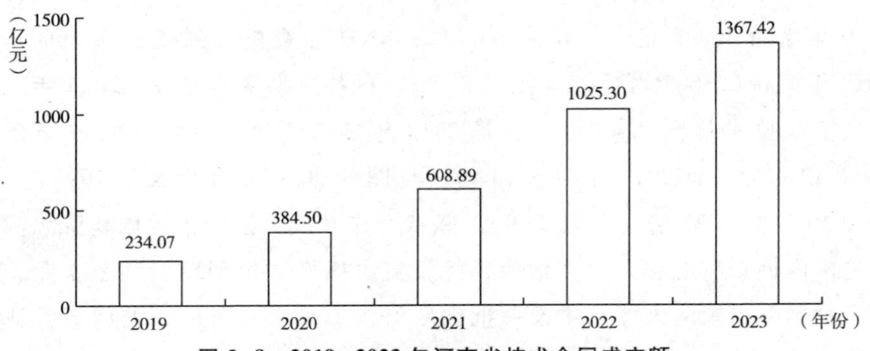

图3-8　2019~2023年河南省技术合同成交额

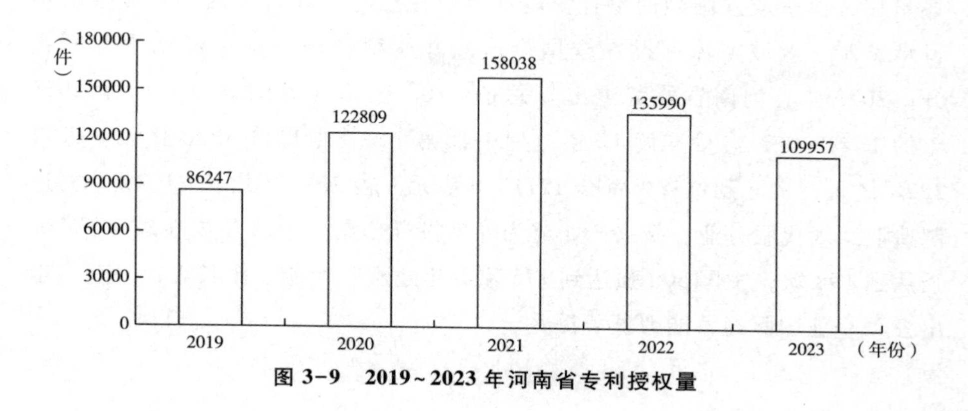

图 3-9　2019~2023 年河南省专利授权量

八　对外开放水平不断提高

河南始终牢记习近平总书记“加快打造内陆开放型高地”的殷殷嘱托，积极优化营商环境，持续深化“放管服”改革，实施制度型开放战略，深度融入“一带一路”建设，探索制度创新，完善准入、退出机制，激发市场主体活力，加快建设对外开放新高地，推动内陆大省走向开放前沿，培育出更加出彩的势能开放通道，在“四路协同”中不断拓展。郑州—卢森堡“空中丝绸之路”已成为共建“一带一路”的典范，河南—柬埔寨—东盟“空中丝绸之路”已于 2022 年 4 月正式启动，郑州机场成为全国唯一航空电子货运试点机场并跻身全球机场货运 40 强，国际货邮吞吐量位居全国第 5；“陆上丝绸之路”中欧班列（中豫号）综合运营能力居全国第一方阵，郑州成为中东部唯一中欧班列集结中心，已开通国际直达线路 17 条，业务网络遍布欧盟、中亚、俄罗斯及亚太地区 30 多个国家的 130 多个城市；首创跨境电商“网购保税 1210 服务模式”并在海内外复制推广，全省跨境电商交易总额由 2019 年的 1581 亿元上升至 2023 年的 2018. 3 亿元，跨境电商业务辐射全球 196 个国家和地区，“买全球”“卖全球”的“网上丝绸之路”成为河南对外开放的亮丽名片；已开通 9 条至沿海主要港口海铁联运班列线路，周口港、漯河港、信阳港等河海联运开通运营，“海上丝绸之路”越行越远。开放环境在“放管服效”改革中不断优化。在全国率先全面推开商事登记“三十五证合一”，企业创业创新热情有效激发。中国（河南）自由贸易试验区的制度红利不断释放，郑州片区探索成立国际商事仲裁院和自贸区法庭，开封片区的企业投资项目承诺制、区域整体评勘在全国推广。开放型经济在优进优出中不断提升。2023 年，河南省外贸进出口总值 8108 亿元（见图 3-10），是 2019 年的 1.419 倍，总量连续 12 年位列中部第 1，其中出口 5280 亿元，进口 2828 亿元；实际到位省外资金 12110.6 亿元，较 2019 年增长 21.2%。先进制造业、现代服务业、新兴产业成为外来投资热点。2023 年末在豫世界 500 强达到 198 家，中国 500 强达到 175 家。组建国际产能合作联盟，河南“走出去”企业国际经营能力显著提升。

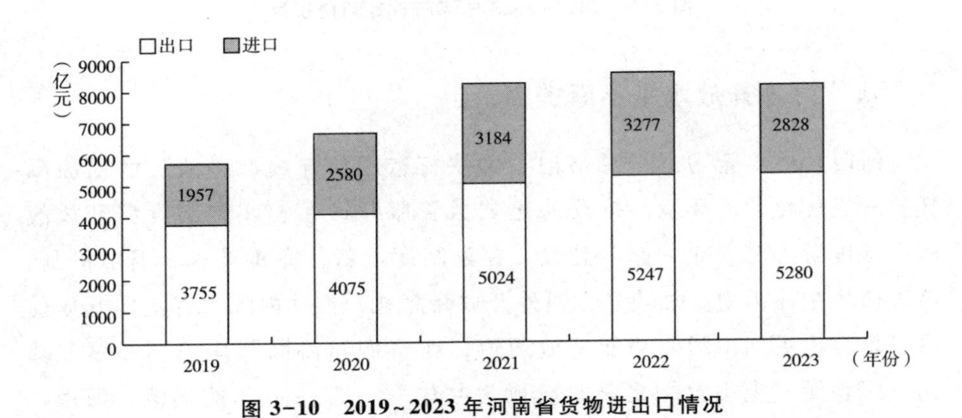

图 3-10　2019~2023 年河南省货物进出口情况

九　城乡融合发展进一步加快

推动惠及上亿人口的城镇化取得积极进展，对现代化河南建设形成强有力的战略支撑，2017 年河南常住人口城镇化率首次突破 50%，实现了从农业型社会为主体向城市型社会为主体的历史性转变，2023 年河南常住人口城镇化率为 58.08%，较 2019 年提高 4.07 个百分点（见图 3-11）；其中，郑州城镇化率达 80%，济源、洛阳城镇化率超过 65%，城乡一体化水平显著提升。“破藩篱、降门槛”，实现“更高品质生活”。全面深化户籍制度改革，河南基本实现“零门槛”落户；保障进城落户农民权益，切实维护进城落户农民的土地承包权、宅基地使用权和集体收益分配权；推进城镇基本公共服务全覆盖，建立与居住证挂钩的基本公共服务机制，2016 年率先在全国落实居住证制度，消除农村与非农村户口的区别，目前已累计制发居住证超过350万张。在新型城镇化的带动下，河南城乡一盘棋谋划、一体化建设，一体化新格局逐步形成，城乡旧貌展新颜，居民收入大幅增长，人民生活水平稳步提高，幸福感获得感大幅提升。

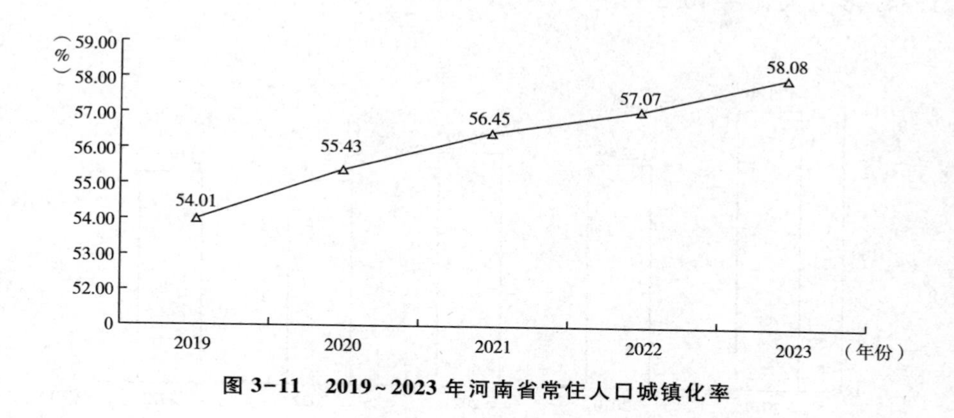

图 3-11　2019~2023年河南省常住人口城镇化率

第三节　民生福祉更加殷实

2024年4月，习近平总书记在重庆考察看望九龙坡区谢家湾街道民主村社区居民时强调，中国式现代化，民生为大，中国共产党要做的事情就是让老百姓过上更加幸福的生活。近年来，河南坚持以人民为中心的发展思想，履行好保基本、兜底线职责，多措并举扎实推进共同富裕，统筹做大蛋糕与分好蛋糕的关系，不断增强人民群众的获得感、幸福感、安全感，让中国式现代化建设的河南实践更有温度、更加实在。

一　就业“基本盘”总体稳定

近年来，河南持续做好就业供需“两头抓”，既抓发展扩容就业岗位，又抓技能提质人力资源，高质量推进“人人持证、技能河南”建设，大力实施省部共建全民技能振兴工程，鼓励灵活就业、返乡创业，职业教育规模保持全国领先，就业形势稳定向好。2023年，河南省城镇新增就业人员119.32万人，完成年度目标任务的108.5%（见图3-12）；城镇失业人员再就业28.36万人，完成年度目标任务的113.4%；新增农村劳动力转移就业 48.97 万人，完成年度目标任务的 122.4%；新增返乡入乡创业 18.77 万人，完成年度目标任务的 125.1%；农村劳动力转移就业总量 3073.97 万人，其中，省内转移 1839.49 万人，占 59.8%；省外输出 1234.48 万人，占 40.2%。

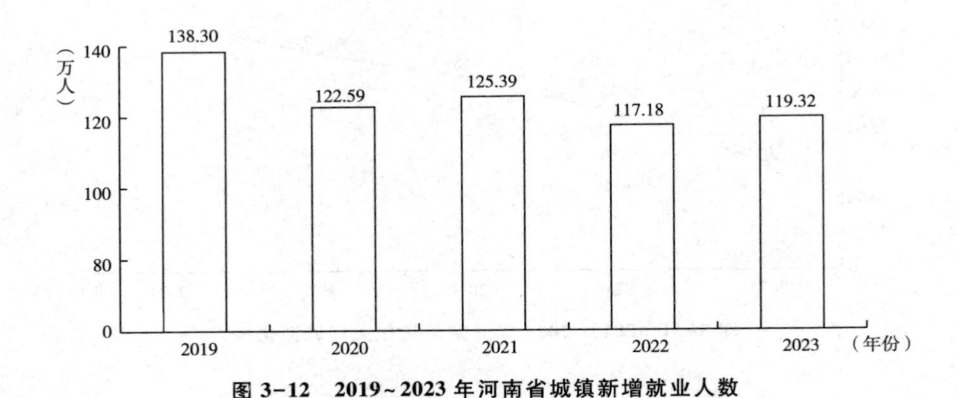

图 3-12　2019~2023 年河南省城镇新增就业人数

二　居民生活水平不断提高

河南始终把人民群众对美好生活的向往作为奋斗目标，坚持把提高人民生活水平作为发展经济的根本出发点和落脚点，通过采取提高工资、增加各类津补贴、放开农副产品价格等措施拓宽居民收入渠道。2023 年，河南省城乡居民人均可支配收入为 29933 元，是 2019 年的 1.25 倍（见图 3-13）；其中，城镇居民人均可支配收入从 2019 年的 34201 元提高到 2023 年的 40234 元，年均名义增长 4.1%；农村居民人均可支配收入从 2019 年的 15164 元提高到 2023 年的 20053 元，年均名义增长 7.2%，高于城镇居民 3.1 个百分点；城乡收入倍差从 2019 年的 2.26∶1 缩小至 2023 年 2.01∶1，缩小 0.25（见图 3-14），城乡之间居民收入差距逐步缩小。同时，河南还高度重视民生领域，加大对公共服务领域建设的支持，全省居民生活环境也得到持续改善，城镇地区通公路、通电、通电话、通有线电视已接近全覆盖，农村地区“四通”覆盖面不断扩大，居民在居住、医疗等方面获得的“隐形福利”明显增加。

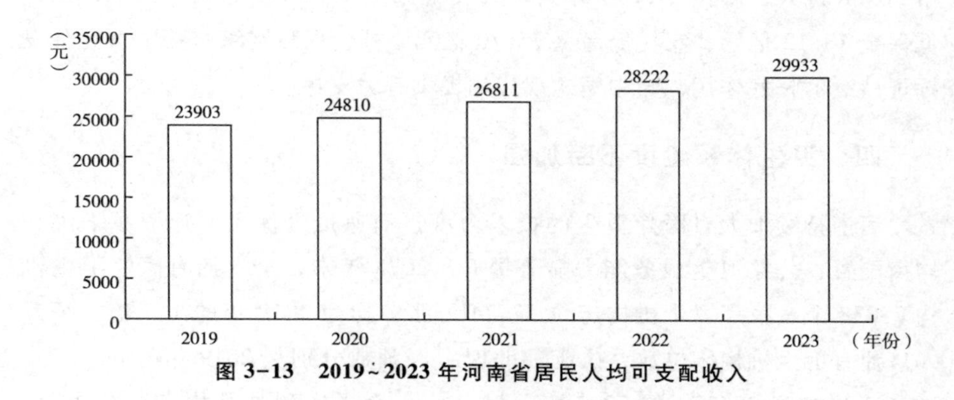

图 3-13　2019~2023 年河南省居民人均可支配收入

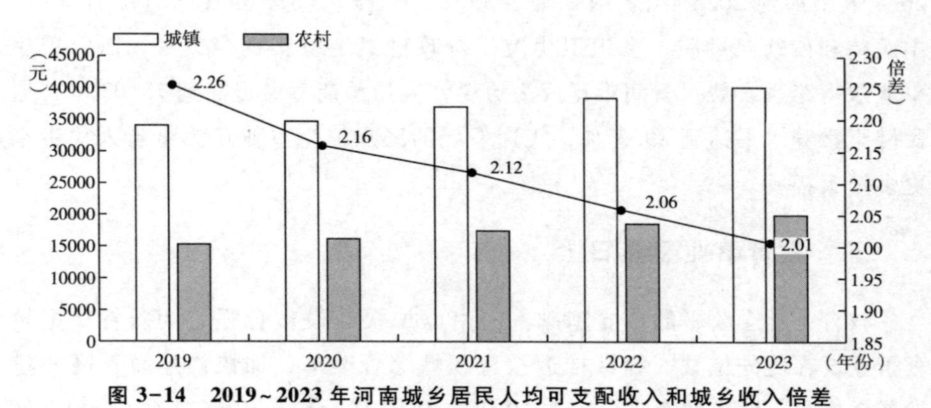

图 3-14　2019~2023 年河南城乡居民人均可支配收入和城乡收入倍差

三　社会保障体系日趋完善

河南坚持“全覆盖、保基本、多层次、可持续”的方针，突出更加公平、更加持续的目标，统筹推进制度改革，社会保障体系提质扩面。基本养老保险、基本医疗保险实现制度和人群全覆盖，全省参加城镇职工基本养老保险人数、失业保险人数、工伤保险人数分别从 2019 年末的 2133.84 万人、837.26 万人、966.24 万人增长至 2023 年末的 2578.18 万人、1147.80 万人、1128.25 万人，养老、医保参保率均稳定在 95%左右，散居和集中供养孤儿及城乡低保标准持续提高，80 岁以上老人享受高龄津贴。公共卫生体系补短板全面提速，心血管等国家区域医疗中心建设取得突破性进展，94%的疑难重症在省内得到救治，看病难、看病贵问题有效缓解。社会保障待遇水平稳步提高。2023 年，河南省共保障城乡低保对象 306.33 万人，其中，城市30.58万人，农村275.75万人；共发放低保金88.82亿元，其中，城市低保金13.12亿元，农村低保金75.70亿元。社会保障网织密扎牢，充分发挥可持续的托底作用，为中国式现代化提供有力支撑。

四 卫生体系建设不断加强

河南持续加大对医疗卫生的投入力度，加速推进优质医疗资源下沉和均衡配置，公共卫生服务能力显著提升。2023年末，全省拥有医疗卫生机构85038个、医疗卫生机构床位77.74万张，均为2019年的1.2倍；每万人口拥有卫生机构床位数、执业（助理）医师数分别从2019年的66.4张、26.1人增加到2023年的79.2张、35.3人；全省实现县县均有综合医院、中医院和妇幼保健院，乡镇卫生院、行政村卫生室实现全覆盖，医疗卫生事业取得跨越发展，看病难正成为历史，人均预期寿命提高到78.03岁，居民健康素养水平达到29.37%，飞速发展的医疗卫生事业正为全省人民带来更多健康福祉。

五 教育事业蒸蒸日上

教育是社会公平的重要基础。河南以加快建设教育强省为目标，把教育事业放在优先位置，纵深推进教育领域综合改革，加快构建教育高质量发展新格局，财政教育支出由2019年的1810亿元增长到2023年的1991亿元，增加181亿元。截至2023年末，河南共有各级各类学校4.71万所，教育人口2815.22万人，其中，在校生2621.86万人，教职工193.36万人。各级各类教育得到长足发展。义务教育全面普及，学前教育毛入园率、义务教育巩固率分别由2019年的89.50%、95.45%提升至2023年的92.46%、96.30%，分别提高2.96个、0.85个百分点，均超过全国平均水平。高中阶段教育规模不断扩大，全省高中阶段毛入学率由2019年的91.62%提高至2023年的92.90%，提高1.28个百分点。高等教育规模快速发展，全省普通高校由141所增至168所，增加27所；高等教育毛入学率由2019年的49.28%提高至2023年的57.54%，提高8.26个百分点；每十万人口普通高校在校生人数由2019年的2913人增加到2023年的3012人，增加99人；郑州大学、河南大学进入国家“双一流”建设行列，7所高校11个学科“双一流”创建工作稳步推进，博士、硕士学位授权一级学科分别提高至96

个、386个，全省高等教育进入普及化阶段。人口素质大幅提升，2022年全省15岁及以上常住人口的人均受教育年限为9.97年，比2020年提高0.18年。

六　共同富裕步伐更加稳健

河南聚焦“守底线、抓发展、促振兴”，着力推进责任落实、政策落实、工作落实和成效巩固，坚持五级书记一起抓巩固拓展脱贫攻坚成果和乡村振兴，出台《河南省脱贫人口增收行动方案（2023-2025年）》《关于对帮扶产业项目实施“四个一批”行动的通知》《乡村康养旅游建设三年行动方案（2023-2025年）》《关于实施乡村服装产业“百镇千村”行动巩固拓展脱贫攻坚成果促进乡村振兴的通知》等政策文件，坚决守住不发生规模性返贫的底线。对易返贫致贫人口，在常态化排查的同时，开展两轮集中排查，筛查农户近2000万户，及时把符合防止返贫监测对象条件的农户纳入监测范围。组织驻村干部、村两委干部、基层网格员等入户宣传解读政策，推行防止返贫监测帮扶政策“明白纸”和“一码通”，提高群众政策知晓度和申报监测对象积极性。2023年，河南新识别认定监测对象2.7万户9.1万人。巩固“三保障”成果。河南健全控辍保学目标责任制，脱贫家庭义务教育阶段失学辍学学生应返尽返；2023年度资助原建档立卡贫困家庭学生329.1万人次。实现对低保对象、监测对象和低保边缘家庭成员全额参保资助全覆盖，脱贫人口和监测对象参保率稳定在99.9%以上、家庭医生签约率为99.99%、大病救治率为99.99%。定期走访摸排农村低收入群体等重点对象住房安全情况，将符合条件的纳入危房改造，2023年改造农村危房9081户。开展防止返贫就业攻坚行动、搬迁群众就业帮扶专项行动，实施劳务输出服务、县域产业促进、以工代赈吸纳、返乡创业带动、公益岗位兜底“五个一批”，促进脱贫劳动力应就业尽就业。2023年全省脱贫人口和监测对象外出务工227.49万人，完成年度目标任务的110.75%。推进“人人持证、技能河南”建设，实施高素质农民技能培训等“十大培训专项”、“雨露计划+”就业促进行动，提高脱贫群众技能培训率和持证上岗率。2023年全省培训脱贫劳动力32.22万人，脱贫人口新增技能人才28.14万人；雨露计划毕业生3.23万人，实现就业、升学、参军共3.14万人，占比97.21%。统筹推进“豫农技工”“河南建工”“河南织女”等10个省级人力资源品牌建设，选培育100个区域人力资源品牌，建立完善乡村工匠培育机制，提升“豫字号”人力资源品牌规模效应和影响力。

第四节　文化事业大放异彩

一部河南史，半部中国史。河南作为中华民族和华夏文明的重要发源地之一，尤其黄河文化是中华文明的重要组成部分，是中华民族的根和魂。习近平总书记多次强调，“要深入挖掘黄河文化蕴含的时代价值，讲好‘黄河故事’，延续历史文脉，坚定文化自信，为实现中华民族伟大复兴的中国梦凝聚精神力量”。近年来，河南牢记习近平总书记嘱托，立足自身资源禀赋，瞄准中华文化传承创新中心、世界文化旅游胜地两大定位，大力实施“文旅文创融合战略”，积极打造“行走河南，读懂中国”文旅品牌，不断加大对文化产业的投入力度，持续深入推进公共文化服务基础设施建设，全省文化事业稳步向前推进，为中国式现代化建设的河南实践提供了有力的文化支撑。

一　文化保护工作硕果累累

“伸手一摸就是春秋文化，两脚一踩就是秦砖汉瓦”，河南拥有丰厚的历史文化遗存和自然人文景观。河南牢固树立保护第一理念，先后颁布出台《河南省实施〈文物保护法〉办法》《河南省革命文物保护条例》《河南省历史文化名城保护条例》《洛阳市二里头遗址保护条例》《河南省安阳殷墟保护条例》等23部地方性文物保护法规，实施大遗址保护工程191项，首创“先考古、后出让”制度，推进黄河文化遗产系统保护工程，打造三门峡—洛阳—郑州—开封—商丘黄河文化大遗址走廊，坚决扛稳保护历史文化遗产、守护文明主根主脉的责任。截至2023年末，河南共有不可移动文物65519处，居全国第2位；馆藏可移动文物1773620件/套，居全国第4位；其中，世界文化遗产5处，全国重点文物保护单位420处；中国八大古都中，河南占据4席；国家级历史文化名城8个、名镇10个、名村9个，中国传统村落204处；挂牌和立项国家考古遗址公园17处，总数位居全国第一。

二　公共文化服务设施加快普及

河南积极打造文化遗产展示新场景，持续加大对公共文化服务的投入力度，不断加强巩固博物馆、图书馆、文化站、文化馆等文化基础阵地，覆盖城乡的公共文化设施网络持续完善，公共文化服务的丰富性、便利性、均等性显著增强。南阳卧龙岗文化园、濮阳杂技主题公园、中国文字博物馆续建工程、汉字公园、洛阳万里茶道博物馆、郑州商城东城垣遗址博物馆、曹操高陵遗址博物馆、河南省科技馆新馆、河南省图书馆郑东分馆等文化场馆相继开园、开馆，极大地满足了人民群众日益增长的精神文化需求。此外，新乡大运河国家文化公园、河南省美术馆新馆、郑州郑东新区科创文旅交流中心、洛阳汉魏故城遗址博物馆等文化项目陆续开建。截至2023年末，河南省共建成各级公共图书馆177个、博物馆398个，分别较2019年增加13个、52个，“三馆一站”覆盖率超过100%，全部实现零门槛免费开放。河南省博物院、二里头夏都博物馆、郑州商城国家考古遗址公园、殷墟博物馆新馆等成为国内外游客的热门打卡地，贾湖骨笛、莲鹤方壶等“镇院之宝”备受关注。文化惠民活动持续走深走实。河南启动“春满中原·老家河南”主题系列活动，推出文艺展演、艺术展览、非遗民俗、旅游美食等一系列文旅活动和产品。截至2023年底，河南省基层综合性文化服务中心覆盖率达99.9%，基本实现“县有图书馆、文化馆，乡镇有文化站，村（社区）有综合文化中心”的目标。2023年，河南省广播、电视综合人口覆盖率分别为99.73%、99.72%，分别较2019年提高0.29个、0.25个百分点，文化惠民为“两个确保”加码添彩。

三 文化产业总体实力增强

河南省文化产业由小变大、由弱变强，文化软实力日益凸显，呈现出亮点纷呈的高质量发展新局面。2022年全省文化及相关产业增加值为2646.85亿元，是2019年的1.2倍（未扣除价格因素），年均增长5.5%；占GDP的比重从2019年的4.19%提高到2022年的4.55%，提高0.36个百分点（见图3-15）。《只有河南·戏剧幻城》《禅宗少林·音乐大典》《大宋·东京梦华》《黄帝千古情》等精品节目久盛不衰，河南卫视《唐宫夜宴》《洛神水赋》《龙门金刚》等“精品游”节目系列频频出圈出彩，成为“流量收割机”。“行走河南·读懂中国”“老家河南系列”文化品牌深入人心，广受市场和消费者青睐，河南文化魅力和文化品牌形象提升。

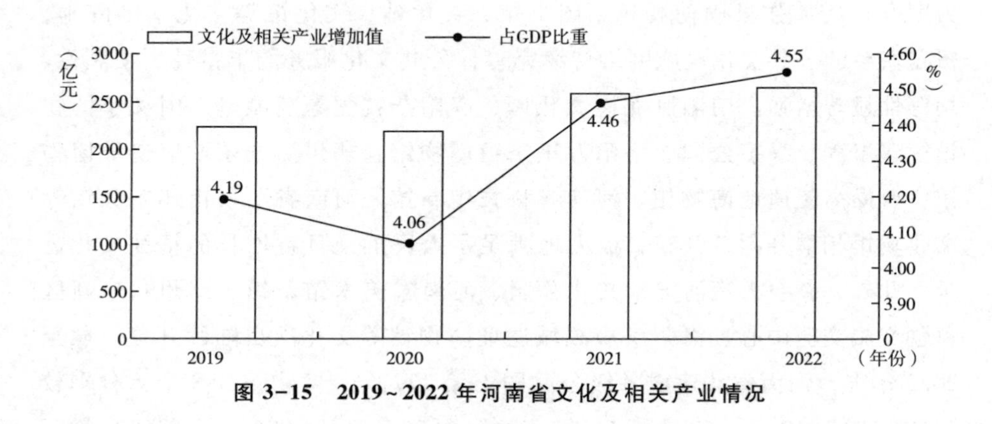

图 3-15 2019~2022 年河南省文化及相关产业情况

四 文旅融合步伐加快

文旅一头连着"人间烟火"，一头连着"诗和远方"。河南秉持"颠覆性创意、沉浸式体验、年轻化消费、移动端传播"新文旅理念，加快塑造"行走河南·读懂中国"文旅品牌，充分挖掘黄河文化时代价值，推动全省各地沉浸式文旅目的地打造，文旅文创融合发展效果显著。2023 年，河南省累计接待游客 9.95 亿人次、旅游收入 9645.6 亿元，分别为 2019 年的 110.6%、100.4%。《2024 年春节消费数据报告》显示，郑州、洛阳双双入选十大热门目的地，开封西司文旅商圈在全国五大热门商圈中排名第 5，开封万岁山武侠城位居全国热门景区榜首。

第五节 协同治理体系加快构建

黄河流域上下游、左右岸、干支流是一个有机整体，享有共同的生命线，决定了黄河流域生态治理不能是一个部门或一个区域的"独角戏"，需要相关各方的协同与配合。共同抓好大保护、协同推进大治理是实现黄河流域生态保护和高质量发展的有力抓手，也是实现黄河流域治理体系和治理能力现代化的重要推手。近年来，河南通过采取加强政府部门合作联动、平衡主体间利益、强化生态管控、推动信息共享等措施，初步构建了由政府、市场和社会多方利益主体参与的黄河流域生态保护协同治理长效机制，不同主体之间的利益博弈和短期行为得以消除，开创了"共同抓好大保护，协同推进大治理”的崭新局面。

一　区域联动机制更加高效

2019 年 9 月以来，河南把黄河流域生态保护和高质量发展摆在事关全局的重要位置，成立由省委、省政府主要领导担任双组长的领导小组，建立“九龙联动”、协同共治的黄河保护治理协同共治机制，就黄河防洪保安、水资源管理、生态保护和高质量发展等重大事项进行充分协商协作，通过完善省级统筹协调、部门协同配合、属地抓好落实、各方衔接有力的管理机制，推动黄河流域保护治理融会贯通，从而实现以流域区域联动一体化高质量发展助推中国式现代化建设的河南实践。省级层面，河南省委、省政府牢固树立一盘棋思想，坚持谋划长远和干在当下相统一，精准对接《黄河流域生态保护和高质量发展规划纲要》，结合河南省“十四五”规划编制，相继出台了《关于推进黄河流域生态保护和高质量发展的意见》和《河南省黄河流域生态保护和高质量发展规划》，提出以生态廊道建设为抓手强化沿黄地区生态保护，以国土绿化提速行动为抓手建设森林河南，以重大防洪工程建设为抓手确保黄河安澜，以“四水同治”为抓手开展综合治理，以黄河流域生态保护治理为抓手带动全省生态文明建设，对黄河流域生态保护和高质量发展工作进行总体安排部署；并通过在廊道建设、湿地保护、滩区整治、堤防建设等领域实施一批标志性、引领性工程，让黄河成为安全之河、美丽之河、利民之河，黄河流域共同抓好大保护、协同推进大治理实现了良好开局。市级层面，沿黄流域各城市也不等不靠、主动作为、躬身入局。其中，郑州市成立建设黄河流域生态保护和高质量发展核心示范区工作领导小组，印发《郑州建设黄河流域生态保护和高质量发展核心示范区总体发展规划（2020—2035 年）》《郑州建设黄河流域生态保护和高质量发展核心示范区起步区建设方案（2020—2035 年）》《防洪工程与水资源专项组工作方案》《郑州建设国家中心城市水资源配置及重大建设项目规划》《郑州市黄河水资源节约集约利用规划》《郑州市水利基础设施空间布局规划》等，编制实施了防洪工程与水资源专项工作三年行动计划和年度实施方案，努力打造黄河流域生态保护和高质量发展“样板示范”城市。作为黄河入豫第一站的三门峡，将河情与市情相结合，制定印发了三门峡市黄河流域生态保护和高质量发展规划、6 个专项实施方案，以及国土空间、生态保护、特色农业、文化传承弘扬等专项规划和配套政策，构建形成系统完备的“1+6+N”规划政策体系，并协同运城市、渭南市、临汾市签署《推动黄河金三角区域生态治理护航高质量发展实施意见》，促进上下游联动、左右岸共治，全面筑牢黄河流域生态保护防控体系。

二 生态综合治理更加高效

河南坚决扛稳黄河保护治理政治责任，深入践行“重在保护，要在治理”重大要求，坚持“上下游、干支流、左右岸协调联动”“统筹林草湿沙，齐抓建管治效”，避免就林说林、就湿说湿、就草说草，把系统观念贯穿到黄河流域生态保护全过程，高效破解黄河流域生态保护瓶颈，按照中游“治山”、下游“治滩”、受水区“织网”思路分区分段推进黄河生态保护修复，先后争取各级财政资金3.15亿元，修（恢）复湿地面积2.29万亩，完成13个国家湿地公园建设，新设立46个省级湿地公园，小秦岭生态环境治理入选联合国“生态修复典型案例”，民权黄河故道湿地被列入《国际重要湿地名录》，“堤内绿网、堤外绿廊、城市绿芯”生态格局初步形成，一路繁花、步步皆景的“黄河古都”一号旅游公路成为国内游客的网红打卡点。如今黄河沿岸越冬、停歇鸟类数量持续增长，生物多样性不断富集，黄河流域生态保护治理的系统性、整体性、协同性不断提升，取得了以豫东青头潜鸭繁衍、豫西大天鹅成景、豫南朱鹮安家、豫北金钱豹常现、豫中大鸨成群为标志的良好成效。

三 生态治理手段更加高效

河南以信息化技术为支撑，积极应用现代科技手段加强黄河流域保护基础工作。一是在自然资源部统一部署下，开展河南黄河流域自然资源确权登记，并推动自然资源与生态环境、基础设施、工矿企业等数据资源的整合，形成河南黄河流域自然资源资产“一张图”，把“黄河装进了计算机”。同时，深化信息化技术应用，建立动态管理台账和智慧预警、精准调度平台，统筹推进黄河流域上下游、左右岸、干支流联防联控，提高黄河流域生态治理效能。如2021年河南战胜了新中国成立以来黄河最严重的秋汛洪水，保障了人民群众生命财产安全和黄河长治久安。二是利用无人机、卫星遥感等技术开展黄河流域入河排污口排查、污染源溯源等工作，对黄河干支流沿岸入河排污口、工业企业、养殖场、废物堆存点、采矿采沙场等进行全面排查和不间断抽查，构建以数字孪生黄河建设为核心的智慧生态体系，动态监测与预测黄河流域生态环境变化。目前河南段94%的国考断面水质在Ⅲ类以上，出豫入鲁水质保持在Ⅱ类以上，实现了“一河净水出中原，千回百转入大海”。三是以黄河实验室建设为契机，加强河南黄河流域水污染防治技术研发和应用，谋划加大科技创新支持和政策倾斜、加大水利科技工作力度和科技攻关等。

四　司法协作治河机制更加高效

推进黄河保护治理工作，扛稳“让黄河成为造福人民的幸福河”重大政治责任，河南省十三届人大常委会表决通过《河南省人民代表大会常务委员会关于促进黄河流域生态保护和高质量发展的决定》，为推动黄河流域生态保护和高质量发展重大国家战略在河南落地落实提供了制度规范。建立了“河长+检察长”工作模式，高效解决黄河流域司法纠纷等老大难问题。设置黄河流域巡回法庭、成立环境资源审判庭等，加强黄河流域司法审判工作，推动环境资源审判专业化，提升公益诉讼办案效果。推动信息共享，各级检察机关与同级河长办、水务部门建立信息共享制度，定期通报交流情况，对案件线索实行双台账管理制度，共同推进黄河治理。

第四章　河南践行黄河流域生态保护协同治理的经验启示

党的十八大以来，以习近平同志为核心的党中央高度重视黄河流域的治理、保护和发展，多次实地考察并对黄河流域生态环境保护和发展情况提出明确要求，擘画了黄河流域生态保护和高质量发展的宏伟蓝图。黄河流域的生态保护与高质量发展关乎强国建设、民族复兴大业。五年来，河南作为千年治黄的主战场、沿黄经济的集聚区和黄河流域生态屏障的支撑带，按照中央部署，服从全国大局、服务国家战略，及时掌握国家重大导向、重大思路和重大需求，全方位、多层次深化黄河流域治理、保护和发展，牢牢把握“共同抓好大保护，协同推进大治理”战略导向，在推动黄河重大国家战略落地落实、推进黄河流域生态保护协同治理的伟大实践中贡献了河南力量、展现了河南担当，取得了重要阶段性成效。回顾近年来河南践行黄河流域生态保护协同治理的丰富实践，既有很多很好的经验，也存在一些现实的问题和不足。总结河南践行黄河流域生态保护协同治理的成功经验，不仅为河南进一步深入贯彻黄河流域生态保护和高质量发展提供有益启示，也为沿黄其他省份生态保护协同治理提供经验借鉴。

第一节　河南践行黄河流域生态保护协同治理的基本经验

黄河流域是我国重要的生态安全屏障，在国家发展大局和社会主义现代化建设全局中具有举足轻重的战略地位，河南在黄河流域生态保护和高质量发展战略中地位突出、责任重大。五年来，河南牢记习近平总书记嘱托，积极研究探索黄河治理开发的方向与道路，在践行黄河流域生态保护协同治理方面取得了丰硕的成果，积累了弥足珍贵的治河经验和规律性认识。总结经验，对于未来河南更加深入贯彻落实黄河重大国家战略，具有重要的参考价值和借鉴意义。

一　党的全面领导是河南践行黄河流域生态保护协同治理的坚强保证

黄河是中华民族的母亲河，中华文明的摇篮，蕴含了伟大的民族精神，凝聚和赋予了中国人民太多的政治、经济、军事和文化情感与智慧。千百年来，奔腾不息的黄河同长江一起，养育了中华民族，孕育了华夏文明，塑造了自强不息、蓬勃向上的民族品格。治理、开发和保护黄河历来是中华民族安民兴邦的大事，事关中华民族伟大复兴的千秋大计和永续发展。中国共产党十分重视黄河治理，党和国家始终把黄河防洪治理摆在十分重要的位置，历届党和国家领导人都亲临黄河视察，并做出了一系列指示，黄河治理开发进入历史新纪元。毛泽东1952年到黄河河南段视察，并在兰考县发出动员治理黄河的伟大号召“要把黄河的事情办好”。改革开放以来，邓小平、江泽民、胡锦涛等党和国家领导人都曾亲临黄河视察工作并筹划治黄战略。习近平总书记在2014年3月和5月、2019年9月三次到河南考察，并在2019年发出“让黄河成为造福人民的幸福河”的殷殷嘱托，黄河流域生态保护和高质量发展上升为国家战略。中国共产党依据不同时期经济社会发展的现实基础和治黄需要，实践探索了从抗争黄河洪水泥沙到对流域生态系统整体保护、系统修复和综合治理的过程。在党中央的集中统一领导下，流域各方形成了治河合力，共同抓好大保护，协同推进大治理，奋斗书写了中华民族治理保护黄河的崭新篇章，从根本上改变黄河为患不止的局面，实现了“黄河宁、天下平”的美好愿望。河南在以习近平同志为核心的党中央坚强领导下，坚定拥护“两个确立”、坚决做到“两个维护”，各项工作始终与党中央保持高度一致，遵循政治原则、落实政治要求、注重政治效果，全面贯彻和有效执行党的路线、方针、政策和决策部署，为黄河流域生态保护协同治理提供坚强保证。

二　黄河国家战略是河南践行黄河流域生态保护协同治理的根本遵循

习近平总书记心系黄河保护和治理，牵挂着这条中华民族的母亲河以及黄河流域人民的生活，多次到黄河考察调研，足迹遍布上中下游九省区，就黄河生态保护治理做出重要部署。习近平总书记关于黄河流域生态保护和高质量发展的一系列重要讲话和重要指示批示精神，为新时期黄河保护治理提供了重要遵循，为沿黄流域省区转型发展指明了方向。2014 年 3 月，习近平总书记到河南兰考了解黄河防汛和滩区群众生产生活情况。2019 年 9 月，习近平总书记在郑州主持召开黄河流域生态保护和高质量发展座谈会，对黄河流域生态保护和高质量发展的战略方向、治理方法、发展理念、推进机制和关键任务等一系列根本性、方向性、全局性的重大问题做出了科学、系统、深刻的阐释。习近平总书记发出“让黄河成为造福人民的幸福河”的伟大号召，擘画了新时代黄河保护治理的宏伟蓝图，锚定了新航标，黄河流域生态保护和高质量发展上升为重大国家战略。言之殷殷、情之切切，九曲黄河奏起更为雄浑的新时代交响乐，奏响了新时代的黄河大合唱，为我国新时代黄河治理提供了目标指引、根本遵循和科学指南。2021 年 10 月，习近平总书记在山东济南再次提出“确保‘十四五’时期黄河流域生态保护和高质量发展取得明显成效，为黄河永远造福中华民族而不懈奋斗”的重要指示。习近平总书记从宏大的历史视角和战略高度统筹全局、着眼长远，亲自擘画、亲自部署、亲自推动，为黄河流域生态保护和高质量发展擘画了宏伟蓝图，为新时代的黄河大合唱调“音”定“调”，掀开了黄河生态保护治理和高质量发展新篇章。近年来，河南坚定以习近平新时代中国特色社会主义思想为指导，以习近平总书记视察河南重要讲话、重要指示为总纲领总遵循总指引，锚定“两个确保”、实施“十大战略”，肩负重大政治责任和历史使命，紧紧围绕黄河流域生态保护和高质量发展战略目标，主动融入、服从服务战略部署，开启了黄河治理新征程。河南省委省政府坚决把保障黄河安澜的政治责任扛牢扛稳，把黄河国家战略摆在事关全局的重要位置，加强对黄河流域生态保护和高质量发展的前瞻性思考、全局性谋划、战略性布局、整体性推进，以高度自觉展现使命担当。河南成立由省委书记任组长的黄河流域生态保护和高质量发展领导小组，多次召开会议研究重大问题、部署重点工作，召开省委全会、全省文化旅游大会、河长述职会议等，明确总体目标、发展思路，制定实践路径、具体举措，埋头苦干、主动作为，以扎扎实实的作风动员推进全省上下投身黄河治理，推动生态保护实现了观念转变、态势跃升、实践升华，在推动经济社会实现可持续发展方面取得积极成效。实践证明，黄河国家战略是河南践行黄河流域生态保护协同治理的根本遵循。

三　制度规范建设是河南践行黄河流域生态保护协同治理的有力保障

为促进黄河流域生态保护和高质量发展，国家前瞻性思考、全局性谋划、战略性布局、整体性推进黄河保护治理工作，相继批复实施黄河流域重点治理规划纲要、综合保护规划等，不断优化治黄整体布局，保障黄河长治久安。河南深入贯彻党中央决策部署，始终坚持把建制度、定机制作为重要举措，各部门各单位各领域牢固树立“一盘棋”思想，从机构、规划、法治层面形成联防联控联治工作机制，促进流域各方同向发力、同频共振，唱好大合唱、绘就同心圆，推动黄河流域生态保护和高质量发展战略落地落实。

（一）国家规划引领

为贯彻落实习近平总书记的重要讲话精神和指示要求，中央层面成立相关领导小组统筹协调黄河流域重点工作。国家发改委、生态环境部、自然资源部、水利部、工信部、科技部等国家各部门制定支撑黄河流域生态保护和高质量发展实施的各种发展规划纲要和相关政策措施，形成黄河流域生态保护和高质量发展的总体布局，协调解决流域生态治理中的重大问题，为黄河流域生态保护协同治理提供顶层设计、基本遵循和有力保障。《黄河流域生态保护和高质量发展规划纲要》作为黄河流域生态保护和高质量发展的纲领性文件，是制定实施相关规划方案、政策措施和建设相关工程项目的基本纲领、重要依据和制度保障。《黄河流域生态环境保护规划》是指导黄河流域制定实施生态环境保护相关规划方案、政策措施和工程项目建设的重要依据和行动指南。《黄河生态保护治理攻坚战行动方案》《黄河流域生态保护和高质量发展科技创新实施方案》《关于深入推进黄河流域工业绿色发展的指导意见》等规划对标上述《纲要》，发挥了中央与地方之间的统筹互动关联，从生态、科技、工业层面支撑黄河重大国家战略的实施，为黄河流域生态保护协同治理提供了强有力的保障。

（二）地方规划跟进

近年来，河南坚决贯彻党中央决策部署，牢固树立“一盘棋”思想，精准对接国家黄河流域生态保护和高质量发展规划纲要，积极落实国家战略规划，制定了相应的配套文件。结合省“十四五”规划编制，构建全省统筹、相互衔接、分级实施的规划体系，出台了省黄河流域生态保护和高质量发展规划、促进黄河流域生态保护和高质量发展的决定、省“十四五”生态环境保护和生态经济发展规划、河南省黄河流域生态环境保护规划等一系列规划，强化分类指导与精准施策相结合，初步形成了一套既体现自身特色又比较系统完整的新阶段河南黄河保护治理和高质量发展框架体系，处理黄河流域治理开发保护的复杂难题。《河南省人民代表大会常务委员会关于促进黄河流域生态保护和高质量发展的决定》聚焦水资源节约集约利用、滩区治理、破解“九龙治水”等方面，向河南全省上下发出了动员和号召。《河南省“十四五”生态环境保护和生态经济发展规划》明确提出要全面落实黄河流域生态保护和高质量发展等重大国家战略部署，坚持“双碳”（碳达峰、碳中和）引领，加快形成节约资源和环境友好的生态保护格局和绿色发展格局，全力打造黄河流域生态保护和高质量发展示范区。《河南省以数据有序共享服务黄河流域（河南段）生态保护和高质量发展试点实施方案》为通过数据有序共享服务黄河流域生态保护和高质量发展提供“河南样板”。该《方案》提出建立健全部、省数据共享交换机制，深度应用国家、省、市三级共享数据，赋能黄河防洪保安全体系构建、推动水利管理智慧化等8大应用场景，提升黄河流域（河南段）协同化、智能化治理水平。《河南省黄河流域生态保护和高质量发展规划》《河南省黄河流域生态环境保护规划》《河南省黄河滩区国土空间综合治理规划》《河南省黄河文化保护传承弘扬规划》《黄河国家文化公园（河南段）建设保护规划》等都在安澜黄河建设、黄河滩区国土空间安全利用和保护治理、提高流域治理能力、推动流域治理体系现代化保护和传承黄河文化等方面发挥重要作用。河南各沿黄城市根据黄河流域整体规划，结合地域及产业实际，构建以地方性法规为主体、政府规章为支撑、规范性文件为配套的规范体系，细化工作方案，强化示范引领，进一步深化黄河流域生态保护协同治理。如《开封市黄河流域生态保护和高质量发展规划》《开封黄河滩区生态保护和高质量发展规划》《焦作市黄河流域生态保护和高质量发展规划纲要（2021－2030）》《黄河流域（焦作）生态保护和高质量发展规划》《焦作市黄河生态文化旅游带总体规划》《洛阳市新时代大保护大治理大提升治水兴水行动方案》《洛阳市坚持文化保护传承推动文旅融合发展行动方案》等一系列规划的制定。

（三）法治规范支撑

筑法治之基、行法治之力。党始终坚持依法治国，将中国国情和发展现实相结合，加快生态环境领域立法，大力推动法治社会建设。以习近平同志为核心的党中央高度重视保护黄河立法工作，第二部流域法律《黄河保护法》以习近平生态文明思想和黄河重大国家战略部署为指导，使得黄河治理实践活动迈入有法可依的新阶段，为在法治轨道上推进黄河流域生态环境保护和高质量发展提供强有力的保障。河南始终坚持党对法治建设的全面领导，深入践行习近平法治思想，一手抓法治、铸平安，一手抓固根本、谋长远，加大监督力度，科学立法、严格执法、公正司法，坚持用最严格制度、最严密法治保护生态环境，营造了保护黄河的浓厚氛围。为扎实推进《黄河保护法》实施，依法保护黄河、治理黄河、发展黄河，河南出台了一系列黄河配套法规，用法治思维、法治方式、法治力量细化黄河保护具体措施，加快推进《黄河保护法》配套制度建设。《河南省黄河河道管理条例》是黄河流域9省（区）首部新制定出台的配套地方性法规，为黄河河道管理提供了法治保障。《河南省贯彻〈黄河保护法〉推进黄河流域节水减污增效实施方案》统筹推进河南省黄河流域水资源节约集约利用、减污降碳协同增效，有力维护了和谐稳定的水事秩序，推动了治黄事业沿着法治化轨道健康发展。省高院坚持最严法治，服务保障国家战略，率先在全国出台《贯彻实施〈黄河保护法〉工作指引》，打造全省法院黄河司法保护一盘棋格局，提升司法保护水平，为黄河高水平保护和高质量发展提供了有力司法服务和保障。2024年《河南省实施〈黄河保护法〉办法》《河南省水资源条例》列入地方立法计划。同时，河南省沿黄城市出台地方性法规对流域内环保工作的执法和司法问题查漏补缺，提升民法、刑法等其他部门法对黄河流域法治建设的关注，加大对流域内生态违法行为的惩治力度，切实增强法治在黄河流域治理中的系统性、规范性和权威性，发挥法治在黄河发展战略中的领航护航作用，如《洛阳市伊洛河保护条例（草案）》《大沙河保护条例》《三门峡市山体保护条例》《濮阳市人大常委会关于推进〈黄河保护法〉贯彻实施促进我市黄河流域高质量发展的决定》等的发布。此外，河南严格落实河长制，全流域率先推行“河长+检察长”制改革。检察院、河务局、水利局、林业局等部门协同发力，持续开展“携手清四乱、保护母亲河”专项整治行动，“四乱”（乱占、乱采、乱堆、乱建）等突出问题得到有效清理，为黄河河道行洪安全、黄河水质稳定达标、黄河生态环境改善等提供了有力保障。

为深入贯彻落实《黄河保护法》，河南深刻领悟立法之本、准确把握行法之要、不断汇聚法治之势、持续笃行法治之力，强化立法统筹，加强地方生态环保立法工作，坚持以法治理念、法治方式推动生态文明建设。坚持综合施策，用好用足法定监督形式，着力打出“组合拳”，治标治本多管齐下，推动发展理念转变、法律条文实施、法定责任落实，推动了《黄河保护法》全面落地见效，书写了黄河保护良法善治新篇章，展现了新时代“黄河大合唱”的河南担当。

四　项目投资支撑是河南践行黄河流域生态保护协同治理的重要抓手

投资是经济发展的重要引擎，项目是投资的重要支撑，抓项目促投资已成为黄河流域生态保护协同治理的重要抓手。近年来，河南一手抓规划编制、一手抓项目谋划，积极发布省黄河流域生态保护和高质量发展年度工作要点，聚焦生态保护修复、水资源节约集约利用、黄河文化保护传承利用、基础设施互联互通、民生保障等重点领域，高质量统筹谋划并投资多项相关领域基础性、关键性重大工程项目，汇聚全社会力量，奋力推动黄河流域重生态保护和高质量发展重大国家战略落地落实。河南分年度制定工作要点，建立省级重点项目库，滚动推出重点项目、合作事项和重大活动，确保了重点项目立项实施，夯实了黄河河南段的治理基础。2020年，河南聚焦重点领域建立了未来5年黄河流域生态保护和高质量发展项目库，谋划十大领域的1041个项目，总投资4.7万亿元，形成了总投资1.48万亿元的重大项目清单。2022年，河南黄河流域重大生态修复项目——河南秦岭东段洛河流域山水林田湖草沙一体化保护和修复工程项目正式全面启动，有利于系统解决入黄支流流域水土流失与水生态功能退化等重大生态环境问题，提升生态系统质量和稳定性，守护黄河中游生态屏障。2023 年，黄河故道一期水生态治理工程等总投资约 248 亿元的 24 项重点水利工程集中开工，项目涉及防洪减灾、水资源配置、水生态治理等多个方面。同时开展多项水生态保护修护项目，黄河流域主要支流治理项目、中小河流治理项目等，推进了水生态保护修护，加强了流域河道治理与生态修复的实施。另外，河南省沿黄城市谋划黄河流域项目库，突出项目带动作用。2020 年，开封谋划了宋都古城保护展示、南水北调入汴等一批重大工程，形成 818 个总投资近 6000 亿元的黄河流域项目储备库。2021 年，焦作市坚持项目带动保护，聚焦沿黄生态廊道试点示范、重要支流水环境综合治理、黄河防洪安全防范治理、深度节水控水行动等十大标志性项目和十大重点工程，建立了包含 1251 个项目、总投资 6585.9 亿元的黄河流域项目库。2022 年，三门峡统筹安排资金 19685 万元，重点支持黄河生态廊道建设和生态保护、生态保护项目贴息和水源工程建设、黄河潼关至三门峡大坝河段治理等重点工程。河南积极贯彻落实黄河流域生态保护和高质量发展重大国家战略，聚焦水资源节约集约利用、湿地保护和生态治理、环境污染系统治理等领域，努力打造黄河流域生态保护和高质量发展样板标杆。一方面，强化“项目为王”理念。坚持系统谋划，突出项目带动，扎实推进项目申报、项目储备、项目实施，确保项目早落地早见效。另一方面，强化财政支持。重大项目建设离不开大量资金，做好资金保障，全力破解项目资金短缺难题，提高了黄河流域生态治理能力，为筑牢国家生态安全屏障、让黄河成为造福人民的幸福河提供财政保障。

五　深化协同联动是河南践行黄河流域生态保护协同治理的重要途径

黄河流域生态保护和高质量发展涉及多重目标、多个区域、多方利益、多元主体，需要沿黄九省区基于全国统一大市场建设以及新发展格局构建，形成相应的协同推进机制，加强交通建设、产业发展、科技创新等方面的区域联动体系，形成黄河流域一体化发展的强大合力。

（一）加强省际协同

近年来，为深入贯彻落实习近平总书记“共同抓好大保护、协同推进大治理”指示要求，河南持续深化对外开放，按照黄河流域中游“治山”、下游“治滩”、受水区“织网”的思路，统筹大河大山大平原保护治理，主动与沿黄上下游省区树立“沿黄一盘棋”思想，深化协同合作，通过横向协作和垂直联系，形成“多目标协同、多部门联动、多产业联结、多区域互动、全要素流动”的可喜局面，在污染防治、生态修复、司法协作等方面取得了良好成效。一是深化协同促合作。河南省政协2018年发起并主办的沿黄九省区政协黄河生态带建设协商研讨会形成的沿黄九省区政协主席联名提案，对黄河流域生态保护和高质量发展上升为国家战略起到了重要助推作用。同时沿黄九省区多次召开黄河流域生态保护和高质量发展大会，围绕培树沿黄各市县典型、打造沿黄示范带等主题进行研讨交流，为省际协同服务推动黄河重大国家战略提供了交流平台。二是省际生态补偿促保护。党的二十大报告明确指出，“建立生态产品价值实现机制，完善生态保护补偿制度”，为河南沿黄流域持续推进生态保护补偿实现生态产品价值提供了遵循和路径。为加强黄河生态保护和环境治理，统筹谋划上下游、干支流、左右岸，河南省主动与上下游省区展开了多轮磋商谈判，积极推进和探索省际以及区域间黄河流域横向生态保护补偿协议，持续改善流域生态环境。2021年4月，河南与山东两省政府正式签署首个横向生态保护补偿协议，搭建起了黄河流域首个省际政府协作保护机制，对豫鲁两省拓展生态领域合作、探索开展生态产品价值计量、加快探索绿水青山就是金山银山的现实转化路径具有示范意义。为实现承诺，河南省近年来坚持污染减排、生态扩容两手抓。2022年山东作为受益方，共兑现河南省生态补偿资金1.26亿元，对双方来说，实现了“双赢”“共赢”的目的。同时，河南省积极探索豫晋陕三省横向生态补偿机制，充分吸收借鉴黄河流域（豫鲁段）横向生态补偿成功经验，继续沿用“水质基本补偿+水质变化补偿”的总体框架，持续推进三省间尽快签订补偿协议。

（二）实施省内联动

借鉴九省区黄河流域生态保护和高质量发展协商研讨机制经验，河南沿黄各城市各部门携起手来，共同发力，因地制宜出台各自的行动方案，推进流域生态建设，提高生态保护协同治理的有效性，协调解决地区间合作发展的重大问题，为黄河流域刻下“幸福图章”。一是凝聚合力搭平台。2020 年沿黄省区政协助推黄河流域生态保护和高质量发展重大国家战略实施协商研讨会机制正式建立。2020~2022 年，共召开三次协商研讨会。第一次围绕省区“十四五”规划中涉及黄河流域生态保护和高质量发展重大国家战略实施进程中的重要问题、重要事项、重要工作开展研讨交流；第二次围绕沿黄生态廊道建设等问题听取意见建议；第三次为黄河流域文旅文创融合发展聚力。二是省内补偿促保护。近年来，为了进一步完善提升黄河河南段生态环境治理体系和治理能力，河南除了推进省际横向生态保护补偿机制，坚持“保护责任共担、流域环境共治、生态效益共享”原则，不断开创省内流域生态补偿新局面。《河南省建立黄河流域横向生态补偿机制实施方案》明确各级政府主体责任，统筹安排引导资金 1 亿元，对开展生态补偿机制建设成效突出的市（县）进行奖励，鼓励地方早建机制、多建机制，积极参与、支持黄河流域生态环境保护和高质量发展。河南省财政厅按照“早建早补、早建多补、多建多补”的原则，对开展生态补偿机制建设成效突出的市（县）给予激励。截至 2023 年底，金堤河沿线的长垣市、滑县、濮阳县，伊洛河沿线的三门峡、洛阳、郑州，蟒沁河沿线的济源、焦作，均已签订协议，建立横向生态补偿协议。

六　坚持多措并举是河南践行黄河流域生态保护协同治理的重要路径

作为千年治黄主战场，河南省委、省政府高度重视黄河治理工作，科学统筹谋划，不断加强生态环境保护、推动高质量发展、保护传承弘扬黄河文化、改善人民群众生活，在聚焦生态河、打造数字河、依托文明河、建设幸福河上持续发力，建设人与自然和谐共生的美丽河南，生态环境不断改善，发展底色绿意更浓，黄河文化焕发新生，生态优先、绿色发展的“黄河大合唱”越唱越嘹亮。

（一）坚持生态优先，聚焦生态河

党的十八大以来，以习近平同志为核心的党中央着眼于生态文明建设全局，明确了“节水优先、空间均衡、系统治理、两手发力”的治水思路。“黄河宁，天下平”。保护好黄河生态环境，是落实绿水青山就是金山银山理念、防范化解生态环境风险的必然要求，是贯彻落实黄河流域生态保护和高质量发展重大战略的现实需要，是建设美丽中国、实现中华民族伟大复兴的千秋大计。黄河流域治理首先应在“生态优先”理念的引领下既加强生态环境治理，又要实现高质量发展。河南全面贯彻习近平生态文明思想、落实黄河发展重大国家战略，肩负黄河流域生态保护的重大责任，把生态保护治理作为“先手棋”，以改善生态环境质量为核心，坚持综合治理、系统治理、源头治理，加强生态监督管理，积极开展专项治理行动，在重点区域、重点领域、关键指标上取得新突破，推动生态环境质量改善，实现从量变到质变，形成黄河治理攻坚“新成效”。一是建设黄河生态廊道。河南在黄河流域生态保护的大局中通盘考虑推进沿黄复合型生态廊道全景贯通，推动生态修复、打造生态产业、发展生态旅游，把黄河生态廊道打造成省“绿色名片”，通过实施生态保护修复工程绿化造林、治理水土流失，灾害性地形地貌地质得到改善，不断增强生态系统功能，稳固提升生态屏障功能，守护一泓清水入黄河。二是建设黄河流域生态保护示范区。河南坚持以沿黄开发区水污染整治为抓手，建设黄河流域生态保护示范区，扎实推进水污染源头治理，持续改善沿黄核心区水环境质量。《2023 年河南省生态环境状况公报》显示，2021~2023 年，河南优良水体比例从 79.9%上升至 83.0%，2024 年 1~4 月达到 84.2%。河南完成黄河流域 265 家涉水污染源提标改造，黄河干流出省断面水质持续达到Ⅱ类，确保一泓清水永续北上。三是统筹水资源节约集约利用。作为农业大省，河南落实党中央要求，坚持以水定城、以水定地、以水定人、以水定产，统筹推进农业高质量发展和水资源节约集约利用，推动用水方式由粗放向节约集约转变，落实农业节水机制。同时，河南打造长久安澜示范带、绿色低碳发展先行区，创建多家省级以上绿色工厂、绿色工业园区，工业增加值能耗下降、用水量下降，产业含绿量更高，资源能源利用效率大幅提升。

（二）坚持以人为本，建设幸福河

坚持以人为本，是党团结带领人民推进黄河流域生态保护协同治理不断取得成功的根本保证，为不断开创新时代黄河流域生态保护和高质量发展新局面提供丰厚滋养。河南深入贯彻落实习近平总书记的重要讲话精神，坚持新发展理念和以人民为中心的发展思想，把满足人民日益增长的美好生活需要作为一切工作的出发点，坚持以人为本，大力实施生态示范创建，加快推进生态建设修复，引领带动沿黄区域生态保护和高质量发展，确保了沿黄两岸人民安居乐业，增强了人民群众的获得感、幸福感、安全感，让黄河成为造福人民的幸福河。一是建设沿黄休闲文旅系统。河南以整治改造为主，做优生态环境，充分运用现有基础发展高水平休闲观光、度假旅游业态，完善文旅配套，为人民群众营造环境优美的城市近郊休闲空间，提供高品质的休憩娱乐“大花园”。二是建设生态宜居之城。河南深化规划设计方案，坚持在做好环保的基础上充分满足群众需求，高标准实施生态修复，推动绿色发展，打造展示黄河文化、大河风光的代表性窗口、标志性平台，推动黄河河南段生态系统高标准保护、黄河文化高水平传承展示，建设生产、生活、生态有机融合的宜居之城。

（三）创新黄河治理，打造数字河

科学技术是第一生产力，要注重发挥科技创新的带动引领作用，以创新引领高质量发展，在发展中保护，在保护中发展，让城市高质量发展底色更绿、成色更足。河南以实施创新驱动、科教兴省、人才强省战略为导向，加大科技创新支持力度，强化科技成果推广应用，发展动能蓄积充盈，在保障黄河长治久安、推进水资源节约集约利用、推动黄河流域高质量发展等方面持续实现技术突破，为黄河流域生态保护协同治理提供系统、全面的科学技术和决策支撑。一是注重创新引领。由河南省、水利部共建共管的黄河实验室于2021年10月揭牌成立。该实验室设立了“模型黄河试验场”等4家研究基地和“坝道工程医院（平舆县）”中试基地，致力前瞻性、原创性核心技术研究，构建“黄河大脑”，推动黄河全域统筹和科学调控，通过创新链、技术链和产业链的深度融合，推动产业转型升级，全力开创大江大河治理新局面。二是加速科技成果转化。河南黄河河务局以“五级四线”全覆盖为突破口，整体谋划、统一部署，搭建“全域智能感知、高速互联互通、统一共享平台、智慧业务应用”的数字孪生体系，推进河南黄河数字孪生建设走深走实，用现代科技驱动黄河保护治理业务流程再造、工作模式创新，为黄河安澜保驾护航，展现河南黄河两岸新风貌。

一批可复制、可推广的优秀建设成果实现水利科技成果的全链条高效发展，如河务通 App（河南黄河智慧管理平台）、“智能石头”等构建拟真的数字化场景，支撑黄河治理科学决策，推动黄河从治理走向“智”理。其中，河务通已成为应用范围最广、使用人数最多、覆盖业务最全面的黄河保护治理业务系统。

（四）弘扬黄河文化，共建文明河

黄河文化是中华文明的主根主脉，是中华优秀传统文化的集中代表。黄河文化的中心在中原地区，河南是黄河的历史地理枢纽、重要发源地，是黄河文化的核心区域和集大成之地，黄河、中原、河南与华夏文明起源发展紧密相连。河南黄河流域古城、古迹等人文资源极为丰富，珍贵遗产遗存丰厚，塑造了坚韧、奉献、包容的黄河文化，集中展现了河南人民千年治黄、护黄凝结升华的“黄河精神”。河南牢记习近平总书记嘱托，以习近平文化思想为指引，深入挖掘黄河文化蕴含的时代价值，把黄河文化与焦裕禄精神、红旗渠精神、大别山精神贯通起来，实施文旅文创融合战略，多维度传承弘扬黄河文化，在赓续中华文明、推动传承发展上承担重要使命，为推进黄河流域生态保护和高质量发展提供强大的精神动力。一是打造黄河历史文化名片。河南依托文化载体和区位文化优势，加强黄河文化研究阐释，开展黄河流域省级非遗项目调查，初步建立黄河文化遗产资源大数据库，深入实施中华文明探源工程、“考古中国”重大项目，谋划实施河南兴文化工程，组建了夏文化研究中心、黄河文化研究院、黄河国家文化公园研究院、黄河考古研究院等，高质量建设黄河历史文化传承与创新新地标，打造保护传承弘扬黄河文化的重要平台和展示窗口。二是建设黄河文化公园。作为黄河国家文化公园重点建设区，建好用好黄河国家文化公园（河南段），是彰显河南作为中华民族心灵故乡及精神家园的重要载体。河南贯彻落实习近平总书记关于文化传承发展和保护传承弘扬黄河文化的重要指示批示精神，围绕党中央、国务院做出的重大决策部署，印发《黄河国家文化公园（河南段）建设保护规划》（以下简称《规划》）。《规划》从保护传承工程、研究发掘工程、环境配套工程、文旅融合工程、数字再现工程等 5 个方面积极推进重点工程，统筹黄河文化、经济、生态等相关资源合理开发利用，增进沿线民生福祉，为保护传承和弘扬黄河文化、黄河流域生态保护协同治理做出积极贡献。三是打造河南文旅品牌。河南发挥历史文化资源优势，深挖黄河文化资源，把实施文旅文创融合战略作为坚定文化自信、赋能产业发展、丰富文化供给、提升城市品位、凝聚精神力量的重要抓手，坚持品牌化引领、市场化运营、全域化布局、全要素保障，打造具有重要影响力的旅游目的地。近年来，河南先后发起成立了沿黄九省（区）黄河之旅旅游联盟、黄河流域博物馆联盟、黄河流域非物质文化遗产保护传承弘扬联盟，在推动黄河沿线文化旅游协同发展方面发挥着重要作用。河南打造“行走河南，读懂中国”文旅品牌，深度挖掘创新文化资源，高水平建设黄河文化旅游带，打造沉浸式文旅“新业态”。

第二节　河南践行黄河流域生态保护协同治理的重要启示

把保障黄河安澜的政治责任扛牢扛稳，统筹黄河保护治理是河南省委省政府做出的重大部署。五年来，河南在践行黄河流域生态保护协同治理方面，积累了弥足珍贵的发展经验，这些经验将为沿黄省区当下和未来践行黄河流域生态保护协同治理带来有益启示。

一　坚持党的全面领导，开创治黄事业新局面

黄河有力保障了流域及相关地区经济社会发展，在我国建成富强民主文明和谐美丽的社会主义现代化强国中发挥了重要支撑作用。新中国成立以来，中国共产党总能够基于生态现状、发展阶段、历史条件和核心目标，探索科学治河方略、开发方案和保护策略，完善治理黄河理论主张，出台治黄纲领性文件，建成治黄重大工程，不断推进黄河流域治理体系和治理能力现代化。中国共产党的艰辛探索和不懈努力造就了黄河治理和黄河流域经济社会发展的巨大成就，创造了黄河岁岁安澜的历史奇迹，实现了黄河治理从被动到主动的历史性转变，为中华民族治理黄河的历史书写了崭新篇章。治黄的辉煌成就既是党中央科学决策，统筹推进黄河流域人与自然和谐发展，注重保护和治理系统性、整体性、协同性的成果，也是党充分发挥总揽全局、协调各方领导核心作用，不断推进国家治理体系和治理能力现代化的成果，生动诠释和彰显了党的坚强领导和我国社会主义制度

集中力量干大事的政治优势。坚持党的全面领导，是党和国家事业不断发展的“定海神针”，是治黄事业不断继承、取得新进展与新突破、向前推进和取得成功的根本所在、命脉所系。在实现第二个百年奋斗目标新征程上，只有在中国共产党领导和社会主义制度下，才能不断完善治河体制机制和方略，系统解决黄河流域治理面临的难题，探索走出一条符合黄河实际的大河保护治理之路，实现岁岁安澜，保障人民福祉，真正实现“黄河宁，天下平”的美好愿望。因此，要坚持党的全面领导，坚决贯彻党中央决策部署，围绕新时代党的建设总要求，坚定不移强化党的创新理论武装，以牢记“两个永远在路上”的坚忍执着，听从党的号召、紧跟党的步伐，处理好黄河流域治理开发保护的复杂难题，推动黄河流域生态保护和高质量发展重大战略的落地落实。

二　坚持服务国家战略，体现新担当展现新作为

不同历史时期，党领导确定了不同的治黄方略和重点，但其共同点都是为经济社会发展创造稳定的环境和条件，服务经济社会发展大局，保障国家重大战略实施。习近平总书记从事关中华民族伟大复兴和永续发展的高度对黄河流域生态保护和高质量发展做了重要论述，为推动黄河流域生态保护协同治理提供了根本遵循和行动指南。推动黄河流域生态保护协同治理，必须完整、准确、全面贯彻新发展理念，践行习近平生态文明思想，坚持从黄河流域的实际出发，坚持问题导向，紧紧扭住制约流域治理的主要问题和关键环节，系统谋划、精准施策，切实做到流域治理、综合治理、协同治理相互促进、相得益彰，为黄河流域生态保护和高质量发展提供有力支撑。一是要提高政治站位。要坚持旗帜鲜明讲政治，站位制高点，以更高站位、更广视野认识和把握黄河流域生态保护工作。完整、准确、全面贯彻新发展理念，全面落实党中央、国务院决策部署，不断增强“四个意识”、坚定“四个自信”、做到“两个维护”，以实际行动坚定捍卫“两个确立”，坚决把思想和行动同习近平总书记重要讲话精神、重要指示、重要部署相统一，服从全国大局、服务国家战略，增强推动黄河流域生态保护协同治理的责任感使命感。二是推动党建引领。强化政治担当，把党的政治建设贯穿于黄河流域生态保护和高质量发展决定、规划、方案编制和落实的全过程各环节，实现党建与落实党中央和上级重大决策部署同步推

进，确保在政策制定、改革推进、项目建设等具体工作中以落实黄河重大国家战略为主线，推动各项举措见行见效。三是加强学习研究。要强化理论武装，抓好贯彻落实，推动学习走深走实。要坚持以习近平新时代中国特色社会主义思想为指导，贯彻落实党的二十大精神，从习近平生态文明思想、习近平总书记关于黄河流域生态保护和高质量发展的重要论述、党的二十大报告关于“推动黄河流域生态保护和高质量发展”重要部署中汲取智慧、增添力量、找准方向，不断强化推动落实政治自觉、思想自觉和行动自觉，不断提高沿黄地区保护治理水平。

三　树立“一盘棋”思想，形成机制联动新格局

黄河流域生态保护并非一地一段的事情，而是一项全流域治理工程，涉及众多行政区域以及不同的社会主体。因此，要站在国家的、全局的角度考虑，牢固树立“一盘棋”思想，实施规划引领保护、整治落实保护、执法加强保护、河长长效管护等措施，充分发挥中央与地方之间的统筹互动关联，强化黄河流域生态治理的整体性和协同性，确保黄河流域生态环境保护朝着习近平总书记指引的方向纵深发展。一是坚持规划引领。国家黄河规划纲要明确了顶层设计、统筹谋划的决策机制，有助于规范解决流域生态治理的重要问题。因此，要突出规划引领，压实主体责任，坚决落实“中央统筹、省负总责、市县落实”工作机制，精准对接国家黄河流域生态保护和高质量发展规划纲要，结合各地方专项规划，构建全省统筹、相互衔接、分级实施、高效联动的规划体系。各相关部门牢固树立“一盘棋”思想，充分发挥职能作用，落实黄河流域生态保护协同治理规划先行、稳步实施的推进机制，落实责任分工，把各项任务落到实处。二是健全机制建设。推动环境资源保护的功能整合、资源聚合、力量统合，不能靠“单打独斗”，需要各协同主体之间有效的协商和沟通机制。需要完善政府协商机制、经贸合作机制、区域协同治理机制以及资源共享机制，建立联合执法、信息共享、司法协作等协调机制，搭建信息共享及协作平台，实现流域管理、区域协调、联合防治、联合执法，为共同抓好大保护、协同推进大治理、构建现代化的生态经济体系奠定坚实的体制机制基础。三是强化法治保障。一方面，要凝聚法治力量，增强法治意识，加大普法力度，坚持以法治理念、法治方式推动生态文明建设，全面提高依法决策、依法

治理水平，深入落实黄河保护法律法规和相关规划，持续夯实体制机制法治保障，完善黄河流域生态补偿、水资源集约节约利用等制度，不断提升流域治理管理水平，保障流域生态协同治理的有序进行。另一方面，要坚持依法依规，立足于全流域和生态系统的整体性，坚持源头严防、过程严管、后果严惩，以生态环境突出问题整改带动面上工作展开，主动开展黄河流域生态环境突出问题大排查大整治专项行动，严厉打击涉黄河流域生态保护违法犯罪行为，依法规范影响黄河生态保护的各类行为，用最严格的制度、最严密的法治守护好黄河母亲河。

四　强化区域协同联动，坚持流域统筹施策谋划

习近平总书记站在中华民族永续发展的高度，指出要"共同抓好大保护，协同推进大治理"，要统筹上下游、干支流、左右岸，把黄河生态系统作为一个有机整体来谋划。贯彻落实黄河重大国家战略，根本的目标是坚持系统观念，立足全流域和生态系统的整体性，协同推进涉及多重目标、多个区域、多方利益、多元主体的黄河流域的生态保护和治理。黄河上下游、干支流、左右岸水生态问题各不相同，生态经济发展差异化，保护需求差异大，坚持流域统筹谋划，区域分类施策，精准实施水体差异化保护治理，对优化黄河流域生态保护空间格局具有重要时代意义。从政府层面来看，流域覆盖的各行政区域既有横向协作，也有不同行政区域内部部门的垂直联系。坚持共同抓好大保护、协同推进大治理，需要沿黄九省区以及国家相关部委，基于全国统一大市场建设以及国内国际双循环新格局，以协同推进机制建立黄河流域生态保护协同治理机制，推动建立黄河流域省际合作联席会议制度以及省市县三级联动推进机制，形成黄河流域一体化发展的强大合力，不断增强黄河流域生态保护的系统性、整体性和协同性，齐心协力开创黄河流域生态保护和高质量发展新局面。一是健全完善统筹区域协调治理机制。一方面，尊重黄河上中下游的生态经济发展差异，科学把握自身鲜明特点，立足沿黄地区自然资源禀赋和现实发展要求，将行政区资源、区位特点等的差异性和流域协调发展相结合，以水而定、量水而行，因地制宜、分类施策，形成上游"中华水塔"稳固、中下游生态宜居的生态安全格局。另一方面，要健全生态环境联防联控、区域合作协同联动的生态保护治理机制，加强流域各省（区）城市群协调发展、交通

互联互通服务，构建产业发展、科技创新等方面的区域联动体系，在生态修复、污染源溯源、司法协作、区域共治共管共建等方面相互促进、共同发力，形成互利共赢的格局，不断提升黄河流域生态保护工作水平，开创黄河流域协同治理新局面。二是深化黄河流域生态补偿机制。建立健全黄河流域横向生态补偿机制是贯彻落实习近平生态文明思想的具体举措，是推动经济高质量发展的有力手段，是实现“绿水青山就是金山银山”的有效渠道，是协调地区间利益关系的重要制度。因此，要强化制度保障、资金引领、协调指导，用改革思维推动机制有效衔接、制度有效供给，明确补偿主体，设立省市全流域生态补偿基金，把流域横向生态保护补偿的文章做大、做深，为推动黄河流域生态保护协同治理提供有力的财政制度保障。

五　坚持以人民为中心，持续增进民生福祉

人民立场、人民本位、人民至上的以人民为中心的发展思想，是中国共产党人的根本政治立场和百年不懈奋斗的根本价值遵循，也是人民治黄事业的价值原点和力量源泉。为中国人民谋幸福、为中华民族谋复兴，是建党百年始终不渝的初心和使命，也是党领导下治黄事业不变的追求。作为习近平生态文明思想的根本宗旨、新时代生态文明建设的出发点，要实现人与自然和谐共生，增进人民福祉。因此，在增进民生福祉这一宗旨下，黄河重大国家战略的初心和使命就是为人民谋幸福、为民族谋复兴，其核心就是黄河流域生态环境质量持续改善，满足人民对美好生活的需要，提升人民群众获得感、幸福感、安全感，让党的治黄方略从理论转化为实践。在习近平生态文明思想和以人民为中心的发展思想指引下，让老百姓生活富足、安居乐业，自觉走好群众路线、站稳群众立场，着力解决人民群众关心的突出生态环境问题，牢记为人民造福的历史使命，深入推动黄河流域生态保护和高质量发展，黄河必将成为造福人民的幸福河。一是坚持以人民为中心。一方面，在推动黄河流域生态保护和高质量发展上必须强化宗旨意识，必须坚持以人民为中心的发展思想，自觉站在人民立场，践行初心使命，筑牢人民幸福的安全防线，夯实人民幸福的物质基础，构筑人民幸福的精神家园，与民心同频共振，坚持把实现好、维护好、发展好最广大人民根本利益作为黄河流域生态保护和高质量发展的出发点和落脚点，

以实实在在治黄成效造福于民。另一方面，立足新发展阶段，维护人民群众的根本利益，让高质量发展回归到回应人民对美好生活期待的初心，让人民群众的获得感、幸福感、安全感更加充实、更有保障、更可持续，使经济增长与生态环境保护相互协调，实现从以消除水患为主要目标的黄河治理到以造福人民为宗旨的高质量发展，为黄河流域可持续发展奠定良好基础。二是改善和保障民生。生态环境直接影响着居民的健康状况、福利水平和安居乐业。新发展阶段下让黄河成为“幸福河”具体内容是，满足人民对清新空气、清洁水源、舒适环境、宜人气候等生态产品的需求。要正确处理生态和民生的关系，补齐民生短板和弱项，加快提升全流域基本公共服务均等化水平，全力保障和改善民生，增强基本民生保障能力，加快教育医疗事业发展，提升群众幸福指数，实现黄河流域生态保护和民生保障协调发展，让黄河流域人民更好分享改革发展成果。

六　坚持多措并举保护，推进流域治理走深走实

黄河流域地理环境复杂多样，治理任务艰巨，奏响大合唱、建设幸福河，需要从生态理念、产业体系、科技研发、项目支撑、黄河文化等源头上发力，多目标、多方位、多举措提出黄河流域生态保护和高质量发展相关建议，协同推进降碳、减污、扩绿、增长，加快发展方式绿色转型。一是牢固树立生态文明理念。要坚决摒弃以牺牲生态环境换取区域经济短期高速增长的发展方式，坚持生态优先，打好流域治理整体战、防沙治沙阵地战、污染防治攻坚战、生态环境保卫战、绿色发展持久战，牢固树立保护生态环境就是保护生产力、改善生态环境就是发展生产力的理念，努力构建黄河流域生态保护和高质量发展的新格局。二是构建绿色低碳产业。黄河流域产业发展问题比较复杂，难点和突破点都是高碳的能源结构和高耗能、高碳的产业结构问题。要坚定不移地贯彻新发展理念，围绕沿黄流域重点产业领域，从强化科技创新引领、推动数字经济赋能、加强能源要素保障、突出体制机制创新等方面着手，加快战略性新兴产业和绿色生态产业培育，以循环经济体系与绿色发展模式推动沿黄流域形成完备的绿色发展产业生态，走产业生态化、生态产业化协同的绿色发展之路。三是强化科技力量支撑。黄河流域生态保护协同治理是涉及复杂系统工程的重大科学问题，科技可以发挥决策层和执行层之间的桥梁纽带作用，科技治黄、

智慧治河在解决黄河流域大尺度复杂环境系统问题中尤为重要，有助于实现以黄河安澜护百姓安宁的目标。因此，要充分发挥科技创新在促进沿黄流域产业绿色转型中的引领性作用，完善绿色技术创新体系，为产业绿色低碳发展提供技术支撑。一方面，要重视科学技术的研发应用，加大信息技术投入支持新旧动能转换，充分利用黄河流域丰富的科技力量创新平台建设，开展环境监测、信息预警、排污管理、信息共享等工作。另一方面，支持区域高校和科研院所围绕产业绿色发展，开展一批具有前瞻性、战略性的前沿科技项目跨部门多学科的联合攻关，将零散的成果系统化，形成对黄河流域生态环境问题的系统认知和科学判断，进而攻克复杂流域系统治理的重大关键科技瓶颈，以科技支撑黄河流域生态保护和高质量发展。四是强化项目支撑。抓项目促投资是推动黄河流域生态保护和高质量发展的重要抓手。要提前谋深谋细储备好黄河治理重大项目，在依法合规的前提下探索具有可操作性的招商引资和对上争取审批机制，大力推行容缺审批、极速审批、并联审批，扎实做好项目前期工作，为项目顺利落地建设打下坚实基础。同时引入“金融活水”，出台政策性开发性金融工具和地方政府专项债资金政策，推进财政金融全方位、宽领域、多层次融合，强化财政支持、税收政策支持、金融支持、价格政策支持。五是讲好新时代黄河故事。要牢记习近平总书记嘱托，以习近平文化思想为指引，深入挖掘黄河文化遗产保护和蕴含的丰富内涵、时代价值，立足黄河历史文化资源做优文化品牌，将黄河流域生态保护和高质量发展从生态文明、物质文明升华到了精神文明和历史文化传承的高度延续历史文脉，系统保护黄河文化遗产、传承黄河文化基因，奋力书写新时代“黄河故事”，切实守好黄河文化根脉。

第五章　河南践行黄河流域生态保护协同治理的发展水平刻画

黄河流域生态保护协同治理是黄河流域生态保护和高质量发展国家战略的重要组成部分，科学测度黄河流域生态保护协同治理发展水平，对于提升黄河流域治理效能具有重要意义。本章从资源利用、环境治理、生态质量三个维度出发，构建了包含 20 个指标的黄河流域省域生态保护协同治理评价指标体系，以及包含 16 个指标的黄河流域市域生态保护协同治理评价指标体系，运用反熵权法确定指标客观权重，分别对黄河流域九省区及 70 个城市 2017 ~ 2022 年的生态保护协同治理发展水平进行测度；利用 Dagum 基尼系数考察黄河流域上游、中游、下游地区城市生态保护协同治理的空间分异程度；运用 Kernel 密度曲线描述黄河流域各地区生态保护协同治理的绝对差异和动态演进特征。以此分析河南在黄河流域各省区生态保护协同治理中的水平和定位，以及河南流域城市在全流域城市中的表现与提升空间，为进一步推进黄河流域生态保护协同治理的河南实践提供数据支撑。

第一节　黄河流域生态保护测评体系

一　指标体系构建

（一）指标体系构建

基于习近平生态文明思想和黄河流域生态保护的时代内涵，遵循科学性、可操作性、典型性、可比性和动态性等原则，从资源利用、环境治理、生态质量三个维度出发，构建了包含 20 个指标的黄河流域省域生态保护协同治理评价指标体系，对黄河流域九省区的生态保护协同治理水平进行测度，具体指标如表 5-1 所示。

表 5-1　黄河流域省域生态保护协同治理评价指标体系

系统层	维度层	指标层	指标编号	指标单位	指标属性
黄河流域省域生态保护	资源利用	单位 GDP 电耗	x_1	千瓦小时/万元	负向
		人均用电量	x_2	千瓦小时	负向
		人均用水量	x_3	立方米	负向
		万元 GDP 用水量	x_4	吨	负向
		万元农业 GDP 水耗	x_5	吨	负向
		城市土地集约利用	x_6	人/平方公里	正向
	环境治理	单位 GDP 化学需氧量排放量	x_7	吨/亿元	负向
		单位 GDP 氨氮排放量	x_8	吨/亿元	负向
		单位 GDP 二氧化硫排放量	x_9	吨/亿元	负向
		单位 GDP 氮氧化物排放量	x_{10}	吨/亿元	负向
		工业固体废弃物综合利用率	x_{11}	%	正向
		PM2.5 年均浓度	x_{12}	微克/立方米	负向
		城市生活垃圾无害化处理率	x_{13}	%	正向
		工业污染治理投资占工业增加值比重	x_{14}	%	正向
		单位 GDP 二氧化碳排放量	x_{15}	千克/万元	负向
	生态质量	森林覆盖率	x_{16}	%	正向
		城市人均公园绿地面积	x_{17}	平方米	正向
		自然保护区占辖区面积比重	x_{18}	%	正向
		地表水达到或好于Ⅲ类水体比例	x_{19}	%	正向
		地级及以上城市空气质量优良天数比例	x_{20}	%	正向

由于黄河流域城市部分数据可获得性较弱，因此在省域生态保护协同治理评价指标体系的基础上删除并更换了部分指标，构建了包含 16 个指标的市域生态保护协同治理评价指标体系，对黄河流域 70 个城市的生态保护协同治理水平进行评估和分析，具体指标如表 5-2 所示。

表 5-2 黄河流域市域生态保护协同治理评价指标体系

系统层	维度层	指标层	指标编号	指标单位	指标属性
黄河流域市域生态保护	资源利用	单位 GDP 电耗	x_1	千瓦小时/万元	负向
		人均用电量	x_2	千瓦小时	负向
		人均用水量	x_3	立方米	负向
		万元 GDP 用水量	x_4	吨	负向
		经济密度	x_5	亿元/平方公里	正向
		人口密度	x_6	人/平方公里	负向
	环境治理	单位 GDP 二氧化硫排放量	x_7	吨/亿元	负向
		单位 GDP 氮氧化物排放量	x_8	吨/亿元	负向
		单位 GDP 工业烟尘排放量	x_9	吨/亿元	负向
		城市生活垃圾无害化处理率	x_{10}	%	正向
		污水处理率	x_{11}	%	正向
	生态质量	空气质量优良天数占比	x_{12}	%	正向
		建成区绿化覆盖率	x_{13}	%	正向
		建成区绿地率	x_{14}	%	正向
		城市人均公园绿地面积	x_{15}	平方米	正向
		PM2.5 年均浓度	x_{16}	微克/立方米	负向

（二）指标说明

（1）资源利用

资源利用维度能够反映黄河流域各省区对生态资源的利用情况，资源利用率越高，生态保护成效相对越好，从能源、土地、水、社会资源四个方面衡量流域资源利用水平。具体来看，选取单位 GDP 电耗、人均用电量衡量能源利用情况；选取人均用水量、万元 GDP 用水量、万元农业 GDP 水耗衡量水资源利用情况；选取城市土地集约利用衡量土地利用情况；选取经济密度衡量社会资源利用情况；选取人口密度衡量资源利用的难度。其中，单位 GDP 电耗为全社会用电量与 GDP 总量的比值，人均用电量为全社会用电量与年末常住人口的比值，人均用水量为全社会用水总量与年末常住人口的比值，万元 GDP 用水量为全社会用水总量与 GDP 总量的比值，万元农业 GDP 水耗为农业用水总量与第一产业增加值的比值，城市土地集约利用用建成区人口密度衡量，经济密度为地区（市域）GDP 总量与地区（市域）面积的比值，人口密度为地区（市域）年末常住人口与地区（市域）面积的比值。

（2）环境治理

环境治理维度能够反映黄河流域各省区对生态环境的利用和保护情况，环境治理的投入越多、效果越好，对生态保护的有益影响越大，从水、大气、污染物治理三个方面衡量流域环境治理情况。具体来看，选取单位 GDP 化学需氧量排放量、单位 GDP 氨氮排放量、污水处理率衡量水治理情况；选取单位 GDP 二氧化硫排放量、单位 GDP 氮氧化物排放量、单位 GDP 二氧化碳排放量、PM2.5 年均浓度衡量大气治理情况；选取工业固体废弃物综合利用率、城市生活垃圾无害化处理率、工业污染治理投资占工业增加值比重衡量污染物治理投入和成效情况。其中，单位 GDP 化学需氧量排放量、单位 GDP 氨氮排放量、单位 GDP 二氧化硫排放量和单位 GDP 氮氧化物排放量分别为化学需氧量排放量、氨氮排放量、二氧化硫排放量和氮氧化物排放量与 GDP 总量的比值，工业污染治理投资占工业增加值比重为工业污染治理投资与规上工业增加值的比值。

（3）生态质量

生态质量能够反映黄河流域各省区生态保护水平和成效，生态质量越高，生态保护的成效相对越好，从生态、水、大气质量三个方面衡量流域生态质量。具体来看，选取森林覆盖率、城市人均公园绿地面积、自然保护区占辖区面积比重、建成区绿地率衡量生态质量情况；选取地表水达到或好于Ⅲ类水体比例衡量水质量情况；选取地级及以上城市空气质量优良天数比例衡量空气质量情况。其中，城市人均公园绿地面积为城市公园绿地面积与城市人口的比值，自然保护区占辖区面积比重为自然保护区面积与辖区面积的比值。

（三）数据来源

本章指标所选取的时间区间为 2017~2022 年，数据主要来源于对应年份的《中国统计年鉴》、《中国城市统计年鉴》、《中国环境统计年鉴》、《中国分省份市场化指数报告》、《中国对外直接投资统计公报》、黄河流域各省区统计年鉴、生态环境状况公报及国民经济和社会发展统计公报等，部分指标数据用相应指标定义公式测算得到。

二 测评方法

（一）反熵权法

熵权法是学术界测度权重时最常用的客观赋权方法，但该方法存在一定弊端，一是对权重赋值时会因为指标差异程度、敏感度产生极端权重，二是求权重时有取对数步骤，需要对标准化后为零的数据进行平移处理，但具体平移单位目前尚未有权威定论。因此，为避免其不良影响，本研究选用反熵权法确定指标权重。反熵权法是基于“差异驱动”原理的客观赋权方法，利用数据的局部差异，即各项指标提供的信息量，来确定指标权重系数，能够有效避免主观赋权法的缺点，该方法步骤如下。

1. 数据标准化

为避免指标之间因量纲不同而不可比，在进行计算之前需要对指标进行标准化处理，以消除量纲影响，本研究采用极值法对数据进行标准化处理，计算公式如下：

对于正向指标：

$$X_{ij} = \frac{x_{ij}}{\max\{x_j\}} \tag{1}$$

对于负向指标：

$$X_{ij} = \frac{\min\{x_j\}}{x_{ij}} \tag{2}$$

式（1）、（2）中，X_{ij} 为原始指标标准化后的数值，x_{ij} 为指标原始数据，$\max\{x_j\}$ 为第 j 项指标最大值，$\min\{x_j\}$ 为第 j 项指标最小值。

2. 计算权重

计算第 i 个地区在第 j 项指标所占的比重 P_{ij}：

$$P_{ij} = \frac{X_{ij}}{\sum_{j=1}^{m} X_{ij}} \tag{3}$$

计算第 j 项指标的反熵值 ψ_j：

$$\psi_j = -\sum_{j=1}^{m} P_{ij} \times \ln(1 - P_{ij}) \tag{4}$$

计算第 j 项指标的权重 w_j：

$$W_j = \frac{\psi_j}{\sum_{j=1}^{m} \psi_j} \tag{5}$$

3. 计算指数

采用数据驱动模型进行逐级测评。用各项指标标准化后的数值与权重相乘，再进行加权求和，即可得到维度层指数，公式如下：

$$R_j = \sum_{i=1}^{n} X_{ij} w_{ij} \tag{6}$$

将每一维度层指数与相应维度层权重相乘，再进行加权求和，即可得到生态保护总指数，公式如下：

$$B = \sum_{j=1}^{3} \mu_j * R_j \tag{7}$$

在研究中，资源利用、环境治理和生态质量三位一体，对于黄河流域生态保护协同治理来说缺一不可，具有同等重要性，赋予它们同等权重，即 $\mu_1 = \mu_2 = \mu_3 = 1/3$。

（二）Dagum 基尼系数法

利用 Dagum 基尼系数考察黄河流域上游、中游、下游地区城市生态保护协同治理的空间分异程度，其取值范围为［0，1］，数值越小表示地区间差距越小，数值越大则表示差距越大。一般情况下认为，当 Dagum 基尼系数低于 0.2 时，表示地区间差距高度平均；0.2~0.29 表示地区间差距比较平均；0.3~0.39 表示地区间差距相对合理；0.4~0.59 表示差距较大；0.6 以上表示差距巨大。

Dagum 基尼系数可分解为组内系数、组间系数和超变密度系数，组内系数反映各地区内部水平差距，组间系数反映各地区之间水平差距，超变密度系数反映各地区交叉重叠现象，体现相对差距情况。Dagum 基尼系数通过其独特的数据处理方式和深入的差距来源分析，有效弥补了其他方法的不足，能够更好地识别地区数据的重叠现象，为理解和解决地区差距问题提供了更为有效的工具。

式（8）是 Dagum 基尼系数的基本计算公式，其中 y_{ji} 表示 j 地区某城市的生态保护总指数，y_{hr} 表示 h 地区某城市的生态保护总指数，$\bar{y}$ 表示所有城市的生态保护总指数均值，k 表示地区个数，n 表示城市个数，n_j、n_h 是 j、h 地区的城市个数。

$$G = \sum_{j=1}^{k}\sum_{h=1}^{k}\sum_{i=1}^{n_j}\sum_{r=1}^{n_h} |y_{ji} - y_{hr}| / 2n^2\bar{y} \tag{8}$$

基尼系数 G 可以进一步分解为地区内差异 G_w、地区间差异 G_{nb} 和超变密度 G_t，它们之间的关系满足 $G=G_w+G_{nb}+G_t$。其中，式（9）、式（10）分别表示 j 地区的基尼系数 G_{jj} 和地区内差异 G_w；式（11）、式（12）分别表示 j、h 地区的地区间基尼系数 G_{jh} 和地区间净值差异 G_{nb}；式（13）表示超变密度 G_t；$p_j = n_j/\bar{Y}$，$s_j = n_j\bar{Y}_j/n\bar{Y}$（$y=1$，…，$k$）。

$$G_{jj} = \frac{1}{2\bar{Y}}\sum_{i=1}^{n_j}\sum_{r=1}^{n_j} |y_{ji} - y_{jr}| / n_j^2 \tag{9}$$

$$G_w = \sum_{j=1}^{k} G_{jj} p_j s_j \tag{10}$$

$$G_{jh} = \sum_{i=1}^{n_j}\sum_{r=1}^{n_j} |y_{ji} - y_{hr}| / n_j n_h(\bar{Y}_j + Y\bar{Y}_h) \tag{11}$$

$$G_{nb} = \sum_{j=2}^{k}\sum_{h=1}^{j-1} G_{jh}(p_j s_h + p_h s_j) D_{jh} \tag{12}$$

$$G_t = \sum_{j=2}^{k}\sum_{h=1}^{j-1} G_{jh}(p_j s_h + p_h s_j) 1 - (D_{jh}) \tag{13}$$

D_{jh} 表示 j、h 地区间生态保护总指数增长相对影响，如式（14）~（16）所示。其中 F_j、F_h 分别为 j、h 地区的累积密度分布函数，d_{jh} 为地区间生态保护总指数增长的差值，可解释为 j、h 地区所有 $y_{hi}-y_{ji}>0$ 样本值加总的数学期望，p_{jh} 为超变一阶距，可解释为 j、h 地区所有 $y_{hr}-y_{ji}>0$ 样本值加总的数学期望。

$$D_{jh} = \frac{d_{jh} - p_{jh}}{d_{jh} + p_{jh}} \tag{14}$$

$$d_{jh} = \int_0^{\infty} dF_j(y) \int_0^{y} (y - x) dF_h(x) \tag{15}$$

$$p_{jh} = \int_0^{\infty} dF_h(y) \int_0^{y} (y - x) dF_j(y) \tag{16}$$

（三）Kernel 密度估计法

Kernel 密度估计是用于估计连续随机变量的概率密度函数的非参数方法，通过使用核函数对数据进行加权平均，估计数据的概率密度函数，能够将数据分布的重要信息直观地体现出来，可将其理解为“光滑化”的直方图。基于核密度函数的峰值、宽度、分布形状等，能够分析数据的发展水平、演变态势、两极分化现象等。

本研究利用 Kernel 密度曲线描述黄河流域生态保护总指数的分布特征：（1）水平位置解读：核密度曲线的水平位置直接指示了生态保护总指数的高低水平。曲线向左偏移，意味着生态保护总指数普遍偏低；而曲线向右偏移，则表明生态保护总指数普遍较高。（2）波峰形态分析：曲线波峰的高度和宽度揭示了生态保护总指数在某一区间的集中程度。高峰且狭窄的波峰表示指数在某一特定值附近高度集中；而波峰较矮且宽广，则暗示指数在较大范围内分布相对均匀。（3）极化程度评估：通过观察波峰的数目，可以判断地区生态保护总指数的极化程度。单一波峰可能表示生态保护总指数相对一致，缺乏明显的差异；而多个波峰则可能意味着生态保护总指数存在明显的分层或极化现象。（4）延展性（拖尾现象）考量：曲线的拖尾程度反映了生态保护总指数分布中极端值的存在情况。拖尾越长，说明存在越多的极端值，即某些地区的生态保护总指数与其他地区存在显著差距，这通常意味着地区内差异程度较高。（5）动态演进分析：通过纵向对比同一地区多期样本的核密度曲线，能够清晰地追踪该地区生态保护总指数分布特征的动态变化过程，比如指数是否提升、集中程度是否增强等。（6）地区间比较：横向比较多个地区的核密度曲线形态，可以识别不同地区生态保护总指数分布的差异和相似性，为地区间的比较分析和政策制定提供参考。

$$f_i(y)\ \frac{1}{n_j h}\sum_{i=1}^{n_j} K\left(\frac{y_{ji}-y}{h}\right) \tag{17}$$

某一地区生态保护总指数的核密度曲线一般如式（17）所示。其中，$K(\cdot)$ 代表核密度函数，描述了 y 邻域内所有样本点 y_{ji} 所占的权重，h 代表核密度估计的窗宽。核密度函数选择方面，本研究基于高斯核函数展开讨论。窗宽选择方面，过小的窗宽可能导致估计量方差大、光滑性差，而过大的窗宽则可能损失数据的局部特征，窗宽的选择需要在精确度和光滑性之间找到一个平衡点，本研究用光滑交叉验证法选择最优窗宽。

第二节　黄河流域生态保护总指数综合测评

利用黄河流域省域生态保护协同治理评价指标体系，对黄河流域九省区 2017~2022 年的生态保护协同治理水平进行测度，分析河南在黄河流域各省区生态保护协同治理中的水平和定位，为推动河南在黄河流域生态保护协同治理中的实践提供参考和依据。

一　生态保护总指数

综合利用资源利用指数、环境治理指数、生态质量指数，计算 2017~2022 年黄河流域各省区生态保护总指数，绘制黄河流域生态保护总指数演化图，结果如图 5-1 所示。黄河流域生态保护总指数呈现波动上升发展趋势，2017~2019 年快速上升，总增幅为 6.04%；2020 年受新冠肺炎疫情及其累积效应影响，生态保护总指数出现下降，降幅为 0.98%，是近几年最低水平；2021 年起生态保护总指数呈缓慢回升态势，2022 年增长至 0.514，相比 2017 年增长 7.08%。由此可见，黄河流域生态保护发展水平总体不断上升，呈稳步增长趋势。

计算 2017~2022 年黄河流域各省区生态保护总指数，结果见表 5-3。各省区生态保护总指数呈波动发展趋势，不同省区之间发展差距较大。具体来看，黄河流域中游、下游省区生态保护水平整体较高，陕西、四川、河南 2022 年生态保护总指数都大于 0.6，生态保护总体水平较高，属于流域第一梯队；山东、山西、甘肃、青海 2022 年生态保护总指数位于第四至第

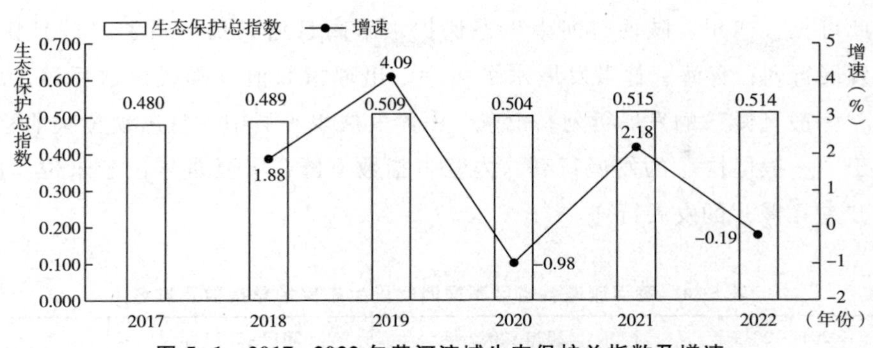

图 5-1　2017~2022 年黄河流域生态保护总指数及增速

七位，属于流域第二梯队；宁夏、内蒙古生态保护总指数最低。从发展趋势看，黄河流域中游、下游省区生态保护总指数增速相对较快。青海、内蒙古生态保护总指数波动下降，2017~2019 年不断上升，2020 年明显下降，随后波动回升，但 2022 年仍未恢复至 2017 年同期水平。其他省区生态保护总指数均不断上升发展，其中，陕西、河南增长较快，增速 14%左右；宁夏、四川、山西增速紧随其后，均大于 10%；甘肃增速最低，6 年仅增长 3.14%。综合可见，黄河流域中游、下游省区生态保护总指数水平相对较高，且增长速度较快。

表 5-3　2017~2022 年黄河流域各省区生态保护总指数

年份	青海	四川	甘肃	宁夏	内蒙古	陕西	山西	河南	山东	河南位次
2017	0.481	0.554	0.478	0.354	0.428	0.544	0.460	0.535	0.488	3
2018	0.500	0.577	0.468	0.359	0.428	0.568	0.461	0.549	0.491	3
2019	0.524	0.610	0.485	0.375	0.450	0.585	0.471	0.576	0.500	3
2020	0.506	0.650	0.470	0.379	0.383	0.603	0.471	0.588	0.486	3
2021	0.511	0.610	0.476	0.384	0.410	0.617	0.490	0.613	0.526	2
2022	0.454	0.616	0.493	0.398	0.408	0.622	0.508	0.606	0.524	3

计算黄河流域各省区 2017~2019 年、2020~2022 年的生态保护总指数及排名，结果见表 5-4。总体来看，2017~2022 年，四川、陕西、河南的生态保护水平较高，宁夏的生态保护水平最低。分时间段看，与 2017~2019 年相比，除青海、内蒙古外，2020~2022 年各省区的生态保护总指数均有上

升。河南、陕西、四川的增幅较大，甘肃的增速最低，且出现位次后移。由此可见，四川、陕西、河南生态保护水平高且增长快，属于“好且快”的发展行列；青海、甘肃发展水平居中，出现指数值下降或位次后移，属于“一般且慢”的发展行列；山东、山西发展水平居中，且出现位次前移，属于“一般但快”的发展行列；内蒙古指数下降、宁夏常年位于末位，属于“差且慢”的发展行列。

表 5-4　黄河流域各省区不同时间段生态保护总指数及排名

2017~2019 年		2020~2022 年		2017~2022 年		流域排名
省区	生态保护总指数	省区	生态保护总指数	省区	生态保护总指数	
四川	0.580	四川	0.625	四川	0.603	1
陕西	0.566	陕西	0.614	陕西	0.590	2
河南	0.553	河南	0.602	河南	0.578	3
青海	0.502	山东	0.512	山东	0.502	4
山东	0.493	青海	0.490	青海	0.496	5
甘肃	0.477	山西	0.489	甘肃	0.478	6
山西	0.464	甘肃	0.480	山西	0.477	7
内蒙古	0.435	内蒙古	0.401	内蒙古	0.418	8
宁夏	0.363	宁夏	0.387	宁夏	0.375	9

绘制 2017~2022 年河南生态保护总指数及增速图，具体见图 5-2。河南生态保护总指数呈波动上升发展态势，除 2022 年生态保护总指数值略微下降，其余年份均不断上升。2022 年比 2017 年总体增长 13.27%，增速位于

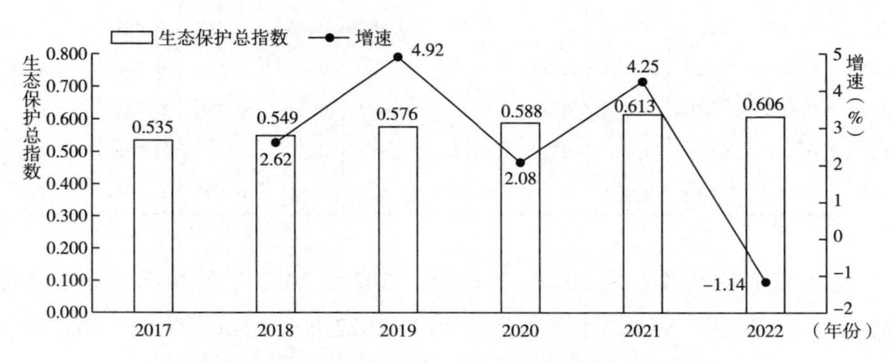

图 5-2　2017~2022 年河南生态保护总指数及增速

流域第二名，生态保护水平明显上升。河南生态保护水平在全流域处于第一梯队，近几年生态保护总指数均位于流域第三名，2021 年更是前进至第二名，在黄河流域各省区的生态保护中起到了良好的示范带动作用。

二 生态保护维度层指数

根据黄河流域省域生态保护协同治理评价指标体系，从资源利用、环境治理、生态质量三个维度层出发，测算黄河流域各省区的生态保护维度层指数。

（一）资源利用指数

依据资源利用情况，计算 2017~2022 年黄河流域各省区的资源利用指数，结果见表 5-5。各省区资源利用指数均呈波动上升发展趋势，资源利用水平稳步提升。具体来看，黄河流域中游、下游省区资源利用指数整体相对较高。2022 年陕西、河南资源利用指数都接近 0.8，总体水平较高，属于流域第一梯队；四川、山西、山东资源利用指数都处于 0.7 左右，属于流域第二梯队；剩余省区资源利用指数都小于 0.42，资源利用水平较低，且与前两个梯队差距较大，其中末位宁夏资源利用指数均值仅为首位河南的 1/3 左右，提升空间较大。从发展趋势看，各省区资源利用指数均不断上升，且黄河流域上游、中游省区增速相对较快。其中，宁夏增长最快，增速高达 41.71%；其次为山西、青海，增速均大于 18%；甘肃增速最低，6 年仅增长 2.46%。由此可见，黄河流域中游省区资源利用指数较高且增速较快，资源利用水平处于领先位置。缩小地区资源利用指数的差距是今后推进黄河流域生态保护的重要发力点。

表 5-5 2017~2022 年黄河流域各省区资源利用指数

年份	青海	四川	甘肃	宁夏	内蒙古	陕西	山西	河南	山东	河南位次
2017	0.309	0.667	0.406	0.175	0.256	0.714	0.550	0.746	0.648	1
2018	0.317	0.668	0.382	0.176	0.251	0.741	0.559	0.758	0.647	1
2019	0.336	0.694	0.397	0.223	0.252	0.748	0.562	0.783	0.637	1
2020	0.355	0.712	0.396	0.235	0.250	0.794	0.594	0.811	0.640	1
2021	0.360	0.698	0.407	0.245	0.278	0.818	0.660	0.834	0.723	1
2022	0.367	0.701	0.416	0.248	0.291	0.795	0.682	0.796	0.721	1

计算各省区 2017~2019 年、2020~2022 年的资源利用指数及排名，结果见表 5-6。总体来看，2017~2022 年，河南、陕西的资源利用水平较高，青海、内蒙古、宁夏的资源利用水平较低。分时间段看，与 2017~2019 年相比，2020~2022 年所有省区的资源利用指数上升，其中宁夏升幅最大，为 27.26%，增速远高于其他省区；甘肃增速最低，仅为 2.78%。值得注意的是，各省区均未发生位次移动，可见发展速度相对均衡。

表 5-6　黄河流域各省区不同时间段资源利用指数及排名

2017~2019 年		2020~2022 年		2017~2022 年		流域排名
省区	资源利用指数	省区	资源利用指数	省区	资源利用指数	
河南	0.762	河南	0.813	河南	0.788	1
陕西	0.734	陕西	0.802	陕西	0.768	2
四川	0.676	四川	0.704	四川	0.690	3
山东	0.644	山东	0.695	山东	0.670	4
山西	0.557	山西	0.645	山西	0.601	5
甘肃	0.395	甘肃	0.406	甘肃	0.401	6
青海	0.321	青海	0.361	青海	0.341	7
内蒙古	0.253	内蒙古	0.273	内蒙古	0.263	8
宁夏	0.191	宁夏	0.243	宁夏	0.217	9

绘制 2017~2022 年河南资源利用指数及增速图，具体见图 5-3。河南资源利用指数整体呈波动上升发展态势，但 2022 年出现明显下降。2022 年比

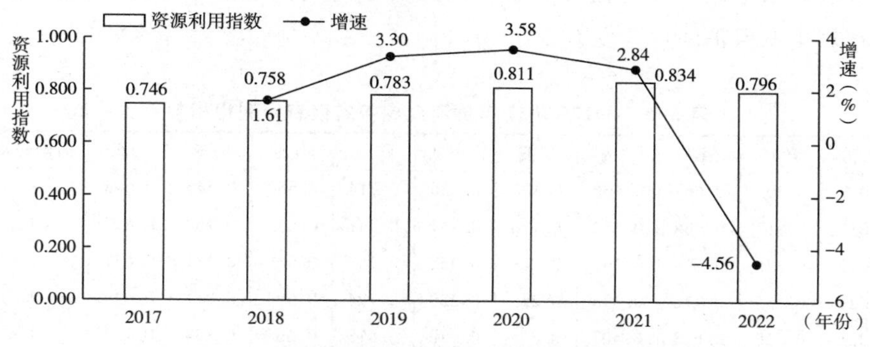

图 5-3　2017~2022 年河南资源利用指数及增速

2017 年总体增长 6.70%，增速位于流域第七位，增长相对较慢。河南资源利用水平在全流域处于领先地位，近几年资源利用指数均位于流域首位，在黄河流域生态保护协同治理的资源利用维度中具有较大贡献，可供其他省区参考借鉴，但同时应关注近两年增速明显减缓，应避免出现位次下滑。

（二）环境治理指数

依据环境治理情况，计算 2017~2022 年黄河流域各省区环境治理指数，结果见表 5-7。总体来看，各省区环境治理指数呈现波动发展趋势，且不同省区之间发展差距较大。一方面，青海、宁夏、内蒙古、山西、山东的环境治理指数波动下降，2022 年环境治理指数均低于 2017 年，环境治理水平出现不同程度降低。其中，内蒙古下降趋势最明显，降幅高达 30.89%，环境治理能力有待恢复和提升。另一方面，四川、甘肃、陕西、河南的环境治理指数均表现为波动上升，四川增速最快，增幅为 33.22%。值得注意的是，各省区的环境治理指数在 2020 年均表现出不同程度的下降，可见疫情累积影响对黄河流域环境治理的冲击较大，快速恢复并提升环境治理水平和成效，应是黄河流域各省区未来的重要关注点。

表 5-7　2017~2022 年黄河流域各省区环境治理指数

年份	青海	四川	甘肃	宁夏	内蒙古	陕西	山西	河南	山东	河南位次
2017	0.452	0.301	0.363	0.343	0.437	0.324	0.379	0.396	0.442	4
2018	0.493	0.339	0.358	0.358	0.455	0.354	0.363	0.422	0.443	4
2019	0.515	0.374	0.378	0.330	0.492	0.399	0.377	0.463	0.487	4
2020	0.428	0.346	0.327	0.323	0.279	0.352	0.299	0.423	0.393	2
2021	0.434	0.370	0.348	0.338	0.322	0.365	0.285	0.462	0.422	1
2022	0.430	0.401	0.376	0.336	0.302	0.399	0.288	0.478	0.431	1

计算各省区 2017~2019 年、2020~2022 年的环境治理指数及排名，结果见表 5-8。总体来看，2017~2022 年，青海的环境治理水平最高，宁夏、山西的环境治理水平较低。分时间段看，与 2017~2019 年相比，2020~2022

年青海、内蒙古、山东、山西、甘肃、宁夏的环境治理指数出现下降。从两个阶段排名看，内蒙古的下降位次幅度变化较大，排名由第二位后移至第八位，四川的上升位次幅度变化最大，排名由第九位上升至第四位，青海稳居前两名，可见青海的环境治理水平较高且韧性较强。

表 5-8　黄河流域各省区不同时间段环境治理指数排名

2017～2019 年		2020～2022 年		2017～2022 年		流域排名
省区	环境治理指数	省区	环境治理指数	省区	环境治理指数	
青海	0.487	河南	0.454	青海	0.459	1
内蒙古	0.461	青海	0.431	河南	0.440	2
山东	0.457	山东	0.415	山东	0.436	3
河南	0.427	四川	0.372	内蒙古	0.381	4
山西	0.373	陕西	0.372	陕西	0.365	5
甘肃	0.366	甘肃	0.351	甘肃	0.358	6
陕西	0.359	宁夏	0.333	四川	0.355	7
宁夏	0.344	内蒙古	0.301	宁夏	0.338	8
四川	0.338	山西	0.291	山西	0.332	9

绘制 2017～2022 年河南环境治理指数及增速图，具体见图 5-4。河南环境治理指数整体呈波动上升发展态势，环境治理水平不断提高。2022 年比 2017 年总体增长 20.71%，增速位于流域第三位，增长速度较快。河南环境治理水平在全流域处于中等偏上水平，2017～2019 年环境治理指数位于流域第四名，随后排名不断前移，2021 年开始稳居第一名，环境治理水平明显提升，对于流域其他省区具有一定参考意义。

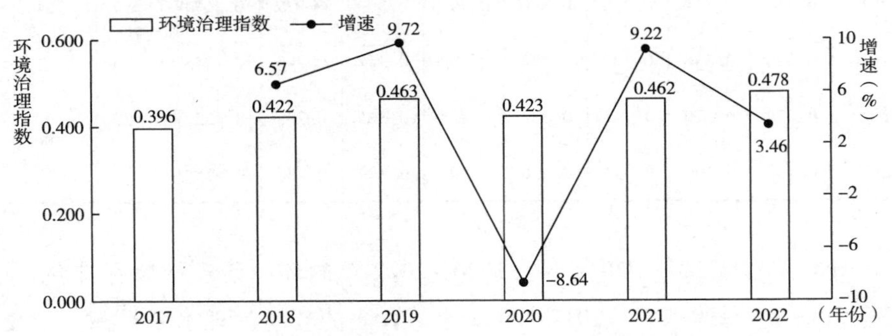

图 5-4　2017～2022 年河南环境治理指数及增速

（三）生态质量指数

依据生态质量情况，计算 2017~2022 年黄河流域各省区生态质量指数，结果见表 5-9。总体来看，各省区生态质量指数总体较高，除青海外，其余省区均呈波动上升发展趋势。其中，2022 年四川生态质量指数远高于其他省区，处于领先水平；青海、山西、河南、山东生态质量指数较低，其中山东仅为 0.419，仅为首位四川的 56.24%，提升空间较大。从增速看，山西、河南增速较快，增幅均大于 17%，甘肃增幅最小；青海生态质量指数在 2022 年出现下降，同比降低 23.55%，提升生态质量将是青海未来的重要着力点。

表 5-9　2017~2022 年黄河流域各省区生态质量指数

年份	青海	四川	甘肃	宁夏	内蒙古	陕西	山西	河南	山东	河南位次
2017	0.682	0.693	0.664	0.544	0.590	0.593	0.451	0.465	0.373	7
2018	0.691	0.724	0.665	0.544	0.577	0.611	0.461	0.467	0.384	7
2019	0.721	0.760	0.682	0.573	0.605	0.609	0.474	0.481	0.377	7
2020	0.734	0.891	0.687	0.578	0.621	0.662	0.520	0.530	0.424	7
2021	0.739	0.761	0.674	0.568	0.631	0.668	0.524	0.544	0.432	7
2022	0.565	0.745	0.686	0.611	0.631	0.673	0.553	0.545	0.419	8

计算各省区 2017~2019 年、2020~2022 年的生态质量指数及排名，结果见表 5-10。总体来看，2017~2022 年，四川、青海、甘肃的生态质量水平相对较高；河南、山西、山东的生态质量水平较低，提升空间巨大。分时间段看，与 2017~2019 年相比，除青海外，剩余省区 2020~2022 年的生态质量指数均有所上升。其中，山西增幅最大，为 15.37%；甘肃增幅最小，不足 2%；从排名看，除青海、甘肃位次发生小幅变动外，其余省区位次均保持不变，发展速度相对均衡。

表 5-10 黄河流域各省区不同时间段生态质量指数及排名

2017~2019 年		2020~2022 年		2017~2022 年		流域排名
省区	生态质量指数	省区	生态质量指数	省区	生态质量指数	
四川	0.726	四川	0.799	四川	0.762	1
青海	0.698	甘肃	0.682	青海	0.689	2
甘肃	0.670	青海	0.679	甘肃	0.676	3
陕西	0.604	陕西	0.668	陕西	0.636	4
内蒙古	0.591	内蒙古	0.627	内蒙古	0.609	5
宁夏	0.554	宁夏	0.586	宁夏	0.570	6
河南	0.471	河南	0.540	河南	0.505	7
山西	0.462	山西	0.533	山西	0.497	8
山东	0.378	山东	0.425	山东	0.401	9

绘制 2017~2022 年河南生态质量指数及增速图，具体见图 5-5。河南生态质量指数整体呈快速上升发展态势，生态质量水平明显提升。2022 年比 2017 年总体增长 17.20%，增速位于流域第二，增长速度较快。河南生态质量在全流域处于较低水平，近几年生态质量指数均位于流域第七名，2022 年更是后移至第八名，虽然增长速度较快，但整体来看仍有较大提升空间。由此可见，生态质量是河南生态保护发展的“短板”，从生态、水、大气质量三个方面逐一入手突破，全面提升生态质量水平，应是河南未来在黄河流域生态保护协同治理中的主攻方向。

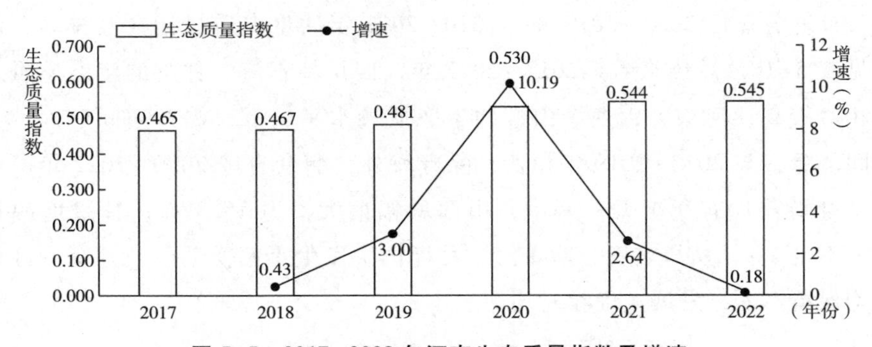

图 5-5 2017~2022 年河南生态质量指数及增速

（四）时空演变特征

绘制 2017~2022 年黄河流域生态保护维度层指数图，结果见图 5-6。黄河流域生态保护维度层中，资源利用指数、生态质量指数呈现波动上升演化态势，环境治理指数在波动中趋于稳定，全流域生态保护总指数整体提高，各省区生态保护水平不断提升。具体来看，(1) 生态质量指数水平最高，增长速度居第二位，呈现先升后降波动发展态势。2020 年生态质量均值为 0.627，是近几年最高水平，2022 年小幅下降至 0.603，比 2017 年总体增长 7.34%。(2) 资源利用指数水平居中，增长速度最快，呈现稳步上升发展趋势，特别是 2019 年黄河流域生态保护和高质量发展上升为国家战略后，2020 年、2021 年全流域资源利用指数上升速度明显加快，其中 2021 年的资源利用指数为 0.558，较 2017 年提高 12.34%，提升明显。(3) 环境治理指数水平最低，增长速度最慢，呈波动趋缓发展态势，2017~2019 年环境治理指数稳步增长 11.00%，2020 年出现下降，随后缓慢回升，2022 年仅恢复至 2017 年同期水平。由此可见，环境治理指数的下降，最终导致生态保护总指数在 2020 年也出现一定程度的下滑，环境治理是黄河流域生态保护协同治理的主要抓手。

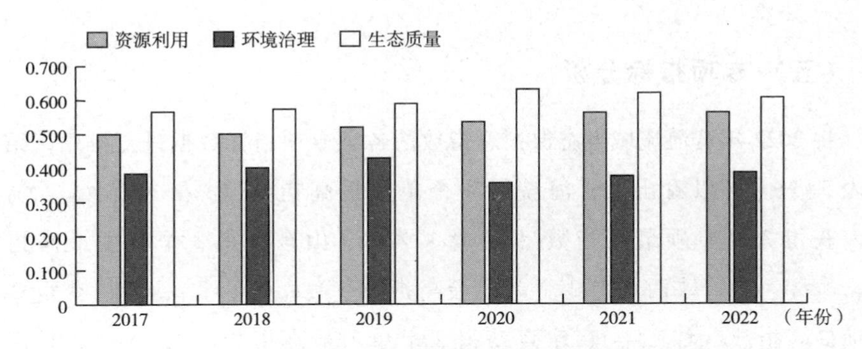

图 5-6　2017~2022 年黄河流域生态保护维度层指数

用变异系数对 2017~2022 年黄河流域生态保护维度层指数的收敛性进行分析，结果见图 5-7。总体来看，黄河流域生态保护维度层中，资源利用、生态质量的变异系数呈波动下降演化态势，环境治理的变异系数在波动中小幅上升，全流域收敛性整体提高，各省区发展均衡性有所上升。具体来看，资源利用指数的变异系数最大，收敛性最低，且下降速度较慢，由 2017 年的 0.432 下降至 2022 年的 0.401，总体下降 7.18%，均衡性最差；生态质量指数的变异系数先升后降波动发展，由 2017 年的 0.201 缓慢上升至 2020 年的 0.219，后快速下降至 2022 年的 0.160，总体下降 20.40%，变动幅度较小，均衡性小幅波动并逐渐趋稳；环境治理指数的变异系数最小，但近两年表现为波动上升态势，由 2017 年的 0.142 上升至 2022 年的 0.165，上升 16.20%，变异性小幅增加，但总体来看，均衡性在三个维度层中表现最好。

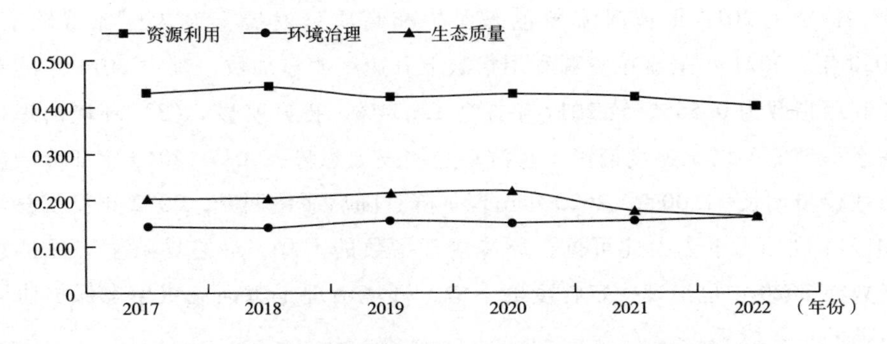

图 5-7　2017~2022 年黄河流域生态保护维度层指数收敛性分析

（五）专项指标分析

将 2022 年黄河流域生态保护总指数的各项专项指标数据进行排序，结果见表 5-11。可以看出，青海获得 4 个单项最高指数（x_{12}、x_{15}、x_{19}、x_{20}），河南获得 3 个单项最高指数（x_2、x_9、x_{11}），山东获得 3 个单项最高指数（x_4、x_5、x_{13}），陕西获得 3 个单项最高指数（x_6、x_7、x_{16}），四川获得 2 个单项最高指数（x_1、x_{10}），宁夏获得 2 个单项最高指数（x_8、x_{17}），甘肃获得 2 个单项最高指数（x_{14}、x_{18}），山西获得 1 个单项最高指数（x_3），内蒙古没有获得单项最高指数。由此可见，青海拥有的单项最高指数最多，在黄河流域生态保护协同治理中表现优异，河南排名居流域前列，发展水平整体较高。

表 5-11　2022 年黄河流域各省区生态保护总指数专项指标排名

维度层	具体指标	排名第一省区		河南		
		省区	指数	指数	排名	与第一名差距
资源利用	单位 GDP 电耗 x_1	四川	0.158	0.151	2	0.007
	人均用电量 x_2	河南	0.115	0.115	1	0
	人均用水量 x_3	山西	0.160	0.143	3	0.017
	万元 GDP 用水量 x_4	山东	0.174	0.116	4	0.058
	万元农业 GDP 水耗 x_5	山东	0.171	0.143	3	0.028
	城市土地集约利用 x_6	陕西	0.151	0.127	2	0.024
环境治理	单位 GDP 化学需氧量排放量 x_7	陕西	0.030	0.014	6	0.016
	单位 GDP 氨氮排放量 x_8	宁夏	0.046	0.025	7	0.021
	单位 GDP 二氧化硫排放量 x_9	河南	0.158	0.158	1	0
	单位 GDP 氮氧化物排放量 x_{10}	四川	0.099	0.072	3	0.027
	工业固体废弃物综合利用率 x_{11}	河南	0.081	0.081	1	0
	PM2.5 年均浓度 x_{12}	青海	0.082	0.034	9	0.048
	城市生活垃圾无害化处理率 x_{13}	山东	0.074	0.073	8	0.001
	工业污染治理投资占工业增加值比重 x_{14}	甘肃	0.044	0.003	7	0.041
	单位 GDP 二氧化碳排放量 x_{15}	青海	0.144	0.017	6	0.127
生态质量	森林覆盖率 x_{16}	陕西	0.214	0.120	3	0.094
	城市人均公园绿地面积 x_{17}	宁夏	0.182	0.124	4	0.058
	自然保护区占辖区面积比重 x_{18}	甘肃	0.169	0.038	8	0.131
	地表水达到或好于Ⅲ类水体比例 x_{19}	青海	0.177	0.145	8	0.032
	地级及以上城市空气质量优良天数比例 x_{20}	青海	0.171	0.118	9	0.053

分维度看，河南在各专项指标中的表现不尽相同。资源利用维度中，河南各专项指标得分较高、排名靠前。其中，人均用电量表现优异，万元 GDP 用水量有一定提升空间。宣传并提升企业节约水资源的意识和行动，是今后河南提升资源利用水平的一个重要方面。环境治理维度中，河南多数指标表现良好，个别指标有待提升。工业固体废弃物综合利用率及单位 GDP 二氧化硫排放量得分较高，工业“三废”中的废气治理成效一般，PM2.5 年均浓度

指标表现较弱，工业污染治理投资占工业增加值比重有待提升。生态质量维度中，自然保护区占辖区面积比重是河南生态质量短板，与首位甘肃差距较大，提升地表水质量、加强城市空气质量治理应是河南今后发展的重要任务。

第三节 河南生态保护总指数综合测评

利用黄河流域市域生态保护协同治理评价指标体系，对黄河流域 70 个城市 2017~2022 年的生态保护协同治理水平进行测度，分析河南黄河流域城市在全流域城市中的表现与提升空间，为推动河南各地市在黄河流域生态保护协同治理中的有益实践提供数据支撑。由于篇幅原因，本节仅对河南 12 个流域城市的测度结果进行展示和剖析，其余省区的流域城市测度结果留作索引。

一 生态保护总指数

绘制 2017 年、2022 年河南各地市生态保护总指数及增速图，结果见图 5-8。各地市生态保护总指数均呈上升趋势，生态保护水平不断提高，地市之间发展相对均衡。具体来看，2022 年开封、南阳、郑州、濮阳生态保护总指数都大于 0.35，生态保护总体水平较高；济源生态保护总指数为 0.266，排名居地市末位；其余地市生态保护总指数处于 0.3~0.35 之间，发展水平居中。从增速看，与 2017 年相比，开封增速为 52.00%，增长最快；南阳、新乡、鹤壁、郑州、洛阳增速均大于 20%；济源增速最低，仅增长 6.59%。由此可见，开封、南阳、郑州生态保护水平较高且增速很快，处于河南黄

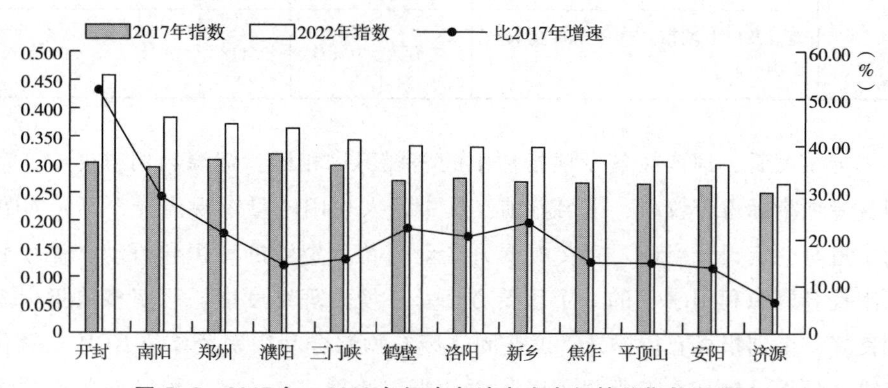

图 5-8 2017 年、2022 年河南各地市生态保护总指数及增速

河流域地市的领先位置，济源发展水平低且增速慢，应是河南以后推动黄河流域地市协同治理的主要关注城市。

计算河南地市 2017~2019 年、2020~2022 年的生态保护总指数及排名，结果见表 5-12。总体来看，河南各城市生态保护水平在整个流域的分布较为分散，开封、郑州、南阳、濮阳位于流域前二十名，整体水平较高；安阳、济源位于流域后二十名，发展水平有待提升。分时间段看，与 2017~2019 年相比，2020~2022 年所有地市的生态保护总指数上升。从增速看，开封、南阳、郑州的增幅较大，济源的增速最低。从排名看，新乡、郑州、平顶山、南阳出现位次前移；洛阳、鹤壁、焦作、濮阳等城市出现位次后移。

表 5-12 河南各地市不同时间段生态保护总指数及排名

2017~2019 年		2020~2022 年		2017~2022 年		河南排名	流域排名
地市	生态保护总指数	地市	生态保护总指数	地市	生态保护总指数		
开封	0.332	开封	0.426	开封	0.379	1	6
濮阳	0.321	郑州	0.372	郑州	0.345	2	13
郑州	0.318	南阳	0.364	南阳	0.335	3	16
南阳	0.305	濮阳	0.347	濮阳	0.334	4	17
三门峡	0.297	三门峡	0.338	三门峡	0.318	5	21
洛阳	0.285	新乡	0.326	洛阳	0.305	6	27
鹤壁	0.280	洛阳	0.325	新乡	0.303	7	30
新乡	0.280	鹤壁	0.320	鹤壁	0.300	8	33
焦作	0.274	平顶山	0.304	平顶山	0.288	9	42
平顶山	0.273	焦作	0.296	焦作	0.285	10	47
安阳	0.266	安阳	0.291	安阳	0.279	11	51
济源	0.246	济源	0.264	济源	0.255	12	68

二 生态保护维度层指数

根据黄河流域市域生态保护协同治理评价指标体系，从资源利用、环境治理、生态质量三个维度层出发，测算黄河流域各城市的生态保护维度层指数。

（一）资源利用指数

绘制 2017 年、2022 年河南各地市资源利用指数及增速图，结果见图 5-9。2017~2022 年各地市资源利用指数呈现波动趋稳发展态势，地市之间发展差距较大。从发展水平看，2022 年郑州、南阳、开封资源利用指数都大于 0.3，资源利用水平较高；三门峡、新乡、濮阳、平顶山等城市资源利用指数大于 0.25，资源利用水平居中；剩余城市资源利用指数相对较低，其中济源资源利用指数为 0.177，仅为首位郑州的 1/2 左右，提升空间较大。从增速看，济源、新乡增速较高，分别为 18.95%、14.82%，资源利用水平增长较为明显；濮阳增速为-8.59%，资源利用水平呈下降趋势，且下降速度在各地市中最快；其余地市增速和降速均小于 8%，呈现波动趋稳的发展态势。由此可见，郑州应是先列地市的对标城市，新乡应是居中城市的对标城市。

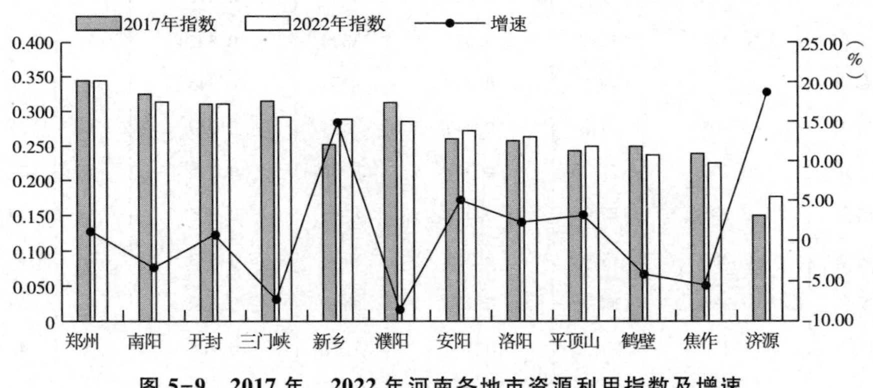

图 5-9　2017 年、2022 年河南各地市资源利用指数及增速

计算河南各地市 2017~2019 年、2020~2022 年的资源利用指数及排名，结果见表 5-13。总体来看，河南各城市资源利用水平在整个流域的分布较为集中，主要聚集于流域中间位置，除济源外，其余城市均位于流域第 10~40 名。分时间段看，与 2017~2019 年相比，2020~2022 年郑州、开封、新乡、平顶山等城市的资源利用指数出现上升，其中，新乡、开封增速较快，且位次分别前移三位、两位；三门峡、鹤壁、焦作、濮阳等城市的资源利用指数出现下降，焦作、三门峡下降速度较快，且位次均后移一位。由此

可见，2017~2022年新乡的资源利用水平明显提升，三门峡明显下降，这两个城市资源利用水平在河南均属于居中水平，未来几年可能会向两端分化。

表 5-13　河南各地市不同时间段资源利用指数及排名

2017~2019年		2020~2022年		2017~2022年		河南排名	流域排名
地市	资源利用指数	地市	资源利用指数	地市	资源利用指数		
郑州	0.342	郑州	0.348	郑州	0.345	1	12
南阳	0.317	开封	0.319	南阳	0.318	2	16
三门峡	0.310	南阳	0.318	开封	0.312	3	18
开封	0.304	三门峡	0.294	三门峡	0.302	4	19
濮阳	0.295	新乡	0.289	濮阳	0.288	5	23
洛阳	0.264	濮阳	0.281	新乡	0.273	6	25
安阳	0.260	安阳	0.267	洛阳	0.264	7	28
新乡	0.258	洛阳	0.264	安阳	0.263	8	29
平顶山	0.245	平顶山	0.251	平顶山	0.248	9	37
焦作	0.244	鹤壁	0.240	鹤壁	0.242	10	38
鹤壁	0.244	焦作	0.224	焦作	0.234	11	39
济源	0.153	济源	0.175	济源	0.164	12	59

（二）环境治理指数

绘制2017年、2022年河南各地市环境治理指数及增速图，结果见图5-10。各地市环境治理指数近几年呈快速增长趋势，环境治理水平明显提升，且存在“异常”高值城市。具体来看，2017年各地市的环境治理水平较低，首位开封的环境治理指数仅为0.206，各地市均值仅为0.147。2022年，首位开封的环境治理指数增长至0.558，各地市均值也提升至0.252，提升速度极快。从增速看，开封增长率高达170.52%，其环境治理增速和目前水平均远高于其他地市，处于“遥遥领先”位置。南阳、郑州增速位居其次，均大于90%，增速最低的济源，也增长了18.43%。由此可见，开封应是其他地市环境治理提升的对标城市，环境治理指数增速应是资源利用指数、生态质量指数的对标增速。

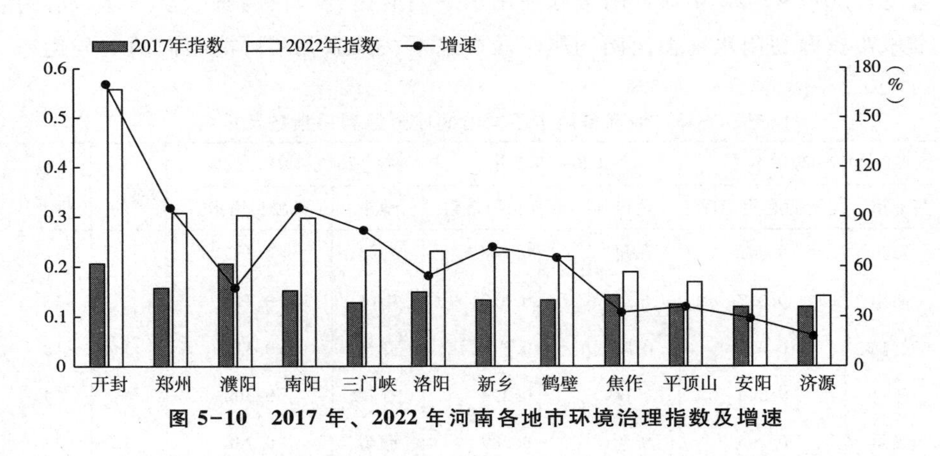

图 5-10 2017 年、2022 年河南各地市环境治理指数及增速

计算河南各地市 2017~2019 年、2020~2022 年的环境治理指数及排名，结果见表 5-14。总体来看，河南各城市环境治理水平在整个流域的分布较为靠前，流域前十名城市中河南占了 5 个，前二十城市中河南占了 9 个，整体水平表现优异。分时间段看，与 2017~2019 年相比，2020~2022 年所有城市的环境治理指数出现大幅上升，其中，郑州、开封增速均大于 50%，增长最快；南阳、新乡、三门峡增速均大于 40%，增长也很明显。从排名看，新乡、三门峡位次分别前移三位、两位，鹤壁、焦作位次均后移两位。由此可见，开封、郑州、濮阳的环境治理指数水平高，且增速快，一直稳居前三位，为其他地市起到了良好的带头示范作用。

表 5-14 河南各地市不同时间段环境治理指数及排名

2017~2019 年		2020~2022 年		2017~2022 年		河南排名	流域排名
地市	环境治理指数	地市	环境治理指数	地市	环境治理指数		
开封	0.283	开封	0.459	开封	0.371	1	2
濮阳	0.224	郑州	0.292	濮阳	0.250	2	3
郑州	0.183	濮阳	0.275	郑州	0.238	3	4
南阳	0.166	南阳	0.247	南阳	0.206	4	6
洛阳	0.160	新乡	0.205	洛阳	0.182	5	10
鹤壁	0.150	洛阳	0.204	新乡	0.175	6	11
焦作	0.148	三门峡	0.200	鹤壁	0.172	7	13
新乡	0.145	鹤壁	0.195	三门峡	0.168	8	15

续表

2017~2019 年		2020~2022 年		2017~2022 年		河南排名	流域排名
地市	环境治理指数	地市	环境治理指数	地市	环境治理指数		
三门峡	0.136	焦作	0.174	焦作	0.161	9	19
平顶山	0.136	平顶山	0.159	平顶山	0.147	10	25
济源	0.124	安阳	0.143	安阳	0.134	11	35
安阳	0.124	济源	0.136	济源	0.130	12	41

（三）生态质量指数

绘制 2017 年、2022 年河南各地市生态质量指数及增速图，结果见图 5-11。河南各地市生态质量指数稳步增长，地区发展较为均衡。从发展水平看，2022 年鹤壁、南阳生态质量指数大于 0.53，生态质量水平较高；焦作、三门峡、洛阳、济源等城市生态质量指数大于 0.48，生态质量水平居中；剩余城市生态质量指数大于 0.45，发展水平相对较低。从增速看，南阳增长最快，增速为 30.44%，开封、鹤壁、焦作增速位居其次，均大于 20%，济源增速最低，仅为-0.16%，是唯一生态质量指数下降的城市。由此可见，除开封增速“异常”快之外，河南各地市生态质量指数基本呈现“高水平—高增速、低水平—低增速”的演变态势。

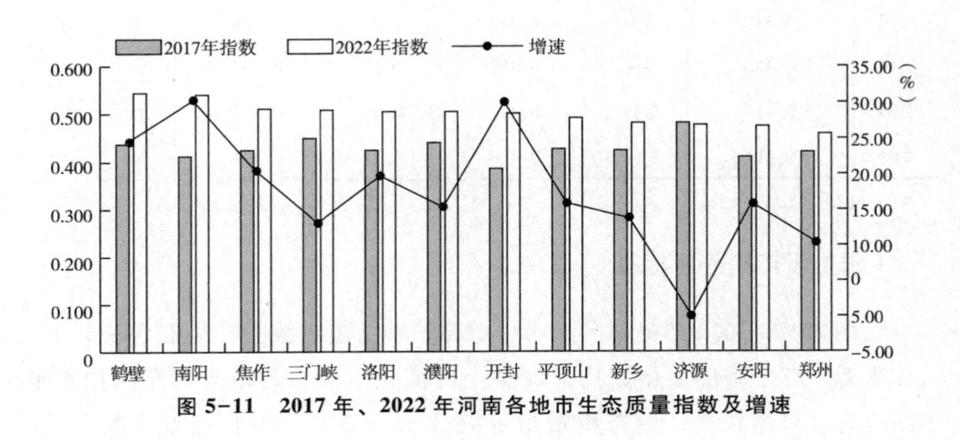

图 5-11　2017 年、2022 年河南各地市生态质量指数及增速

计算河南各地市 2017~2019 年、2020~2022 年的生态质量指数及排名，结果见表 5-15。总体来看，河南各城市生态质量水平在整个流域的分布较

为靠后，所有城市位于流域后25名，整体水平较低，有很大提升空间。分时间段看，与2017~2019年相比，2020~2022年所有城市的生态质量指数出现上升，其中，开封、南阳增速均大于20%，增长最快；洛阳、鹤壁、三门峡增速均大于15%，增长也很明显。从排名看，开封、南阳位次前移六位，洛阳前移四位；济源位次后移九位，濮阳、新乡分别后移四位、三位。由此可见，各地市的生态质量指数水平较为接近，且增速较快，导致位次变动频繁且幅度较大，因此各地市应关注并维持生态质量水平，时刻警惕被其他地市"反超"。

表5-15 河南各地市不同时间段生态质量指数排名

2017~2019年		2020~2022年		2017~2022年		河南排名	流域排名
地市	生态质量指数	地市	生态质量指数	地市	生态质量指数		
济源	0.460	南阳	0.527	鹤壁	0.487	1	45
鹤壁	0.448	鹤壁	0.526	三门峡	0.483	2	46
三门峡	0.446	三门峡	0.520	南阳	0.480	3	47
濮阳	0.443	洛阳	0.507	济源	0.470	4	51
平顶山	0.438	平顶山	0.501	平顶山	0.470	5	53
新乡	0.437	开封	0.500	洛阳	0.469	6	54
南阳	0.433	焦作	0.489	濮阳	0.464	7	56
洛阳	0.431	濮阳	0.484	新乡	0.460	8	60
郑州	0.430	新乡	0.483	焦作	0.459	9	62
焦作	0.430	济源	0.481	开封	0.455	10	64
安阳	0.415	郑州	0.475	郑州	0.452	11	65
开封	0.411	安阳	0.463	安阳	0.439	12	69

（四）时空演变特征

绘制2017~2022年河南各地市生态保护维度层指数图，结果见图5-12。总体来看，三个维度层指数均呈波动上升演化态势，各地市生态保护水平不断提升。具体来看，生态质量指数总体水平最高，增长速度居第二位，2022年生态质量指数均值为0.501，比2017年增长17.04%；资源利用指数水平居中，但增长速度最慢，呈波动趋稳发展态势，2022年资源利用指数为 0. 272，比 2017 年仅提高 0. 43%，总体水平基本持平；环境治理指数水平较低，但增长速度最快，2017 年指数为 0. 147，仅为资源利用指数的 1/2 左右，2022 年增长至 0. 252，与资源利用指数差值缩小至 0. 020，若按此趋势，环境治理指数将很快赶上并超过资源利用指数。

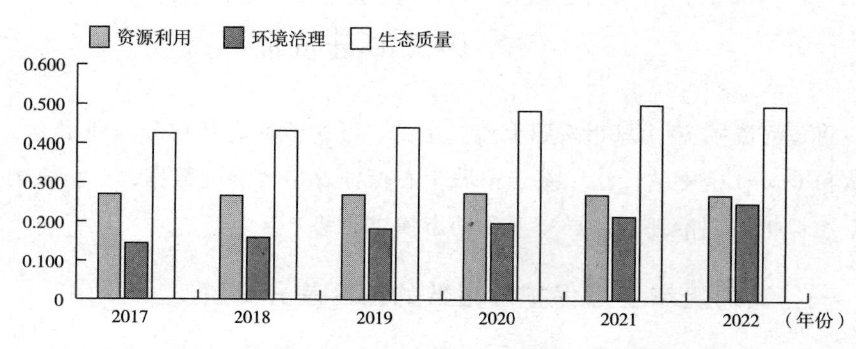

图 5-12　2017~2022 年河南各地市生态保护维度层指数

用变异系数对 2017~2022 年河南各地市生态保护维度层指数的收敛性进行分析，结果见图 5-13。总体来看，河南各地市生态保护维度层中，资源利用、生态质量的变异系数波动下降，环境治理的变异系数波动上升，各地市收敛性整体降低，发展均衡性有所减弱。具体来看，环境治理指数的变异系数最大，且增长速度较快，由 2017 年的 0. 204 上升至 2022 年的 0. 442，增长 116. 67%，变异性明显增加，均衡性大幅降低；资源利用指数的变异系数波动下降，由 2017 年的 0. 197 缓慢下降至 2022 年的 0. 167，总体下降 15. 23%，收敛性稳步上升；生态质量指数的变异系数最小，呈“下

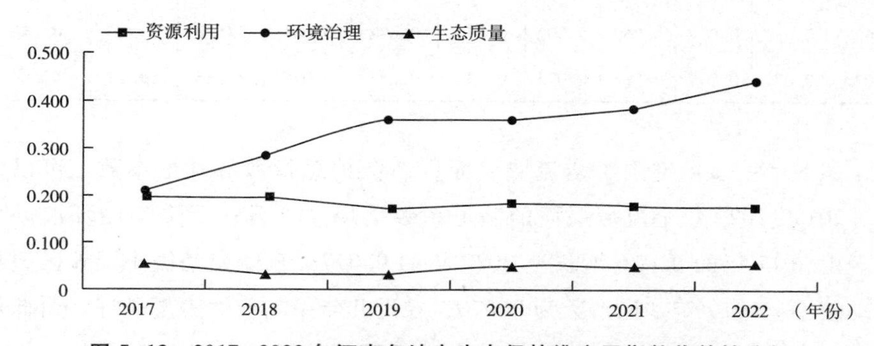

图 5-13　2017~2022 年河南各地市生态保护维度层指数收敛性分析

降—上升”发展态势，由2017年的0.053下降至2019年的0.028，2022年缓慢上升至0.048，总体下降9.43%，均衡性变动较小，均衡性在三个维度中表现最好。

第四节　黄河流域生态保护地区差异分解、历史演进特征

将黄河流域70个城市按照上游、中游、下游地区进行划分，利用Dagum系数和Kernel密度估计法，基于市域生态保护总指数测度数据，分析黄河流域生态保护协同治理的差异来源和动态演进趋势。

一　黄河流域生态保护总指数的地区差异分解

依据Dagum系数及分解方法，测度2017~2022年黄河流域总体及上游、中游、下游三大地区生态保护总指数的总体基尼系数、地区内基尼系数、地区间基尼系数及贡献率，测度结果如表5-16所示。

表5-16　2017~2022年黄河流域生态保护总指数的基尼系数及贡献率

年份	总体	地区内			地区间			贡献率（%）		
		上游	中游	下游	上—中	上—下	中—下	地区内	地区间	超变密度
2017	0.076	0.069	0.096	0.041	0.085	0.060	0.077	34.88	11.42	53.69
2018	0.078	0.070	0.096	0.046	0.089	0.062	0.078	34.62	11.08	54.30
2019	0.070	0.064	0.075	0.058	0.073	0.069	0.071	34.16	20.07	45.77
2020	0.073	0.067	0.076	0.069	0.076	0.071	0.075	33.99	16.03	49.97
2021	0.083	0.078	0.062	0.092	0.074	0.092	0.081	34.38	17.17	48.46
2022	0.077	0.077	0.065	0.075	0.073	0.083	0.075	34.26	19.10	46.64

图5-14（a）刻画了全流域层面生态保护总指数的基尼系数。可以发现，2017~2022年全流域层面的基尼系数呈现“上升—下降”循环波动变化。由2017年的0.076增长至2022年的0.077，总体变动极小，地区差异变动较小。2019年基尼系数为0.070，在近几年中均衡性表现最好。由此可见，全流域层面的生态保护总指数水平差距整体呈现波动发展态势，表明

近些年黄河流域生态保护和高质量发展国家战略政策稳定抑制了各地区生态保护发展的差距。

图5-14（b）刻画了黄河流域上游、中游、下游三大地区内部的生态保护总指数的基尼系数。考察期内，上游、中游、下游的生态保护总指数的基尼系数均值分别为0.071、0.078、0.064，这说明中游地区生态保护发展的地区内差异最大，上游地区次之，下游地区最小。具体来看，2017~2022年，上游基尼系数波动趋稳，2022年比2017年总体上升12.04%，内部分异变动较小；中游基尼系数波动下降，总体下降32.26%，内部分异不断缩减；下游基尼系数波动上升，总体上升82.28%，内部分异明显上升。由此可见，三大地区内部的空间分异程度表现出不同的发展趋势，中游地区生态保护协同治理的地区内分异呈现逐步缩小态势，而上游、下游的分异程度却表现出扩大趋势。

图5-14（c）刻画了上游、中游、下游三大地区间生态保护总指数的基尼系数。上游—中游、上游—下游、中游—下游地区间生态保护总指数的基尼系数均值分别为0.078、0.073、0.076。对比均值大小发现，上游—中游分异程度最大，中游—下游次之，上游—下游最小。从变动趋势看，2017~2022年，上游—中游基尼系数波动下降，降幅为14.10%；中游—下游基尼系数小幅下降，降幅为2.01%；上游—下游基尼系数波动上升，升幅为36.72%。由此可见，上游—下游生态保护协同治理分异程度呈增长趋势，两地区间的发展差距不断加大。

图5-14（d）刻画了黄河流域生态保护总指数的基尼系数分解项的贡献率。研究期内，地区内、地区间和超变密度的平均差异贡献率均值分别为34.38%、15.81%、49.81%，这表明超变密度差异是生态保护协同治理水平总体差异的主要原因。具体来看，2017~2022年，地区内差异波动趋稳，差异贡献率总体仅变动0.62个百分点；地区间差异贡献率波动上升，总体上升7.68个百分点，但仍明显低于地区内差异贡献率和超变密度差异贡献率；超变密度差异贡献率平稳下降，总体下降7.05个百分点，这期间样本交叉重叠现象逐年减弱。由此可见，超变密度是黄河流域生态保护协同治理空间分异的主要来源，即生态保护协同治理在不同地区之间的交叉重叠程度，其次是地区内分异，地区间的分异程度对生态保护协同治理空间分异的贡献率最小。

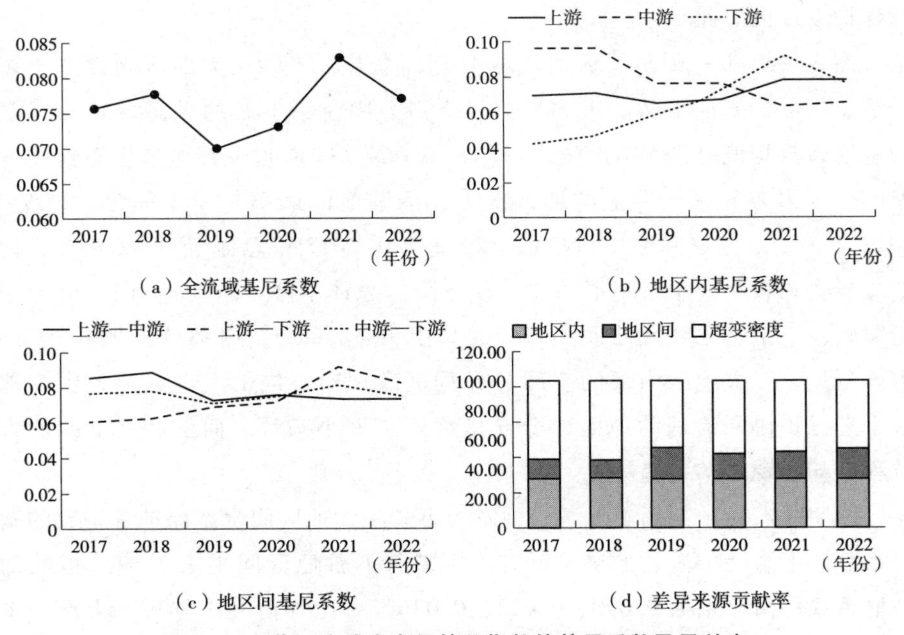

图 5-14　黄河流域生态保护总指数的基尼系数及贡献率

二　黄河流域生态保护总指数的历史演进

采取 Kernel 密度估计方法，形象地刻画黄河流域总体及上游、中游、下游地区生态保护总指数分布的历史动态演进过程，深刻剖析各地区在生态保护总指数变化轨迹上的绝对差异。

全流域及上游、中游、下游地区的生态保护协同治理的 Kernel 密度测算结果见图 5-15。分析来看，黄河流域生态保护协同治理发展具有以下显著特点：（1）从分布位置看，全流域、上游、中游、下游地区的 Kernel 密度估计函数分布重心均呈现“先左移后右移”整体波动向右移动的发展趋势，说明各地区的生态保护协同治理发展水平呈现不断上升的趋势，但其生态保护水平均在 2020 年出现一定程度的下滑，究其原因，应该是受新冠肺炎疫情及其累积效应影响。（2）从峰值特征看，全流域生态保护分布峰值在样本期内均呈现“收窄—变宽”的波动发展趋势，总体分异程度变动较小，生态保护发展差距在波动中趋稳。具体来看，中游地区的波峰形状均明显收窄，分布差异性降低；上游、下游地区波峰形状略微变宽，地区内分异程度上升。上游地区生态保护分布峰值呈"上升—下降—上升"变化趋势，2020年下降较为明显；中游地区峰值不断上升；下游地区峰值下降明显，2022年仍未恢复至2017年同期水平。（3）从波峰数量来看，2017~2022年全流域、中游地区生态保护分布均只存在一个单峰，而且并不陡峭，说明这段时期黄河流域的生态保护发展尚未出现明显的极化趋势。上游、下游地区2017年存在一个主峰和一个侧峰，表明该地区此时存在两极分化现象，近几年侧峰消失，表明这两个地区生态保护发展水平的两极分化现象已被逐渐削弱。（4）从分布形态来看，全流域、上游、中游、下游地区的Kernel密度估计函数分布均表现出右拖尾趋势，说明存在生态保护发展水平很高的城市。上游地区的右拖尾性状最为明显，说明该地区的"高值极化"现象最显著。因此，总体来说黄河流域生态保护发展呈现总体水平不断提高与城市间差距波动趋稳并存的动态演变趋势。

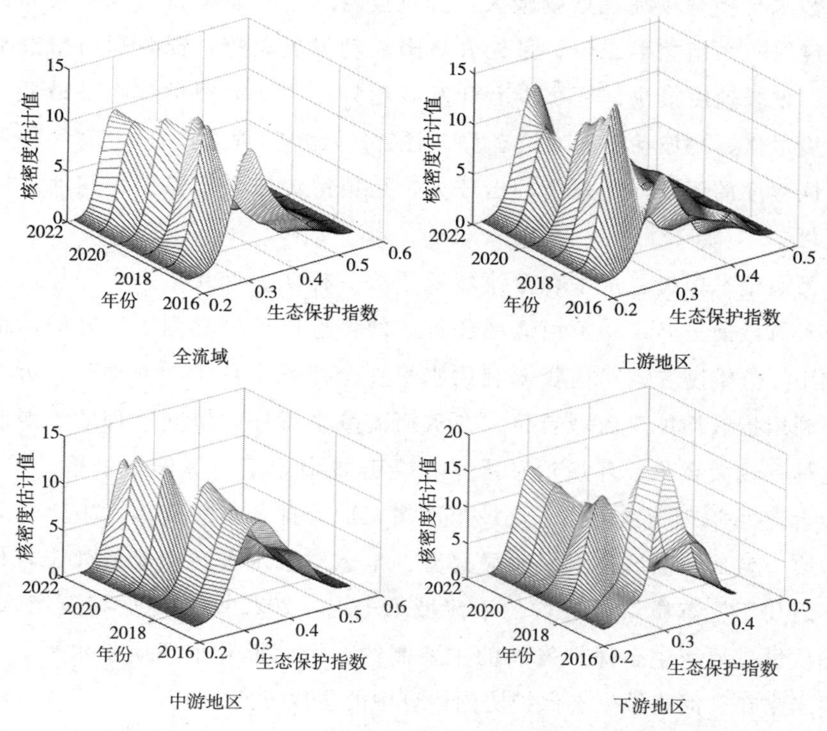

图5-15 2017~2022年全流域及三大地区Kernel密度分布

第五节　对策建议

一　生态保护总指数综合测评的主要结论

本研究从资源利用、环境治理、生态质量三个维度出发，构建了包含20个指标的黄河流域省域生态保护协同治理评价指标体系，以及包含16个指标的黄河流域市域生态保护协同治理评价指标体系，运用反熵权法确定指标客观权重，测度出黄河流域整体、各省区、各地市的各级指数。利用Dagum基尼系数考察黄河流域上游、中游、下游地区城市生态保护协同治理的空间分异程度。运用Kernel密度曲线描述黄河流域各地区生态保护总指数分布的绝对差异和动态演进特征。

黄河流域生态保护总指数波动上升，生态保护水平稳步增长，各省区生态保护总指数波动发展，且不同省区之间发展差距较大，中游、下游省区指数水平相对较高且增幅较大。分维度看，生态质量指数水平最高，增长速度居三大指数第二位，呈先升后降波动发展态势；资源利用指数水平居中，增长速度最快，呈稳步上升发展趋势；环境治理指数水平最低，增长速度最慢，呈波动趋缓发展态势，各省区环境治理指数在2020年均表现出不同程度的下降，受疫情冲击较大，是黄河流域生态保护协同治理的主要短板。

河南生态保护总水平在全流域处于第一梯队，近几年生态保护总指数均位于流域前三名，在黄河流域各省区的生态保护中起到了良好的示范带动作用。分维度看，河南资源利用水平在全流域中处于领先地位，近几年资源利用指数均位于流域首位，在黄河流域生态保护协同治理的资源利用维度具有较大贡献；环境治理水平在全流域中处于中等偏上水平，2017~2019年环境治理指数均位于流域第四名，随后排名不断前移，2021年开始稳居第一名，环境治理水平明显提升；生态质量水平在全流域处于较低水平，近几年生态质量指数均位于流域第七名，2022年更是后移至第八名，生态质量是河南生态保护发展的主要制约，全面提升生态质量水平，应是河南未来在黄河流域生态保护协同治理中的主攻方向。

在指标层方面，青海拥有的单项最高指数最多，在黄河流域生态保护协同治理中表现优异，河南排名居流域前列，发展水平整体较高。分维度看，资源利用维度中，河南各专项指标得分较高、排名靠前，宣传节水用水、提高节约水资源意识，是提升资源利用的重要方面；环境治理维度中，河南多数指标表现优异，个别指标有待提升，PM2.5年均浓度指标表现较弱，工业污染治理投资占工业增加值比重有待提升；生态质量维度中，自然保护区占辖区面积比重是河南生态质量短板，提升地表水质量、加强城市空气质量治理应是河南今后发展的重要任务。

河南各地市生态保护总指数均呈上升发展趋势，地市之间发展水平相对均衡，各城市生态保护总指数在整个流域的分布较为分散。分维度看，各城市资源利用指数波动趋稳，地市之间发展差距较大，在整个流域的分布较为集中，主要聚集于流域第10~40名的中间位置；各地市环境治理指数快速增长，环境治理水平明显提升，且存在“异常”高值城市，在整个流域的分布较为靠前，流域前十名城市中河南占5个，前二十城市中河南占9个，整体水平表现优异；各地市生态质量指数稳步增长，地区发展较为均衡，在整个流域的分布较为靠后，所有城市位于流域后25名，整体水平较低，有很大提升空间。

利用Dagum基尼系数考察了黄河流域上游、中游、下游地区城市生态保护协同治理的空间分异程度。从总体差异看，全流域层面的生态保护总指数水平差距整体呈现波动趋稳发展态势。从地区内差异看，三大地区内部的空间分异程度表现出不同的发展趋势，中游地区内差异最大，上游地区次之，下游地区最小；中游地区生态保护协同治理的地区内分异呈现逐步缩小态势，而上游、下游的分异程度却表现出扩大趋势。从地区间差异看，对比均值大小发现，上游—中游分异程度最大，中游—下游次之，上游—下游最小；从变动趋势看，2017~2022年上游—中游地区间分异程度波动下降，中游—下游基尼系数小幅下降，上游—下游地区间分异程度呈增长趋势。从贡献率看，超变密度是黄河流域生态保护协同治理空间分异的主要来源，即生态保护协同治理在不同地区之间的交叉重叠程度，其次是地区内分异，地区间的分异程度对生态保护协同治理空间分异的贡献率最小。

运用Kernel密度曲线描述黄河流域各地区生态保护总指数分布的绝对差异和动态演进特征。可以看出，全流域及三大地区的Kernel密度估计函数分布重心均波动右移表现出右拖尾趋势，说明各地区生态保护发展水平不断上升，且均存在生态保护发展水平很高的城市。全流域生态保护分布峰值呈“收窄—变宽”波动发展，生态保护差距在波动中趋稳，中游地区分布差异性降低，上游、下游地区程度上升。全流域、中游地区生态保护分布无明显极化趋势，上游、下游地区 2017 年存在两极分化现象，近几年该现象已逐渐减弱。总体来说，黄河流域生态保护发展呈现总体水平不断提高与城市间差距波动趋稳并存的动态演变趋势。

二　河南践行黄河流域生态保护协同治理的对策建议

生态兴则文明兴，生态保护协同治理是黄河流域生态保护和高质量发展国家战略的重要组成部分。黄河流域是一个有机整体，生态保护涉及全流域、上下游、左右岸。河南作为千年治黄的主战场、沿黄经济的集聚区、黄河文化的孕育地和黄河流域生态屏障的支撑带，在黄河流域生态协同治理全局中具有重要地位，必须从国家战略全局出发，紧紧围绕“共同抓好大保护，协同推进大治理”理念，不断健全体制机制，全面改善生态环境，确保黄河岁岁安澜，在新时代“黄河大合唱”中展现河南担当。

（一）不断加强顶层设计

推动黄河流域生态保护和高质量发展是习近平总书记亲自谋划、亲自部署、亲自推动的重大国家战略，是党中央着眼长远做出的重大决策部署。河南必须始终坚持高站位，扛稳扛实政治责任，认真贯彻落实习近平总书记关于黄河流域生态保护和高质量发展重要讲话、重要指示批示精神，准确把握《黄河保护法》等一系列法规政策，不断完善黄河流域生态保护相关政策，完善健全相关体制机制，加快构建起黄河保护治理的“四梁八柱”，以良法促善治，以行动抓落实，推动河南生态保护水平的有效提升。

（二）持续推动蓝天、碧水、净土保卫战

河南在黄河流域生态保护协同治理中，总体水平较高，但环境治理和生态质量都有一定提升空间，持续推动蓝天、碧水、净土保卫战对于加强河南生态保护具有重要意义。打赢蓝天保卫战，坚持细颗粒物和臭氧协同治理、氮氧化物和挥发性有机物协同减排。开展传统产业集群升级改造，

制定涉气产业集群发展规划和专项整治方案，提升产业集群绿色发展水平。大力发展清洁能源，推进风电和集中式光伏规模化开发，加快加氢站、氢电油气综合能源站建设，打造郑汴洛濮氢走廊。打好碧水保卫战，坚持以沿黄河开发区水污染整治为抓手，用足用好“三线一单”绿色标尺，统筹推进水资源、水环境、水生态保护和四大流域污染治理。不断加大支流流域工业园区水污染防治工程建设投入，加快推动建成一批水污染治理工程和水生态修复工程，全面提升源头污染治理成效。打好净土保卫战，协同推进建设用地、农用地和地下水污染风险管控与修复。要持续加强土壤污染风险管控，推进农用地土壤镉等重金属污染源头防治行动，不断开展危险废物排查整治，全面提升危险废物环境监管、利用处置和环境风险防范“三个能力”，推动危险废物监管和利用处置能力改革工作。

（三）实施深度节水控水行动

黄河流域最大的矛盾是水资源短缺。河南必须强化水资源刚性约束，贯彻落实《国家节水行动方案》，坚持“四水四定”，坚持量水而行、节水为重，深度开展节水控水，守牢流域用水总量“只减不增”的最严格水资源管理制度，合理规划人口、城市和产业发展，加强用水总量和强度双控，精打细算用好“每一滴水”，加快形成节水型生产生活方式。在全省《“十四五”用水总量和强度双控目标》的基础上，加快核定下达各地市年度区域用水计划，强化节水约束性指标管理。支持企业加大用水计量和节水技术改造力度，引导企业水效对标达标，开展节水改造，提升用水效率。加快大中型灌区续建配套和现代化改造，大力发展节水灌溉，因水制宜推广旱作节水技术，发展旱作节水农业。

（四）强化生态区域协同保护与治理

实现黄河流域生态环境保护协同治理要把握整体观念，做好统筹规划。黄河流域各省区间要构建权责明晰的多层次协同治理机制，明确权责内容和责任边界。搭建区域间环境治理合作平台，促进相关信息要素跨区域流动，增强黄河流域空间关联网络的紧密程度，实现从“属地治理”到“协同治理”。如郑州都市圈城市间可同保共育区域生态系统、同防共治区域生态环境，实施跨区域生态环境建设等工程；南阳可与信阳等地加强协作互动，大力发展生态农林业和生态旅游，建设南部高效生态经济示范区。此外，要加快建立流域间绿色发展长效机制。以新一轮的《黄河流域（豫鲁段）横向生态保护补偿协议》为契机，按照“谁开发、谁保护，谁利用、谁补偿”原则，进一步支持流域下游与上游之间建立纵向与横向、补偿与赔偿、政府与市场有机结合的生态补偿机制，从而加快推动建立覆盖黄河干支流的省、市、县三级上下游联防联控治理体系，为流域水环境质量持续改善奠定更加坚实的基础。

第六章　河南践行黄河流域生态保护协同治理的协调融合水平测度

党的十八大以来，党中央为新时期黄河保护治理和经济社会发展指明了方向。但是由于黄河绵延 5400 余公里，流经多个省区，沿途地质条件迥异，长期以来各省区在治理黄河时往往出现“九龙治水”情况，无法形成合力。2019 年 9 月，随着黄河流域生态保护和高质量发展上升为国家战略，黄河流域各省区开始积极探索共同抓好大保护，协同推进大治理的黄河治理新模式。本章通过耦合协调发展理论探索 2017 年以来黄河流域生态保护协同治理的协调融合水平，以期客观反映黄河流域生态保护共治、共建、共享成果。

第一节　耦合协调发展理论

一　耦合协调理论

“耦合”起初是物理学概念，是指两个甚至两个以上的体系之间通过相互作用而互相影响，最后联合起来共同作用的现象。但是随着时间推移和相关理论不断发展，耦合理论被广泛运用到社会经济问题的研究中。美国学者维克于 1976 年首次用耦合理论解释了学校成员间的耦合关系，将耦合理论运用到社会经济学范畴。国内学者吴大进和曹力等（1990）也著有《协同学原理和应用》，并将耦合理论应用在国内经济管理学中。在蔡漳平和叶树峰（2011）所著的《耦合经济》一书中，提出了运用以耦合为主要创新手段的多种创新方法，认为耦合可以解决当前人类社会面临的可持续发展问题，并给出基本思路，即通过耦合人类社会与自然系统的运动，一定程度上可以解决当前存在的人与自然不和谐等矛盾。

系统耦合理论具有组织性、协同性和可度量性等特点，在探究金融聚集、高技术产业聚集以及区域经济发展等方面的应用相对广泛，在探究两个经济现象之间的协同关系等方面也具有较好的适用性。

二　耦合协调度评价模型

王淑佳和孔伟等（2021）的研究表明，传统耦合协调度模型一方面会导致耦合度的效度降低，另一方面使计算出来的耦合协调度主要依赖于系统本身的发展程度，弱化了系统协调水平的作用，最终导致耦合协调度难以充分体现出自身测度的价值及意义。因此，本研究采用修正的耦合协调度模型测度黄河流域生态保护三个维度之间以及两两之间的耦合协调发展水平。

耦合度模型：

$$C = \left[\frac{\prod_{i=1}^{n} U_i}{\left(\frac{1}{n} \sum_{i=1}^{n} U_t \right)^n} \right]$$

$$T = \sum_{i=1}^{n} \varphi_i U_i$$

$$D = \sqrt{C \times T}$$

其中：C——子系统之间的耦合度，反映子系统之间的耦合互动情况

U——子系统发展指数

φ_i——第 i 个子系统的贡献份额

T——子系统综合发展指数

D——子系统之间的耦合协调度

C 与 D 的评判划分标准见表 1 和表 2。C 值越大，子系统间离散程度越小，耦合度越高；反之，子系统间耦合度越低。

表 6-1　耦合度类型判断标准

耦合度	耦合类型和阶段	发展特征
$C=0$	无耦合，萌芽阶段	各子系统均处于无序发展阶段，系统间无明显耦合关联性

续表

耦合度	耦合类型和阶段	发展特征
$0<C\leqslant 0.3$	低度耦合，成长阶段	各子系统均处于低水平发展阶段，系统间耦合关联性较小
$C=0$	无耦合，萌芽阶段	各子系统均处于无序发展阶段，系统间无明显耦合关联性
$0.3<C\leqslant 0.7$	中度耦合，发展阶段初期	子系统间开始逐渐进入拮抗、磨合、互补等良性耦合阶段
$0.7<C<1.0$	高度耦合，发展阶段中后期	各子系统均高效发展，进入共融、共生的高水平耦合阶段
$C=1$	良性共振，理想发展状态	各子系统间以及整个系统走向良性有序发展

表 6-2　耦合协调度等级划分标准

耦合协调度	等级划分	耦合协调度	等级划分
$(0.0\leqslant D<0.1)$	极度失调	$(0.5\leqslant D<0.6)$	勉强协调
$(0.1\leqslant D<0.2)$	严重失调	$(0.6\leqslant D<0.7)$	初级协调
$(0.2\leqslant D<0.3)$	中度失调	$(0.7\leqslant D<0.8)$	中级协调
$(0.3\leqslant D<0.4)$	轻度失调	$(0.8\leqslant D<0.9)$	良好协调
$(0.4\leqslant D<0.5)$	濒临失调	$(0.9\leqslant D\leqslant 1.0)$	优质协调

第二节　黄河流域全流域层面耦合协调测评

本节从黄河流域全流域层面对生态保护的耦合度和耦合协调度进行测评，按时间顺序首先从全流域层面对黄河流域生态保护的资源利用、环境治理和生态质量三个维度层的耦合度进行测评，然后对三个维度两两之间的耦合度进行测评。同时，为避免指数之间出现高度耦合但是低水平的情况，再对黄河流域生态保护的三个维度层之间和两两之间的耦合协调度进行测评。

一　耦合度

（一）黄河流域三个维度耦合度

为反映黄河流域生态保护的资源利用、环境治理和生态质量三个维度近年来相互作用强度，根据公式计算 2017~2022 年黄河流域生态保护的资源利用、环境治理和生态质量三个维度的耦合度，结果见表 6-3。

表 6-3　2017~2022 年黄河流域生态保护三个维度的耦合度 *C* 值

年份	2017	2018	2019	2020	2021	2022
耦合度 C 值	0. 239	0. 616	0. 869	0. 872	0. 875	0. 943

黄河流域资源利用、环境治理和生态质量三个维度耦合度近年来呈上升趋势，由低度耦合上升为高度耦合，且 2019 年出现大幅提升，应该是得益于黄河流域生态保护上升为国家战略起到的显著促进作用。虽然由于疫情等因素的影响，2020 年、2021 年三个维度耦合度上升幅度较小，但是随着疫情防控政策的优化调整，2022 年开始呈现大幅上升势头。

（二）黄河流域资源利用—环境治理耦合度

为反映近年来黄河流域生态保护资源利用—环境治理两个维度的相互作用强度，根据公式计算 2017~2022 年黄河流域生态保护资源利用—环境治理两个维度的耦合度，结果见表 6-4。

表 6-4　2017~2022 年黄河流域生态保护资源利用—环境治理的耦合度 *C* 值

年份	2017	2018	2019	2020	2021	2022
耦合度 C 值	0. 303	0. 570	0. 844	0. 835	0. 827	0. 918

近年来黄河流域资源利用—环境治理两个维度的耦合度与三个维度的耦合度一样均呈上升趋势，由中低度耦合上升为高度耦合，且同样在 2019 年出现大幅提升，但是整体数据低于三个维度的耦合度。虽然由于疫情等因素的影响，2020 年、2021 年上升幅度较小，但是随着疫情防控政策的优

化调整，2022 年开始呈现大幅上升势头。

（三）黄河流域资源利用—生态质量耦合度

为反映黄河流域生态保护资源利用—生态质量两个维度的相互作用强度，根据公式计算 2017~2022 年黄河流域生态保护资源利用—生态质量两个维度的耦合度，结果见表 6-5。

表 6-5　2017~2022 年黄河流域生态保护资源利用—生态质量的耦合度 *C* 值

年份	2017	2018	2019	2020	2021	2022
耦合度 *C* 值	1.000	0.949	0.992	0.964	0.995	0.976

黄河流域资源利用—生态质量两个维度的耦合度表现很好，基本保持在 0.950 以上水平，且显著高于三个维度的耦合度，表明资源利用与生态质量两个子维度一直保持高度耦合状态，处于共融共生的高水平耦合阶段。

（四）黄河流域环境治理—生态质量耦合度

为反映黄河流域生态保护环境治理—生态质量两个维度的相互作用强度，根据公式计算 2017~2022 年黄河流域生态保护环境治理—生态质量两个维度的耦合度，结果见表 6-6。

表 6-6　2017~2022 年黄河流域生态保护环境治理—生态质量的耦合度 *C* 值

年份	2017	2018	2019	2020	2021	2022
耦合度 *C* 值	0.303	0.730	0.898	0.883	0.871	0.981

黄河流域环境治理—生态质量两个维度的耦合度与三个维度的耦合度一样呈上升趋势，由中低度耦合上升为高度耦合，且同样在 2019 年出现大幅提升，整体数据高于三个维度的耦合度。虽然由于疫情等因素的影响，2020 年、2021 年出现小幅下降，但是随着疫情防控政策的优化调整，2022 年又呈现上升势头。

二　耦合协调度

（一）黄河流域三个维度耦合协调度

为反映黄河流域生态保护三个维度的耦合协调度，根据公式计算 2017~2022 年黄河流域生态保护三个维度的耦合协调度，结果见表 6-7。

表 6-7　2017~2022 年黄河流域生态保护三个维度的耦合协调度

年份	2017	2018	2019	2020	2021	2022
协调度 D 值	0.186	0.410	0.696	0.739	0.779	0.798
协调等级	2	5	7	8	8	8
协调程度	严重失调	濒临失调	初级协调	中级协调	中级协调	中级协调

全流域三维度耦合协调度呈上升趋势，由 2017 年的 0.186 上升为 2022 年的 0.798，且 2019 年出现大幅提升，应该是得益于黄河流域生态保护上升为国家战略起到的显著促进作用。协调等级由 2 级上升为 8 级，协调程度由 2017 年的严重失调提升为 2022 年的中级协调。2019 年黄河流域生态保护和高质量发展上升为国家战略后，流域内各省区加强了黄河生态保护的协作，三维度的耦合协调度、协调等级和协调程度均表现出了明显提升。

（二）黄河流域资源利用—环境治理的耦合协调度

为反映黄河流域生态保护资源利用—环境治理的耦合协调度，根据公式计算 2017~2022 年黄河流域生态保护资源利用—环境治理的耦合协调度，结果见表 6-8。

表 6-8　2017~2022 年黄河流域生态保护资源利用—环境治理的耦合协调度

年份	2017	2018	2019	2020	2021	2022
协调度 D 值	0.254	0.447	0.737	0.731	0.724	0.802
协调等级	3	5	8	8	8	9
协调程度	中度失调	濒临失调	中级协调	中级协调	中级协调	良好协调

全流域资源利用—环境治理耦合协调度呈上升趋势，由 2017 年的 0.254 上升为 2022 年的 0.802，且 2019 年出现大幅提升，同样是得益于黄河流域生态保护上升为国家战略起到的显著促进作用。协调等级由 2017 年的 3 级上升为 2022 年的 9 级，协调程度由 2017 年的中度失调提升为 2022 年的良好协调，2022 年该两维度耦合协调度、协调等级和协调程度均高于三维度的耦合协调度、协调等级和协调程度。

（三）黄河流域资源利用—生态质量的耦合协调度

为反映黄河流域生态保护资源利用—生态质量的耦合协调度，根据公式计算 2017~2022 年黄河流域生态保护资源利用—生态质量的耦合协调度，结果见表 6-9。

表 6-9　2017~2022 年黄河流域生态保护资源利用—生态质量的耦合协调度

年份	2017	2018	2019	2020	2021	2022
协调度 D 值	0.1	0.294	0.582	0.868	0.948	0.885
协调等级	2	3	6	9	10	9
协调程度	严重失调	中度失调	勉强协调	良好协调	优质协调	良好协调

黄河流域资源利用—生态质量的耦合协调度呈上升趋势，由 2017 年的 0.1 上升为 2022 年的 0.885，且 2019 年出现大幅提升，同样是得益于黄河流域生态保护上升为国家战略起到的显著促进作用。协调等级由 2017 年的 2 级上升为 2021 年的 10 级，2022 年下降为 9 级，协调程度由 2017 年的严重失调提升为 2021 年的优质协调，2022 年略降为良好协调。2022 年该两维度耦合协调度、协调等级和协调程度均高于三维度的协调度、协调等级和协调程度。

（四）黄河流域环境治理—生态质量的耦合协调度

为反映黄河流域生态保护环境治理—生态质量的耦合协调度，根据公式计算 2017~2022 年黄河流域生态保护环境治理—生态质量的耦合协调度，结果见表 6-10。

表 6-10 2017~2022 年黄河流域生态保护环境治理—生态质量的耦合协调度

年份	2017	2018	2019	2020	2021	2022
协调度 D 值	0.254	0.526	0.786	0.738	0.690	0.717
协调等级	3	6	8	8	7	8
协调程度	中度失调	勉强失调	中级协调	中级协调	初级协调	中级协调

黄河流域环境治理—生态质量耦合协调度呈波动上升趋势，由 2017 年的 0.254 上升为 2019 年的 0.786，2020 年、2021 年略有下降，2022 年又转为上升，且 2019 年出现大幅提升，同样是得益于黄河流域生态保护上升为国家战略起到的显著促进作用。协调等级由 3 级上升为 8 级，协调程度由 2017 年的中度失调提升为 2022 年的中级协调。

第三节　黄河流域省级层面耦合协调测评

本节从黄河流域省级层面对生态保护的耦合度和耦合协调度进行测评，首先按时间顺序对黄河流域各省区生态保护的三个维度层的耦合度进行测评，然后对黄河流域各省区三个维度两两之间的耦合度进行测评。为避免指数之间出现高度耦合但是低水平的情况，再对黄河流域各省区生态保护的三个维度层之间和两两之间的耦合协调度进行测评。

一　耦合度

（一）省级层面三维度耦合度

对黄河流域省级层面三个子维度耦合度的测算结果见表 6-11。2017~2022 年黄河流域九省区的三个维度的耦合水平除内蒙古轻微下降外，其余八个省份均保持上升趋势。分流域来看，2017 年上游的青海和甘肃耦合度较高，2022 年，上游省份的耦合度明显高于中下游省份。从耦合类型来看，2017 年除宁夏为中度耦合外，其余八个省区均为高度耦合。2022 年，黄河流域九省区三个维度均达到高度耦合，说明黄河流域九省区三个子维度的耦合水平一直较高，处于良性发展水平，三个子维度进入共融共生的高度耦合阶段。从涨幅来看，2017~2022 年宁夏的涨幅最大，达到 0.394，内蒙古在 2021 年达到 0.876 后，2022 年又回落至 0.812。从排名来看，2017 年宁夏在黄河流域九省区中排名倒数第一，甘肃排名第一；2022 年四川排名第一，内蒙古排名倒数第一。

表 6-11　2017~2022 年黄河流域生态保护省级层面三维度耦合度 C 值

年份	青海	四川	甘肃	宁夏	内蒙古	陕西	山西	河南	山东
2017	0.880	0.736	0.976	0.471	0.820	0.853	0.878	0.834	0.761
2018	0.859	0.906	0.966	0.482	0.789	0.919	0.893	0.834	0.814
2019	0.863	0.959	0.974	0.831	0.755	0.960	0.913	0.842	0.841
2020	0.928	0.881	0.911	0.857	0.816	0.907	0.923	0.903	0.867
2021	0.929	0.953	0.959	0.893	0.876	0.925	0.925	0.908	0.862
2022	0.948	0.984	0.978	0.865	0.812	0.965	0.934	0.912	0.912

（二）省级层面资源利用—环境治理耦合度

对黄河流域省级层面资源利用—环境治理两个子维度耦合度的测算结果见表 6-12。2017~2022 年黄河流域九省区资源利用—环境治理两个子维度的耦合水平基本保持平稳发展趋势。分流域来看，2017 年上游的甘肃、中游的山西和下游的山东资源利用—环境治理两个子维度的耦合度较高，2022 年，上游的甘肃以及下游的河南和山东耦合度明显高于其他省区。从耦合类型来看，2017 年除四川和宁夏为中度耦合外，其余七个省区均为高度耦合。2022 年，黄河流域九省区资源利用—环境治理两个子维度均达到高度耦合，说明黄河流域九省区资源利用—环境治理两个子维度的耦合水平一直较高，处于良性发展水平，资源利用—环境治理两个子维度进入共融共生的高度耦合阶段。从涨幅来看，2017~2022 年，宁夏的涨幅最大，达到 0.570，甘肃和山东均从良性共振阶段回落至高度耦合阶段。从排名来看，2017 年，宁夏在黄河流域九省区中耦合度排名倒数第一，甘肃和山东并列第一；2022 年河南和甘肃并列第一，青海排名倒数第一。

表 6-12 2017~2022 年黄河流域生态保护省级层面资源利用—环境治理耦合度 *C* 值

年份	青海	四川	甘肃	宁夏	内蒙古	陕西	山西	河南	山东
2017	0.834	0.648	1.000	0.369	0.743	0.792	0.989	0.963	1.000
2018	0.798	0.875	1.000	0.361	0.702	0.890	0.971	0.982	1.000
2019	0.803	0.948	0.995	0.887	0.757	0.965	0.986	0.996	0.994
2020	0.922	0.880	0.971	0.949	0.828	0.866	0.959	0.975	0.982
2021	0.921	0.940	0.996	0.925	0.998	0.893	0.902	0.992	0.988
2022	0.931	0.977	0.998	0.939	0.963	0.955	0.965	0.998	0.992

（三）省级层面资源利用—生态质量耦合度

对黄河流域省级层面资源利用—生态质量两个子维度耦合度的测算结果见表 6-13。2017~2022 年黄河流域九省区资源利用—生态质量两个子维度的耦合水平除甘肃略有下降外，其余八个省区均保持平稳上升趋势。分流域来看，2017 年上游的四川和甘肃以及中游的陕西资源利用—生态质量两个子维度的耦合度较高，2022 年，仍然是这三个省份明显高于其他省区，另外青海也努力赶上。从耦合类型来看，2017 年除宁夏为中度耦合、山东为低度耦合外，其余七个省区均为高度耦合。2022 年，黄河流域九省区资源利用—生态质量两个子维度均达到高度耦合，说明黄河流域九省区资源利用—生态质量两个子维度的耦合水平一直较高，处于良性发展水平，资源利用—生态质量两个子维度进入共融、共生的高度耦合阶段。从涨幅来看，2017~2022 年，山东的涨幅最高，达到 0.580，宁夏次之，达到 0.544，四川在 2019 年和 2021 年两次达到良性共振阶段。从排名来看，2017 年，山东在黄河流域九省区中排名倒数第一，四川排名第一；2022 年四川仍排名第一，山东仍排名倒数第一。

表 6-13 2017~2022 年黄河流域生态保护省级层面资源利用—生态质量耦合度 *C* 值

年份	青海	四川	甘肃	宁夏	内蒙古	陕西	山西	河南	山东
2017	0.878	0.996	0.974	0.336	0.852	0.951	0.826	0.762	0.233
2018	0.885	0.999	0.961	0.363	0.851	0.954	0.845	0.762	0.394

续表

年份	青海	四川	甘肃	宁夏	内蒙古	陕西	山西	河南	山东
2019	0.891	1.000	0.962	0.758	0.827	0.952	0.872	0.786	0.415
2020	0.904	0.995	0.960	0.802	0.806	0.968	0.927	0.859	0.675
2021	0.907	1.000	0.971	0.844	0.863	0.966	0.906	0.868	0.771
2022	0.993	0.999	0.971	0.880	0.887	0.972	0.929	0.882	0.813

（四）省级层面环境治理—生态质量耦合度

对黄河流域省级层面环境治理—生态质量两个子维度耦合度的测算结果见表6-14。2017~2022年黄河流域九省区环境治理—生态质量两个子维度的耦合水平除青海和宁夏略微下降外，其余七个省区均保持上升趋势。分流域来看，2017年上游的青海和中游的宁夏环境治理—生态质量两个子维度的耦合度较高，2022年中游的陕西以及上游的四川和甘肃三个省份的耦合度明显高于其他省区。从耦合类型来看，2017年除四川为中度耦合、山东为低度耦合外，其余七个省区均为高度耦合。2022年黄河流域九省区环境治理—生态质量两个子维度均达到高度耦合，说明黄河流域九省区环境治理—生态质量两个子维度的耦合水平一直较高，处于良性发展水平，环境治理—生态质量两个子维度进入共融共生的高度耦合阶段。从涨幅来看，2017~2022年山东的涨幅最高，达到0.736，青海和宁夏分别下降0.029和0.044。从排名来看，2017年山东在黄河流域九省区中排名倒数第一，青海和宁夏排名第一；2022年陕西排名第一，河南排名倒数第一。

表6-14　2017~2022年黄河流域生态保护省级层面环境治理—生态质量耦合度 C 值

年份	青海	四川	甘肃	宁夏	内蒙古	陕西	山西	河南	山东
2017	0.995	0.694	0.975	0.995	0.975	0.929	0.891	0.889	0.238
2018	0.982	0.896	0.967	1.000	0.954	0.983	0.941	0.853	0.401
2019	0.981	0.955	0.985	0.962	0.943	0.999	0.937	0.826	0.684
2020	0.999	0.835	0.974	0.938	0.983	0.959	0.985	0.945	0.770

续表

年份	青海	四川	甘肃	宁夏	内蒙古	陕西	山西	河南	山东
2021	0.999	0.949	0.945	0.981	0.989	0.977	0.994	0.919	0.875
2022	0.966	0.987	0.982	0.951	0.976	0.998	0.942	0.905	0.974

二　耦合协调度

（一）省级层面三维度耦合协调度

对黄河流域省级层面三个子维度耦合协调度的测算结果见表6-15。2017~2022年黄河流域九省区的三个维度的耦合协调水平均保持上升趋势。从流域来看，2017年，上游省份三个子维度的耦合协调度明显优于中下游省区，2022年仍然保持这一趋势。从耦合协调类型来看，2017年青海、甘肃、陕西和河南四省为初级协调，四川、内蒙古和山西三个省区为勉强协调，山东为濒临失调，宁夏为轻度失调。2022年，黄河流域九省区三个维度的耦合协调水平中只有四川和陕西达到良好协调水平，青海和河南为中级协调，甘肃、内蒙古、山西和山东四个省区达到初级协调水平，仅有宁夏为濒临失调水平。从涨幅来看，2017~2022年山东的涨幅最大，达到0.247，四川次之，为0.216，甘肃涨幅最小，为0.027。从排名来看，2017年，宁夏在黄河流域九省区中排名倒数第一，青海排名第一；2022年四川排名第一，宁夏排名倒数第一。

表6-15　2017~2022年黄河流域生态保护省级层面三维度耦合协调度*D*值

年份		青海	四川	甘肃	宁夏	内蒙古	陕西	山西	河南	山东
2017	D值	0.671	0.598	0.644	0.312	0.577	0.638	0.580	0.654	0.412
	协调程度	初级协调	勉强协调	初级协调	轻度失调	勉强协调	初级协调	勉强协调	初级协调	濒临失调
2018	D值	0.704	0.712	0.626	0.331	0.575	0.707	0.576	0.681	0.495
	协调程度	中级协调	中级协调	初级协调	轻度失调	勉强协调	中级协调	勉强协调	初级协调	濒临失调

续表

年份		青海	四川	甘肃	宁夏	内蒙古	陕西	山西	河南	山东
2019	D值	0.741	0.785	0.663	0.438	0.608	0.764	0.605	0.731	0.472
	协调程度	中级协调	中级协调	初级协调	濒临失调	初级协调	中级协调	初级协调	中级协调	濒临失调
2020	D值	0.703	0.783	0.591	0.444	0.589	0.737	0.604	0.750	0.574
	协调程度	中级协调	中级协调	勉强协调	濒临失调	勉强协调	中级协调	初级协调	中级协调	勉强协调
2021	D值	0.712	0.781	0.627	0.472	0.598	0.766	0.637	0.795	0.628
	协调程度	中级协调	中级协调	初级协调	濒临失调	勉强协调	中级协调	初级协调	中级协调	初级协调
2022	D值	0.743	0.814	0.671	0.487	0.661	0.805	0.682	0.799	0.659
	协调程度	中级协调	良好协调	初级协调	濒临失调	初级协调	良好协调	初级协调	中级协调	初级协调

（二）省级层面资源利用—环境治理耦合协调度

对黄河流域省级层面资源利用—环境治理两个子维度的耦合协调度的测算结果见表6-16。2017~2022年黄河流域九省区资源利用—环境治理两个子维度的耦合协调水平均保持上升趋势。从流域来看，2017年，下游的河南和山东已达到良好协调，优于其他省区，2022年，处于下游的省区明显优于上游省份，其中河南已达到优质协调。从耦合协调类型来看，2017年黄河流域九省区资源利用—环境治理两个子维度的耦合协调基本处于低水平，而河南和山东已达到良好协调，没有省份达到中级协调，青海和陕西为初级协调，四川、甘肃和内蒙古三省区为勉强协调，山西为濒临失调，宁夏为中度失调。2022年，黄河流域九省区资源利用—环境治理两个子维度的耦合协调基本达到初级协调及以上水平，其中，只有河南为优质协调，山东仍为良好协调，陕西达到良好协调水平，四川、甘肃、内蒙古和山西四省区达到中级协调，青海仍为初级协调，宁夏达到初级协调。从涨幅来看，2017~2022年宁夏的涨幅最高，达到0.384，四川次之，为0.277，山东涨幅最小，为0.016。从排名来看，2017年，宁夏在黄河流域九省区中排名倒数第一，山东排名第一；2022年河南排名第一，宁夏排名倒数第一。

表6-16　2017~2022年黄河流域生态保护省级层面资源利用—环境治理耦合协调度D值

年份		青海	四川	甘肃	宁夏	内蒙古	陕西	山西	河南	山东
2017	D值	0.625	0.522	0.597	0.229	0.544	0.631	0.434	0.807	0.836
	协调程度	初级协调	勉强协调	勉强协调	中度失调	勉强协调	初级协调	濒临失调	良好协调	良好协调
2018	D值	0.668	0.663	0.572	0.251	0.550	0.721	0.392	0.852	0.837
	协调程度	初级协调	初级协调	勉强协调	中度失调	勉强协调	中级协调	轻度失调	良好协调	良好协调
2019	D值	0.706	0.750	0.614	0.367	0.579	0.813	0.488	0.917	0.883
	协调程度	中级协调	中级协调	初级协调	轻度失调	勉强协调	良好协调	濒临失调	优质协调	良好协调
2020	D值	0.646	0.694	0.716	0.473	0.687	0.733	0.703	0.872	0.762
	协调程度	初级协调	初级协调	中级协调	濒临失调	初级协调	中级协调	中级协调	良好协调	中级协调
2021	D值	0.657	0.743	0.769	0.514	0.718	0.772	0.675	0.933	0.840
	协调程度	初级协调	中级协调	中级协调	勉强协调	中级协调	中级协调	初级协调	优质协调	良好协调
2022	D值	0.659	0.799	0.724	0.613	0.773	0.829	0.700	0.939	0.852
	协调程度	初级协调	中级协调	中级协调	初级协调	中级协调	良好协调	中级协调	优质协调	良好协调

（三）省级层面资源利用—生态质量耦合协调度

对黄河流域省级层面资源利用—生态质量两个子维度耦合协调度的测算结果见表6-17。2017~2022年黄河流域九省区资源利用—生态质量两个子维度的耦合协调水平均保持上升趋势。从流域来看，2017 年上游省份资源利用—生态质量两个子维度的耦合协调度明显优于中下游省区，其中四川已达到良好协调。2022 年，情况正好相反，中下游的省区超过上游省份，其中陕西达到良好协调，山西、河南和山东均达到中级协调，而上游省份中除四川仍为良好协调外，青海、甘肃和宁夏只达到初级协调。从耦合协调类型来看，2017 年黄河流域九省区资源利用—生态质量两个子维度的耦合协调基本处于低水平，其中，仅四川达到良好协调，陕西为中级协调，甘肃和河南两省为初级协调，青海和山西两省勉强协调，内蒙古为濒临失调，宁夏和山东为中度失调。2022 年，黄河流域九省区资源利用—生态质量两个子维度的耦合协调基本达到初级协调及以上水平，其中，四川仍为良好协调，陕西达到良好协调水平，山西、河南和山东三省达到中级协调，青海、甘肃、宁夏和内蒙古四省区为初级协调。从涨幅来看，2017~2022 年宁夏的涨幅最大，达到 0.444；山东次之，为 0.440；甘肃涨幅最小，为 0.018。从排名来看，2017 年宁夏在黄河流域九省区中排名倒数第一，四川排名第一；2022 年四川仍排名第一，内蒙古排名倒数第一。

表 6-17　2017~2022 年黄河流域生态保护省级层面资源利用—生态质量耦合协调度 *D* 值

年份		青海	四川	甘肃	宁夏	内蒙古	陕西	山西	河南	山东
2017	D 值	0.595	0.822	0.668	0.240	0.485	0.767	0.548	0.630	0.291
	协调程度	勉强协调	良好协调	初级协调	中度失调	濒临失调	中级协调	勉强协调	初级协调	中度失调
2018	D 值	0.607	0.841	0.651	0.250	0.471	0.791	0.566	0.638	0.383
	协调程度	初级协调	良好协调	初级协调	中度失调	濒临失调	中级协调	勉强协调	初级协调	轻度失调
2019	D 值	0.640	0.873	0.671	0.422	0.487	0.792	0.586	0.666	0.436
	协调程度	初级协调	良好协调	初级协调	濒临失调	濒临失调	中级协调	勉强协调	初级协调	濒临失调

续表

年份		青海	四川	甘肃	宁夏	内蒙古	陕西	山西	河南	山东
2020	D 值	0.663	0.946	0.673	0.547	0.592	0.849	0.654	0.736	0.523
	协调程度	初级协调	优质协调	初级协调	勉强协调	勉强协调	良好协调	初级协调	中级协调	勉强协调
2021	D 值	0.669	0.875	0.674	0.557	0.635	0.861	0.682	0.758	0.664
	协调程度	初级协调	良好协调	初级协调	勉强协调	初级协调	良好协调	初级协调	中级协调	初级协调
2022	D 值	0.677	0.867	0.686	0.684	0.655	0.857	0.720	0.748	0.731
	协调程度	初级协调	良好协调	初级协调	初级协调	初级协调	良好协调	中级协调	中级协调	中级协调

（四）省级层面环境治理—生态质量耦合协调度

对黄河流域省级层面环境治理—生态质量两个子维度耦合协调度的测算结果见表 6-18。2017~2022 年黄河流域九省区环境治理—生态质量两个子维度的耦合协调水平均保持上升趋势。从流域来看，2017 年，上游省份环境治理—生态质量两个子维度的耦合协调度明显优于中下游省区，其中青海已达到良好协调。2022 年，基本维持这一趋势，上游的省份基本达到中级协调及以上，其中青海仍维持良好协调，而中下游省份中除内蒙古、陕西和河南达到中级协调外，山西和山东只达到初级协调。从耦合协调类型来看，2017 年黄河流域九省区环境治理—生态质量两个子维度的耦合协调基本处于低水平，仅青海达到良好协调，没有省份达到中级协调，甘肃为初级协调，宁夏、陕西和河南三省为勉强协调，四川为濒临失调，山西为轻度失调，内蒙古和山东两省区为中度失调。2022 年，黄河流域九省区环境治理—生态质量两个子维度的耦合协调基本达到初级协调及以上水平，其中，青海仍为良好协调，四川、甘肃、内蒙古、陕西和河南五省区达到中级协调水平，宁夏、山西和山东达到初级协调。从涨幅来看，2017~2022 年内蒙古的涨幅最大，达到 0.533；山东次之，为 0.411；甘肃涨幅最小，为 0.037。从排名来看，2017 年，内蒙古在黄河流域九省区中排名倒数第一，青海排名第一；2022年青海仍排名第一，山西排名倒数第一。

表6-18　2017~2022年黄河流域生态保护省级层面环境治理—生态质量耦合协调度*D*值

年份		青海	四川	甘肃	宁夏	内蒙古	陕西	山西	河南	山东
2017	D值	0.811	0.498	0.669	0.550	0.263	0.538	0.313	0.549	0.288
	协调程度	良好协调	濒临失调	初级协调	勉强协调	中度失调	勉强协调	轻度失调	勉强协调	中度失调
2018	D值	0.861	0.646	0.659	0.579	0.479	0.618	0.357	0.580	0.379
	协调程度	良好协调	初级协调	初级协调	勉强协调	濒临失调	初级协调	轻度失调	勉强协调	轻度失调
2019	D值	0.902	0.740	0.706	0.641	0.552	0.693	0.401	0.638	0.455
	协调程度	优质协调	中级协调	中级协调	初级协调	勉强协调	初级协调	濒临失调	初级协调	濒临失调
2020	D值	0.812	0.731	0.696	0.626	0.727	0.645	0.500	0.657	0.475
	协调程度	良好协调	中级协调	初级协调	初级协调	中级协调	初级协调	勉强协调	初级协调	濒临失调
2021	D值	0.822	0.732	0.643	0.658	0.736	0.676	0.538	0.711	0.522
	协调程度	良好协调	中级协调	初级协调	初级协调	中级协调	初级协调	勉强协调	中级协调	勉强协调
2022	D值	0.899	0.778	0.706	0.679	0.796	0.736	0.609	0.727	0.699
	协调程度	良好协调	中级协调	中级协调	初级协调	中级协调	中级协调	初级协调	中级协调	初级协调

第四节　黄河流域市级层面耦合协调测评

本节从黄河流域市级层面对生态保护三个子维度的耦合度和耦合协调度进行测评。与前两节一致，首先对黄河流域的市级层面三个子维度总体以及两两之间的耦合度进行测评，然后再对耦合协调度进行测评。由于数据的可得性以及数据收集量的倍增，共收集到黄河流域九省区70个城市的相关数据，具体城市名单如表6-19所示。

表 6-19　黄河流域九省区 70 个城市名单

省区	城市	省区	城市	省区	城市
青海	西宁	内蒙古	巴彦淖尔	河南	郑州
	海东		阿拉善		开封
四川	阿坝		乌兰察布		洛阳
	甘孜	陕西	西安		平顶山
甘肃	兰州		铜川		安阳
	白银		宝鸡		鹤壁
	武威		咸阳		新乡
	平凉		渭南		焦作
	庆阳		延安		濮阳
	临夏		榆林		三门峡
	天水		商洛		南阳
	定西		汉中		济源
	陇南		安康	山东	济南
	甘南	山西	太原		泰安
	张掖		大同		淄博
宁夏	银川		长治		东营
	石嘴山		晋城		济宁
	吴忠		朔州		德州
	固原		忻州		聊城
	中卫		吕梁		滨州
内蒙古	呼和浩特		晋中		菏泽
	包头		临汾		临沂
	乌海		运城		
	鄂尔多斯		阳泉		

一　耦合度

（一）市级层面三维度耦合度

为反映黄河流域九省区 70 个城市生态保护三个维度之间的耦合情况，

根据公式计算2017年、2022年黄河流域九省区70个城市生态保护三个维度之间以及两两之间的耦合度，结果如表6-20所示。

总体上看，2017年、2022年黄河流域九省区70个城市三个维度之间的耦合度基本处于上升趋势，仅有甘肃的平凉由高度耦合降为中度耦合。2017年，黄河流域九省区70个城市三个维度之间的耦合度大部分处于中度耦合及以下水平，其中，34个城市为低度耦合，且大多处于黄河中下游；6个城市为高度耦合，也大多处于黄河中下游，说明黄河中下游城市的三个维度之间的耦合度呈现明显的两极分化现象；26个城市为中度耦合；4个城市为良性共振。2022年，黄河流域九省区70个城市三个维度之间的耦合度全部处于中度耦合及以上水平，其中，12个城市耦合度为1，达到良性共振，9个城市为中度耦合，其余49个城市为高度耦合。

分省区来看，2017年、2022年青海省2个城市三个维度的耦合度均处于上升趋势。2017年，海东的耦合度为低度耦合，西宁的耦合度为中度耦合，表明青海省生态保护三个子维度基本处于低水平发展阶段，三个子维度之间的耦合关联性较小。2022年，西宁的耦合度达到良性共振，海东达到高度耦合，表明青海省生态保护三个子维度耦合高效发展，达到共融共生的高水平发展阶段。

2017年、2022年四川省2个城市三个维度的耦合度均处于上升趋势。2017年，阿坝和甘孜两州的耦合度均为中度耦合，表明四川省生态保护三个子维度基本处于低水平发展阶段，三个子维度之间的耦合关联性较小。2022年，阿坝州的耦合度达到高度耦合，甘孜州仍然为中度耦合，但是耦合度大幅上升，表明四川省生态保护三个子维度耦合高效发展，达到高水平发展阶段。

2017年、2022年甘肃省11个城市三个维度的耦合度基本处于上升趋势，仅有平凉由高度耦合降为中度耦合。2017年，兰州和平凉为高度耦合，白银、武威、天水和张掖4个城市的耦合度为中度耦合，其他5个城市的耦合度均为低度耦合，表明甘肃省生态保护三个子维度基本处于较低水平发展阶段，三个子维度之间的耦合关联性较小。2022年，除平凉、庆阳和定西为中度耦合外，全省其他8个城市均达到高度耦合状态，甘肃省生态保护三个子维度高效发展，达到共融共生的高水平发展阶段。

2017年、2022年宁夏回族自治区5个城市三个维度的耦合度基本处于上升趋势，其中石嘴山市 2017 年和 2022 年的耦合度均为 1。2017 年，石嘴山市三个维度之间达到良性共振，银川和中卫 2 个城市为中度耦合，吴忠和固原两市均为低度耦合，表明宁夏回族自治区生态保护三个子维度基本处于低水平发展阶段，三个子维度之间的耦合关联性较小。2022 年，石嘴山和中卫 2 个城市三个维度之间达到良性共振，银川和吴忠两市为高度耦合，固原达到中度耦合，表明宁夏回族自治区生态保护三个子维度高效发展，达到共融共生的高水平发展阶段。

2017 年、2022 年内蒙古自治区 7 个城市三个维度的耦合度均为上升趋势。2017 年，巴彦淖尔为高度耦合，包头、乌海、鄂尔多斯、阿拉善和乌兰察布的耦合度为中度耦合，仅有呼和浩特的耦合度为低度耦合，表明内蒙古自治区生态保护三个子维度基本处于较高水平发展阶段，三个子维度之间的耦合关联性较好。2022 年，包头三个维度之间达到良性共振，全省其他 6 个城市均达到高度耦合状态，内蒙古自治区生态保护三个子维度高效发展，达到共融共生的高水平发展阶段。

2017 年、2022 年陕西省 10 个城市三个维度的耦合度均处于上升趋势。2017 年，仅有咸阳为高度耦合，西安、渭南、延安和榆林 4 个城市的耦合度为中度耦合，铜川、宝鸡、商洛、汉中和安康 5 个城市的耦合度均为低度耦合，表明陕西省生态保护三个子维度基本处于较高水平发展阶段，三个子维度之间的耦合关联性较好。2022 年，铜川和榆林三个维度之间达到良性共振，西安、宝鸡、咸阳、渭南、延安、商洛和汉中 7 个城市达到高度耦合，安康达到中度耦合，表明陕西省生态保护三个子维度高效发展，达到共融共生的高水平发展阶段。

2017 年、2022 年山西省 11 个城市三个维度的耦合度基本处于上升趋势。2017 年太原、晋中和运城 3 个城市的三个维度之间已达到良性共振，仅有晋城为高度耦合，朔州和阳泉 2 市的耦合度为中度耦合，大同和长治等 5 个城市的耦合度均为低度耦合，表明山西省生态保护三个子维度基本处于较高水平发展阶段，三个子维度之间的耦合关联性较好。2022 年，晋城、忻州和吕梁 3 市三个维度之间达到良性共振，其余 8 个城市均达到高度耦合，表明山西省生态保护三个子维度高效发展，达到共融共生的高水平发展阶段。

2017 年、2022 年河南省 12 个城市三个维度的耦合度均处于上升趋势。

2017 年，除洛阳、安阳和新乡 3 个城市的耦合度为中度耦合外，其他城市的耦合度均为低度耦合，表明河南省生态保护三个子维度基本处于低水平发展阶段，三个子维度之间的耦合关联性较小。2022 年，除鹤壁和焦作为中度耦合外，全省其他 10 个城市均达到高度耦合状态，表明河南省生态保护三个子维度高效发展，达到共融共生的高水平发展阶段。

2017 年、2022 年山东省 10 个城市三个维度的耦合度均处于上升趋势。2017 年，仅有临沂为高度耦合，淄博、济宁和德州 3 个城市的耦合度为中度耦合，济南等其他 6 个城市的耦合度均为低度耦合，表明山东省生态保护三个子维度基本处于较低水平发展阶段，三个子维度之间的耦合关联性较小。2022 年，滨州和临沂 2 个城市三个维度之间达到良性共振，济南等 6 个城市均达到高度耦合，泰安和德州为中度耦合，表明山东省生态保护三个子维度高效发展，达到共融共生的高水平发展阶段。

表 6-20　2017 年、2022 年黄河流域 70 个城市三维度耦合度

城市	2017 年耦合度	2022 年耦合度	城市	2017 年耦合度	2022 年耦合度	城市	2017 年耦合度	2022 年耦合度
西宁	0.475	1	巴彦淖尔	0.844	0.993	郑州	0.204	0.979
海东	0.137	0.752	阿拉善	0.355	0.777	开封	0.2	0.974
阿坝	0.342	0.996	乌兰察布	0.332	0.814	洛阳	0.647	0.934
甘孜	0.333	0.671	西安	0.587	0.979	平顶山	0.261	0.995
兰州	0.737	0.99	铜川	0.152	1	安阳	0.451	1
白银	0.323	0.975	宝鸡	0.137	0.966	鹤壁	0.137	0.323
武威	0.317	0.798	咸阳	0.801	0.968	新乡	0.611	0.999
平凉	0.868	0.463	渭南	0.32	0.859	焦作	0.225	0.598
庆阳	0.138	0.665	延安	0.306	0.934	濮阳	0.137	0.859
临夏	0.137	0.922	榆林	0.578	1	三门峡	0.291	0.723
天水	0.314	0.976	商洛	0.17	0.978	南阳	0.137	0.757
定西	0.172	0.517	汉中	0.137	0.805	济源	0.147	0.998
陇南	0.197	0.964	安康	0.282	0.323	济南	0.274	0.884
甘南	0.205	0.997	太原	1	0.965	泰安	0.222	0.542

续表

城市	2017年耦合度	2022年耦合度	城市	2017年耦合度	2022年耦合度	城市	2017年耦合度	2022年耦合度
张掖	0.338	0.812	大同	0.137	0.931	淄博	0.301	0.83
银川	0.435	0.987	长治	0.137	0.981	东营	0.261	0.743
石嘴山	1	1	晋城	0.952	1	济宁	0.341	0.924
吴忠	0.253	0.805	朔州	0.505	0.85	德州	0.32	0.323
固原	0.247	0.323	忻州	0.172	1	聊城	0.137	0.801
中卫	0.371	1	吕梁	0.161	1	滨州	0.168	1
呼和浩特	0.231	0.719	晋中	1	0.982	菏泽	0.184	0.957
包头	0.698	1	临汾	0.253	0.943	临沂	0.908	1
乌海	0.423	0.987	运城	1	0.999			
鄂尔多斯	0.321	0.846	阳泉	0.633	0.996			

（二）市级层面资源利用—环境治理耦合度

总体上看，2017年、2022年黄河流域九省区70个城市资源利用—环境治理两个子维度之间的耦合度基本处于上升趋势，仅有甘肃的平凉由高度耦合降为中度耦合。2017年，黄河流域九省区70个城市两个维度之间的耦合度大部分处于中度耦合及以下水平，其中，37个城市为低度耦合，且大多处于黄河中下游的陕西、河南和山东，19个城市为高度耦合及以上，大多处于黄河中上游，说明黄河上、下游城市的资源利用—环境治理两个子维度之间的耦合度呈现明显的两极分化现象，其余14个城市为中度耦合。2022年，黄河流域九省区70个城市资源利用—环境治理两个子维度之间的耦合度除固原、安康、鹤壁和德州4个城市为低度耦合外，其他66个城市全部处于中度耦合及以上水平，其中，19个城市耦合度为1，达到良性共振，9个城市为中度耦合，其余38个城市为高度耦合。

分省区来看，2017年、2022年青海省2个城市资源利用—环境治理两个子维度的耦合度均处于上升趋势。2017年，海东的耦合度为低度耦合，西宁的耦合度为中度耦合，表明青海省生态保护资源利用—环境治理两个子维度基本处于低水平发展阶段，两个子维度之间的耦合关联性较小。2022

年，西宁的耦合度达到良性共振，海东达到中度耦合，表明青海省生态保护资源利用—环境治理两个子维度耦合高效发展，达到高水平发展阶段。

2017 年、2022 年四川省 2 个城市资源利用—环境治理两个子维度的耦合度均处于上升趋势。2017 年，阿坝耦合度为中度耦合，甘孜为高度耦合，表明四川省生态保护资源利用—环境治理两个子维度基本处于高水平发展阶段，两个子维度之间的耦合关联性较好。2022 年，阿坝州的耦合度达到高度耦合，甘孜州仍然为高度耦合，表明四川省生态保护资源利用—环境治理两个子维度耦合高效发展，达到共融共生的高水平发展阶段。

2017 年、2022 年甘肃省 11 个城市资源利用—环境治理两个子维度的耦合度基本处于上升趋势，仅有平凉由高度耦合降为中度耦合。2017 年仅白银达到良性共振，兰州和平凉为高度耦合，武威等其他 8 个城市的耦合度均为低度耦合，表明甘肃省生态保护资源利用—环境治理两个子维度基本处于较低水平发展阶段，两个子维度之间的耦合关联性较小。2022 年，兰州、天水和甘南 3 个城市达到良性共振，平凉和庆阳为中度耦合，全省其他 6 个城市均达到高度耦合状态，甘肃省生态保护资源利用—环境治理两个子维度耦合高效发展，基本达到高水平发展阶段。

2017 年、2022 年宁夏回族自治区 5 个城市资源利用—环境治理两个子维度的耦合度大部分处于上升趋势，其中石嘴山市 2017 年和 2022 年的耦合度均为 1。2017 年，石嘴山市两个子维度之间达到良性共振，银川和吴忠 2 个城市为中度耦合，固原和中卫两市均处于低度耦合，表明宁夏回族自治区生态保护资源利用—环境治理两个子维度基本处于两极分化发展阶段，但是两个子维度之间的耦合关联性较好。2022 年，石嘴山和中卫 2 个城市资源利用—环境治理两个子维度之间达到良性共振，银川和吴忠两市为高度耦合，固原仍为低度耦合，表明宁夏回族自治区生态保护资源利用—环境治理两个子维度耦合高效发展，达到高水平发展阶段。

2017 年、2022 年内蒙古自治区 7 个城市资源利用—环境治理两个子维度的耦合度均处于上升趋势。2017 年，乌海和鄂尔多斯达到良性共振，包头和巴彦淖尔为高度耦合，阿拉善耦合度为中度耦合，呼和浩特和乌兰察布的耦合度为低度耦合，表明内蒙古自治区生态保护资源利用—环境治理两个子维度基本处于较高水平发展阶段，两个子维度之间的耦合关联性较好。2022 年，包头、巴彦淖尔和阿拉善两个维度之间达到良性共振，全省其他 4 个城市均达到中度及高度耦合状态，内蒙古自治区生态保护资源利用—环境治理两个子维度耦合高效发展，达到共融共生的高水平发展阶段。

2017 年、2022 年陕西省 10 个城市资源利用—环境治理两个子维度的耦合度除安康外基本处于上升趋势。2017 年，榆林达到良性共振，咸阳为高度耦合，西安和渭南的耦合度为中度耦合，铜川等其他 6 个城市的耦合度均为低度耦合，表明陕西省生态保护资源利用—环境治理两个子维度基本处于较低水平发展阶段，两个子维度之间的耦合关联性较小。2022 年，铜川、渭南和榆林两个维度之间达到良性共振，西安等 6 个城市达到高度耦合，安康仍为低度耦合，表明陕西省生态保护资源利用—环境治理两个子维度高效发展，达到共融共生的高水平发展阶段。

2017 年、2022 年山西省 11 个城市资源利用—环境治理两个子维度的耦合度基本处于上升趋势。2017 年，太原、晋城、晋中、运城和阳泉 5 个城市的两个维度之间已达到良性共振，朔州为高度耦合，临汾处于中度耦合，大同等其他 4 个城市均处于低度耦合，表明山西省生态保护资源利用—环境治理两个子维度基本处于较高水平发展阶段，两个子维度之间的耦合关联性较好。2022 年，晋城、忻州和吕梁 3 市资源利用—环境治理两个子维度之间达到良性共振，太原等其余 8 个城市均达到高度耦合，表明山西省生态保护资源利用—环境治理两个子维度耦合高效发展，达到共融共生的高水平发展阶段。

2017 年、2022 年河南省 12 个城市资源利用—环境治理两个子维度的耦合度除鹤壁外基本处于上升趋势。2017 年，济源两个子维度已达到良性共振阶段，洛阳、平顶山、安阳、新乡 4 市的耦合度处于中度耦合水平，其他城市的耦合度均为低度耦合，表明河南省大部分城市生态保护资源利用—环境治理两个子维度处于低水平发展阶段，两个子维度之间的耦合关联性较小。2022 年，鹤壁为低度耦合，焦作、三门峡和南阳为中度耦合，其他 8 个城市均达到高度耦合状态或良性共振，河南省大部分城市生态保护资源利用—环境治理两个子维度耦合高效发展，达到共融共生的高水平发展阶段。

2017 年、2022 年山东省 10 个城市资源利用—环境治理两个子维度的耦合度除德州外基本处于上升趋势。2017 年，临沂两个子维度的耦合度达到良性共振，仅有济南和东营的耦合度为中度耦合，泰安等其他 7 个城市的耦合度均为低度耦合，表明山东省生态保护这两个子维度基本处于较低水平发展阶段，两个子维度之间的耦合关联性较小。2022 年，滨州和临沂 2 个城市两个子维度之间达到良性共振，济南等 5 个城市均达到高度耦合，泰安和东营为中度耦合，德州仍为低度耦合，表明山东省生态保护两个子维度耦合高效发展，达到高水平发展阶段。

表 6-21　2017 年、2022 年黄河流域 70 个城市资源利用—环境治理耦合度

城市	2017 年耦合度	2022 年耦合度	城市	2017 年耦合度	2022 年耦合度	城市	2017 年耦合度	2022 年耦合度
西宁	0.535	1	巴彦淖尔	0.846	1	郑州	0.269	0.994
海东	0.199	0.687	阿拉善	0.37	1	开封	0.265	0.966
阿坝	0.335	0.996	乌兰察布	0.199	0.767	洛阳	0.67	0.912
甘孜	0.852	0.989	西安	0.465	0.995	平顶山	0.324	0.997
兰州	0.749	1	铜川	0.215	1	安阳	0.498	1
白银	1	0.991	宝鸡	0.199	0.959	鹤壁	0.199	0.199
武威	0.199	0.721	咸阳	0.981	0.994	新乡	0.638	0.999
平凉	0.993	0.316	渭南	0.401	1	焦作	0.29	0.495
庆阳	0.2	0.552	延安	0.207	0.92	濮阳	0.199	0.825
临夏	0.199	0.902	榆林	1	1	三门峡	0.199	0.627
天水	0.199	1	商洛	0.234	0.973	南阳	0.199	0.693
定西	0.199	0.757	汉中	0.199	0.755	济源	1	1
陇南	0.202	0.96	安康	0.199	0.199	济南	0.459	0.857
甘南	0.239	1	太原	1	0.985	泰安	0.199	0.448
张掖	0.242	0.988	大同	0.199	0.917	淄博	0.203	0.787
银川	0.484	0.999	长治	0.199	0.973	东营	0.511	0.676
石嘴山	1	1	晋城	1	1	济宁	0.199	0.896
吴忠	0.317	0.755	朔州	0.875	0.812	德州	0.199	0.199
固原	0.199	0.199	忻州	0.236	1	聊城	0.199	0.751
中卫	0.227	1	吕梁	0.224	1	滨州	0.232	1
呼和浩特	0.295	0.645	晋中	1	0.974	菏泽	0.248	0.944
包头	0.714	1	临汾	0.317	0.93	临沂	1	1
乌海	1	0.999	运城	1	0.998			
鄂尔多斯	1	0.807	阳泉	1	0.995			

（三）市级层面资源利用—生态质量耦合度

总体上看，2017 年、2022 年黄河流域九省区 70 个城市资源利用—生态质量两个子维度之间的耦合度除固原、安康和德州有明显下降外基本处于上升趋势。2017 年，黄河流域九省区 70 个城市两个子维度之间的耦合度优于三个子维度之间的耦合度，其中，5 个城市达到良性共振，山西共有 3 个城市达到良性共振；18 个城市达到高度耦合；20 个城市为中度耦合；27 个城市为低度耦合，大多处于黄河中下游。2022 年，黄河流域九省区 70 个城市两个维度之间的耦合度除固原、安康、鹤壁和德州外基本处于中度耦合及以上水平，其中，14 个城市耦合度为 1，达到良性共振，9 个城市为中度耦合，其余 43 个城市为高度耦合。

分省区来看，2017 年、2022 年青海省 2 个城市资源利用—生态质量两个子维度的耦合度均处于上升趋势。2017 年，西宁的耦合度为高度耦合，海东的耦合度为低度耦合，表明青海省生态保护两个子维度基本处于两极分化发展阶段，两个城市两个子维度之间的耦合关联性较小。2022 年，西宁的耦合度达到良性共振，海东达到中度耦合，表明青海省生态保护资源利用—生态质量两个子维度耦合高效发展，达到共融共生的高水平发展阶段。

2017 年、2022 年四川省 2 个城市资源利用—生态质量两个子维度的耦合度均处于上升趋势。2017 年，阿坝耦合度为高度耦合，甘孜为低度耦合，表明四川省生态保护此两个子维度基本处于中度水平发展阶段，两个子维度之间的耦合关联性较小。2022 年，阿坝州的耦合度达到高度耦合，甘孜州达到中度耦合，耦合度大幅上升，表明四川省生态保护资源利用—生态质量两个子维度耦合高效发展，达到高水平耦合发展阶段。

2017 年、2022 年甘肃省 11 个城市资源利用—生态质量两个子维度的耦合度，除张掖有下降外基本处于上升趋势。2017 年，兰州两个子维度达到良性共振，武威、平凉、天水和张掖为高度耦合，陇南和甘南的耦合度为中度耦合，其他 4 个城市的耦合度均为低度耦合，表明甘肃省生态保护资源利用—生态质量两个子维度基本处于较高水平发展阶段，两个子维度之间的耦合关联性较好。2022 年，陇南两个子维度之间的耦合度达到良性共振，除庆阳为中度耦合外，全省其他 9 个城市均达到高度耦合状态，甘肃省生态保护资源利用—生态质量两个子维度耦合高效发展，达到高水平发展阶段。

2017 年、2022 年宁夏回族自治区 5 个城市资源利用—生态质量两个子维度的耦合度除固原外基本处于上升趋势，其中石嘴山市 2017 年和 2022 年的耦合度均为 1。2017 年，石嘴山市两个维度之间达到良性共振，中卫为高度耦合，银川、吴忠和固原 3 市均处于中度耦合水平，表明宁夏回族自治区生态保护资源利用—生态质量两个子维度基本处于较高水平发展阶段，两个子维度之间的耦合关联性较好。2022 年，石嘴山和中卫 2 个城市两个维度之间达到良性共振，银川和吴忠 2 市为高度耦合，固原降为低度耦合，表明宁夏回族自治区生态保护两个子维度耦合高效发展，达到高水平发展阶段。

2017 年、2022 年内蒙古自治区 7 个城市资源利用—生态质量两个子维度的耦合度大部分处于上升趋势。2017 年，包头、巴彦淖尔、阿拉善和乌兰察布为高度耦合，乌海和鄂尔多斯的耦合度处于中度耦合水平，仅有呼和浩特的耦合度为低度耦合，表明内蒙古自治区生态保护资源利用—生态质量两个子维度基本处于较高水平发展阶段，两个子维度之间的耦合关联性较好。2022 年，包头和鄂尔多斯两个子维度之间达到良性共振，呼和浩特达到中度耦合，乌海等其他 4 个城市均达到高度耦合状态，内蒙古自治区生态保护此两个子维度耦合高效发展，达到高水平发展阶段。

2017 年、2022 年陕西省 10 个城市资源利用—生态质量两个子维度的耦合度除西安、安康外基本处于上升趋势。2017 年，仅有西安、咸阳和渭南为高度耦合，延安、榆林和安康 3 个城市的耦合度处于中度耦合水平，铜川等其他 4 个城市的耦合度均为低度耦合，表明陕西省生态保护资源利用—生态质量两个子维度基本处于较高水平发展阶段，两个子维度之间的耦合关联性较好。2022 年，铜川和榆林两个子维度之间达到良性共振，西安等 7 个城市达到高度耦合，安康降为低度耦合，表明陕西省生态保护资源利用—生态质量两个子维度耦合高效发展，达到高水平发展阶段。

2017 年、2022 年山西省 11 个城市资源利用—生态质量两个子维度的耦合度基本处于上升趋势。2017 年，太原、晋中和运城 3 个城市的两个子维度之间已达到良性共振，仅有晋城为高度耦合，朔州、临汾和阳泉 3 市的耦合度处于中度耦合水平，大同等其他 4 个城市的耦合度均处于低度耦合水平，表明山西省生态保护资源利用—生态质量两个子维度基本处于较高水平发展阶段，两个子维度之间的耦合关联性较好。2022 年，晋城、忻州和吕梁 3 市两个维度之间达到良性共振，其余 8 个城市均达到高度耦合，表明山西省生态保护资源利用—生态质量两个子维度耦合高效发展，达到高水平发展阶段。

2017年、2022年河南省12个城市资源利用—生态质量两个子维度的耦合度除鹤壁外均处于上升趋势。2017年，除洛阳、平顶山、安阳、新乡和三门峡5市的耦合度处于中度耦合水平外，其他7个城市的耦合度均处于低度耦合水平，表明河南省大部分城市生态保护资源利用—生态质量两个子维度处于低水平发展阶段，两个子维度之间的耦合关联性较小。2022年，除鹤壁为低度耦合，焦作、三门峡和南阳为中度耦合外，全省其他8个城市均达到高度耦合状态成良性共振，河南省大部分城市生态保护资源利用—生态质量两个子维度耦合高效发展，达到较高水平发展阶段。

2017年、2022年山东省10个城市资源利用—生态质量两个子维度的耦合度除德州显著下降外基本上处于上升趋势。2017年，济宁、德州和临沂3个城市的耦合度为高度耦合，泰安和淄博2个城市的耦合度为中度耦合，济南等其他5个城市的耦合度均为低度耦合，表明山东省生态保护此两个子维度基本处于较低水平发展阶段，两个子维度之间的耦合关联性较小。2022年，滨州和临沂2个城市两个维度之间达到良性共振，济南等5个城市均达到高度耦合，泰安和东营为中度耦合，德州为低度耦合，表明山东省生态保护两个子维度耦合高效发展，达到高水平发展阶段。

表6-22 2017年、2022年黄河流域70个城市资源利用—生态质量耦合度

城市	2017年耦合度	2022年耦合度	城市	2017年耦合度	2022年耦合度	城市	2017年耦合度	2022年耦合度
西宁	0.878	1	巴彦淖尔	0.846	0.992	郑州	0.269	0.99
海东	0.199	0.687	阿拉善	0.864	0.719	开封	0.265	0.973
阿坝	0.88	0.996	乌兰察布	0.844	0.767	洛阳	0.67	0.93
甘孜	0.199	0.654	西安	0.995	0.987	平顶山	0.324	0.999
兰州	1	0.988	铜川	0.215	1	安阳	0.498	1
白银	0.199	0.99	宝鸡	0.199	0.959	鹤壁	0.199	0.199
武威	0.764	0.785	咸阳	0.719	0.98	新乡	0.638	0.999
平凉	0.869	0.971	渭南	0.78	0.825	焦作	0.29	0.495

续表

城市	2017年耦合度	2022年耦合度	城市	2017年耦合度	2022年耦合度	城市	2017年耦合度	2022年耦合度
庆阳	0.2	0.619	延安	0.676	0.92	濮阳	0.199	0.825
临夏	0.199	0.908	榆林	0.609	1	三门峡	0.648	0.684
天水	0.751	0.975	商洛	0.234	0.975	南阳	0.199	0.693
定西	0.279	0.773	汉中	0.199	0.755	济源	0.209	0.998
陇南	0.341	1	安康	0.614	0.199	济南	0.249	0.857
甘南	0.305	0.997	太原	1	0.948	泰安	0.416	0.416
张掖	0.98	0.736	大同	0.199	0.917	淄博	0.674	0.787
银川	0.484	0.991	长治	0.199	0.984	东营	0.209	0.676
石嘴山	1	1	晋城	0.95	1	济宁	0.931	0.923
吴忠	0.317	0.755	朔州	0.368	0.812	德州	0.78	0.199
固原	0.494	0.199	忻州	0.236	1	聊城	0.199	0.751
中卫	0.959	1	吕梁	0.224	1	滨州	0.232	1
呼和浩特	0.295	0.645	晋中	1	0.994	菏泽	0.248	0.954
包头	0.714	1	临汾	0.317	0.93	临沂	0.906	1
乌海	0.473	0.989	运城	1	0.998			
鄂尔多斯	0.381	1	阳泉	0.657	0.995			

（四）市级层面环境治理—生态质量耦合度

总体上看，2017年、2022年黄河流域九省区70个城市生态保护环境治理—生态质量两个子维度的耦合度除平凉、庆阳和定西有下降外基本处于上升趋势。2017年，黄河流域九省区70个城市环境治理—生态质量两个子维度之间的耦合度大部分处于中度耦合及以上水平，总体优于三个子维度之间的耦合水平，其中，34个城市达到良性共振水平，且大多处于黄河中下游，9个城市为高度耦合，大多处于黄河上游，19个城市为中度耦合，仅有8个城市为低度耦合。2022年，黄河流域九省区70个城市环境治理—生态质量两个子维度之间的耦合度除平凉、庆阳和定西外均处于高度耦合及以上水平，其中，40 个城市耦合度为 1，达到良性共振，27 个城市为高度耦合，平凉和定西 2 个城市为中度耦合，庆阳为低度耦合。

分省区来看，2017 年、2022 年青海省 2 个城市环境治理—生态质量两个子维度的耦合度均处于上升趋势。2017 年，海东的耦合度处于良性共振，西宁的耦合度为中度耦合，表明青海省生态保护环境治理—生态质量两个子维度基本处于较高水平发展阶段，两个子维度之间的耦合关联性较好。2022 年西宁和海东 2 个城市的耦合度均为良性共振，表明青海省生态保护环境治理—生态质量两个子维度耦合高效发展，达到共融共生的高水平发展阶段。

2017 年、2022 年四川省 2 个城市环境治理—生态质量两个子维度的耦合度均处于上升趋势。2017 年，阿坝两个子维度的耦合度为低度耦合，甘孜的耦合度为中度耦合，表明四川省生态保护环境治理—生态质量两个子维度基本处于低水平发展阶段，两个城市两个子维度之间的耦合关联性较小。2022 年，阿坝州的耦合度达到良性共振，甘孜州达到高度耦合，且耦合度均大幅上升，表明四川省生态保护环境治理—生态质量两个子维度耦合高效发展，达到高水平发展阶段。

2017 年、2022 年甘肃省 11 个城市环境治理—生态质量两个子维度的耦合度基本处于上升趋势，仅有平凉由高度耦合降为中度耦合、庆阳由良性共振降为低度耦合，定西由高度耦合降为中度耦合。2017 年，庆阳和临夏 2 个城市的耦合度为良性共振，兰州、平凉、定西和陇南 4 个城市为高度耦合，武威、天水和甘南 3 个城市的耦合度为中度耦合，白银和张掖 2 个城市的耦合度均为低度耦合，表明甘肃省生态保护环境治理—生态质量两个子维度基本处于较高水平发展阶段，两个子维度之间的耦合关联性较好。2022 年，临夏仍为良性共振，兰州等 7 个城市均达到高度耦合状态，平凉和定西为中度耦合，仅庆阳降为低度耦合，说明甘肃省生态保护环境治理—生态质量两个子维度耦合高效发展，达到高水平发展阶段。

2017 年、2022 年宁夏回族自治区 5 个城市生态保护环境治理—生态质量两个子维度的耦合度基本处于上升趋势，其中石嘴山和吴忠 2 市 2017 年和 2022 年的耦合度均为 1。2017 年，银川、石嘴山和吴忠 3 个城市环境治理—生态质量两个子维度之间达到良性共振，固原为中度耦合，中卫处于低度耦合，表明宁夏回族自治区生态保护环境治理—生态质量两个子维度基本处于较高水平发展阶段，两个子维度之间的耦合关联性较好。2022 年，石嘴山等 4 个城市环境治理—生态质量两个子维度之间达到良性共振，银川达到高度耦合，表明宁夏回族自治区生态保护环境治理—生态质量两个子维度耦合高效发展，达到共融共生的高水平发展阶段。

2017 年、2022 年内蒙古自治区 7 个城市环境治理—生态质量两个子维度的耦合度均处于上升趋势。2017 年，呼和浩特、包头和巴彦淖尔为良性共振，乌海、鄂尔多斯和乌兰察布的耦合度为中度耦合，仅有阿拉善为低度耦合，表明内蒙古自治区生态保护环境治理—生态质量两个子维度基本处于较高水平发展阶段，两个子维度之间的耦合关联性较好。2022 年，呼和浩特、包头和乌兰察布 3 个城市环境治理—生态质量两个子维度之间达到良性共振，乌海等其他 4 个城市均达到高度耦合状态，说明内蒙古自治区生态保护环境治理—生态质量两个子维度耦合高效发展，达到共融共生的高水平发展阶段。

2017 年、2022 年陕西省 10 个城市环境治理—生态质量两个子维度的耦合度均处于上升趋势。2017 年，铜川、宝鸡、商洛和汉中 4 个城市的耦合度达到良性共振，仅有咸阳为高度耦合，西安、延安、榆林和安康 4 个城市的耦合度为中度耦合，仅有渭南的耦合度处于低度耦合，表明陕西省生态保护环境治理—生态质量两个子维度基本处于较高水平发展阶段，两个子维度之间的耦合关联性较好。2022 年，铜川、宝鸡、延安、榆林、商洛、汉中和安康 7 个城市环境治理—生态质量两个子维度之间达到良性共振，西安、咸阳和渭南 3 个城市达到高度耦合，表明陕西省生态保护环境治理—生态质量两个子维度耦合高效发展，达到共融共生的高水平发展阶段。

2017 年、2022 年山西省 11 个城市环境治理—生态质量两个子维度的耦合度基本处于上升趋势。2017 年，太原等 8 个城市的环境治理—生态质量两个子维度之间已达到良性共振，仅有晋城为高度耦合，朔州和阳泉 2 市的耦合度为中度耦合，表明山西省生态保护环境治理—生态质量两个子维度基本处于高水平发展阶段，两个子维度之间的耦合关联性很好。2022 年，大同等 8 个城市环境治理—生态质量两个子维度之间达到良性共振，太原、长治和晋中 3 个城市均达到高度耦合，表明山西省生态保护环境治理—生态质量两个子维度高效发展，达到共融共生的高水平发展阶段。

2017 年、2022 年河南省 12 个城市环境治理—生态质量两个子维度的耦合度基本处于高度耦合状态。2017 年，除济源为低度耦合、三门峡为中度耦合，其他 10 个城市均处于良性共振耦合状态，表明河南省生态保护环境治理—生态质量两个子维度大部分处于高水平耦合阶段，两个子维度之间基本处于共融共生的良性耦合状态。2022 年，全省 12 个城市均达到高度耦合以上水平，表明河南省全部城市生态保护环境治理—生态质量两个子维度一直处于高效发展、共融共生的高水平发展阶段。

2017 年、2022 年山东省 10 个城市环境治理—生态质量两个子维度的耦合度基本处于上升趋势。2017 年，聊城、滨州和菏泽 3 个城市两个子维度之间的耦合度达到良性共振，济南、泰安和临沂 3 个城市为高度耦合，淄博、东营和德州 3 个城市的耦合度为中度耦合，济宁处于低度耦合，表明山东省生态保护环境治理—生态质量两个子维度基本处于高水平发展阶段，两个子维度之间的耦合关联性很好。2022 年，济南、淄博、东营、德州、聊城和滨州 6 个城市环境治理—生态质量两个子维度达到良性共振，泰安、济宁菏泽 3 个城市均达到高度耦合，表明山东省生态保护环境治理—生态质量两个子维度高效发展，达到共融共生的高水平发展阶段。

表 6-23 2017 年、2022 年黄河流域 70 个城市环境治理—生态质量耦合度

城市	2017 年耦合度	2022 年耦合度	城市	2017 年耦合度	2022 年耦合度	城市	2017 年耦合度	2022 年耦合度
西宁	0.335	1	巴彦淖尔	1	0.992	郑州	1	0.969
海东	1	1	阿拉善	0.218	0.719	开封	1	1
阿坝	0.204	1	乌兰察布	0.354	1	洛阳	1	0.999
甘孜	0.348	0.73	西安	0.509	0.968	平顶山	1	0.992
兰州	0.749	0.988	铜川	1	1	安阳	1	1
白银	0.199	0.963	宝鸡	1	1	鹤壁	1	1
武威	0.414	0.992	咸阳	0.815	0.953	新乡	1	1
平凉	0.816	0.398	渭南	0.199	0.825	焦作	1	1
庆阳	1	0.23	延安	0.502	1	濮阳	1	1
临夏	1	1	榆林	0.609	1	三门峡	0.509	0.993
天水	0.424	0.975	商洛	1	1	南阳	1	1
定西	0.942	0.414	汉中	1	1	济源	0.209	0.998

续表

城市	2017年耦合度	2022年耦合度	城市	2017年耦合度	2022年耦合度	城市	2017年耦合度	2022年耦合度
陇南	0.868	0.955	安康	0.54	1	济南	0.819	1
甘南	0.305	0.997	太原	1	0.988	泰安	0.761	0.997
张掖	0.199	0.813	大同	1	1	淄博	0.495	1
银川	1	0.983	长治	1	0.998	东营	0.67	1
石嘴山	1	1	晋城	0.95	1	济宁	0.289	0.998
吴忠	1	1	朔州	0.585	1	德州	0.401	1
固原	0.665	1	忻州	1	1	聊城	1	1
中卫	0.3	1	吕梁	1	1	滨州	1	1
呼和浩特	1	1	晋中	1	0.993	菏泽	1	0.999
包头	1	1	临汾	1	1	临沂	0.906	1
乌海	0.473	0.982	运城	1	1			
鄂尔多斯	0.381	0.807	阳泉	0.657	1			

二　耦合协调度

（一）市级层面三维度耦合协调度

为反映黄河流域九省区70个城市生态保护三个维度之间以及两两之间的耦合协调情况，根据公式计算2017年、2022年黄河流域九省区70个城市生态保护三个维度之间以及两两之间的耦合协调度，结果如表6-24所示。

总体上看，2017年、2022年黄河流域九省区70个城市三个维度之间的耦合协调度基本有不同程度的改善。2017年，黄河流域九省区70个城市三个维度之间的耦合协调度大部分处于不同的失调水平，其中，石嘴山等4个城市为极度失调，均处于黄河中上游，兰州等21个城市为严重失调，西宁等27个城市为中度失调，阿坝等13个城市为轻度失调，白银等4个城市为濒临失调，仅有平凉为勉强协调。2022年，黄河流域九省区70个城市三个维度之间的耦合协调度大部分处于不同的水平，仅有平凉等 6 个城市为濒临失调，且大部分处于黄河中上游。甘孜等 2 个城市为勉强协调，武威等 4 个城市为初级协调，海东等 13 个城市为中级协调，白银等 19 个城市为良好协调，西宁等 26 个城市达到优质协调，中级及以上协调水平城市占比达到 82.9%。

分省区来看，2017 年、2022 年青海省 2 个城市生态保护三个维度耦合协调度均有不同程度的改善。2017 年，青海省 2 个城市生态保护三个子维度的耦合协调水平均比较低，均为中度失调。2022 年，青海省 2 个城市三个子维度的耦合协调水平均有不同程度的改善，其中，西宁达到优质协调，海东达到中级协调。

2017 年、2022 年四川省 2 个城市生态保护三个维度耦合协调度均有不同程度的改善。2017 年，四川省 2 个城市生态保护三个子维度的耦合协调水平均比较低，均为轻度失调。2022 年，四川省 2 个城市三个子维度的耦合协调水平均有不同程度的改善，其中，阿坝达到优质协调，甘孜达到勉强协调。

2017 年、2022 年甘肃省 11 个城市生态保护三个维度耦合协调度均有不同程度的改善。2017 年，甘肃省 11 个城市生态保护三个子维度的耦合协调水平均比较低，其中，省会兰州处于严重失调，庆阳、临夏、定西、陇南和甘南 5 个城市为中度失调，武威和天水为轻度失调，白银和张掖为濒临失调，平凉为勉强协调。2022 年，甘肃省 11 个城市三个子维度的耦合协调水平除平凉降为濒临失调外均有不同程度的改善，其中，兰州和甘南已达到优质协调，白银、临夏、天水和陇南达到良好协调，张掖达到中级协调，武威和庆阳为初级协调，定西为濒临失调。

2017 年、2022 年宁夏回族自治区 5 个城市生态保护三个维度耦合协调度均有相当程度的改善。2017 年，宁夏 5 个城市生态保护三个子维度的耦合协调水平均较低，其中，石嘴山为极度失调，省会银川和吴忠处于严重失调，固原为中度失调，中卫为轻度失调。2022 年，宁夏 11 个城市三个子维度的耦合协调水平均有不同程度的改善，其中，石嘴山和中卫已达到优质协调，省会银川达到良好协调，吴忠达到中级协调，固原为濒临失调。

2017 年、2022 年内蒙古自治区 7 个城市生态保护三个维度耦合协调度均有相当程度的改善。2017 年，内蒙古 7 个城市生态保护三个子维度的耦合协调水平均较低，其中，省会呼和浩特、包头、乌海、鄂尔多斯和巴彦淖尔处于严重失调，阿拉善和乌兰察布为轻度失调。2022 年，内蒙古 7 个城市三个子维度的耦合协调水平均有相当程度的改善，其中，包头、乌海和巴彦淖尔已达到优质协调，呼和浩特、鄂尔多斯、阿拉善和乌兰察布达到中级协调。

2017 年、2022 年陕西省 10 个城市生态保护三个维度耦合协调度均有不同程度的改善。2017 年，陕西省 10 个城市生态保护三个子维度的耦合协调水平均比较低，其中，榆林处于严重失调，省会西安、铜川、宝鸡、咸阳、商洛和汉中为中度失调，渭南、延安和安康为轻度失调。2022 年，陕西省 10 个城市三个子维度的耦合协调水平均有不同程度的改善，其中，铜川、宝鸡、榆林和商洛已达到优质协调，西安、咸阳、渭南和延安达到良好协调，汉中达到中级协调，安康为濒临失调。

2017 年、2022 年山西省 11 个城市生态保护三个维度耦合协调度均有相当程度的改善。2017 年，山西省 11 个城市生态保护三个子维度的耦合协调水平均较低，其中，省会太原、晋中和运城为极度失调，晋城、临汾和阳泉处于严重失调，大同、长治、忻州和吕梁为中度失调，朔州为濒临失调。2022 年，山西省 11 个城市三个子维度的耦合协调水平均有相当程度的改善，其中，长治、晋城、忻州、吕梁、运城和阳泉 6 市已达到优质协调，太原、大同、晋中和临汾 4 市达到良好协调，朔州达到中级协调。

2017 年、2022 年河南省 12 个城市生态保护三个维度耦合协调度均有不同程度的提升。2017 年，河南省 12 个城市生态保护三个子维度的耦合协调水平均比较低，其中，郑州、开封、洛阳、平顶山、安阳、新乡和焦作 7 个城市处于严重失调，鹤壁、濮阳、南阳和济源为中度失调，三门峡为轻度失调。2022 年，河南省 12 个城市三个子维度的耦合协调水平均有不同程度的改善，其中，开封、平顶山、安阳、新乡和济源 5 市已达到优质协调，郑州、洛阳和濮阳 3 市达到良好协调，南阳为中级协调，焦作和三门峡为初级协调，仅有鹤壁为濒临失调。

2017 年、2022 年山东省 10 个城市生态保护三个维度耦合协调度均有不同程度的改善。2017 年，山东省 10 个城市生态保护三个子维度的耦合协调水平均较低，其中，菏泽和临沂 2 市处于严重失调，济南、泰安、东营、聊城和滨州 5 市为中度失调，淄博和德州 2 市为轻度失调，济宁为濒临失调。2022 年，山东省 10 个城市生态保护三个子维度的耦合协调水平均有不同程度的改善，其中，滨州和临沂达到优质协调，济南、济宁和菏泽达到良好协调，淄博、东营和聊城达到中级协调，泰安达到勉强协调，德州为濒临失调。

表 6-24　2017 年、2022 年黄河流域 70 个城市三维度耦合协调度

城市	2017 年耦合协调度	2022 年耦合协调度	城市	2017 年耦合协调度	2022 年耦合协调度	城市	2017 年耦合协调度	2022 年耦合协调度
西宁	中度失调	优质协调	巴彦淖尔	严重失调	优质协调	郑州	严重失调	良好协调
海东	中度失调	中级协调	阿拉善	轻度失调	中级协调	开封	严重失调	优质协调
阿坝	轻度失调	优质协调	乌兰察布	轻度失调	中级协调	洛阳	严重失调	良好协调
甘孜	轻度失调	勉强协调	西安	中度失调	良好协调	平顶山	严重失调	优质协调
兰州	严重失调	优质协调	铜川	中度失调	优质协调	安阳	严重失调	优质协调
白银	濒临失调	良好协调	宝鸡	中度失调	优质协调	鹤壁	中度失调	濒临失调
武威	轻度失调	初级协调	咸阳	中度失调	良好协调	新乡	严重失调	优质协调
平凉	勉强协调	濒临失调	渭南	轻度失调	良好协调	焦作	严重失调	初级协调
庆阳	中度失调	初级协调	延安	轻度失调	良好协调	濮阳	中度失调	良好协调
临夏	中度失调	良好协调	榆林	严重失调	优质协调	三门峡	轻度失调	初级协调
天水	轻度失调	良好协调	商洛	中度失调	优质协调	南阳	中度失调	中级协调
定西	中度失调	濒临失调	汉中	中度失调	中级协调	济源	中度失调	优质协调

续表

城市	2017 年耦合协调度	2022 年耦合协调度	城市	2017 年耦合协调度	2022 年耦合协调度	城市	2017 年耦合协调度	2022 年耦合协调度
陇南	中度失调	良好协调	安康	轻度失调	濒临失调	济南	中度失调	良好协调
甘南	中度失调	优质协调	太原	极度失调	良好协调	泰安	中度失调	勉强协调
张掖	濒临失调	中级协调	大同	中度失调	良好协调	淄博	轻度失调	中级协调
银川	严重失调	良好协调	长治	中度失调	优质协调	东营	中度失调	中级协调
石嘴山	极度失调	优质协调	晋城	严重失调	优质协调	济宁	濒临失调	良好协调
吴忠	严重失调	中级协调	朔州	濒临失调	中级协调	德州	轻度失调	濒临失调
固原	中度失调	濒临失调	忻州	中度失调	优质协调	聊城	中度失调	中级协调
中卫	轻度失调	优质协调	吕梁	中度失调	优质协调	滨州	中度失调	优质协调
呼和浩特	严重失调	中级协调	晋中	极度失调	良好协调	菏泽	严重失调	良好协调
包头	严重失调	优质协调	临汾	严重失调	良好协调	临沂	严重失调	优质协调
乌海	严重失调	优质协调	运城	极度失调	优质协调			
鄂尔多斯	严重失调	中级协调	阳泉	严重失调	优质协调			

（二）市级层面资源利用—环境治理耦合协调度

总体上看（见表 6-25），2017 年、2022 年黄河流域九省区 70 个城市生态保护资源利用—环境治理两个子维度的耦合协调度基本有不同程度的改善，仅有四川的甘孜和甘肃的平凉有不同程度的下降。2017 年，黄河流域九省区 70 个城市资源利用—环境治理两个子维度之间的耦合协调度大部分处于不同的失调水平，总体优于三个维度之间的协调水平，其中，没有城市为极度失调，西宁等 19 个城市为严重失调，阿坝等 19 个城市为中度失调，海东等 27 个城市为轻度失调，仅有东营为濒临失调，平凉为初级协调，甘孜和朔州为中级协调，白银为优质协调。2022 年，黄河流域九省区 70 个城市生态保护资源利用—环境治理两个子维度之间的耦合协调度大部分处于不同的水平，仅有平凉和泰安为濒临失调，甘孜等 6 个城市为轻度失调，且大部分处于黄河中上游。武威等 4 个城市为勉强协调，海东等 9 个城市为初级协调，临夏等 9 个城市为中级协调，白银等 13 个城市为良好协调，西宁等 27 个城市达到优质协调，中级及以上协调水平城市占比达到 70%。

分省区来看，2017 年、2022 年青海省 2 个城市生态保护资源利用—环境治理两个子维度的耦合协调度均有不同程度的改善。2017 年，青海省 2 个城市生态保护资源利用—环境治理两个子维度的耦合协调水平均比较低，西宁为严重失调，海东为轻度失调。2022 年，青海省 2 个城市资源利用—环境治理两个子维度的耦合协调水平均有不同程度的改善，其中，西宁达到优质协调，海东达到初级协调。

2017 年、2022 年四川省 2 个城市生态保护资源利用—环境治理两个子维度的耦合协调度表现略有差异。2017 年，四川省 2 个城市生态保护资源利用—环境治理两个子维度的耦合协调水平差异明显，阿坝为中度失调，甘孜为中级协调。2022 年，四川省 2 个城市资源利用—环境治理两个子维度的耦合协调水平，阿坝为改善，甘孜为降低，阿坝达到优质协调，甘孜降为轻度失调。

2017 年、2022 年甘肃省 11 个城市生态保护资源利用—环境治理两个子维度的耦合协调度除平凉外均有不同程度的改善。2017 年，甘肃省 11 个城市生态保护资源利用—环境治理两个子维度的耦合协调水平均比较低，其中，白银已达到优质协调，平凉为初级协调，省会兰州处于严重失调，甘南和张掖为中度失调，武威等 6 个城市为轻度失调，总体优于三个维度之间的协调水平。2022 年，甘肃省 11 个城市资源利用—环境治理两个子维度的耦合协调水平除白银和平凉下降外基本有不同程度的改善，其中，兰州、甘南和张掖已达到优质协调，陇南达到良好协调，临夏和天水达到中级协调，武威和庆阳达到勉强协调，定西仍为轻度失调。

2017 年、2022 年宁夏回族自治区 5 个城市生态保护资源利用—环境治理两个子维度的耦合协调度均有不同程度的改善。2017 年，宁夏 5 个城市生态保护资源利用—环境治理两个子维度的耦合协调水平均较低，其中，省会银川和石嘴山处于严重失调，吴忠和中卫为中度失调，固原为轻度失调。2022 年，宁夏 5 个城市资源利用—环境治理两个子维度的耦合协调水平均有不同程度的改善，其中，石嘴山和中卫已达到优质协调，省会银川达到良好协调，吴忠达到初级协调，固原仍为轻度失调。

2017 年、2022 年内蒙古自治区 7 个城市生态保护资源利用—环境治理两个子维度的耦合协调度均有相当程度的改善。2017 年，内蒙古 7 个城市生态保护资源利用—环境治理两个子维度的耦合协调水平均较低，其中，包头、乌海、鄂尔多斯和巴彦淖尔处于严重失调，省会呼和浩特和阿拉善为中度失调，乌兰察布为轻度失调。2022 年，内蒙古 7 个城市资源利用—环境治理两个子维度的耦合协调水平均有相当程度的改善，其中，包头、乌海、巴彦淖尔和阿拉善已达到优质协调，鄂尔多斯达到中级协调，呼和浩特和乌兰察布达到初级协调。

2017 年、2022 年陕西省 10 个城市生态保护资源利用—环境治理两个子维度的耦合协调度均有不同程度的改善。2017 年，陕西省 10 个城市生态保护资源利用—环境治理两个子维度的耦合协调水平均比较低，其中，榆林处于严重失调，省会西安、渭南和商洛 3 个城市为中度失调，铜川、宝鸡、咸阳、延安、汉中和安康 6 个城市为轻度失调。2022 年，陕西省 10 个城市资源利用—环境治理两个子维度的耦合协调水平均有不同程度的改善，其中，铜川、咸阳、渭南和榆林已达到优质协调，西安、宝鸡、延安和商洛达到良好协调，汉中达到初级协调，安康仍为轻度失调，总体改善幅度低于三个维度。

2017 年、2022 年山西省 11 个城市生态保护资源利用—环境治理两个子维度的耦合协调度均有不同程度的改善。2017 年，山西省 11 个城市生态保护资源利用—环境治理两个子维度的耦合协调水平均较低，其中，省会太原、晋城、晋中、运城和阳泉为严重失调，忻州、吕梁和临汾处于中度失调，大同和长治为轻度失调，朔州达到中级协调，总体优于三个维度之间的协调水平。2022 年，山西省 11 个城市资源利用—环境治理两个子维度的耦合协调水平均有不同程度的改善，其中，晋城、忻州、吕梁、运城和阳泉 5 市已达到优质协调，大同、长治、晋中和临汾 4 市达到良好协调，太原和朔州达到中级协调，总体改善幅度低于三个维度。

2017年、2022年河南省12个城市生态保护资源利用—环境治理两个子维度的耦合协调度除鹤壁外均有不同程度的提升，总体低于三个维度的耦合协调程度。2017年，河南省12个城市生态保护资源利用—环境治理两个子维度的耦合协调水平均比较低，其中，洛阳、安阳、新乡和济源4个城市处于严重失调，郑州、开封、平顶山和焦作4个城市为中度失调，鹤壁、濮阳、三门峡和南阳4个城市为轻度失调。2022年，河南省12个城市资源利用—环境治理两个子维度的耦合协调水平均有不同程度的改善，其中，郑州、平顶山、安阳、新乡和济源5市已达到优质协调，开封达到良好协调，洛阳和濮阳为中级协调，南阳为初级协调，焦作和三门峡为勉强协调，仅有鹤壁为轻度失调。

2017年、2022年山东省10个城市生态保护资源利用—环境治理两个子维度的耦合协调度均有不同程度的改善。2017年，山东省10个城市生态保护资源利用—环境治理两个子维度的耦合协调水平均较低，其中，临沂处于严重失调，滨州和菏泽为中度失调，济南、泰安、淄博、济宁、德州和聊城6个城市为轻度失调，东营为濒临失调。2022年，山东省10个城市资源利用—环境治理两个子维度的耦合协调水平均有不同程度的改善，其中，滨州和临沂已达到优质协调，菏泽达到良好协调，济南和济宁达到中级协调，淄博、东营和聊城达到初级协调，泰安为濒临失调，德州仍为轻度失调，总体改善幅度低于三个维度。

表6-25 2017年、2022年黄河流域70个城市资源利用—环境治理耦合协调度

城市	2017年耦合协调度	2022年耦合协调度	城市	2017年耦合协调度	2022年耦合协调度	城市	2017年耦合协调度	2022年耦合协调度
西宁	严重失调	优质协调	巴彦淖尔	严重失调	优质协调	郑州	中度失调	优质协调
海东	轻度失调	初级协调	阿拉善	中度失调	优质协调	开封	中度失调	良好协调
阿坝	中度失调	优质协调	乌兰察布	轻度失调	初级协调	洛阳	严重失调	中级协调

续表

城市	2017年耦合协调度	2022年耦合协调度	城市	2017年耦合协调度	2022年耦合协调度	城市	2017年耦合协调度	2022年耦合协调度
甘孜	中级协调	轻度失调	西安	中度失调	良好协调	平顶山	中度失调	优质协调
兰州	严重失调	优质协调	铜川	轻度失调	优质协调	安阳	严重失调	优质协调
白银	优质协调	良好协调	宝鸡	轻度失调	良好协调	鹤壁	轻度失调	轻度失调
武威	轻度失调	勉强协调	咸阳	轻度失调	优质协调	新乡	严重失调	优质协调
平凉	初级协调	濒临失调	渭南	中度失调	优质协调	焦作	中度失调	勉强协调
庆阳	轻度失调	勉强协调	延安	轻度失调	良好协调	濮阳	轻度失调	中级协调
临夏	轻度失调	中级协调	榆林	严重失调	优质协调	三门峡	轻度失调	勉强协调
天水	轻度失调	中级协调	商洛	中度失调	良好协调	南阳	轻度失调	初级协调
定西	轻度失调	轻度失调	汉中	轻度失调	初级协调	济源	严重失调	优质协调
陇南	轻度失调	良好协调	安康	轻度失调	轻度失调	济南	轻度失调	中级协调
甘南	中度失调	优质协调	太原	严重失调	中级协调	泰安	轻度失调	濒临失调
张掖	中度失调	优质协调	大同	轻度失调	良好协调	淄博	轻度失调	初级协调
银川	严重失调	良好协调	长治	轻度失调	良好协调	东营	濒临失调	初级协调
石嘴山	严重失调	优质协调	晋城	严重失调	优质协调	济宁	轻度失调	中级协调

续表

城市	2017年耦合协调度	2022年耦合协调度	城市	2017年耦合协调度	2022年耦合协调度	城市	2017年耦合协调度	2022年耦合协调度
吴忠	中度失调	初级协调	朔州	中级协调	中级协调	德州	轻度失调	轻度失调
固原	轻度失调	轻度失调	忻州	中度失调	优质协调	聊城	轻度失调	初级协调
中卫	中度失调	优质协调	吕梁	中度失调	优质协调	滨州	中度失调	优质协调
呼和浩特	中度失调	初级协调	晋中	严重失调	良好协调	菏泽	中度失调	良好协调
包头	严重失调	优质协调	临汾	中度失调	良好协调	临沂	严重失调	优质协调
乌海	严重失调	优质协调	运城	严重失调	优质协调			
鄂尔多斯	严重失调	中级协调	阳泉	严重失调	优质协调			

（三）市级层面资源利用—生态质量耦合协调度

总体上看（见表6-26），2017年、2022年黄河流域九省区70个城市资源利用—生态质量两个子维度之间的耦合协调度基本有不同程度的改善，仅有甘肃的武威等7个城市有不同程度的下降。2017年，黄河流域九省区70个城市两个维度之间的耦合协调度大部分处于不同的失调水平，其中，兰州等16个城市为严重失调，吴忠等15个城市为中度失调，海东等19个城市为轻度失调，西宁等5个城市为濒临失调，固原等3个城市为勉强协调，武威等7个城市为初级协调，阿坝等3个城市为中级协调，仅有张掖达到优质协调，总体优于三个维度之间的耦合协调水平。2022年，黄河流域九省区70个城市两个维度之间的耦合协调度大部分处于不同的协调水平，仅有泰安为濒临失调，固原等4个城市为轻度失调，甘孜等5个城市为勉强协调，海东等 12 个城市为初级协调，临夏等 8 个城市为中级协调，平凉等 14 个城市为良好协调，西宁等 26 个城市达到优质协调，中级及以上协调水平城市占比达到 68.6%。

分省区来看，2017 年、2022 年青海省 2 个城市生态保护资源利用—生态质量两个子维度的耦合协调度均有不同程度的改善。2017 年，青海省 2 个城市生态保护资源利用—生态质量两个子维度的耦合协调水平均比较低，西宁为濒临失调，海东为轻度失调。2022 年，青海省 2 个城市资源利用—生态质量两个子维度的耦合协调水平均有不同程度的改善，其中，西宁达到优质协调，海东达到初级协调。

2017 年、2022 年四川省 2 个城市生态保护资源利用—生态质量两个子维度的耦合协调度均有不同程度的改善。2017 年，四川省 2 个城市生态保护资源利用—生态质量两个子维度的耦合协调水平差异明显，阿坝为中级协调，甘孜为轻度失调。2022 年，四川省 2 个城市资源利用—生态质量两个子维度的耦合协调水平均有不同程度改善，阿坝达到优质协调，甘孜达到勉强协调。

2017 年、2022 年甘肃省 11 个城市生态保护资源利用—生态质量两个子维度的耦合协调度除武威和张掖外均有不同程度的改善。2017 年，甘肃省 11 个城市生态保护资源利用—生态质量两个子维度的耦合协调水平均比较低，其中，张掖已达到优质协调，武威和天水为初级协调，省会兰州处于严重失调，白银、庆阳、临夏、定西和甘南为轻度失调，平凉和陇南为濒临失调，总体优于三个维度之间的协调水平。2022 年，甘肃省 11 个城市资源利用—生态质量两个子维度的耦合协调水平除武威和张掖下降外均有不同程度的改善，其中，兰州、白银、陇南和甘南已达到优质协调，平凉和天水达到良好协调，临夏达到中级协调，定西和张掖为初级协调，武威和庆阳为勉强协调，总体改善幅度优于三个维度。

2017 年、2022 年宁夏回族自治区 5 个城市生态保护资源利用—生态质量两个子维度的耦合协调度除固原外均有相当程度的改善。2017 年，宁夏 5 个城市生态保护资源利用—生态质量两个子维度的耦合协调水平均较低，其中，省会银川和石嘴山处于严重失调，吴忠为中度失调，固原为勉强协调，中卫为中级协调，总体优于三个维度的耦合协调水平。2022 年，宁夏 5 个城市资源利用—生态质量两个子维度的耦合协调水平均有相当程度的改善，其中，省会银川、石嘴山和中卫已达到优质协调，吴忠达到初级协调，固原为轻度失调。

2017 年、2022 年内蒙古自治区 7 个城市生态保护资源利用—生态质量两个子维度的耦合协调度除乌兰察布外均有不同程度的改善。2017 年，内蒙古 7 个城市生态保护资源利用—生态质量两个子维度的耦合协调水平均较低，其中，包头、乌海和巴彦淖尔处于严重失调，省会呼和浩特和鄂尔多斯为中度失调，阿拉善为初级协调，乌兰察布为中级协调，总体优于三个维度之间的耦合协调水平。2022 年，内蒙古 7 个城市资源利用—生态质量两个子维度的耦合协调水平基本上有不同程度的改善，其中，包头、鄂尔多斯和巴彦淖尔已达到优质协调，乌海达到良好协调，呼和浩特、阿拉善和乌兰察布为初级协调。

2017 年、2022 年陕西省 10 个城市生态保护资源利用—生态质量两个子维度的耦合协调度除安康外均有不同程度的改善。2017 年，陕西省 10 个城市生态保护资源利用—生态质量两个子维度的耦合协调水平均比较低，其中，榆林处于严重失调，咸阳和商洛为中度失调，省会西安、铜川、宝鸡和汉中 4 个城市为轻度失调，渭南为初级协调，延安和安康为勉强协调。2022 年，陕西省 10 个城市资源利用—生态质量两个子维度的耦合协调水平均有不同程度的改善，其中，铜川和榆林已达到优质协调，宝鸡、咸阳、延安和商洛达到良好协调，西安和渭南达到中级协调，汉中达到初级协调，安康为轻度失调，总体改善幅度低于三个维度。

2017 年、2022 年山西省 11 个城市生态保护资源利用—生态质量两个子维度的耦合协调度均有相当程度的改善。2017 年，山西省 11 个城市生态保护资源利用—生态质量两个子维度的耦合协调水平均较低，其中，省会太原、晋城、晋中、运城和阳泉为严重失调，忻州、吕梁和临汾处于中度失调，大同和长治为轻度失调，朔州为濒临失调，总体优于三个维度之间的协调水平。2022 年，山西省 11 个城市资源利用—生态质量两个子维度的耦合协调水平均有相当程度的改善，其中，晋城、忻州、吕梁、晋中、运城和阳泉 6 市已达到优质协调，太原、大同、长治和临汾 4 市达到良好协调，朔州达到中级协调，总体改善幅度优于三个维度。

2017 年、2022 年河南省 12 个城市生态保护资源利用—生态质量两个子维度耦合协调度除鹤壁和三门峡外均有不同程度的提升，总体低于三个维度的耦合协调程度。2017 年，河南省 12 个城市生态保护资源利用—生态质量两个子维度的耦合协调水平均比较低，其中，洛阳、安阳和新乡 3 个城市处于严重失调，郑州、开封、平顶山和焦作 4 个城市为中度失调，鹤壁、濮阳和南阳、济源 4 个城市为轻度失调，仅有三门峡为初级协调。2022 年，河南省 12 个城市资源利用—生态质量两个子维度的耦合协调水平均有不同程度的改善，其中，平顶山、安阳、新乡和济源 4 市已达到优质协调，郑州和开封达到良好协调，洛阳和濮阳为中级协调，南阳为初级协调，焦作和三门峡为勉强协调，仅有鹤壁为轻度失调。

2017 年、2022 年山东省 10 个城市生态保护资源利用—生态质量两个子维度的耦合协调度有升有降有持平。2017 年，山东省 10 个城市生态保护资源利用—环境治理两个子维度的耦合协调水平均较低，其中，临沂处于严重失调，济南、滨州和菏泽为中度失调，东营和聊城为轻度失调，泰安为濒临失调，淄博和德州为初级协调，济宁为良好协调，总体优于三个维度之间的耦合协调水平。2022 年，山东省 10 个城市资源利用—生态质量两个子维度的耦合协调水平均有不同程度的改善，其中，滨州和临沂已达到优质协调，菏泽达到良好协调，济南和济宁达到中级协调，淄博、东营和聊城达到初级协调，泰安为濒临失调，德州仍为轻度失调，总体改善幅度低于三个维度。

表 6-26 2017 年、2022 年黄河流域 70 个城市资源利用—生态质量耦合协调度

城市	2017 年耦合协调度	2022 年耦合协调度	城市	2017 年耦合协调度	2022 年耦合协调度	城市	2017 年耦合协调度	2022 年耦合协调度
西宁	濒临失调	优质协调	巴彦淖尔	严重失调	优质协调	郑州	中度失调	良好协调
海东	轻度失调	初级协调	阿拉善	初级协调	初级协调	开封	中度失调	良好协调
阿坝	中级协调	优质协调	乌兰察布	中级协调	初级协调	洛阳	严重失调	中级协调
甘孜	轻度失调	勉强协调	西安	轻度失调	中级协调	平顶山	中度失调	优质协调
兰州	严重失调	优质协调	铜川	轻度失调	优质协调	安阳	严重失调	优质协调

续表

城市	2017年耦合协调度	2022年耦合协调度	城市	2017年耦合协调度	2022年耦合协调度	城市	2017年耦合协调度	2022年耦合协调度
白银	轻度失调	优质协调	宝鸡	轻度失调	良好协调	鹤壁	轻度失调	轻度失调
武威	初级协调	勉强协调	咸阳	中度失调	良好协调	新乡	严重失调	优质协调
平凉	濒临失调	良好协调	渭南	初级协调	中级协调	焦作	中度失调	勉强协调
庆阳	轻度失调	勉强协调	延安	勉强协调	良好协调	濮阳	轻度失调	中级协调
临夏	轻度失调	中级协调	榆林	严重失调	优质协调	三门峡	初级协调	勉强协调
天水	初级协调	良好协调	商洛	中度失调	良好协调	南阳	轻度失调	初级协调
定西	轻度失调	初级协调	汉中	轻度失调	初级协调	济源	轻度失调	优质协调
陇南	濒临失调	优质协调	安康	勉强协调	轻度失调	济南	中度失调	中级协调
甘南	轻度失调	优质协调	太原	严重失调	良好协调	泰安	濒临失调	濒临失调
张掖	优质协调	初级协调	大同	轻度失调	良好协调	淄博	初级协调	初级协调
银川	严重失调	优质协调	长治	轻度失调	良好协调	东营	轻度失调	初级协调
石嘴山	严重失调	优质协调	晋城	严重失调	优质协调	济宁	良好协调	中级协调
吴忠	中度失调	初级协调	朔州	濒临失调	中级协调	德州	初级协调	轻度失调
固原	勉强协调	轻度失调	忻州	中度失调	优质协调	聊城	轻度失调	初级协调
中卫	中级协调	优质协调	吕梁	中度失调	优质协调	滨州	中度失调	优质协调

续表

城市	2017 年耦合协调度	2022 年耦合协调度	城市	2017 年耦合协调度	2022 年耦合协调度	城市	2017 年耦合协调度	2022 年耦合协调度
呼和浩特	中度失调	初级协调	晋中	严重失调	优质协调	菏泽	中度失调	良好协调
包头	严重失调	优质协调	临汾	中度失调	良好协调	临沂	严重失调	优质协调
乌海	严重失调	良好协调	运城	严重失调	优质协调			
鄂尔多斯	中度失调	优质协调	阳泉	严重失调	优质协调			

(四) 市级层面环境治理—生态质量耦合协调度

总体上看（见表 6-27），2017 年、2022 年黄河流域九省区 70 个城市生态保护环境治理—生态质量两个子维度的耦合协调度基本有很大程度的改善，仅有甘肃的平凉由勉强协调降为轻度失调。2017 年，黄河流域九省区 70 个城市环境治理—生态质量之间的耦合协调度大部分处于不同的失调水平，其中，海东等 51 个城市为严重失调，西宁等 10 个城市为中度失调，阿坝等 8 个城市为轻度失调，仅有平凉为勉强协调，总体水平低于三个维度间的耦合协调水平。2022 年，黄河流域九省区 70 个城市环境治理—生态质量之间的耦合协调度除平凉外基本处于不同的水平，仅有平凉为轻度失调，定西为濒临失调，甘孜等 3 个城市为初级协调，鄂尔多斯等 3 个城市为中级协调，白银等 7 个城市为良好协调，西宁等 55 个城市达到优质协调，中级及以上协调水平城市占比达到 92.9%，改善幅度大幅领先三个维度，究其原因，应该得益于 2017 年开始的污染防治攻坚战，环境治理目标任务如期完成，生态质量得以显著提高。

分省区来看，2017 年、2022 年青海省 2 个城市生态保护环境治理—生态质量两个子维度的耦合协调度均有相当程度的改善。2017 年，青海省 2 个城市生态保护环境治理—生态质量两个子维度的耦合协调水平均比较低，西宁为中度失调，海东为严重失调。2022 年，青海省 2 个城市环境治理—

生态质量两个子维度的耦合协调水平均有相当程度的改善，西宁和海东均达到优质协调。

2017 年、2022 年四川省 2 个城市生态保护环境治理—生态质量两个子维度的耦合协调度均有不同程度改善。2017 年，四川省 2 个城市生态保护环境治理—生态质量两个子维度的耦合协调水平均比较低，阿坝为轻度失调，甘孜为中度失调。2022 年，四川省 2 个城市环境治理—生态质量两个子维度的耦合协调水平均有不同程度改善，阿坝达到优质协调，甘孜升为初级协调。

2017 年、2022 年甘肃省 11 个城市生态保护环境治理—生态质量两个子维度的耦合协调度除平凉外均有不同程度的改善。2017 年，甘肃省 11 个城市生态保护环境治理—生态质量两个子维度的耦合协调水平均比较低，其中，平凉为勉强协调，省会兰州、庆阳、临夏、定西和陇南处于严重失调，武威和天水为中度失调，白银、甘南和张掖为轻度失调。2022 年，甘肃省 11 个城市环境治理—生态质量两个子维度的耦合协调水平除平凉下降外均有不同程度的改善，其中，兰州、庆阳、临夏和甘南已达到优质协调，白银、武威、天水和陇南达到良好协调，张掖达到初级协调，定西为濒临失调，平凉降为轻度失调。

2017 年、2022 年宁夏回族自治区 5 个城市生态保护环境治理—生态质量两个子维度的耦合协调度均有很大程度的改善。2017 年，宁夏 5 个城市生态保护环境治理—生态质量两个子维度的耦合协调水平均较低，其中，省会银川、石嘴山、吴忠和固原处于严重失调，中卫为中度失调。2022 年，宁夏 5 个城市环境治理—生态质量两个子维度的耦合协调水平均有很大程度的改善，5 个城市均达到优质协调，改善幅度优于三个维度。

2017 年、2022 年内蒙古自治区 7 个城市生态保护环境治理—生态质量两个子维度的耦合协调度均有相当程度的改善。2017 年，内蒙古 7 个城市生态保护环境治理—生态质量两个子维度的耦合协调水平均较低，其中，呼和浩特、包头、乌海和巴彦淖尔处于严重失调，鄂尔多斯和乌兰察布为中度失调，阿拉善为轻度失调。2022 年，内蒙古 7 个城市环境治理—生态质量两个子维度的耦合协调水平均有相当程度的改善，其中，呼和浩特、包头、乌海、巴彦淖尔和乌兰察布已达到优质协调，鄂尔多斯达到中级协调，阿拉善达到初级协调。

2017 年、2022 年陕西省 10 个城市生态保护环境治理—生态质量两个子维度的耦合协调度均有很大程度的改善。2017 年，陕西省 10 个城市生态保护环境治理—生态质量两个子维度的耦合协调水平均比较低，其中，西安、铜川、宝鸡、延安、榆林、商洛、汉中和安康处于严重失调，咸阳为中度失调，渭南为轻度失调。2022 年，陕西省 10 个城市环境治理—生态质量两个子维度的耦合协调水平均有很大程度的改善，其中，铜川、宝鸡、延安、榆林、商洛、汉中和安康已达到优质协调，咸阳达到良好协调，渭南达到中级协调，总体改善幅度低于三个维度。

2017 年、2022 年山西省 11 个城市生态保护环境治理—生态质量两个子维度的耦合协调度均有很大程度的改善。2017 年，山西省 11 个城市生态保护环境治理—生态质量两个子维度的耦合协调水平均较低，其中，省会太原、大同、长治、晋城、忻州、吕梁、晋中、临汾、运城和阳泉 10 个城市为严重失调，朔州处于轻度失调，总体低于三个维度之间的协调水平。2022 年，山西省 11 个城市环境治理—生态质量两个子维度的耦合协调水平均有不同程度的改善，其中，省会太原、大同、长治、晋城、朔州、忻州、吕梁、临汾、运城和阳泉 10 个城市已达到优质协调，晋中达到良好协调，总体改善幅度显著高于三个维度。

2017 年、2022 年河南省 12 个城市生态保护环境治理—生态质量两个子维度耦合协调度均有不同程度的改善，总体改善程度优于三个维度的耦合协调程度。2017 年，河南省 12 个城市生态保护环境治理—生态质量两个子维度的耦合协调水平除济源外基本处于严重失调阶段，表明河南环境治理和生态质量两个子维度发展极不协调。2022 年，河南省 12 个城市环境治理—生态质量两个子维度的耦合协调水平均有很大程度的改善，除郑州外其他 11 个城市均已达到优质协调阶段，表明随着环境治理力度的加大，生态质量也得到了很大改善，两个子维度形成互补、协调发展的良好态势。

2017 年、2022 年山东省 10 个城市生态保护环境治理—生态质量两个子维度的耦合协调度均有相当程度的改善。2017 年，山东省 10 个城市生态保护环境治理—生态质量两个子维度的耦合协调水平均较低，其中，省会济南、泰安、淄博、东营、聊城、滨州、菏泽和临沂 8 个城市处于严重失调，济宁和德州为中度失调。2022 年，山东省 10 个城市环境治理—生态质量两个子维度的耦合协调水平均有相当程度的改善，山东省黄河流域 10 个城市均达到优质协调，总体改善幅度显著高于三个维度。

表 6-27　2017 年、2022 年黄河流域 70 个城市环境治理—生态质量耦合协调度

城市	2017 年耦合协调度	2022 年耦合协调度	城市	2017 年耦合协调度	2022 年耦合协调度	城市	2017 年耦合协调度	2022 年耦合协调度
西宁	中度失调	优质协调	巴彦淖尔	严重失调	优质协调	郑州	严重失调	良好协调
海东	严重失调	优质协调	阿拉善	轻度失调	初级协调	开封	严重失调	优质协调
阿坝	轻度失调	优质协调	乌兰察布	中度失调	优质协调	洛阳	严重失调	优质协调
甘孜	中度失调	初级协调	西安	严重失调	中级协调	平顶山	严重失调	优质协调
兰州	严重失调	优质协调	铜川	严重失调	优质协调	安阳	严重失调	优质协调
白银	轻度失调	良好协调	宝鸡	严重失调	优质协调	鹤壁	严重失调	优质协调
武威	中度失调	良好协调	咸阳	中度失调	良好协调	新乡	严重失调	优质协调
平凉	勉强协调	轻度失调	渭南	轻度失调	中级协调	焦作	严重失调	优质协调
庆阳	严重失调	优质协调	延安	严重失调	优质协调	濮阳	严重失调	优质协调
临夏	严重失调	优质协调	榆林	严重失调	优质协调	三门峡	严重失调	优质协调
天水	中度失调	良好协调	商洛	严重失调	优质协调	南阳	严重失调	优质协调
定西	严重失调	濒临失调	汉中	严重失调	优质协调	济源	轻度失调	优质协调
陇南	严重失调	良好协调	安康	严重失调	优质协调	济南	严重失调	优质协调
甘南	轻度失调	优质协调	太原	严重失调	优质协调	泰安	严重失调	优质协调

续表

城市	2017年耦合协调度	2022年耦合协调度	城市	2017年耦合协调度	2022年耦合协调度	城市	2017年耦合协调度	2022年耦合协调度
张掖	轻度失调	初级协调	大同	严重失调	优质协调	淄博	严重失调	优质协调
银川	严重失调	优质协调	长治	严重失调	优质协调	东营	严重失调	优质协调
石嘴山	严重失调	优质协调	晋城	严重失调	优质协调	济宁	中度失调	优质协调
吴忠	严重失调	优质协调	朔州	轻度失调	优质协调	德州	中度失调	优质协调
固原	严重失调	优质协调	忻州	严重失调	优质协调	聊城	严重失调	优质协调
中卫	中度失调	优质协调	吕梁	严重失调	优质协调	滨州	严重失调	优质协调
呼和浩特	严重失调	优质协调	晋中	严重失调	良好协调	菏泽	严重失调	优质协调
包头	严重失调	优质协调	临汾	严重失调	优质协调	临沂	严重失调	优质协调
乌海	严重失调	优质协调	运城	严重失调	优质协调			
鄂尔多斯	中度失调	中级协调	阳泉	严重失调	优质协调			

第七章　河南践行黄河流域生态保护协同治理的政策效应评价

第一节　引言

习近平总书记在黄河流域生态保护和高质量发展座谈会上强调，黄河生态系统是一个有机整体，要更加注重保护和治理的系统性、整体性、协同性。省委十届十次全会也指出，要树立“一盘棋”思想，统筹推进重大生态保护、水网体系、交通能源和产业体系建设，在新时代黄河大合唱中谱写出彩河南篇章。习近平总书记的重要讲话高屋建瓴，为黄河流域综合治理指明了方向，提出了新的更高要求，必须按照习近平总书记的重要讲话和省委十届十次全会精神，以系统思维推进黄河流域协同治理。

2024 年 5 月 9 日，国务院新闻办公室“推动高质量发展”系列主题新闻发布会河南专场在北京举行，会议指出黄河是中华民族的母亲河，河南在黄河流域生态保护和高质量发展全局中具有重要地位。

河南在推动黄河流域生态保护协同治理方面做出了卓越贡献，2018 年 3 月 9 日，新修订的《河南省黄河河道管理办法》（以下简称《办法》）正式施行，《办法》规定，沿黄河各级人民政府应当设立黄河河长，河长由同级人民政府主要负责人担任。同时，加大了对各种违规行为的处罚力度。《办法》规定，黄河河道防汛和清障工作实行政府行政首长负责制。各级黄河河长负责组织相应黄河河道的管理、保护、治理工作，协调解决重大问题，对本级政府相关部门和下级河长履职情况进行督导和考核。《办法》要求，在黄河河道管理范围内，水域和土地的利用应当符合黄河行洪、输水和航运要求。黄河河道内的滩地不得规划为城市建设用地、商业房地产开发用地和工厂、企业成片开发区。在黄河河道管理范围内，禁止堆放、倾倒、掩埋、排放污染水体的物体，禁止在河道内清洗装贮油类或者有毒污染物的车辆、容器。根据《办法》，黄河河道堤防安全保护区的范围是：黄河堤脚外临河五十米，背河一百米；沁河堤脚外临河三十米，背河五十米。库区范围均为安全保护区。在黄河河道堤防安全保护区内，禁止进行打井、钻探、爆破、开渠、挖窖、挖筑鱼塘、采石、取土等危害堤防安全的活动。为加强河道管理，保障防洪安全，《办法》加大了对各种违规行为的处罚力度。《办法》指出，在河道管理范围内弃置矿渣、石渣、煤灰、泥土、垃圾等物料的，每立方米处二百元以上五百元以下罚款，修建围堤、阻水渠道、阻水道路的，处五千元以上三万元以下罚款；在堤防、护堤地建房、开渠、打井、挖窖、建窑、葬坟、取土的，处一千元以上五千元以下罚款；未经批准或者不按照河道主管机关的规定在河道管理范围内采砂的，处一万元以上五万元以下罚款；未经批准在河道滩地存放物料，修建厂房或者其他建筑设施，开采地下资源，进行考古发掘的，处一万元以上五万元以下罚款；在堤防安全保护区内进行打井、钻探、爆破、开渠、挖窖、挖筑鱼塘、采石、取土等危害堤防安全活动的，处一万元以上五万元以下罚款。

习近平总书记在党的二十大报告中强调“推动绿色发展，促进人与自然和谐共生”，而全面推行河长制正是落实绿色发展理念的内在要求。河长制作为流域环境治理的一次重大制度创新，其担负的责任不仅仅是水清河晏，更是将水资源优势转化为经济优势和发展优势，继而成为推动经济绿色可持续发展的内在动力。黄河流域是中国重要的生态屏障和经济地带，在流域治理过程中存在自由裁量权扩张、地方政府竞争不当以及考核评价制度不完善等问题，建立能够反映水环境治理成效的河长制考核体系迫在眉睫。随着黄河流域各中心城市社会经济的不断发展，河流与湖泊湿地逐渐萎缩、植被覆盖率逐渐减少以及区域水涵养能力不断下降，这些问题不仅严重影响沿线工农业生产和生活用水，而且导致河口地区海水入侵、土壤沙化与盐碱化等生态环境破坏。基于此，以河南省地级市为研究对象，采用双重差分法考察河长制对黄河流域生态保护的影响，为改善河湖生态环境和建设人民满意幸福河湖提供参考依据。

第二节　文献综述

一　关于黄河流域生态协同治理的研究

周伟（2021）分析了地方政府协同治理在黄河流域生态保护中应当充当的角色和发挥的作用，并且探讨了需要从组织、制度和机制三个主要方面完善地方政府的协同治理机制，从而提高地方政府在黄河流域生态保护治理方面的稳定性、持续性和高效性；廖建凯和杜群（2021）从现实出发，分析了黄河流域协同治理所面临的水资源、水环境和水生态等问题和挑战，要从治理架构、治理模式和治理手段三个方面构建黄河流域的协同治理体制和法律体系，共同推动黄河流域生态保护和高质量发展；钞小静和周文慧（2020）基于黄河流域高质量发展的意义和内涵，从市场协同、利益协同、社会协同、文化协同和生态协同构建现代化的治理体系，同时分析了黄河流域高质量发展当前面临的问题和制约的因素，并且从市场经济一体化、利益共享、共建共治共享、文化和多元化生态五个层面构建治理体系，助推黄河流域高质量发展现代化；林永然和张万里（2021）认为黄河流域治理模式的创新以及沟通和协调机制的创新是推进协同治理的重要措施，包括加强顶层设计、推进协同监管和建立健全流域长效治理机制，从而提高黄河流域的治理效能；司林波和张盼（2022）从制度性集体行动理论的角度出发，构建黄河流域生态协同保护过程的集体行动分析框架，发现黄河流域不同阶段的现实困境存在明显差异，应进一步深化流域协同、完善流域协调管理机制，进一步完善横向生态补偿机制，健全合作机制。李雪松等（2023）基于长江三角洲地区的微观数据库，实证检验了河长制对企业环境绩效的影响，研究结果表明河长制显著降低了企业的水污染物排放，并且通过加大环保创新投入提高企业环境绩效。

二　关于河长制政策效果的研究

沈坤荣和金刚（2018）基于河长制和国控监测点水污染数据采用双重差分法评价了河长制实施的政策效应，结果表明实施河长制初步达到了水污染治理效果，但并未降低水中深度污染物，地方政府可能存在治标不治本的粉饰性治污行为；杜海娇和邓群钊（2024）基于52个地级以上城市河长制和水资源数据识别了河长制的水资源治理效果，研究结果表明河长制通过改变水资源用户用水方式和改变水资源系统状态的方式来共同实现；颜海娜和曾栋（2019）从价值、结构、制度设计和技术角度分析了河长制在水环境治理方面存在的困境，并指出未来应强化协同治理理念，从河长制走向河长治。王川杰等（2023）基于河长制和微观企业数据，实证检验了河长制对绿色创新的政策效果，研究表明，河长制政策的实施显著提升了企业的绿色创新水平，这种促进作用主要通过企业内部激励和外部压力两种渠道实现的，并且后者强于前者。

第三节　模型设计与数据说明

一　模型构建

为检验河南省践行黄河流域生态保护协同治理的政策效应，本书以河长制为准自然实验，采用双重差分模型（DID）进行政策效应估计，构建以下回归模型：

$$En_{it}=\alpha_0+\beta did_{it}+\gamma X_{it}+\mu_i+\lambda_t+\varepsilon_{it} \tag{1}$$

在式（1）中，i 表示河南省的各地级市，t 表示年份，En_{it} 表示地级市 i 在 t 年的工业二氧化硫排放量。$did_{it}=city_i \times year_t$，$city_i$ 为地区虚拟变量，考虑到在黄河流域实施的河长制对黄河流经的地级市影响更大，因此将黄河流经的地级市赋值为1，黄河未流经的地级市赋值为0；$year_t$ 为时间虚拟变量，河长制政策实施之后赋值为1，河长制政策实施前赋值为0，就河南省来讲，河南省于2018年3月开始在黄河实施河长制，因此，如果year<2018则赋值为0，否则赋值为1。X_{it} 为一系列控制变量，μ_i 为地级市层面的固定效应，λ_t 为时间固定效应，ε_{it} 为随机误差项，系数 β 为本书关注的核心，度量了河长制实施的生态治理效应。

二　变量说明

（一）被解释变量

本书的被解释变量为黄河流域生态环境治理水平，工业二氧化硫排放量是衡量城市生态治理水平的重要指标之一，本书选用工业二氧化硫排放量作为被解释变量，考虑到工业二氧化硫排放量的绝对值数值较大，对其进行取对数处理，具体为工业二氧化硫排放量加 1 取自然对数衡量。

（二）核心解释变量

本书的核心解释变量为河长制，为模型（1）中的 did_{it}，具体来讲，如果某个地级市在某一年已经实施河长制，则赋值为 1，否则赋值为 0。

（三）控制变量

（1）经济发展水平（lngdpp），地区的经济发展水平会影响该地区的生态协同治理效果，因此本章选取经济发展水平作为控制变量，考虑到经济发展水平的绝对值数值较大，对其进行取对数处理。具体地，以人均地区生产总值加 1 取自然对数衡量；（2）产业结构（indt），产业结构衡量了一个地区的产业发展状况，地区的产业发展状况与生态治理水平密切相关，因此，选取产业结构作为控制变量，具体地，以第三产业增加值占 GDP 的比重衡量；（3）财政支出规模（lnexpen），财政支出规模反映了该地区政府治理的规模和力度，政府支出规模越大，说明该地区地方政府的治理规模和力度越大，用于生态治理的资金也越充足，正向影响该地区的生态治理效果，因此，选取财政支出规模作为控制变量，考虑到财政支出规模的绝对值数值较大，对其进行取对数处理，具体地，以地方财政一般预算内支出加 1 取自然对数衡量；（4）财政收入规模（lnrev），财政收入规模衡量了该地区的财力水平，财政收入规模大说明该地区有较为充足的财力支撑，能够为生态环境治理提供支持，对黄河流域的生态环境治理水平产生一定的影响，因此，选取财政收入规模作为控制变量，考虑到财政收入规模的绝对值数值较大，对其进行取对数处理，具体地，以地方财政一般预算内收入加 1 取自然对数衡量；（5）人口数量（lnpop），人口大体上反映了该地区的劳动力水平，劳动力水平是实现经济高质量发展的重要因素，人口数量越多，对生态治理的影响越大，因此，选取人口数量作为控制变量，考虑到人口数量的绝对值数值较大，对其进行取对数处理，具体地，以年底总人口加 1 取自然对数衡量。

三　数据来源

本节选取2013~2022年河南省17个地级市的面板数据作为研究样本，由于济源属于河南省直辖县级市，因此在样本中剔除了济源市。河长制政策实施数据通过手工收集获得，工业二氧化硫排放量和各控制变量的数据来源于EPS数据库和各城市的统计年鉴，各变量的描述性统计见表7-1。工业二氧化硫排放量的对数值观测值为162个，平均值为9.087，标准差为1.437，最小值为6.252，最大值为11.779，由此可以看出河南省各地市工业二氧化硫排放量的对数值分布较为均匀；人均地区生产总值的对数值观测值为170个，平均值为10.717，标准差为0.381，最小值为9.67，最大值为11.636，可以看出，河南省各地市人均地区生产总值的对数值分布较为均匀；第三产业增加值占GDP的比重的观测值为153个，平均值为40.292，标准差为8.488，最小值为18.46，最大值为59.04，可以看出，相较于前两个指标，河南省各地市第三产业增加值占GDP的比重分布较为分散，最小值和最大值相差较大；地方财政一般预算内支出的对数值观测值为170个，平均值为15.095，标准差为0.571，最小值为13.675，最大值为16.766，由此可以看出，河南省各地市的财政支出规模分布较为均匀，最大值和最小值相差较小；财政收入规模的对数值观测值为170个，平均值为14.195，标准差为0.648，最小值为12.89，最大值为16.349，由此可以看出，河南省各地市财政收入规模分布较为均匀，最大值和最小值相差较小；人口数量的对数值观测值为153个，平均值为6.215，标准差为0.511，最小值为5.062，最大值为7.151，由此可以看出，河南省各地市的人口数量分布较为均匀，最大值和最小值相差较小。

表7-1　描述性统计

变量名	样本量	平均值	标准差	最小值	最大值
工业二氧化硫排放量	162	9.087	1.437	6.252	11.779
did	170	0.206	0.406	0	1
经济发展水平	170	10.717	0.381	9.67	11.636
产业结构	153	40.292	8.488	18.46	59.04

续表

变量名	样本量	平均值	标准差	最小值	最大值
财政支出规模	170	15.095	0.571	13.675	16.766
财政收入规模	170	14.195	0.648	12.89	16.349
人口数量	153	6.215	0.511	5.062	7.151

第四节　实证结果分析

一　河长制的污染治理效应

河长制政策推行的主要目的是防止河湖污染，落实绿色发展理念。因而研究河长制影响河南省在黄河流域的生态治理水平的前提是该政策对污染治理的有效性。基于此，本节首先检验河长制能否有效降低空气污染，工业二氧化硫排放量作为衡量空气污染的重要指标之一，对其进行对数化处理，回归结果见表7-2。列（1）为在不控制城市固定效应和时间固定效应的情况下河长制对工业二氧化硫排放量的影响，列（2）为在列（1）的基础上加入了经济发展水平、产业结构、财政支出规模、财政收入规模和人口数量控制变量，列（3）在列（2）的基础上同时加入了时间固定效应和城市固定效应。根据结果可以看出，列（1）中核心解释变量的估计系数为-1.9103，在1%的统计水平上显著为负；列（2）在加入控制变量后估计系数为-0.5677，在1%的统计水平上显著为负；列（3）在列（2）的基础上同时加入了时间固定效应和个体固定效应，估计系数为-0.4039，在10%的统计水平上显著为负，在加入控制变量和双向固定效应后，虽然系数和显著性都有所降低，但是仍然显著为负，这说明河南省在黄河实施的河长制政策显著降低了工业二氧化硫的排放量，并且加入控制变量、时间固定效应和个体固定效应后依然显著，说明河长制在河南的实施有效降低了城市空气污染。河长制给地方政府提出更为严格的环境治理要求，经济发展的现实性问题与环境治理的强制性要求使得河长制成为引导地方政府积极探索绿色转型发展的推手。

表 7-2　河长制的污染治理效应

	(1) lnso	(2) lnso	(3) did
	-1. 9103*** (0. 2597)	-0. 5677*** (0. 2053)	-0. 4039* (0. 1958)
lngdp		-1. 6550** (0. 6627)	0. 2774 (0. 3592)
indt		-0. 0499*** (0. 0171)	0. 0153 (0. 0103)
lnexpen		-3. 5009*** (0. 6447)	0. 1328 (0. 7260)
lnrev		2. 0157*** (0. 5668)	-0. 7617 (0. 7889)
lnpop		2. 0581*** (0. 7946)	1. 8588 (1. 5145)
			(0. 7600)
时间固定效应	否	否	是
城市固定效应	否	否	是
常数项	9. 4762*** (0. 1919)	40. 4132*** (5. 5762)	4. 5694 (13. 8909)
样本量	162	128	128
F 统计量			285. 6990
拟合优度			0. 9610

注：括号内的值为稳健标准误，标准误聚类到城市层面。*、**、*** 分别表示 10%、5%、1%的显著性水平。

二　河长制的绿色发展效应

河长制除具有生态治理功能之外，也对经济的绿色发展具有一定的影响，本章以河长制为例研究其对河南省沿黄流域经济绿色发展的影响效应。

为综合评价河长制的绿色经济发展效应，本章以绿色全要素生产率（GTFP）作为衡量绿色发展的变量，来验证河长制的实施是否对绿色发展产生影响。

（一）绿色全要素生产率的测算

本章通过采用 MaxDEA 软件计算了绿色全要素生产率，原始数据来自中国城市年鉴、能源统计年鉴和环境统计年鉴。在测算绿色全要素生产率的时候选用了包括经济发展、产业结构、技术创新、外商投资、政府干预、金融发展和环境规制等方面的指标，具体见表 7-3。

从产出指标来看，期望产出有三类，主要包括实际 GDP、人均社会消费总额和城市绿化面积，分别采用与之对应的指标衡量；非期望产出主要包括废水、二氧化硫和粉尘，废水采用废水排放量衡量，二氧化硫采用二氧化硫排放量衡量，粉尘采用烟尘排放量衡量；投入要素主要包括劳动投入、资本投入和能源投入三类，劳动投入采用年末单位从业人员数和规模以上工业企业数衡量，资本投入采用固定资产投资、城市建设用地面积和科学支出三个指标衡量，能源投入采用供水总量、供气总量和全社会用电量三个指标衡量。

表 7-3 测算绿色全要素生产率的指标选取

	类别	指标名称
期望产出	实际 GDP	实际 GDP
	人均社会消费总额	人均社会消费总额
	城市绿化面积	城市绿化面积
非期望产出	废水	废水排放量
	二氧化硫	二氧化硫排放量
	粉尘	烟尘排放量
投入要素	劳动投入	年末单位从业人员数、规模以上工业企业数
	资本投入	固定资产投资、城市建设用地面积、科学支出
	能源投入	供水总量、供气总量、全社会用电量

（二）河长制影响绿色全要素生产率的实证分析

本章以通过上述方法测算出来的绿色全要素生产率作为被解释变量，河长制政策的实施作为核心解释变量，运用 STATA17.0 软件对其进行回归，回归结果见表 7-4。列（1）为未控制时间固定效应的情况下河长制对工业二氧化硫排放量的影响，仅控制了城市固定效应和加入了经济发展水平、产业结构、财政支出规模、财政收入规模和人口数量控制变量，列（2）在列（1）的基础上加入了时间固定效应。根据结果可以看出，列（1）中核心解释变量的估计系数为 0.0204，在 5%的统计水平上显著为正，列（2）在加入控制变量后估计系数为 0.0263，在 5%的统计水平上显著为正，在加入控制变量和双向固定效应后，系数仍然显著为正，这说明河南省在黄河实施的河长制政策显著提高了城市的绿色全要素生产率，并且加入控制变量、时间固定效应和个体固定效应后依然显著，说明河长制在河南的实施有效提升了城市绿色经济发展水平。

表 7-4　河长制的绿色发展效应

类别	(1) GTFP	(2) GTFP
did	0.0204** (0.0086)	0.0263** (0.0098)
控制变量	是	是
时间固定效应	否	是
城市固定效应	是	是
常数项	0.0419 (1.2038)	0.6513 (1.8358)
样本量	119	119
F 统计量	2.3341	6.9851
拟合优度	0.0562	0.1157

注：括号内的值为稳健标准误，标准误聚类到城市层面。*、**、***分别表示 10%、5%、1%的显著性水平。

第五节　河长制政策的实施成效

据水利部黄河水利委员会报道，河南河务局实现了省河长制考核六连优，位列中央驻豫单位第1名。近年来，河南河务局紧紧围绕河湖长制工作重点，积极履行河南省河长办成员单位职责，河长制工作迈出坚实步伐。一是充分发挥河长参谋助手作用。积极协助省级河长巡河，组织召开黄河流域省级河湖长联席会议、幸福河建设、水政与河湖管理工作推进会，推动全局河湖长制工作落地落实。二是创新构建"河务+公检法司"工作机制。局机关设置检察公益诉讼协作办公室、法官工作室，有效处置河道管理重大疑难问题。借力扫黑除恶专项斗争，开展保护母亲河服务高质量发展严打严治行动。三是强力推进妨碍河道行洪突出问题暨"四乱"问题排查整治。积极汇报沟通、强化督导检查，确保河南省防控指挥部黄河防汛工作调度会明确表示的132项问题全部完成清理整治。四是依法规范河道采砂综合管理。落实采砂管理"四个责任人"，严厉打击违法采砂活动。五是持续加强执法监管。全面推行行政执法三项制度，明确水行政执法统计"五个责任人"。定期开展河道巡查，依法制止违法行为，确保河道管理秩序持续向好。六是深入推进法治宣传教育和法治文化建设。组建专班编写《黄河保护法》使用手册，组建普法讲师团、宣传队开展系统培训。高标准建设"河南黄河法治文化带"法治品牌标识，与全面依法治省委员会和河南省司法厅联合命名示范基地，实现全局水管单位全国法治宣传教育基地全覆盖，获法治河南建设考核"七连优"、河南省推进服务型行政执法建设突出单位称号。

一　生态环境改善情况

（一）空气质量优良天数占比

实施河长制的重要目标之一就是改善生态环境，为更好分析河长制政策的实施成效，本章选取了沿黄城市的空气质量优良天数占比来分析河长制实施在生态环境方面的改善情况，具体见表7-5。从整体上来看，沿黄区域城市的空气质量优良天数占比总体上有所增加，具体来看，郑州在基期的空气质量优良天数占比为46.03%，报告期为60.80%，报告期比基期增加了14.77个百分点；开封在基期的空气质量优良天数占比为49.80%，报告期为59.18%，报告期比基期增加了9.38个百分点；洛阳在基期的空气质量优良天数占比为49.59%，报告期为63.00%，报告期比基期增加了13.41个百分点；新乡在基期的空气质量优良天数占比为48.49%，报告期为63.00%，报告期比基期增加了14.51个百分点；焦作在基期的空气质量优良天数占比为46.03%，报告期为60.80%，报告期比基期增加了14.77个百分点；濮阳在基期的空气质量优良天数占比为51.78%，报告期为66.60%，报告期比基期增加了14.82个百分点；三门峡在基期的空气质量优良天数占比为58.08%，报告期为67.10%，报告期比基期增加了9.02个百分点。由此可以看出，河长制实施后，沿黄城市的空气质量不断提升，环境质量持续得到改善。

表7-5　沿黄城市空气质量优良天数占比

城市	基期优良天数占比（%）	报告期优良天数占比（%）	报告期优良天数占比比基期优良天数占比增加（个百分点）
郑州	46.03	60.80	14.77
开封	49.80	59.18	9.38
洛阳	49.59	63.00	13.41
新乡	48.49	63.00	14.51
焦作	46.03	60.80	14.77
濮阳	51.78	66.60	14.82
三门峡	58.08	67.10	9.02

注：表中的基期指2018年，报告期指2022年。

（二）建成区绿化覆盖率

除了空气质量优良天数占比之外，建成区绿化覆盖率也是衡量生态环境质量的重要指标之一，本章通过河长制政策实施基期和报告期的情况来分析该政策在建成区绿化覆盖率层面的效果，具体见表7-6。从整体上看，沿黄区域城市的建成区绿化覆盖率有所增加，具体来看，郑州在基期的建成区绿化覆盖率为 40.83%，报告期为 41.72%，报告期比基期增加了 0.89 个百分点；开封在基期的绿化覆盖率为 38.39%，报告期为 46.30%，报告期比基期增加了 7.91 个百分点；洛阳在基期的建成区绿化覆盖率为 43.76%，报告期为 44.90%，报告期比基期增加了 1.14 个百分点；新乡在基期的建成区绿化覆盖率为 40.10%，报告期为 42.00%，报告期比基期增加了 1.9 个百分点；焦作在基期的绿化覆盖率为 41.02%，报告期为 45.80%，报告期比基期增加了 4.78 个百分点；濮阳在基期的绿化覆盖率为 40.59%，报告期为 43.90%，报告期比基期增加了 3.31 个百分点；三门峡在基期的绿化覆盖率为 39.85%，报告期为 45.00%，报告期比基期增加了 5.15 个百分点。由此可以看出，河长制实施后，沿黄城市的空气质量不断提升，环境质量持续得到改善。

表 7-6　沿黄城市建成区绿化覆盖率

城市	基期绿化覆盖率（%）	报告期绿化覆盖率（%）	报告期绿化覆盖率比基期绿化覆盖率增加（个百分点）
郑州	40.83	41.72	0.89
开封	38.39	46.30	7.91
洛阳	43.76	44.90	1.14
新乡	40.10	42.00	1.9
焦作	41.02	45.80	4.78
濮阳	40.59	43.90	3.31
三门峡	39.85	45.00	5.15

注：表中的基期指 2018 年，报告期指 2022 年。

二　经济发展情况

（一）人均地区生产总值

河长制的实施除了具有一定的生态环境改善效果，还会对区域的经济发展产生一定的影响。本节选取人均地区生产总值来衡量地区经济发展水平，分析河长制的实施对经济发展的影响，具体见表 7-7。从整体看，可能受疫情冲击的影响，沿黄地区除了郑州和焦作的人均地区生产总值有小幅下滑之外，其他城市的人均地区生产总值都有一定程度的增加。具体来看，开封在基期的人均地区生产总值为 43933 元，报告期为 56075 元，报告期比基期增加了 27.64%；洛阳在基期的人均地区生产总值为 67707 元，报告期为 80226 元，报告期比基期增加了 18.49%；新乡在基期的人均地区生产总值为 43696 元，报告期为 56156 元，报告期比基期增加了 28.52%；濮阳在基期的人均地区生产总值 45644 元，报告期为 50475 元，报告期比基期增加了 10.58%；三门峡在基期的人均地区生产总值为 67275 元，报告期为 82276 元，报告期比基期增加了 22.30%。

表 7-7　沿黄城市人均地区生产总值

城市	基期 人均地区生产总值 （元）	报告期 人均地区生产总值 （元）	报告期人均地区生产总值 比基期人均地区生产总值 （%）
郑州	101349	101169	-0.18
开封	43933	56075	27.64
洛阳	67707	80226	18.49
新乡	43696	56156	28.52
焦作	66329	63434	-4.36
濮阳	45644	50475	10.58
三门峡	67275	82276	22.30

注：表中的基期指 2018 年，报告期指 2022 年。

（二）产业结构变化情况

产业结构优化升级。促进三次产业健康协调发展，逐步形成以农业为基础、高新技术产业为先导、基础产业和制造业为支撑、服务业全面发展的产业格局，沿黄城市除三门峡之外，其他城市的产业结构已经实现由“一二三”变为“三二一”的历史性转变。本章选取了第三产业增加值占 GDP 的比例来衡量产业结构变化情况，具体见表 7-8。从整体上来看，除了开封的第三产业增加值占比有小幅下滑之外，其他城市的第三产业增加值占比均有一定程度的增加。具体来看，郑州在基期的第三产业增加值占 GDP 的比例为 54.67%，报告期为 58.56%，报告期比基期增加了 3.89 个百分点；洛阳在基期的第三产业增加值占比为 50.34%，报告期为 51.86%，报告期比基期增加了 1.52 个百分点；新乡在基期的第三产业增加值占比为 43.19%，报告期为 45.48%，报告期比基期增加了 2.29 个百分点；焦作在基期的第三产业增加值占比为 37.73%，报告期为 53.00%，报告期比基期增加了 15.27 个百分点；濮阳在基期的第三产业增加值占比为 39.47%，报告期为 49.65%，报告期比基期增加了 10.18 个百分点；三门峡在基期的第三产业增加值占比为 37.14%，报告期为 42.44%，报告期比基期增加了 5.30 个百分点。由此可以看出，河长制政策实施后，沿黄城市的第三产业增加值占比增加，产业结构优化升级。

表 7-8 沿黄城市产业结构变化情况

城市	基期第三产业增加值占比（%）	报告期第三产业增加值占比（%）	报告期第三产业增加值占比比基期第三产业增加值占比增加（个百分点）
郑州	54.67	58.56	3.89
开封	47.44	46.97	-0.47
洛阳	50.34	51.86	1.52
新乡	43.19	45.48	2.29
焦作	37.73	53.00	15.27
濮阳	39.47	49.65	10.18
三门峡	37.14	42.44	5.30

注：表中的基期指 2018 年，报告期指 2022 年。

（三）对外开放水平

河南已形成以郑州为轴心的“米”字形高速铁路网和“四纵五横”普速铁路网。纵贯华南、华北至东北亚的航空货运通道打通，与卢森堡货航“串欧美”的东西向航空通道交会，郑州已成为“贯南北、通东西”的空运“十字枢纽”，郑州机场的国际枢纽地位大大加强。2021 年，沿黄核心区公路总里程 103389 公里，比 2012 年增长 9.1%，其中，高速公路总里程 3296 公里，比 2012 年增长 26.4%。这在一定程度上对沿黄城市的对外开放水平产生影响，本章选取了外贸依存度指标来衡量对外开放水平，具体以进出口总额与国内生产总值的比例衡量。具体来看，郑州在基期的外贸依存度为 40.47%，报告期为 46.93%，报告期比基期增加了 6.46 个百分点；开封在基期的外贸依存度为 2.88%，报告期为 3.56%，报告期比基期增加了 0.68 个百分点；洛阳在基期的外贸依存度为 3.10%，报告期为 3.69%，报告期比基期增加了 0.59 个百分点；新乡在基期的外贸依存度为 3.16%，报告期为 4.47%，报告期比基期增加了 1.31 个百分点；焦作在基期的外贸依存度为 6.84%，报告期为 9.12%，报告期比基期增加了 2.28 个百分点；濮阳在基期的外贸依存度为 3.30%，报告期为 10.44%，报告期比基期增加了 7.14 个百分点；三门峡在基期的外贸依存度为 7.30%，报告期为 13.28%，报告期比基期增加了 5.98 个百分点。由此可以看出，河长制政策实施后，沿黄城市的外贸依存度均有所提高，提升了沿黄城市的对外开放水平。

表 7-9　沿黄城市外贸依存度

城市	基期外贸依存度（%）	报告期外贸依存度（%）	报告期外贸依存度比基期外贸依存度增加（个百分点）
郑州	40.47	46.93	6.46
开封	2.88	3.56	0.68
洛阳	3.10	3.69	0.59
新乡	3.16	4.47	1.31
焦作	6.84	9.12	2.28
濮阳	3.30	10.44	7.14
三门峡	7.30	13.28	5.98

注：表中的基期指 2018 年，报告期指 2022 年。

第六节　黄河流域生态保护协同治理的案例分析

2018 年，河南发起了“携手清四乱，保护母亲河”专项行动，在专项行动中，一批难度较大、社会关注度较高的黄河流域“乱占、乱采、乱堆、乱建”等突出问题得到有效解决，同时探索形成了以检察机关与行政机关河湖治理协作联动为主要内容的“河长+检察长”制。近日，河南省委改革办、省检察院、省河长办共同形成了《河南省全面推行“河长+检察长”制改革方案》（以下简称《改革方案》）。《改革方案》由“河长+检察长”制的基本内涵和全面推行要求、工作原则、组织形式和工作职责、主要任务、运行机制、保障措施等六部分构成。

一 “河长+检察长”政策

（一）政策内容

检察机关加强与河长制全体成员单位全面协作，在省、市、县（市、区）成立“河长+检察长”制领导小组。在实施范围方面，由省内黄河流域向全省所有河湖全面推行；在协作机制上拓展，由过去主要是检察机关与河长办两家的协作，转变为在总河长统一领导下，检察机关加强与河长制全体成员单位全面协作；在跨区划办案上，进一步完善省内黄河流域环境资源刑事案件、公益诉讼起诉案件由铁路检察院、铁路法院集中管辖等相关配套制度。在省、市、县（市、区）成立“河长+检察长”制领导小组及联络办公室。组长由总河长或河长担任，检察长担任副组长。

（二）责任划分

相关行政机关担负河湖治理主体责任，检察机关履行法律监督责任。在主要工作任务方面，提出了检察机关与相关行政机关同向发力的要求和检察机关发挥职能作用，需要行政机关配合的内容。《改革方案》中明确，相关行政机关担负河湖治理主体责任，检察机关履行法律监督责任，共同维护国家利益和社会公共利益。检察机关对负有河湖监督管理职责的行政机关违法行使职权或者不作为，致使国家利益或者社会公共利益受到侵害的，依法向行政机关提出检察建议，督促行政机关依法履职。

行政机关应当按照检察建议认真自查、主动整改、按期完成、按时回复。对行政机关不回复检察建议、不依法履行职责、不充分履行职责的，检察机关要依法向人民法院提起行政公益诉讼。人民法院开庭审理行政公益诉讼时，被诉行政机关负责人应当出庭应诉。涉河湖治理行政机关和检察机关建立办案信息共享、问题线索移送、调查协作、检测鉴定技术支持、省内黄河流域环境资源跨区划案件集中管辖等五项机制。

针对河湖管理保护工作中的突出问题，检察机关可以与河长办、河长制相关成员单位每年共同研究选取一个或几个领域联合开展专项行动，形成执法、司法合力。在联合开展专项行动中，检察机关要严格遵守法律监督权边界，要重在督促相关行政机关依法、全面、充分履职，推动解决损害国家利益和社会公共利益问题，不能超越职权进行“联合行政执法”。

（三）创新机制

在黄河流域九省区率先派驻省河长办检察联络员，为“河长+检察长”依法治河新模式贡献检察智慧。在积极参与黄河流域生态保护与治理工作中，省检察机关加强与黄委会、省河长办及河长制相关成员单位的沟通协作，在实践中探索形成了以建立协作联动机制、实现行政执法与检察监督有效衔接为主要内容的“河长+检察长”依法治河新模式。与省河长办协同建立常态长效机制，在黄河流域九省区率先派驻省河长办检察联络员，通过开展业务交流，健全公益诉讼联席会议、执法信息共享和案件线索移交等制度。2019年，省河长办先后分三批向检察院移交的266件黄河“四乱”问题线索，现已基本整治到位；2020年又分三批移交203件问题线索，目前正在积极有序办理中。

（四）政策成效

一是河长体系日益完善。省委书记担任第一总河长，省长担任总河长，省委、省政府领导班子成员全部担任省级河长，各位省级河长带头巡河调研，解决问题，示范引领各级河长履职尽责。目前，河南省流域面积30平方公里以上的1839条河流、8个自然湖泊和51个人工湖泊都已分级分段设立了河长湖长，同时将河、塘、沟、渠、堰、坝等小微水体全部纳入河湖长监管范围。

二是清单式管理整治有力。对省级河长负责的河流实行问题、任务、责任“三个清单”管理模式，结合“一河一策”方案和现场明察暗访情况，由省级河长向市级河长交办“清单”，使市级河长责任更明确、目标更量化、任务更具体。2019年交办的2378个问题全部得到整改，2020年又交办问题393个，已销号319个，销号率81%。2020年，河南在市县也全面推行了“三个清单”管理模式，促进了河湖突出问题的解决。

三是专项行动扎实有效推进。全面治乱，开展侵占河湖、破坏生态的乱占、乱采、乱堆、乱建等“四乱”问题集中整治，2019年全省排查并整治“四乱”问题1980个，2020年又排查“四乱”问题2114个，已销号2067个，销号率97.8%。综合治砂，按照惩防并举、疏堵结合、标本兼治的思路，综合整治河道采砂问题，坚决打击河道非法采矿，规范河道采运砂管理，目前全省河道采砂秩序总体平稳可控。

四是推进机制不断完善健全。构建“智慧河湖”监控平台，打造天、空、地、人立体化监测网络，以信息化推进河湖管理现代化。推广“河长+”模式，全面推广“河长+检察长”“河长+警长”机制，借助司法力量推动“四乱”问题解决；建立“河长+巡河员、护河员、保洁员”三员制度，打通管护河湖“最后一公里”。强化督查考核，通过网上舆情、群众举报、暗察暗访等三种有效途径，发现收集河湖问题线索，逐项核查督办整改；充分发挥考核“指挥棒”和“风向标”作用，传导压实责任。

二　河南检查公益诉讼服务案例

2019年9月18日，习近平总书记在郑州主持召开座谈会，正式将黄河流域生态保护和高质量发展上升为重大国家战略。2022年10月30日，第十三届全国人民代表大会常务委员会第三十七次会议通过《黄河保护法》，为黄河流域生态保护和高质量发展提出了更高要求。党的二十大报告强调“加强检察机关法律监督工作”“完善公益诉讼制度”。近年来，全省检察机关立足“当好党委政府法治助手”的工作定位，充分发挥公益诉讼在促进国家治理体系和治理能力现代化中的独特作用，与水利、河务部门密切协作，聚焦黄河安全和生态保护突出问题，成功办理了一批有影响的典型案件，推动解决了一批“老大难”问题，创新完善了一批制度机制，在法治轨道上助推黄河流域生态保护，让黄河成为造福人民的幸福河。截至2022年11月，全省检察机关共办理黄河流域生态环境与资源保护公益诉讼案件4267件，在服务保障黄河重大国家战略实施中发挥了积极作用。

（一）郑州经济技术开发区人民检察院督促整治违法养殖侵占黄河湿地行政公益诉讼案

1. 基本案情

郑州市郑东新区杨桥办事处辖区居民在黄河湿地自然保护区核心区，挖筑鱼塘，构筑建筑物，开展渔业养殖，危及河道行洪和堤防安全，破坏黄河湿地生态环境，侵害社会公共利益。

2. 检察机关履职及行政机关整改落实情况

郑州经济技术开发区人民检察院（该院管辖郑东新区公益诉讼案件）在履行公益诉讼检察职责中发现该问题线索，通过查阅资料、座谈交流、实地走访，依法查明郑东新区黄河湿地违法开展渔业养殖现象非常严重，违法挖筑鱼塘上千亩，违章建筑上百处，危及河道行洪和堤防安全，破坏生态环境。2020 年 3 月 10 日，该院向郑州市郑东新区杨桥办事处送达检察建议书，建议其对黄河湿地自然保护区核心区内存在的挖筑鱼塘、构筑建筑物、开展渔业养殖现象，依法妥善处理。

检察建议发出后，郑州经济技术开发区人民检察院持续跟进监督，与杨桥办事处召开联席会议，就黄河湿地保护区内违法情况、检察建议落实、整改难点等一系列问题进行座谈，提出意见和建议，并配合做好释法说理工作。其间，主动协调中牟县黄河河务局、郑东新区河长办等单位协助开展黄河湿地整治工作。经共同努力，郑东新区辖区黄河湿地自然保护区核心区和缓冲区鱼塘已全部退养，退养鱼塘 195 个，退养面积 2108 亩，拆除违法构（建）筑物 48000 多平方米，黄河湿地保护区生态功能逐步恢复。

3. 典型意义

黄河滩区违建养殖严重影响黄河行洪安全和生态环境保护。检察机关坚持“双赢多赢共赢”理念，在制发检察建议后持续跟进监督，采取措施，督促、帮助基层政府及时全面履行职责，彻底解决违法养殖问题，筑牢黄河湿地生态环境防护屏障。同时，注重统筹考虑环境保护与民生保障，协助政府依法维护养殖户合法权益，实现了政治效益、法律效益和社会效益的有机统一。

（二）河南省人民检察院济源分院督促消除黄河小浪底水利枢纽工程安全隐患行政公益诉讼案

1. 基本案情

2021年3月1日，黄河小浪底水利枢纽附属工程西沟水库发生一起漫坝事故，坝体局部垮塌，库水流入水电站地下厂房，造成6台机组依次停机，对黄河小浪底水利枢纽工程及流域群众生命财产安全带来重大风险隐患。

2. 检察机关履职及行政机关整改落实情况

2021年3月，河南省人民检察院济源分院发现该问题线索，经初步调查发现，西沟水库漫坝事故相关责任人员虽已被依法追究责任，但黄河小浪底水利枢纽工程安全监管仍存在较多问题，安全隐患仍未消除。2021年5月，河南省人民检察院济源分院立案，并主动向济源产城融合示范区（以下简称示范区）党工委、管委会专题汇报，向河南省人民检察院汇报案件情况，争取党委政府和上级院支持帮助。2022年5月19日，河南省人民检察院济源分院向黄河小浪底水利枢纽管理中心（以下简称小浪底管理中心）公开送达检察建议书，建议其全面排查、及时消除安全漏洞，建立健全安全生产工作长效机制，从源头上防范和化解安全风险。

为确保小浪底管理中心与示范区相关行政机关准确划定安全生产责任，河南省人民检察院济源分院主动联系示范区应急管理局、水利局等部门多次赴库区沟通座谈，强化和落实生产经营单位主体责任与政府监管责任。小浪底管理中心积极整改，全面检查和整改设备设施，制定安全生产风险分级管控清单并定期排查，开办安全生产专题培训班，并与示范区应急管理局、水利局联合制发《关于建立保障小浪底水利枢纽安全稳定运行协作联动机制的意见》，切实加强属地、行业安全生产协同履职能力。

2022年7月，河南省人民检察院济源分院会同示范区安全生产委员会、应急管理局等实地回访查看小浪底管理中心安全生产整改情况，并以该案办理为契机，与小浪底管理中心就开展公益诉讼协作达成共识，会签协作意见，推动形成黄河流域公益保护齐抓共管良好格局。

3. 典型意义

针对黄河小浪底水利枢纽工程附属工程出现的安全生产风险隐患，检察机关坚持“履职不越位、帮忙不添乱”的原则，能动履职，深入调查，精准研判，通过制发检察建议，推动生产经营单位与属地政府协作配合，助力形成“生产经营单位负责、职工参与、政府监管、行业自律和社会监督”的安全生产长效机制，有效服务保障黄河流域水利安全。

（三）武陟县人民检察院督促整治人民胜利渠非法排污行政公益诉讼案

1. 基本案情

人民胜利渠是中华人民共和国成立后黄河下游兴建的第一个大型引黄灌溉工程。长期以来，人民胜利渠武陟县段部分企业及沿渠村民私设排污口，将生产生活污水直接排入人民胜利干渠及支渠，严重污染渠内水环境，威胁下游农业灌溉和城乡居民饮用水安全。

2. 检察机关履职及行政机关整改落实情况

2020 年 4 月，武陟县人民检察院在履行职责中发现该问题线索，主动与人民胜利渠管理部门、县环保局等联系，组成联合调查组，通过实地走访、调查摸排、查阅资料、磋商座谈，依法查明武陟县境内人民胜利渠干渠及支渠非法排污问题及主要原因。

2020 年 8 月 6 日，针对查明的事实及原因，武陟县人民检察院向县生态环境局、詹店镇人民政府发出检察建议，建议其与相关部门积极联动，加快管网基础设施建设；加大执法排查力度，加强环保宣传教育。

检察建议发出后，武陟县人民检察院持续跟进监督，就整治工作多次与行政机关沟通磋商。县生态环境局、詹店镇人民政府高度重视、积极行动，及时封堵人民胜利渠干渠及支渠排污口，同时，为从根本上治理直接向胜利渠排放生活用水、污水的问题，詹店镇人民政府编制上报《詹店镇雨污基础设施及配套建设项目》等专项规划。2020 年 7 月，武陟县发改委批复立项。2020 年 10 月，一期工程“武陟县詹店镇何营东村美丽乡村建设试点项目”完成招标工作。截至 2022 年底，已累计投入 1600 余万元，铺设污水管网 15300 米，建成高标准污水处理站 3 座。通过污水管网和终端建设，长期以来人民胜利渠乱排污水的问题得到基本解决。

3. 典型意义

检察机关牢牢把握“当好党委政府的法治助手”工作定位，针对污染黄河取水灌溉工程水质、影响沿线生态环境的行为，充分发挥公益诉讼检察职能作用，持续跟进、督促行政机关全面履职，及时封堵违法排污口，配套完善沿线村镇雨污处理基础设施，确保沿渠违法排污行为得以根治，取得了良好效果。

（四）濮阳县人民检察院督促整治黄河支流天然文岩渠妨碍行洪行政公益诉讼案

1. 基本案情

天然文岩渠是黄河一级支流，也是骨干防洪排涝河道。长期以来，天然文岩渠濮阳县段未进行过系统治理，河道被修建围堤用于养鱼、种树、种田、建房等，严重影响河道防洪除涝，对人民群众的生命财产安全造成威胁。

2. 检察机关履职及行政机关整改落实情况

2021 年 3 月，濮阳县人民检察院在履行公益诉讼职责中发现该问题线索，经现场查看、走访群众、查阅相关材料，依法查明天然文岩渠濮阳县段自 2004 年清淤疏浚以来，长期未进行系统治理，存在大量私自修建围堤用于养鱼、种树、种田及违规建房的情况，严重影响河道水生态环境及防洪除涝。2021 年 3 月，濮阳县人民检察院依法立案，并依据“河长+检察长”制将该线索同步移送县河长办。2021 年 4 月，濮阳县人民检察院依法向县水利局送达诉前检察建议，建议其积极履行法定职责，对影响行洪的障碍物进行清除，恢复河道生态原貌；同时，对辖区内破坏河道生态环境、影响行洪安全的类似问题全面开展排查并及时整改。

检察建议发出后，针对水利部门、河务部门和属地政府沟通不畅问题，濮阳县人民检察院联合县河长办组织召开联席会议，帮助厘清各行政机关的职责分工，并针对履职难题共同协商解决对策。会后，濮阳县人民检察院联合县水利局向县委县政府进行专题汇报，积极争取党委政府支持。县水利局加强与属地政府的沟通，组织工程技术人员对天然文岩渠围堰、建房、围垦、淤积等情况进行排查，于 2021 年 7 月委托濮阳市水利勘测设计院进行河道测量规划，编制完成《天然文岩渠（濮阳县段）清淤清理工程施工图设计报告》。2022 年 3 月，河道内障碍物开始进行清理外运。2022 年 4 月，县水利局完成招标工作后，正式开始清淤治理工程，共拆除房屋 19 间，移除树木 16000 棵，清理鱼塘 16 处，妨碍河道行洪的障碍物全部得到清除。2022 年 6 月，工程验收合格。

濮阳县人民检察院持续深化监督效果，联合县河长办、县水利局召开座谈会，推动县水利局建立健全天然文岩渠长效治理机制。县水利局成立工作专班，建立天然文岩渠日常巡查工作机制，对乱建、围垦、乱种等行为发现一起清除一起，切实保障河势稳定和行洪安全。

3. 典型意义

检察机关充分发挥“河长+检察长”制作用，坚持督促支持并重，帮助行政机关厘清职责权限，督促行政机关主动履职，协助其开展释法说理，顺利推动县域黄河支流综合治理。同时，强化溯源治理，推动建立健全黄河支流巡查维护的长效机制，拓展巩固妨碍河道行洪问题清理整治成果，实现了政治效果、社会效果和法律效果的有机统一。

（五）河南省人民检察院郑州铁路运输检察分院督促整治黄河滩区聚众越野破坏湿地生态行政公益诉讼案

1. 基本案情

2020 年 11 月，中牟县雁鸣湖镇九堡村附近黄河湿地自然保护区内，大量机动车私自进行越野活动。因多辆越野车困陷，车主调用多台大型履带式挖掘机和水陆两用挖掘机进行挖掘救援，大型挖掘机随意碾压堤坝，肆意挖掘河道，黄河湿地自然保护区生态环境受到严重破坏。其间，活动组织者还利用抖音账号进行现场直播，围观人数达百万，造成不良社会影响，周边人民群众反映强烈。

2. 检察机关履职及行政机关整改落实情况

河南省人民检察院郑州铁路运输分院（以下简称“郑铁分院”）接到群众反映该线索后，依法立案调查。通过收集网络平台视频资料、与相关职能部门沟通、走访群众、现场勘察等方式，依法查明：黄河滩区违法聚集越野行为已持续一段时间，因相关法律法规空白，对出现的新情况行政机关没有明确的职责分工和法定的处罚依据，致使监管效果不佳。2021 年 1 月，郑铁分院依法向中牟县人民政府发出检察建议，建议其有效整合行政监管力量，对辖区黄河河道内非法越野和擅自救援活动依法予以处置，有效保护黄河湿地生态环境。

收到检察建议后，中牟县人民政府高度重视，立即召开整治工作推进会，研究制定工作方案，组织河务、林业、公安及属地乡镇成立联合执法队开展联合执法，迅速将该区域聚集性车辆、人员劝离，将被困车辆拖出，并对相关责任人员进行行政处罚。为巩固整治效果，中牟县人民政府制定出台《中牟县沿黄区域生态环境综合管理长效机制》，要求联合执法组每周对沿线巡查不少于 2 次，对周边群众加大宣传引导，进一步提升群众保护母亲河意识。郑铁分院持续跟进监督，经多次现场查看，黄河湿地生态环境得到有效恢复，周边群众普遍反映满意。

3. 典型意义

针对违法聚集性越野活动严重破坏黄河湿地自然保护生态环境，而相关法律法规未明确规定，行政机关管理不及时的情况，检察机关立足公益诉讼检察职能，通过诉前检察建议督促属地政府开展联合整治，及时制止违法聚集性越野行为，杜绝安全事故发生，助力提升行政机关依法行政能力，有效保护黄河湿地生态环境。

第八章　河南践行黄河流域生态保护协同治理的影响因素识别

第一节　引言

黄河流域的高质量发展离不开高效的生态保护。黄河流域生态保护已成为国家的重大发展战略。2019 年 9 月，习近平总书记在河南郑州主持召开黄河流域生态保护和高质量发展座谈会并发表重要讲话，首次提出“黄河流域生态保护和高质量发展，同京津冀协同发展、长江经济带发展、粤港澳大湾区建设、长三角一体化发展一样，是重大国家战略”，发出了黄河治理新时期最强音。党的二十大报告把“推动黄河流域生态保护和高质量发展”作为促进区域协调发展的重要内容，就推动高质量发展、促进人与自然和谐共生等提出明确要求，做出具体部署。在大的战略背景下，河南开展黄河流域生态保护协同治理的效率评估，并探索影响因素以及作用机制，对河南提升黄河流域环境整体质量、践行黄河流域生态保护和高质量发展，具有重要现实意义。河南黄河流域各城市能否实现生态保护的协同治理，不仅影响区域整体的环境状况，也关乎黄河流域高质量发展这一国家重大战略的实施成效。河南省深入贯彻落实习近平总书记关于黄河流域生态保护和高质量发展的重要论述精神，坚决扛稳黄河流域生态保护的历史责任，加快建设美丽中部。

从黄河流域生态保护协同治理的研究现状来看，越来越多的学者关注黄河流域生态治理问题，并积累了一定的研究成果。陈少炜、罗林杰等（2021）在 SBM-DEA 模型的基础上，对黄河流域各省区的生态福利绩效进行了测算，使用空间滞后模型（SLM）与空间误差模型（SEM）对医疗、经济、技术等因素对绩效水平的影响效果进行了实证检验。刘子晨

(2022) 通过 ML 指数模型测算了黄河流域主要省区的生态治理绩效水平，使用空间杜宾模型对城镇化、技术创新、教育水平等因素对绩效水平的影响效应进行了实证检测。贾海法、马旻宇（2023）基于“压力-状态-响应”PSR 模型，并在参考人类发展指数（HDI）、环境可持续发展指数（ESI）、环境绩效指数（EPI）的基础上对沿黄九省区的生态文明建设水平进行了评价，在影响因素的实证检验中发现居民消费、第三产业增加值占 GDP 的比重、人均 GDP 水平等对生态文明建设具有正效应，人口总量、城镇化水平等具有显著负效应。宋成镇、刘庆芳等（2024）基于 2008~2020 年黄河流域 70 个城市经济转型效率进行测算，并对影响因素进行了探讨，研究发现沿黄各城市在经济转型绩效方面存在一定的“自身锁定”和“路径依赖”效应。还有学者侧重于对黄河流域或其他地区绿色发展的研究，生态禀赋、治污投资、科技支出占比等均是影响黄河流域绿色发展的主要因素（林江彪、王亚娟等，2023）；研发投入、政府干预、地区经济发展水平等因素影响京津冀地区的绿色全要素生产率，进一步影响该地区的绿色协同发展（薛飞、周民良，2021）。部分学者将视角转向水资源的协同治理研究，张宁、李海洋等（2023）构建了水资源治理评价体系，并指出人口密度、工业密度、对外开放程度等对省区间的水资源协同治理产生显著影响。胡宗义、何冰洋等（2022）分析了各协同区域水污染协同治理的演变趋势，探究了政府间合作、产业结构差异、人力资本差异等影响水资源协同治理的重要因素。

现有研究存在以下扩展空间。一是在研究对象上，既有文献往往以黄河流域所有省区或地市为研究对象，忽视了各省区内部各地区间生态环境协同治理的情况。二是在测算方法上，主要采用 ML 指数测算生态治理效率，但可能存在不具备传递性特征和潜在的线性规划无解问题，造成估计偏误。三是在选取指标上，一定程度上忽视了非期望产出指标。鉴于此，本章选取河南省黄河流域 12 个地级市 2017~2022 年的相关数据进行生态环境协同治理效率的测算以及影响因素的分析。首先考虑到非期望产出问题，并运用 Super-DEA 模型测算生态保护协同治理效率，然后运用空间计量模型分析河南省沿黄各地市生态保护协同治理效率的影响因素。

第二节　模型设计、指标构建与数据来源

一　模型设计及研究方法

（一）DEA 模型

应用较为广泛的传统 DEA 模型主要包括 BBC 模型和 CCR 模型，通过多个投入产出的径向分析预测多项决策单元中某项决策单元的相对效率。但是，这种通过径向的测算方式没有考虑投入产出的松弛度，且假设投入或产出按比例变化，可能会导致最终测算效率值的不精准。本章采用 Tone（2001）提出的考虑松弛变量的非径向 SBM-DEA 模型，参考 Tone（2002）提出的 Super-DEA 模型（SBM-DEA 模型的改进和优化），更好地解决多个决策单元的效率值均为 1 情况下的排序评价问题，对有效决策单元进行有效排序和评价。

1. SBM-DEA 模型

假设存在 n 个地区，将每个地区作为一个决策单元，X 与 Y 分别表示投入、产出矩阵。其中，$X=(x_{ij})$，$Y=(y_{ij})$，两者均大于 0。决策单元（x y）可表示为 $x=X\alpha+S^-$，$y=Y\alpha-S^+$，$\alpha\geqslant 0$，$S^-\geqslant 0$，$S^+\geqslant 0$，S^- 与 S^+ 分别表示投入和产出的松弛变量。使用 S^- 与 S^+ 得到非导向型生态协同治理效率 θ 的计算公式。

$$\min\theta = \frac{1-\frac{1}{m}\sum_{i=1}^{m} s_i^-/x_i}{1+\frac{1}{s}\sum_{i=1}^{s} s_i^+/y_i}$$

$$\text{s.t.}\begin{cases} x = X\alpha + s^- = \sum \alpha_i X_i + s_i \\ y = Y\alpha - s^+ = \sum \alpha_i Y_i - s_i \\ \alpha >= 0, s^- >= 0, s^+ >= 0 \end{cases}$$

其中，$\sum \frac{s_i^-}{x_i}$ 以及 $\sum \frac{s_i^+}{y_i}$ 均表示对无效率的度量且 $\sum \alpha_i X_i = x - s_i$，$\sum \alpha_i Y_i = y + s_i$，$\sum \alpha_i X_i$ 与 $\sum \alpha_i Y_i$ 表示前沿面。θ 为生态协同治理效率值且

大于 0，小于或等于 1。α 为决策单元的线性系数，x 和 y 为投入与产出变量，m 与 s 表示投入与产出指标的数量。

2. Super-DEA 模型

θ 为生态协同治理效率值，该值越大说明该地区生态治理效率越好，如果该值小于 1 说明决策单元相对无效率，该地区需要进一步对投入或产出进行改进，以提高该地区的生态治理效率。

$$\min\theta = \frac{\frac{1}{m}\sum_{i=1}^{m}\bar{x}/x_i}{\frac{1}{s}\sum_{i=1}^{s}\bar{y}/y_i}$$

$$\text{s. t.}\begin{cases}\bar{x} \geqslant \sum_{i=1}^{n}\alpha_i X_i \\ \bar{y} \leqslant \sum_{i=1}^{n}\alpha_i Y_i \\ \bar{x} \geqslant x_i \\ \bar{y} \leqslant y_i \\ \bar{y} \geqslant 0 \\ \bar{\alpha} \geqslant 0\end{cases}$$

（二）空间面板计量模型

由地理学第一定律可知，事物之间是普遍关联的，较近的事物比较远的事物关联性更强。河南省黄河流域各地市之间在生态环境治理方面可能存在空间依赖性，即各地市之间相互关联、相互影响，需充分考虑河南沿黄各地市之间的空间效应。在确定能否使用空间计量方法之前，要考虑使用数据是否呈现出空间依赖性（空间自相关）。在空间自相关的检验中，如果位置相近的区域具有相似的变量取值，高值与高值集聚、低值与低值集聚则为“正空间自相关”。高值与低值相邻则为“负空间自相关”，如果完全随机分布则不存在空间自相关。基于空间自相关检验的复杂性，本章采用莫兰指数（Moran's I）（Moran，1950）与吉尔里指数 C（Geary's C）（Geary，1954）体现空间的相关性。

1. 空间自相关检验

（1）莫兰指数检验

全局莫兰指数，使用空间权重矩阵进行标准化和非标准化检验，如以下公式所示。

$$I_{标} = \frac{\sum_{i=1}^{n}\sum_{j=1}^{n}\omega_{ij}(x_i - \bar{x})(x_j - \bar{x})}{\sum_{i=1}^{n}(x_i - \bar{x})^2}$$

$$I_{非标} = \frac{\sum_{i=1}^{n}\sum_{j=1}^{n}\omega_{ij}(x_i - \bar{x})(x_j - \bar{x})}{S^2\sum_{i=1}^{n}\sum_{j=1}^{n}\omega_{ij}}$$

用局部莫兰指数来反映区域附近的空间聚集效应情况，计算公式如下：

$$\frac{(x_i - \bar{x})}{S^2}\sum_{j=1}^{n}\omega_{ij}(x_j - \bar{x})$$

莫兰指数值一般介于-1~1之间，如果莫兰指数大于0表示存在空间正相关，如果莫兰指数小于0表示存在空间负相关，等于0表示高值与低值完全随机分布，即不存在空间自相关。

（2）Geary's C 指数检验

吉尔里指数C，即吉尔里相邻比率，与莫兰指数不同，两者呈反向变动。Geary's C 指数一般介于0~2之间，小于1为正相关，大于1为负相关，等于1为不相关。具体计算公式如下：

$$C = \frac{(n-1)\sum_{i=1}^{n}\sum_{j=1}^{n}\omega_{ij}(x_i - x_j)^2}{2\left(\sum_{i=1}^{n}\sum_{j=1}^{n}\omega_{ij}\right)\left[\sum_{i=1}^{n}(x_i - \bar{x})^2\right]}$$

2. 空间计量模型的构建与筛选

构建一般形式的空间面板模型

$$\begin{cases} y_{it} = \partial y_{i,t-1} + \rho w_i y_t + \beta x_{it} + \delta x_t d_i + \mu_i + \gamma_t + \varepsilon_{it} \\ \varepsilon_{it} = \varphi m_i \varepsilon_t + v_{it} \end{cases}$$

其中，$\delta x_t d_i$ 表示解释变量的空间滞后，$y_{i,t-1}$ 表示被解释变量的一阶滞后，m_i 表示扰动项空间权重矩阵 m 的第 i 行，d_i 表示空间权重矩阵 d 的第 i 行，γ_t 为时间效应。

$$\begin{cases} \varphi=0 \text{ 为空间杜宾模型(SDM)} \\ \varphi=0,\delta=0 \text{ 为空间自回归模型(SAR)} \\ \partial=0,\delta=0 \text{ 为空间自相关模型(SAC)} \\ \partial=0,\delta=0,\rho=0 \text{ 为空间误差模型(SEM)} \end{cases}$$

具体模型的选择可采用 Wald 检验来检测模型的适配性，通过 LM 检验比较 LM 空间误差项与 LM 空间滞后项的显著性水平，通过 LR 检验看 SDM 模型能否退化为 SEM 模型或 SAR 模型。通过 Hausman 检验地区固定效应、时间固定效应以及双固定效应三种效应中哪种最适合本章的研究。本章运用 Stata16 软件通过 LM 检验、LR 检验、Hausman 检验多重步骤以后，得出固定效应下的空间杜宾模型（SDM）为最优空间模型选择，优于其他空间计量模型。

3. 空间权重矩阵

空间计量模型常基于区域间的距离定义相邻关系。记区域 i 与区域 j 的距离为 d_{ij}，构建空间权重：

$$W_{ij}=\begin{cases} 1 & d_{ij}<d \\ 0 & d_{ij}>d \end{cases}$$

d 为给定的距离临界值，d_{ij} 可以是地理距离或经济距离（地区间人均 GDP 差额、运输成本或旅行时间等）或社交网络距离等。本章的地理位置邻接空间权重矩阵如下：

$$W_{ij}=\begin{cases} 1,\text{区域 } i \text{ 与区域 } j \text{ 地理位置相邻} \\ 0,\text{区域 } i \text{ 与区域 } j \text{ 地理位置不相邻} \end{cases}$$

其中 W_{ij} 为空间矩阵关系，区域 i 与区域 j 地理位置相邻，则 $W_{ij}=1$；区域 i 与区域 j 地理位置不相邻，则 $W_{ij}=0$。

二 指标构建

（一）Super-DEA 模型指标体系构建

1. 投入指标

在 Super-DEA 模型中，本章选取的投入指标分为一级指标和二级指标，主要包括：以人均用电量反映能源消耗，以人均用水量反映水资源消耗，以人口密度反映土地资源消耗，以单位 GDP 二氧化硫排放量、单位 GDP 工业烟尘排放量以及单位 GDP 氮氧化物排放量反映废气排放量，以 R&D 人员投入强度反映劳动投入，以财政依存度反映经费投入（经费支持）。具体指标（一级指标和二级指标）的计算方式和计量单位如表 8-1 所示。

2. 产出指标

在 Super-DEA 模型中，本章选取的产出指标分为一级指标和二级指标，主要包括：以人均 GDP、经济密度反映经济发展水平，以建成区绿地覆盖率、污水处理率、空气质量优良天数占比、城市生活垃圾无害化处理率反映生态状况，以每千人口卫生技术人员数反映医疗水平，以上指标作为期望产出指标；以 PM2.5 浓度反映环境污染，作为非期望产出指标。

表 8-1　黄河流域生态保护协同治理效率评价指标体系

类别	一级指标	二级指标	计算方式	计量单位
投入指标	能源消耗	人均用电量	全社会用电量/常住人口	千瓦小时
	水资源消耗	人均用水量	用水总量/常住人口	立方米
	土地资源消耗	人口密度	常住人口/建成区面积	人/平方公里
	废气排放量	单位 GDP 二氧化硫排放量	工业二氧化硫排放量/GDP	吨/亿元
		单位 GDP 工业烟尘排放量	工业烟尘排放量/GDP	吨/亿元
		单位 GDP 氮氧化物排放量	工业氮氧化物排放量/GDP	吨/亿元
	劳动投入	R&D 人员投入强度	R&D 人员数/常住人口 * 100%	%
	经费投入	财政依存度	地方财政一般预算收入/GDP	%

续表

<table>
<tr><th>类别</th><th>一级指标</th><th>二级指标</th><th>计算方式</th><th>计量单位</th></tr>
<tr><td rowspan="8">期望产出指标</td><td rowspan="2">经济发展水平</td><td>人均 GDP</td><td>/</td><td>万元</td></tr>
<tr><td>经济密度</td><td>GDP/建成区面积</td><td>亿元/平方公里</td></tr>
<tr><td rowspan="4">生态状况</td><td>建成区绿地覆盖率</td><td>/</td><td>%</td></tr>
<tr><td>污水处理率</td><td>/</td><td>%</td></tr>
<tr><td>空气质量优良天数占比</td><td>/</td><td>%</td></tr>
<tr><td>城市生活垃圾无害化处理率</td><td>/</td><td>%</td></tr>
<tr><td>医疗水平</td><td>每千人口卫生技术人员数</td><td>(卫生技术人员数/常住人口) * 1000</td><td>人</td></tr>
<tr><td>非期望产出指标</td><td>环境污染</td><td>PM2.5 浓度</td><td>/</td><td>微克/立方米</td></tr>
</table>

（二）空间计量模型影响因素的选取

河南省黄河流域不同地市之间的生态保护治理差异主要源于经济、生态、文化、科技水平等因素，这主要与政府的重视程度和支持力度有关。基于此，本章从经济发展、生态治理、文化繁荣、科技水平四个维度来分析河南省沿黄各地市生态保护协同治理效率的影响因素，以期找到影响显著的主要因素。

1. 经济发展因素

本章经济发展因素主要采用的指标包括城镇化推进程度（城镇化率）；服务业推进程度（第三产业增加值占 GDP 比重、人均旅游收入）；经济发展水平（人均公共预算支出）；经济外向性（外贸依存度、外资开放度）。

2. 生态治理因素

本章生态治理因素采用的二级指标是城市人均公园绿地面积和建成区绿地率。

3. 文化繁荣因素

本章文化繁荣因素主要采用的指标是普通中学生师比、万人博物馆数量、人均拥有公共图书馆藏量，以此来反映地区的文化重视程度。

4. 科技水平因素

本章科技水平因素采用的二级指标是 R&D 经费投入强度，每万人专利授权数和科技支出占比。

本章在指标选取过程中，在客观考虑黄河流域生态保护和高质量发展对生态环境协同治理效率产生实质性影响的基础上，首先在筛选层面吸纳并借鉴国家层面重点专注的核心指标，其次在实操层面，尽量防止与前文数据包络分析（DEA）的指标选取类同，避免自相关引起的回归偏误。空间计量影响因素的指标选取（一级指标和二级指标）、计算方式以及计量单位，如表 8-2 所示。

表 8-2　空间计量影响因素的指标选取

一级指标	二级指标	计算方式	计量单位
城镇化推进程度	城镇化率（x_1）	城镇人口/常住人口	%
技术进步	R&D 经费投入强度（x_2）	地区 R&D 经费/地区生产总值	%
	每万人专利授权数（x_3）	（专利授权数/常住人口）*10000	件
	科技支出占比（x_4）	科技支出/当年地方财政一般预算支出	%
服务业推进程度	第三产业增加值占 GDP 比重（x_5）	第三产业增加值/GDP	%
	人均旅游收入（x_6）	旅游总收入/常住人口	元/人
文化重视程度	普通中学生师比（教师人数=1）（x_7）	普通中学在校学生数/普通中学学校教师数	/
	万人博物馆数量（x_8）	（博物馆数量/常住人口）*10000	个
	人均拥有公共图书馆藏量（x_9）	图书馆藏量/常住人口	册

续表

一级指标	二级指标	计算方式	计量单位
经济发展水平	人均公共预算支出（x_{10}）	一般公共预算支出/常住人口	元
经济外向性	外贸依存度（x_{11}）	（进出口总额 * 当年平均汇率）/GDP	%
	外资开放度（x_{12}）	（实际利用外资 * 当年平均汇率）/GDP	%
生态治理	城市人均公园绿地面积（x_{13}）	/	平方米
	建成区绿地率（x_{14}）	建成区绿地面积/建成区面积	%

三　数据来源及处理

本章选取河南省黄河流域 12 个地级市 2017~2022 年的相关数据进行生态环境协同治理效率的测算以及影响因素的分析。效率测算方面采用的相关经济和社会发展数据主要来自 2018~2023 年国家、河南省以及各地级市的统计年鉴，各地市国民经济和社会发展统计公报。少数缺失数据通过多重插补、建模预测等方法补上。环境指标数据来自 2018~2023 年《中国环境统计年鉴》、各地市生态环境统计公报或环境质量状况公报，技术创新类指标数据主要来自 2018~2023 年《中国火炬年鉴》。为减少数据变动幅度过大引起的回归偏误，对相关指标做对数处理或改变计量单位。

第三节　河南践行黄河流域生态保护协同治理的效率测算与分析

河南省黄河流域各地市生态治理绩效总体水平良好，但个别地区表现欠佳。本章运用 Super-DEA 模型，通过 Stata16 软件得到 2017~2022 年河南省黄河流域各地市生态保护协同治理效率测算结果，如表 8-3 所示。总体来看，黄河流域生态保护协同治理效率呈现一定的地区差异和时间上的波动。其中，平顶山、郑州、鹤壁、开封、洛阳、焦作、安阳生态治理绩效随时间变化呈现一定的上下波动现象。新乡地区生态治理绩效波动明显，但总体上呈现出先低后高的改善趋势，说明黄河流域生态治理工作受到了相关部门的重视。特别是在2019年习近平总书记黄河讲话以后，河南省黄河流域各地市进一步加强了黄河流域的生态治理，生态环境质量得到进一步提升。从测算结果来看，三门峡、南阳、济源、濮阳生态保护协同治理效果显著且较为稳定，反映出这四个城市贯彻黄河流域生态保护工作较为深入，也取得了较好的成绩。但是，从Super-DEA模型的测算结果来看，地区差异引发的河南省黄河流域不同地区之间生态治理绩效差距问题，不容忽视。下一步河南省需加强黄河流域不同地区之间生态环境协同治理能力，分享治理经验，缓解生态保护协同治理效率地区差距问题。

表8-3　2017~2022年河南省黄河流域各地市生态保护协同治理效率测算结果及排名

地区	2017年	2018年	2019年	2020年	2021年	2022年	平均值	排名
三门峡	1.0000	1.0000	1.0000	1.0000	1.0000	1.0000	1.0000	1
南阳	1.0000	1.0000	1.0000	1.0000	1.0000	1.0000	1.0000	1
济源	1.0000	1.0000	1.0000	1.0000	1.0000	1.0000	1.0000	1
濮阳	1.0000	1.0000	1.0000	1.0000	1.0000	1.0000	1.0000	1
平顶山	1.0000	1.0000	1.0000	1.0000	1.0000	0.9900	0.9983	5
郑州	1.0000	0.9900	1.0000	1.0000	1.0000	1.0000	0.9983	5
鹤壁	0.9900	1.0000	1.0000	1.0000	1.0000	1.0000	0.9983	5
开封	0.9900	0.9900	1.0000	1.0000	1.0000	1.0000	0.9967	8
洛阳	0.7188	1.0000	1.0000	1.0000	1.0000	1.0000	0.9531	9
焦作	0.9900	1.0000	1.0000	0.5854	0.6397	0.5688	0.7973	10
安阳	1.0000	0.5701	1.0000	0.4729	1.0000	0.5039	0.7578	11
新乡	0.5987	0.6248	1.0000	0.7392	0.7091	0.6843	0.7260	12

第四节　河南践行黄河流域生态保护协同治理影响因素的实证分析

一　河南沿黄各地市生态保护协同治理效率的空间格局分析

莫兰指数（Moran's Index）以及 Geary's C 指数常用于测度空间自相关程度。本章基于 Super-DEA 模型测算河南省沿黄各地区生态治理效率，通过 Stata16 软件计算得到一阶邻接权重矩阵的全局莫兰指数和 Geary's C 指数。从表 8-4（a）可以看出，全局莫兰指数反映了区域内整体上的趋势。Moran's I 绝对值除个别年份较小外，总体上呈现出空间相关性，2021 年和 2022 年通过显著性检验。3 个年份莫兰指数为负值，存在空间负相关，值越小空间差异性越大；3 个年份莫兰指数为正值，存在空间正相关，值越大空间相关性越大。Geary's C 指数检验结果总体上也呈现出空间相关性，2021 年和 2022 年同样通过显著性检验［见表 8-4（b）］。这说明河南沿黄各地市在生态环境治理和协同保护方面存在一定的空间相关性与集聚效应。从整体上来看并非相互独立存在，是非完全随机分布的。

表 8-4（a）　2017～2022 年生态保护协同治理效率的全局莫兰指数检验结果

年份	莫兰指数（Moran's I）	Moran 期望 E（I）	标准差 Sd（I）	Z 值	P 值
2017	0.085	-0.091	0.156	1.128	0.259
2018	-0.216	-0.091	0.164	-0.761	0.447
2019	-0.050	-0.091	0.145	0.284	0.776
2020	0.068	-0.091	0.175	0.908	0.364
2021	-0.971	-0.091	0.162	-1.655	0.091
2022	0.541	-0.091	0.181	1.797	0.043

表 8-4（b）　2017～2022 年生态保护协同治理效率的 Geary's C 指数检验结果

年份	Geary's C	Geary 期望 E（I）	标准差 Sd（I）	Z 值	P 值
2017	0.892	1.000	0.258	-0.418	0.676

续表

年份	Geary's C	Geary 期望 E（I）	标准差 Sd（I）	Z 值	P 值
2018	1.167	1.000	0.248	0.673	0.501
2019	0.763	1.000	0.272	-0.871	0.384
2020	0.916	1.000	0.232	-0.363	0.717
2021	1.818	1.000	0.251	-1.726	0.047
2022	0.893	1.000	0.222	-2.484	0.063

二　影响因素的效应分析

本章运用 Stata16 软件得到空间杜宾模型下河南省黄河流域各地市生态协同治理影响因素的检验结果，同时汇报随机效应、时间固定效应、个体固定效应（空间固定效应）与双向固定效应（时空固定效应）的估计结果。由表 8-5 可知时间空间双固定效应下的 SDM 模型 loglikelihood 值为 82.2，高于其他固定效应下的 Log-L 值。本章将时空双固定下的空间杜宾模型估计结果作为最终参考依据并进行分析。

表 8-5　空间杜宾模型下河南省黄河流域各地市生态协同治理影响因素的检验结果

变量	空间杜宾模型 SDM			
	随机效应 Main	时间固定效应 Main	个体固定效应 Main	双向固定效应 Main
x1	-1.275*	-0.827*	0.178	0.522*
x2	-0.082	0.024	-0.013	0.014
x3	0.081	-0.101*	-0.016	0.317*
x4	0.026*	0.048**	0.031*	0.030*
x5	-0.860**	-1.045**	-1.341***	-1.051**
x6	0.134**	0.001	0.208***	0.155**
x7	0.219*	0.124	0.035	-0.189
x8	1.139*	1.577*	2.144*	2.949*

续表

变量	空间杜宾模型 SDM			
	随机效应 Main	时间固定效应 Main	个体固定效应 Main	双向固定效应 Main
x9	-0.011	-0.051	0.151	0.061
x10	0.059	0.207	0.060	-0.142
x11	0.760**	0.795**	0.362	0.163
x12	-0.006	-0.032*	0.006	-0.009
x13	0.393**	0.312*	0.095	0.091
x14	-0.985	-0.710	0.572	0.315
R-squared	0.3345	0.2554	0.1160	0.0133
Rho (p)	0.1228**	0.0423**	0.0670**	0.0058**
sigma	0.00928***	0.01176***	0.00688***	0.00597***
Meanoffixed-effects	/	0.8509	0.3862	0.3356
loglikelihood	57.404	57.756	77.018	82.200

注：上标***、**、*分别表示在1%、5%、10%水平下通过显著性检验。

（一）城镇化率对河南省黄河流域生态环境协同治理效率影响基本呈现积极效应

从空间杜宾模型下河南省黄河流域各地市生态协同治理影响因素的检验结果来看，城镇化率对河南省黄河流域生态环境协同治理效率产生积极影响。这可能是由于城镇化过程中的改革红利在一定程度上对生态环境协同治理产生正影响。这也间接说明了，河南省的城镇化是以人为本的城镇化，不仅不以牺牲生态环境为代价，而且能够达到优化生态和改善环境的目的。同时这也从侧面反映出，一方面，城镇化是地区经济增长的主要推动力量。省域经济实力是黄河流域各地区生态环境治理的重要物质基础。另一方面，河南省沿黄各地区在推进城镇化过程中不断提升城乡人居环境质量，无论在住房条件、绿化水平，还是环境质量、饮水条件等都有极大的改善；而且城镇化过程有利于缩小地区间、城乡间收入差距，进一步推动基本公共服务均等化。另外，河南省沿黄各地区深入贯彻“绿水青山就是金山银山”的绿色发展理念。特别是在党的十八大提出新型城镇化以后，河南省加快了城镇化的进程，使得新型城镇化成为推动河南省经济社会发展的主要引擎。同时，提出生态城镇化的概念，这是实现城镇可持续发展的有效途径。生态城镇化强调生态保护理念，将区域视为一个有机的生态系统，杜绝片面追求城市规模的扩张和经济增长。生态城镇化也包含公共服务、生态治理等内涵，将城镇最终建成高品质的宜居宜业之所，真正做到人与自然、经济与环境和谐共生、协调发展，代表了城镇未来的发展方向和战略目标。生态城镇化在协调人口、资源、环境、经济增长等关系的基础上，大力推进生态文明建设，以和谐、宜居、低碳为主要目标，实现环境、经济、社会的协调可持续发展，走集约高效、环境友好、社会和谐、城乡协调的生态城镇发展之路，全面提升河南生态城镇化的质量和水平。

（二）技术进步对河南省黄河流域生态环境协同治理效率影响大体呈现积极效应

从空间杜宾模型下河南省黄河流域各地市生态协同治理影响因素的检验结果来看，技术进步也是生态环境协同治理的积极因素。在企业领域，技术进步可以提高企业生产效率，提升企业对能源和资源的利用水平。企业可以通过先进技术更加低碳、环保地处理污染物排放，同时也对所在地区生态环境治理产生积极影响；在居民领域，技术进步改善居民生活方式，居民生活质量不断提升，居民绿色生活观念逐渐普及；同时居民生活更加高效便捷，特别是绿色出行更加便利化。

技术进步同时为环境保护和治理提供了有力的支撑，也发挥了重要作用。例如，在居民生活方面，垃圾分类技术有效实现对垃圾回收，减少垃圾的污染和资源的浪费。在农业领域，智能农业技术通过精准管理农作物，减少农药和化肥的使用，降低农业对环境的污染。在工业领域，绿色建筑技术通过使用环保材料和节能设备，减少对环境的污染。随着科技的进步，工业生产过程中的废气、废水等污染物的排放，都得到有效处理。加强技术创新，推动绿色科技的发展和应用，最大限度地发挥技术进步在环境治理中的作用。同时，还需加强环境监管，提高公众的环保意识，培养公民的绿色生活方式。总之，我们在推动科技发展的同时，通过科技创新、环境管制和教育宣传等，协同推进生态环境保护和绿色低碳发展，实现科技与环境的和谐共生。

（三）产业结构对河南省黄河流域生态环境协同治理效率影响呈现复杂双重效应

从空间杜宾模型下河南省黄河流域各地市生态协同治理影响因素的检验结果来看，第三产业增加值占比对河南省生态环境协同治理效率影响效应显著为负，人均旅游收入对河南省生态环境协同治理效率影响效应显著为正。这反映了产业结构对河南省生态环境协同治理效率影响呈现复杂双重效应。这表明河南黄河流域各地级市产业结构转型所引发的生态环境正向溢出效应和负向溢出效应明显显现。河南沿黄各地市政府部门需要在地方产业结构优化过程中，引导企业行为，同时要兼顾地方生态环境保护。

第三产业增加值占比对河南省生态环境协同治理效率影响效应显著为负。随着经济的不断发展，第三产业在地方经济中的占比不断提升。但是，其对环境的影响不能忽视，可能会对生态环境的治理产生副作用。例如，服务业的增长一定程度上增加了群众对交通工具的需求。私家车爆发式增加会引发交通拥堵问题。交通不畅通会导致汽车尾气排放的增加，加剧温室效应和大气污染问题，影响生态环境。另外，商业以及餐饮业的规模增长，会大大提升群众对一次性用品以及包装材料的需求，增加了垃圾处理与回收利用的难度，同时也是对资源的高消耗。

人均旅游收入对河南省黄河流域生态环境协同治理效率影响效应显著为正。旅游所带来的经济效益促使旅游地优美的自然和人文环境得到保持和保护，进一步改善和优化生态环境。旅游是综合性、关联性很强的产业，牵一发而动全身。游客的流动直接带动了交通运输业的发展，增加了运输业的收入，同时对交通运输的服务质量提高，会促使修建更多更好的基础设施，这样又带动了地方公路业、建筑业的发展。随着旅游业的发展，游客的增多，为更好地服务游客，当地会改善和增加旅馆的质量和数量，当地商业会得到很好的发展。总之，旅游产业的兴盛对河南省黄河流域生态环境协同治理有正向影响。

（四）文化发展对河南省黄河流域生态环境协同治理效率影响基本呈现积极效应

从空间杜宾模型下河南省黄河流域各地市生态协同治理影响因素的检验结果来看，文化发展对河南省黄河流域生态环境协同治理效率影响基本呈现积极效应。重视文化发展和传承、提高教育程度对公民素质提升、了解黄河文化发展具有重要意义，这也是生态环境治理的长久之策。文化对生态环境的作用还主要体现在促进人与自然的和谐共生、推动绿色发展等层面，最终实现建设美丽中部的目标。

首先，文化能够塑造人们的生态意识、价值取向，中原大地的文明史孕育了博大精深的文化，这些都将影响生态环境的治理成效。其次，文化发展是绿色生态的动力源。绿色发展理念是对粗放型经济发展方式的否定，是经济可持续发展的精髓。绿色发展理念主要来自中原文化的生态智慧。正是由于绿色发展追求人与自然和谐共荣的文化内涵，显示了中国积极转变发展方式，坚持走生态良好的文明发展道路，从源头上扭转生态环境恶化趋势。最后，文化是建设美丽中国的向心力。生态良好、可持续发展是构成美丽中部的基本要素。群众向往蓝天白云、青山绿水、气清地净，这是人民群众最基本的生活诉求，也是生态环境建设的重要内容。总之，文化在生态环境治理中扮演着不可或缺的角色，可进一步推进生态文明建设，推动绿色发展，实现人与自然的和谐共生。

第九章　河南践行黄河流域生态保护协同治理的空间效应探析

黄河流域在我国绿色生态保障方面占据重要地位。随着全球气候的变化及各种污染的加剧，黄河流域作为一个整体，污染跨区域传输不可避免，给黄河流域生态环境保护带来了巨大挑战。鉴于黄河流域生态污染跨区域传输，传统的以行政区划为单位的污染治理模式较为单薄，因此，亟须各个政府部门加强黄河流域生态保护协同治理能力，扫除黄河流域生态保护及污染跨区域传输中的治理死角。

第一节　黄河流域生态保护协同治理的研究背景

2019 年 9 月 18 日，习近平总书记在河南考察期间将“黄河流域生态保护和高质量发展”确立为重大国家战略（以下简称“黄河战略”），并指出治理黄河要“共同抓好大保护，协同推进大治理”。“十四五”规划中明确指出，要推进黄河流域生态保护高质量发展，同时要协同推进经济高质量发展和生态环境高水平保护。2021 年 10 月 8 日，中共中央、国务院印发《黄河流域生态保护和高质量发展规划纲要》，为当前和今后一个时期黄河流域生态保护和高质量发展提供指导，规划期至 2030 年，中期展望至 2035 年，远期展望至 21 世纪中叶，提出加强上游水源涵养能力建设、加强中游水土保持、推进下游湿地保护和生态治理等措施。2023 年 4 月 1 日，《黄河保护法》施行，确立了九省一体的全流域治理理念，为黄河流域生态保护协同治理指明了方向。可以看出，党和国家在黄河流域生态保护方面做出了一系列重要指示，相关部门积极响应号召，在河流生态建设方面持续加大投入，协作关系日益紧密，共同保障黄河流域生态安全，并取得了显著成绩。然而，黄河流域涉及地域多、范围广，各行政主体间的联系相对复杂，协作的形成受多方条件制约，只有对流域行政主体间协同治理网络形成客观认识，才能从中发现问题，进而提升黄河流域生态保护治理水平。

第二节　黄河流域生态保护协同治理的研究现状

王金南（2020）立足新时期提出推进黄河流域共同保护和协同治理的总体思路，并从三个主要方面提出未来一段时期黄河生态保护和高质量发展的优先政策建议。黄燕芬和张志开等（2020）基于莱茵河的治理经验，提出亟须构建黄河流域内府际协同治理机制、健全黄河流域社会协同治理机制、制定整体战略规划以及增强生态保护与发展的协同性。张保伟和崔天（2020）指出黄河流域空间治理不再是单纯的社会治理或生态环境治理，而是一种基于整体性、系统性、协同性的大治理。梁静波（2020）提出应当从生态环境保护和治理、产业空间布局、治理主体、补偿机制、协同管理机制等方面着手加速推进黄河流域绿色发展进程，以实现黄河流域高质量绿色发展。林永然和张万里（2021）提出推进黄河流域协同治理，主要包括流域治理模式的创新以及流域各主体沟通和协调机制的创新，有助于推动黄河流域生态质量的提升。廖建凯和杜群（2021）指出建立黄河流域的协同治理体系，需要以习近平总书记关于流域协同治理重要论述为指引，在治理架构上从涉水管理转向流域治理，构建主体功能与定位明确的协同治理体制；在治理模式上从科层管理转向多元共治，建立汇聚政府、市场和社会力量的协同治理机制；在治理手段上从威权管制转向衡平治理，综合运用行政管控、市场调节和社会参与等多种措施。司林波和张盼（2022）指出黄河流域上游存在贫困与生态保护矛盾突出、地方竞争与区域协同冲突和协同风险较高的困境；中游主要存在生态环境脆弱与经济发展冲突、生态用水与工业用水矛盾突出和管理分散难以满足协同需求的困境；下游则存在合作成本高和参与意愿低的困境。薛栋和许广月（2022）提出需要践行生态优先的理念，强化生态共建机制，深化协同合作关系，推动黄河流域生态一体化建设，并积极融入高水平生态保护新格局，尽快形成高水平生态保护的有效支撑，切实保障环境协同治理的成效，为黄河流域的生态保护和高质量发展营造良好的环境基础。杨旭和孟凡坤（2022）指出未来应通过由“地域认同”走向“流域认同”、由“单向度政策试点”走向“政策试验系统”以及由“碎片化”走向“一体化”等多向度进路对国家自主性的嵌入加以调适，以此为推动黄河流域生态跨域协同治理提供决策依据。赵瞳（2023）提出基于黄河流域的系统性、整体性和协同性来推进大治理，需要继续完善黄河流域协同治理的顶层设计，构建黄河流域生态保护协同治理体系，实现黄河流域经济的协同发展。冯莉（2023）提出要坚持系统性整体性理念、完善流域生态治理法治体系；加强“督政”“督企”相结合、创新执法司法联动机制；遵循市场运行规律、优化流域生态补偿机制；健全科学高效配套政策和多元主体参与治理机制等来创新思维、创新方法，助力黄河流域管理体制落地实施，促进黄河流域高质量发展，保障黄河长久安澜。王林伶和许洁等（2023）指出必须在认识上转变观念，树立以生态优先、绿色发展为要义的新发展理念；在高质量发展路径选择上要以协同创新推动自主创新转化为现实生产力；在治理方略上要以多元化生态补偿机制增强内生动力，以产权改革激发生态产品价值实现，开创共同抓好大保护、协同推进大治理新局面。马淑芹和许超等（2023）围绕生态系统、水资源、水环境、环境风险四个方面，对黄河流域生态保护治理过程中存在的问题进行了系统的分析，并对黄河流域生态保护和高质量发展所面临的主要难点与挑战进行了阐释，创造性地提出了建立协同攻关平台、科学诊断突出生态环境问题成因、统筹推进流域高水平保护和高质量发展的建议。

第三节　黄河流域生态保护协同治理的研究设计

一　黄河流域生态保护评价指标体系的构建及数据来源

（一）指标体系构建

根据以往专家和学者研究的成果，并结合黄河流域生态保护发展现状，构建了以资源利用、环境治理和生态质量为维度层的生态保护评价指标体系（见表 9-1）。

表 9-1　黄河流域生态保护评价指标体系

准则层	维度层	指标层	指标单位
生态保护总指数	资源利用	单位 GDP 电耗 x_1	千瓦小时/万元
		人均用电量 x_2	万千瓦小时
		人均用水量 x_3	立方米
		万元 GDP 用水量 $_{x4}$	吨
		人口密度 x_5	人/平方公里
		经济密度 x_6	亿元/平方公里
	环境治理	单位 GDP 二氧化硫排放量 x_7	吨/亿元
		单位 GDP 工业烟尘排放量 x_8	吨/亿元
		单位 GDP 氮氧化物排放量 x_9	吨/亿元
		城市生活垃圾无害化处理率 x_{10}	%
		污水处理率 x_{11}	%
	生态质量	空气质量优良天数占比 x_{12}	%
		城市人均公园绿地面积 x_{13}	平方米
		PM2.5 浓度 x_{14}	微克/立方米
		建成区绿化覆盖率 x_{15}	%
		建成区绿地率 x_{16}	%

（二）数据来源

研究数据主要来源于 2018~2023 年的《中国统计年鉴》、《中国城市统计年鉴》、《中国环境统计年鉴》以及沿黄九省区的统计年鉴、生态环境状况公报及国民经济和社会发展统计公报等。此外，部分缺失数据用均值法和邻近值法补全。

二　黄河流域生态保护水平评价方法

在对指标数据进行标准化处理的基础上，使用反熵值法和序关系分析法相结合的“乘法”集成赋权法确定各指标权重，进而测算出 2017~2022 年黄河流域生态保护总指数及分维度指数。

三　黄河流域生态保护水平的空间相关性测度方法

（一）全局莫兰指数

莫兰指数（Moran's I）是一种用于测度空间关系的统计指标，该指数的取值范围是［-1，1］，其值大于 0 时表示数据呈现空间正相关，小于 0 时表示数据呈现空间负相关，莫兰指数的绝对值越大表明空间相关性越明显；莫兰指数分为全局莫兰指数和局部莫兰指数，全局莫兰指数用于判断整个区域是否存在空间相关关系，而局部莫兰指数则用于对空间中的集聚现象进行识别。如果全局莫兰指数显著，那么就可以进一步对局部莫兰指数进行分析。

本文参照以往专家和学者研究的成果，采用全局莫兰指数 I 来测度黄河流域生态保护水平的空间相关性，其计算公式如下：

$$I = \frac{\sum_{i=1}^{m}\sum_{j=1}^{m} w_{ij}(s_i - \bar{s})(s_j - \bar{s})}{S^2 \sum_{i=1}^{m}\sum_{j=1}^{m} w_{ij}}$$

式中：S^2 为样本方差，$\bar{s} = \frac{1}{m}\sum_{i=1}^{m} s_i$，$s_i$ 为第 i 个地区发展指数的取值，w_{ij} 为空间邻接权重，即

$$w_{ij}\begin{cases}1 & （地区\ i\ 和\ j\ 空间相邻）\\ 0 & （地区\ i\ 和\ j\ 空间不相邻）\end{cases}$$

（二）局部莫兰指数

本章通过局部莫兰指数 I_i 来对黄河流域各地区的生态保护水平局部空间相关性进行检验，公式如下：

$$I_i = \frac{(s_i - \bar{s})}{S^2}\sum_{j=1}^{m} w_{ij}(s_i - \bar{s})$$

第四节　黄河流域生态保护的空间演化分析

一　黄河流域生态保护总体水平的空间演化分析

（一）生态保护水平的空间分布特征

为了将黄河流域不同时期生态保护水平全局莫兰指数的变化进行更为清晰直观地呈现，本研究利用 Geoda 软件将黄河流域 2018 年、2020 年和 2022 年生态保护水平综合得分的空间分布情况以地图展示的形式进行可视化，并基于自然断点分类法将其得分情况分为 4 个等级。

由表 9-2 可知，2018 年，黄河流域 70 个地市生态保护处于第一梯队的市（州、盟）有 46 个、占比 65.7%，处于第二梯队的市（州）有 14 个、占比 20%，处于第三梯队的市（州）有 10 个、占比 14.3%，处于第四梯队的市（州、盟）无；其中，河南省处于第一梯队的市有 11 个、占河南省沿黄城市的比例为 91.7%，处于第二梯队的市无，处于第三梯队的市有 1 个、占河南省沿黄城市的比例为 8.3%，处于第四梯队的市无。

2020 年，处于第一梯队的市（州）有 46 个、占比 65.7%，处于第二梯队的市（州、盟）有 16 个、占比 22.9%，处于第三梯队的市有 8 个、占比 11.4%，处于第四梯队的市（州、盟）无；其中，河南省处于第一梯队的市有 9 个、占河南省沿黄城市的比例为 75%，处于第二梯队的市有 2 个、占河南省沿黄河城市的比例为 16.7%，处于第三梯队的市有 1 个、占河南省沿黄城市的比例为 8.3%，处于第四梯队的市无。

2022 年，处于第一梯队的市（州）有 46 个、占比 65.7%，处于第二梯队的市有 15 个、占比 21.4%，处于第三梯队的市（州、盟）有 9 个、占比 12.9%，处于第四梯队的市（州、盟）无；其中，河南省处于第一梯队的市有 11 个、占河南省沿黄城市的比例为 91.7%，处于第二梯队的市无，处于第三梯队的市有 1 个、占河南省沿黄城市的比例为 8.3%，处于第四梯队的市无。

综上所述，2017~2022 年，黄河流域大部分市域生态保护水平处于第一梯队，且第三梯队逐渐由下游城市变为中游城市；河南省大部分城市生态保护则一直保持在第一梯队，这表明河南省生态保护水平较高。

表 9-2 黄河流域 70 市域典型年份生态保护水平阶梯分布

梯队	2018 年	2020 年	2022 年
第一梯队	呼和浩特市、乌海市、鄂尔多斯市、巴彦淖尔市、乌兰察布市、阿拉善盟、西安市、宝鸡市、咸阳市、延安市、汉中市、榆林市、安康市、商洛市、大同市、长治市、朔州市、临汾市、吕梁市、郑州市、开封市、洛阳市、平顶山市、安阳市、鹤壁市、新乡市、焦作市、濮阳市、三门峡市、南阳市、济南市、淄博市、东营市、济宁市、泰安市、德州市、菏泽市、白银市、天水市、张掖市、平凉市、庆阳市、定西市、陇南市、临夏州、固原市	呼和浩特市、乌海市、鄂尔多斯市、巴彦淖尔市、乌兰察布市、西安市、宝鸡市、咸阳市、渭南市、延安市、汉中市、榆林市、安康市、商洛市、大同市、阳泉市、长治市、晋城市、朔州市、运城市、忻州市、临汾市、吕梁市、郑州市、开封市、洛阳市、平顶山市、鹤壁市、新乡市、濮阳市、三门峡市、南阳市、济南市、济宁市、泰安市、菏泽市、甘孜州、天水市、张掖市、平凉市、庆阳市、定西市、陇南市、临夏州、甘南州、固原市	呼和浩特市、鄂尔多斯市、乌兰察布市、西安市、宝鸡市、咸阳市、延安市、汉中市、榆林市、安康市、商洛市、大同市、阳泉市、长治市、晋城市、朔州市、运城市、忻州市、临汾市、吕梁市、郑州市、开封市、洛阳市、平顶山市、安阳市、鹤壁市、新乡市、焦作市、濮阳市、三门峡市、南阳市、济南市、济宁市、泰安市、临沂市、德州市、菏泽市、甘孜州、天水市、平凉市、庆阳市、定西市、陇南市、临夏州、甘南州、固原市
第二梯队	包头市、铜川市、渭南市、太原市、阳泉市、晋城市、运城市、忻州市、临沂市、聊城市、阿坝州、武威市、吴忠市、中卫市	阿拉善盟、铜川市、太原市、晋中市、安阳市、焦作市、淄博市、东营市、临沂市、德州市、阿坝州、兰州市、白银市、武威市、吴忠市、中卫市	乌海市、巴彦淖尔市、铜川市、渭南市、太原市、晋中市、淄博市、东营市、海东市、兰州市、白银市、武威市、张掖市、吴忠市、中卫市
第三梯队	晋中市、济源市、滨州市、西宁市、海东市、甘孜州、兰州市、甘南州、银川市、石嘴山市	包头市、济源市、聊城市、滨州市、西宁市、海东市、银川市、石嘴山市	包头市、阿拉善盟、济源市、聊城市、滨州市、西宁市、阿坝州、银川市、石嘴山市
第四梯队	—	—	—

（二）生态保护水平的全局空间属性分析

本部分使用 Geoda 软件计算黄河流域生态保护总指数的全局莫兰指数，结果如表 9-3 所示。当置信度为 90%时，$p<0.1$，$Z>1.65$ 或 $Z<-1.65$，通过显著性检验，当 Moran's I>0 时，表示存在正相关；当 Moran's I<0 时，表示存在负相关；当 Moran's I=0 时，表示空间为随机分布，下同。

表 9-3　黄河流域生态保护水平全局莫兰指数及其检验结果

年份	Moran's I	Z 检验值	p 值
2017	0.475	4.72	0.001
2018	0.520	5.52	0.001
2019	0.535	5.27	0.001
2020	0.473	4.53	0.001
2021	0.392	4.02	0.002
2022	0.381	3.76	0.001

全局 Moran's I 值是测度整个空间是否出现集聚特征的一个指标。从表 9-3 可以看出，2017~2022 年黄河流域间的生态保护水平全局莫兰指数均通过显著性检验，表明黄河流域各市（州、盟）间的生态保护水平在 2017~2022 年均存在显著的空间聚集效应。从变化趋势来看，2017~2022 年，黄河流域各市（州、盟）的生态保护水平全局莫兰指数先增加后降低，这表明黄河流域各市（州、盟）生态保护水平之间的空间关系经历了一个先紧密后疏离的过程。习近平总书记于 2019 年在郑州主持召开黄河流域生态保护和高质量发展座谈会并发表重要讲话，各市（州、盟）开始积极践行习总书记讲话精神，探索适合本地的生态保护与环境治理之路，打破了保护治理方法的同质性，因此空间聚集性降低。

（三）生态保护水平的局部空间属性分析

1. Moran 散点图分析

为了更直观地观察不同时期黄河流域生态保护水平全局莫兰指数的变化，选取 2018 年、2020 年和 2022 年三个时间节点，利用 Geoda 软件绘制 Moran 散点图。

根据表 9-4，2018 年有 14 个市落在第一象限、占比 20%，有 30 个市（州）落在第三象限、占比 42.9%，两者合计占比 62.9%；有 12 个市落在第二象限、占比 17.1%，有 14 个市（州、盟）落在第四象限、占比 20%，两者合计占比 37.1%。由此可见，黄河流域 2018 年生态保护水平显示出更强的局部空间集聚效应和较弱的空间差异性。共有 28 个市（州）处于第一和第四象限、占比 40%，虽然这部分市域的生态保护水平较高，但是其中只有50%的市域对周边地区具有较强的辐射带动能力。共有42个市（州、盟）处于第二和第三象限、占比60%，这表明该部分市域的生态保护处于较低水平，是需要加大生态保护力度的地域。其中，河南省落在第一象限的市有2个，落在第二象限的市有3个，落在第三象限的市有5个，落在第四象限的市有2个，一三象限城市数大于二四象限城市数，这表明河南省局部空间集聚效应更强，空间差异性弱，且大部分市域的生态保护水平较低，仍需加大生态保护力度。

表9-4　黄河流域70市域典型年份生态保护水平四象限分布

象限	2018年	2020年	2022年
第一象限	呼和浩特市、西安市、宝鸡市、汉中市、榆林市、安康市、商洛市、开封市、三门峡市、天水市、平凉市、庆阳市、定西市、陇南市	西安市、宝鸡市、咸阳市、汉中市、榆林市、安康市、商洛市、郑州市、开封市、洛阳市、新乡市、三门峡市、南阳市、天水市、平凉市、庆阳市、定西市、陇南市、临夏州、甘南州	西安市、宝鸡市、咸阳市、延安市、汉中市、榆林市、安康市、商洛市、临汾市、郑州市、开封市、洛阳市、新乡市、三门峡市、天水市、平凉市、庆阳市、定西市、陇南市、临夏州、甘南州
第二象限	鄂尔多斯市、乌兰察布市、延安市、大同市、长治市、临汾市、吕梁市、郑州市、濮阳市、南阳市、泰安市、固原市	鄂尔多斯市、延安市、临汾市、吕梁市、濮阳市、泰安市、甘孜州、固原市	鄂尔多斯市、晋城市、吕梁市、鹤壁市、濮阳市、南阳市、固原市
第三象限	巴彦淖尔市、太原市、阳泉市、晋城市、朔州市、运城市、洛阳市、安阳市、鹤壁市、焦作市、济源市、济南市、淄博市、东营市、济宁市、德州市、滨州市、菏泽市、西宁市、海东市、阿坝州、甘孜州、兰州市、武威市、张掖市、临夏州、银川市、石嘴山市、吴忠市、中卫市	呼和浩特市、包头市、乌海市、巴彦淖尔市、乌兰察布市、阿拉善盟、铜川市、大同市、阳泉市、长治市、晋城市、朔州市、运城市、忻州市、鹤壁市、济源市、济南市、淄博市、东营市、济宁市、临沂市、德州市、聊城市、滨州市、菏泽市、西宁市、海东市、武威市、张掖市、银川市、石嘴山市、吴忠市	呼和浩特市、巴彦淖尔市、乌兰察布市、阿拉善盟、铜川市、大同市、阳泉市、长治市、朔州市、忻州市、焦作市、济源市、济南市、淄博市、东营市、济宁市、泰安市、临沂市、德州市、聊城市、滨州市、菏泽市、西宁市、海东市、阿坝州、甘孜州、兰州市、武威市、张掖市、银川市、石嘴山市、吴忠市、中卫市

续表

象限	2018年	2020年	2022年
第四象限	包头市、乌海市、阿拉善盟、铜川市、咸阳市、渭南市、晋中市、忻州市、平顶山市、新乡市、临沂市、聊城市、白银市、甘南州	渭南市、太原市、晋中市、平顶山市、安阳市、焦作市、阿坝州、兰州市、白银市、中卫市	包头市、乌海市、渭南市、太原市、晋中市、运城市、平顶山市、安阳市、白银市

2020年，有20个市（州）落在第一象限、占比28.6%，有32个市（盟）落在第三象限、占比45.7%，两者合计占比74.3%；有8个市（州）落在第二象限、占比11.4%，有10个市（州）落在第四象限、占比14.3%，两者合计占比25.7%。综上所述，黄河流域2020年生态保护水平显示出更强的局部空间集聚效应和较弱的空间差异性。处于第一和第四象限的市（州）共有30个、占比42.9%，这部分市域的生态保护水平较高，且其中有66.7%的市域对周边具有较强的辐射带动能力。处于第二和第三象限的市（州、盟）共有40个，占比57.1%，这部分市域的生态保护水平有待提高，是需要加大生态保护力度的地域。其中，河南省落在第一象限的市有6个，落在第二象限的市有1个，落在第三象限的市有2个，落在第四象限的市有3个，这表明河南省局部空间集聚效应更强，空间差异性弱，且大部分市域的生态保护水平较高。

2022年，落在第一象限的市（州）有21个、占比30%，落在第三象限的市（州、盟）有33个、占比47.1%，两者合计占比77.1%；落在第二象限的市有7个、占比10%，落在第四象限的市有9个、占比12.9%，两者合计占比22.9%。由此可见，黄河流域2022年生态保护水平显示出更强的局部空间集聚效应和较弱的空间差异性。共有30个市（州）处于第一和第四象限，占比42.9%，这部分市域的生态保护水平较高，且其中有70%的市域对周边具有较强的辐射带动能力。共有40个市（州、盟）处于第二和第三象限、占比57.1%，表明这部分市域的生态保护水平是需要提升的。其中，河南省落在第一象限的市有5个，落在第二象限的市有3个，落在第三象限的市有2个，落在第四象限的市有2个，这表明河南省局部空间集聚效应更强，空间差异性弱，且大部分市域的生态保护水平较高。

综上所述，黄河流域生态保护水平局部空间集聚效应逐渐增强，且大部分市域的生态保护水平较低；河南省生态保护水平局部空间集聚效应更强，且大部分市域的生态保护水平较高。

2. LISA 分析

本节利用局部莫兰指数对黄河流域生态保护水平空间异质性进行测算，用以探究其内部各市（州、盟）间具体的空间关联特征，为了更直观地观察不同时期黄河流域生态保护水平空间聚集性的变化，选取 2018 年、2020 年和 2022 年三个时间节点，将各市（州、盟）生态保护水平关联特征分为 5 类，即“高-高聚集”，即高值地区被高值地区包围；“高-低聚集”，即高值地区被低值地区包围；“低-高聚集”，即低值地区被高值地区包围；“低-低聚集”，即低值地区被低值地区包围；“不显著”则被认为该区域与周围区域不存在空间相关性。

由表 9-5 可以看出，2018 年高-高聚集区有 5 个，主要分布在黄河流域上游的甘肃省和黄河流域中游的陕西省，分别分布着 3 个市和 2 个市，这部分市的生态保护水平较高，与周边市（州、盟）的联系较为紧密，辐射带动能力比较强，具有空间溢出效应；低-低聚集区主要分布在黄河流域上游的青海省，分布着 2 个市，这部分市的生态保护水平较低，空间差异性大。

表 9-5　黄河流域 70 市域典型年份生态保护水平的 LISA 聚集分布

类型	2018 年	2020 年	2022 年
高-高聚集区	汉中市、安康市、天水市、平凉市、庆阳市	西安市、宝鸡市、汉中市、安康市、商洛市、天水市、陇南市、甘南州	宝鸡市、汉中市、安康市、商洛市
低-高聚集区	—	渭南市	渭南市
低-低聚集区	西宁市、海东市	济南市、东营市、德州市	海东市、石嘴山市

续表

类型	2018 年	2020 年	2022 年
高-低聚集区	—	—	—

2020 年，高-高聚集区有 8 个，主要分布在黄河流域上游的甘肃省和黄河流域中游的陕西省，分别分布着 3 个市和 5 个市，这部分市的生态保护水平较高，与周边市（州、盟）的联系较为紧密，辐射带动能力比较强，具有空间溢出效应；低-低聚集区有 3 个，主要分布在黄河流域下游的山东省，分布着 3 个市，这部分市的生态保护水平较低，空间差异性大；低-高聚集区主要分布在黄河流域中游的陕西省，有 1 个市，说明该市的生态保护水平低于周边地区，需要加强与周边地区的联系，向周边地区学习，实施更有效有力的生态保护措施。

2022 年，高-高聚集区主要分布在黄河流域中游的陕西省，分布着 4 个市，这部分市的生态保护水平较高，与周边市（州、盟）的联系较为紧密，辐射带动能力比较强，具有空间溢出效应；低-低聚集区主要分布在黄河流域上游的青海省和宁夏回族自治区，各分布着 1 个市，这部分市的生态保护水平较低，空间差异性大；低-高聚集区主要分布在黄河流域中游的陕西省，分布着 1 个市，说明该市的生态保护水平低于周边地区，需要加强与周边地区的联系，向周边地区学习，实施更有效有力的生态保护措施。

通过以上分析可知，高-高聚集区由黄河流域中上游逐渐转变为黄河流域中游，这类地区应在实施现有的生态保护措施之余积极探索更为有效有力的生态保护措施，以实现与周围地区的良性循环；低-低聚集区由黄河流域上游转变为黄河流域下游又转变为黄河流域上游，这类地区不但自身生态保护措施实施效果欠佳，且周围地区也未能在生态保护方面有突出亮点，是整个黄河流域生态保护发展的主要短板区域，应积极探索出有突破性的生态保护之路；而低-高聚集区则一直保持在黄河流域中游，这类地区应加强与周围地区的合作交流，发挥空间联动作用，因地制宜地制定出适合本地的生态保护措施。

二　黄河流域资源利用维度发展水平的空间演化分析

（一）资源利用水平的空间分布特征

为了将黄河流域不同时期资源利用水平全局莫兰指数的变化进行更为清晰直观地呈现，利用 Geoda 软件将黄河流域 2018 年、2020 年和 2022 年资源利用水平综合得分的空间分布情况以地图展示的形式进行可视化，并基于自然断点分类法将其得分情况分为 4 个等级。

由表 9-6 可知，2018 年，处于第一梯队的市（州）有 46 个、占比 65.7%，处于第二梯队的市有 16 个、占比 22.9%，处于第三梯队的市（州、盟）有 8 个、占比 11.4%，处于第四梯队的市（州、盟）无；其中，河南省处于第一梯队的市有 11 个、占河南省沿黄城市的比例为 91.7%，处于第二梯队的市有 1 个，占河南省沿黄城市的比例为 8.3%，处于第三梯队的市无，处于第四梯队的市（州、盟）无。

表 9-6　黄河流域 70 市域典型年份资源利用水平阶梯分布

梯队	2018 年	2020 年	2022 年
第一梯队	呼和浩特市、鄂尔多斯市、西安市、宝鸡市、咸阳市、渭南市、延安市、汉中市、榆林市、安康市、商洛市、大同市、阳泉市、长治市、晋城市、朔州市、运城市、忻州市、临汾市、吕梁市、郑州市、开封市、洛阳市、平顶山市、安阳市、鹤壁市、新乡市、焦作市、濮阳市、三门峡市、南阳市、济南市、济宁市、泰安市、德州市、聊城市、菏泽市、甘孜州、天水市、平凉市、庆阳市、定西市、陇南市、临夏州、甘南州、固原市	呼和浩特市、鄂尔多斯市、巴彦淖尔市、西安市、宝鸡市、咸阳市、渭南市、延安市、汉中市、榆林市、安康市、商洛市、大同市、阳泉市、晋城市、朔州市、晋中市、运城市、忻州市、临汾市、吕梁市、郑州市、开封市、洛阳市、平顶山市、安阳市、鹤壁市、新乡市、焦作市、濮阳市、三门峡市、南阳市、济南市、济宁市、泰安市、临沂市、菏泽市、兰州市、天水市、平凉市、庆阳市、定西市、陇南市、临夏州、甘南州、固原市	鄂尔多斯市、巴彦淖尔市、西安市、铜川市、宝鸡市、咸阳市、渭南市、延安市、汉中市、榆林市、安康市、商洛市、大同市、阳泉市、长治市、晋城市、晋中市、运城市、忻州市、临汾市、吕梁市、郑州市、开封市、洛阳市、平顶山市、安阳市、鹤壁市、新乡市、焦作市、濮阳市、三门峡市、南阳市、济南市、济宁市、泰安市、临沂市、菏泽市、兰州市、天水市、平凉市、庆阳市、定西市、陇南市、临夏州、甘南州、固原市

续表

梯队	2018年	2020年	2022年
第二梯队	乌海市、巴彦淖尔市、乌兰察布市、铜川市、太原市、晋中市、济源市、淄博市、东营市、临沂市、海东市、兰州市、白银市、武威市、张掖市、中卫市	乌海市、乌兰察布市、铜川市、太原市、长治市、济源市、淄博市、东营市、德州市、聊城市、海东市、甘孜州、白银市、武威市、张掖市、吴忠市、中卫市	呼和浩特市、乌海市、乌兰察布市、太原市、朔州市、济源市、淄博市、德州市、聊城市、海东市、甘孜州、白银市、武威市、张掖市、中卫市
第三梯队	包头市、阿拉善盟、滨州市、西宁市、阿坝州、银川市、石嘴山市、吴忠市	包头市、滨州市、西宁市、阿坝州、银川市、石嘴山市	包头市、阿拉善盟、东营市、滨州市、西宁市、阿坝州、银川市、石嘴山市、吴忠市
第四梯队	—	阿拉善盟	—

2020年，处于第一梯队的市（州）有46个、占比65.7%，处于第二梯队的市（州）有17个、占比24.3%，处于第三梯队的市（州）有6个、占比8.6%，处于第四梯队的盟有1个、占比1.4%；其中，河南省处于第一梯队的市有11个、占河南省沿黄城市的比例为91.7%，处于第二梯队的市有1个、占河南省沿黄城市的比例为8.3%，处于第三梯队的市无、占河南省沿黄城市的比例为8.3%，处于第四梯队的市无。

2022年，处于第一梯队的市（州）有46个、占比65.7%，处于第二梯队的市（州）有15个、占比21.4%，处于第三梯队的市（州、盟）有9个、占比12.9%，处于第四梯队的市（州、盟）无；其中，河南省处于第一梯队的市有11个、占河南省沿黄城市的比例为91.7%，处于第二梯队的市有1个、占河南省沿黄城市的比例为8.3%，处于第三梯队的市无，处于第四梯队的市无。

综上所述，2017~2022年，黄河流域大部分市域资源利用水平处于第一梯队，且第三梯队逐渐由上游城市向中下游城市过渡，这表明中下游部分城市资源利用水平有所降低；河南省大部分城市则一直保持在第一梯队，这表明河南省资源利用水平较高。

（二）资源利用水平的全局空间属性分析

本部分使用 Geoda 软件计算黄河流域资源利用指数的全局莫兰指数，结果如表 9-7 所示。

表 9-7 黄河流域 70 市域资源利用水平全局莫兰指数及检验结果

年份	Moran's I	Z 检验值	p 值
2017	0.466	4.85	0.001
2018	0.508	5.26	0.001
2019	0.521	5.38	0.001
2020	0.533	5.29	0.001
2021	0.502	5.16	0.001
2022	0.518	5.41	0.001

从表 9-7 可以看出，2017~2022 年黄河流域市域间的资源利用水平全局莫兰指数均通过显著性检验，表明黄河流域市域间的资源利用水平在 2017~2022 年均存在显著的空间聚集效应。从变化趋势来看，2017~2022 年黄河流域市域的资源利用水平全局莫兰指数呈现先增后减又增的趋势，这表明黄河流域各市（州、盟）资源利用水平之间的空间关系经历了一个先紧密后疏离又进一步紧密的过程。

（三）资源利用水平的局部空间属性分析

1. Moran 散点图分析

为了更直观地观察不同时期黄河流域资源利用水平全局莫兰指数的变化，选取 2018 年、2020 年和 2022 年三个时间节点，利用 Geoda 软件绘制 Moran 散点图。

根据表 9-8，2018 年，有 23 个市（州）位于第一象限、占比 32.9%，有 29 个市（州、盟）分布在第三象限、占比 41.4%，两者合计占比 74.3%；有 7 个市处于第二象限、占比 10%，有 11 个市分布在第四象限、占比 15.7%，两者合计占比 25.7%。这表明黄河流域 2018 年资源利用水平显示出更强的局部空间集聚效应和较弱的空间差异性。共有 34 个市（州）

处于第一和第四象限，占比 48.6%，这表明该部分地区的资源利用水平较高，其中有高达 67.6% 的市域能够辐射影响到周边地区。共有 36 个市（州、盟）分布在第二和第三象限、占比 51.4%，这表明该部分市域的资源利用水平有待提高，仍需加大资源利用强度。其中，河南省落在第一象限的市有 5 个，落在第二象限的市有 2 个，落在第三象限的市有 3 个，落在第四象限的市有 2 个，这表明河南省局部空间集聚效应更强，空间差异性弱，且大部分市域的资源利用水平较高。

表 9-8　黄河流域 70 市域典型年份资源利用水平四象限分布

象限	2018 年	2020 年	2022 年
第一象限	西安市、宝鸡市、咸阳市、延安市、汉中市、榆林市、安康市、商洛市、长治市、运城市、临汾市、开封市、洛阳市、安阳市、三门峡市、南阳市、天水市、平凉市、庆阳市、定西市、陇南市、临夏州、甘南州	西安市、宝鸡市、咸阳市、渭南市、延安市、汉中市、榆林市、安康市、商洛市、运城市、忻州市、临汾市、吕梁市、郑州市、开封市、洛阳市、平顶山市、安阳市、新乡市、濮阳市、三门峡市、南阳市、天水市、平凉市、庆阳市、定西市、陇南市、临夏州	西安市、宝鸡市、咸阳市、渭南市、延安市、汉中市、榆林市、安康市、商洛市、长治市、晋城市、运城市、忻州市、临汾市、吕梁市、郑州市、开封市、洛阳市、安阳市、新乡市、濮阳市、三门峡市、南阳市、兰州市、天水市、平凉市、庆阳市、定西市、陇南市、临夏州、甘南州
第二象限	大同市、吕梁市、郑州市、濮阳市、济南市、泰安市、菏泽市	阳泉市、济南市、泰安市、菏泽市	鄂尔多斯市、阳泉市、菏泽市
第三象限	呼和浩特市、包头市、乌海市、鄂尔多斯市、巴彦淖尔市、乌兰察布市、阿拉善盟、阳泉市、朔州市、鹤壁市、焦作市、济源市、淄博市、东营市、济宁市、临沂市、德州市、滨州市、西宁市、海东市、阿坝州、甘孜州、武威市、张掖市、银川市、石嘴山市、吴忠市、固原市、中卫市	呼和浩特市、包头市、乌海市、鄂尔多斯市、巴彦淖尔市、乌兰察布市、阿拉善盟、大同市、朔州市、济源市、淄博市、东营市、临沂市、德州市、聊城市、滨州市、西宁市、海东市、阿坝州、甘孜州、武威市、张掖市、银川市、石嘴山市、吴忠市、固原市、中卫市	呼和浩特市、包头市、乌海市、巴彦淖尔市、乌兰察布市、阿拉善盟、大同市、济南市、淄博市、东营市、济宁市、泰安市、临沂市、德州市、聊城市、滨州市、西宁市、海东市、阿坝州、甘孜州、武威市、张掖市、银川市、石嘴山市、吴忠市、固原市、中卫市

续表

象限	2018年	2020年	2022年
第四象限	铜川市、渭南市、太原市、晋城市、晋中市、忻州市、平顶山市、新乡市、聊城市、兰州市、白银市	铜川市、太原市、长治市、晋城市、晋中市、鹤壁市、焦作市、济宁市、兰州市、白银市、甘南州	铜川市、太原市、朔州市、晋中市、平顶山市、鹤壁市、焦作市、济源市、白银市

2020年，有28个市（州）落于第一象限、占比40%，有27个市（州、盟）分布在第三象限、占比38.6%，两者合计占比78.6%；有4个市落在第二象限、占比5.7%，有11个市（州）处于第四象限、占比15.7%，两者合计占比21.4%。由此可见，黄河流域2020年资源利用水平显示出更强的局部空间集聚效应和较弱的空间差异性。共有39个市（州）分布在第一和第四象限、占比55.7%，这表明该部分市域的资源利用水平较高，且其中有高达71.8%的市域能够较强地辐射带动周边地区。共有31个市（州、盟）落在第二和第三象限，占比44.3%，这表明该部分市域的资源利用水平不够高，仍需加大资源利用力度。其中，河南省落在第一象限的市有9个，落在第二象限的市无，落在第三象限的市有1个，落在第四象限的市有2个，这表明河南省局部空间集聚效应更强，空间差异性弱，且大部分市域的资源利用水平较高。

2022年，有31个市（州）分布在第一象限、占比44.3%，有27个市（州、盟）落在第三象限、占比38.6%，两者合计共占比82.9%；有3个市处于第二象限、占比4.3%，有9个市位于第四象限、占比12.9%，两者合计占比17.2%。由此可见，黄河流域2022年资源利用水平显示出更强的局部空间集聚效应和较弱的空间差异性。共有40个市（州）分布在第一和第四象限、占比57.1%，这表明该部分市域拥有较强的资源利用能力，且其中有高达77.5%的市域能够对周围地区实施较大的影响力。共有30个市（州、盟）位于第二和第三象限、占比42.9%，这表明该部分市域的资源利用水平处于短板，仍需要对其加大资源利用力度。其中，河南省落在第一象限的市有8个，落在第二象限的市无，落在第三象限的市无，落在第四象限的市有4个，这表明河南省局部空间集聚效应更强，空间差异性弱，且大部分市域的资源利用水平较高。

综上所述，黄河流域资源利用水平局部空间集聚效应逐渐增强，且大部分市域的资源利用水平较高；河南省资源利用水平局部空间集聚效应更强，且大部分市域的资源利用水平较高。

2. LISA 分析

本节利用局部莫兰指数对黄河流域 70 市域资源利用水平空间异质性进行测算，用以探究其内部各市（州、盟）间具体的空间关联特征，为了更直观地观察不同时期黄河流域资源利用水平空间聚集性的变化，选取 2018 年、2020 年和 2022 年三个时间节点。

由表 9-9 可以看出，2018 年高-高聚集区有 5 个，主要分布在黄河流域上游的甘肃省和黄河流域中游的陕西省，分别分布着 4 个市和 1 个市，这部分市的资源利用水平较高，与周边市（州、盟）的联系较为紧密，辐射带动能力比较强，具有空间溢出效应；低-低聚集区有 5 个，主要分布在黄河流域上游的四川省、宁夏回族自治区和内蒙古自治区，分别分布着 1 个市、2 个市和 2 个市，这部分市的资源利用水平较低，空间差异性大。

表 9-9　黄河流域 70 市域典型年份资源利用水平的 LISA 聚集分布

类型	2018 年	2020 年	2022 年
高-高聚集区	西安市、天水市、平凉市、陇南市、甘南州	西安市、安康市、天水市、平凉市、陇南市	西安市、天水市、平凉市、定西市、陇南市、甘南州
低-高聚集区	—	甘南州	—
低-低聚集区	鄂尔多斯市、巴彦淖尔市、甘孜州、银川市、石嘴山市	鄂尔多斯市、巴彦淖尔市、甘孜州、银川市	济南市、甘孜州、银川市、石嘴山市
高-低聚集区	—	—	鄂尔多斯市

2020 年，高-高聚集区有 5 个，主要分布在黄河流域上游的甘肃省和黄河流域中游的陕西省，分别分布着 3 个市和 2 个市，这部分市的资源利用水平较高，与周边市（州、盟）的联系较为紧密，辐射带动能力比较强，具有空间溢出效应；低-低聚集区有 4 个，主要分布在黄河流域上游的四川省、宁夏回族自治区和内蒙古自治区，分别分布着 1 个市、1 个市和 2 个

市，这部分市（州、盟）的资源利用水平较低，空间差异性大；低-高聚集区主要分布在黄河流域上游的甘肃省，分布着1个州，说明该州的资源利用水平低于周边地区，需要加强与周边地区的联系，向周边地区学习，实施更有效有力的资源利用措施。

2022年，高-高聚集区有6个，主要分布在黄河流域上游的甘肃省和黄河流域中游的陕西省，分别分布着5个市（州）和1个市，这部分市（州）的资源利用水平较高，与周边市（州、盟）的联系较为紧密，辐射带动能力比较强，具有空间溢出效应；低-低聚集区有4个，主要分布在黄河流域上游的四川省、宁夏回族自治区以及黄河流域下游的山东省，分别分布着1个州、2个市和1个市，这部分市（州、盟）的资源利用水平较低，空间差异性大；高-低聚集区主要分布在黄河流域上游的内蒙古自治区，分布着1个市，说明该市的资源利用水平高于周边地区，该地区应加强与周边地区的联系，积极有效发挥空间联动作用，通过辐射作用提升区域整体资源利用水平。

通过以上分析可知，高-高聚集区一直保持在黄河流域中上游，这类地区应在实施现有的资源利用措施之余积极探索更为有效有力的资源利用措施，以实现与周围地区的良性循环；低-低聚集区由黄河流域上游转变为黄河流域上下游兼有，这类地区不但自身资源利用措施实施效果欠佳，且周围地区也未能在资源利用方面有突出亮点，是整个黄河流域资源利用发展的主要短板区域，应积极探索出有突破性的资源利用之路；2020年黄河流域上游出现低-高聚集区，这类地区应加强与周围地区的合作交流，发挥空间联动作用，因地制宜地制定出适合本地的资源利用措施；2022年黄河流域上游出现高-低聚集区，这类地区应加强与周边地区的联系，积极有效发挥空间联动作用，通过辐射作用提升区域整体资源利用水平。

三　黄河流域环境治理维度发展水平的空间演化分析

（一）环境治理水平的空间分布特征

为了将黄河流域不同时期环境治理水平全局莫兰指数的变化进行更为清晰直观地呈现，利用Geoda软件将黄河流域2018年、2020年和2022年环境治理水平综合得分的空间分布情况以地图展示的形式进行可视化，并基于自然断点分类法将其得分情况分为4个等级。

由表 9-10 可知，2018 年，处于第一梯队的市（州）有 46 个、占比 65.7%，处于第二梯队的市（州、盟）有 23 个、占比 32.9%，处于第三梯队的市有 1 个、占比 1.4%，处于第四梯队的市（州、盟）无；其中，河南省处于第一梯队的市有 12 个、占河南省沿黄城市的比例为 100%，处于第二梯队的市无，处于第三梯队的市无，处于第四梯队的市无。

表 9-10　黄河流域 70 市域典型年份环境治理水平阶梯分布

梯队	2018 年	2020 年	2022 年
第一梯队	呼和浩特市、鄂尔多斯市、巴彦淖尔市、西安市、宝鸡市、咸阳市、延安市、汉中市、安康市、商洛市、太原市、阳泉市、晋中市、临汾市、郑州市、开封市、洛阳市、平顶山市、安阳市、鹤壁市、新乡市、焦作市、濮阳市、三门峡市、南阳市、济源市、济南市、淄博市、东营市、济宁市、泰安市、临沂市、德州市、聊城市、滨州市、菏泽市、甘孜州、兰州市、天水市、武威市、张掖市、平凉市、庆阳市、甘南州、银川市、固原市	呼和浩特市、鄂尔多斯市、西安市、宝鸡市、咸阳市、延安市、汉中市、安康市、商洛市、太原市、阳泉市、晋城市、郑州市、开封市、洛阳市、平顶山市、安阳市、鹤壁市、新乡市、焦作市、濮阳市、三门峡市、南阳市、济源市、济南市、淄博市、东营市、济宁市、泰安市、临沂市、德州市、聊城市、滨州市、菏泽市、阿坝州、甘孜州、兰州市、天水市、武威市、张掖市、庆阳市、陇南市、临夏州、甘南州、银川市、固原市	呼和浩特市、西安市、宝鸡市、咸阳市、延安市、汉中市、榆林市、安康市、商洛市、太原市、阳泉市、晋城市、郑州市、开封市、洛阳市、平顶山市、安阳市、鹤壁市、新乡市、焦作市、濮阳市、三门峡市、南阳市、济源市、济南市、淄博市、东营市、济宁市、泰安市、临沂市、德州市、聊城市、滨州市、菏泽市、海东市、阿坝州、甘孜州、兰州市、天水市、武威市、张掖市、庆阳市、定西市、临夏州、甘南州、固原市
第二梯队	包头市、乌海市、乌兰察布市、阿拉善盟、铜川市、渭南市、榆林市、大同市、长治市、晋城市、朔州市、运城市、忻州市、吕梁市、西宁市、海东市、阿坝州、白银市、定西市、临夏州、石嘴山市、吴忠市、中卫市	巴彦淖尔市、大同市、长治市、晋中市、临汾市、西宁市、海东市、平凉市、定西市、吴忠市、中卫市	鄂尔多斯市、巴彦淖尔市、渭南市、大同市、长治市、临汾市、平凉市、陇南市、银川市

续表

梯队	2018 年	2020 年	2022 年
第三梯队	陇南市	包头市、乌海市、乌兰察布市、阿拉善盟、铜川市、渭南市、榆林市、朔州市、运城市、忻州市、吕梁市、白银市、石嘴山市	包头市、乌海市、乌兰察布市、阿拉善盟、铜川市、朔州市、晋中市、运城市、忻州市、吕梁市、西宁市、白银市、石嘴山市、吴忠市、中卫市
第四梯队	—	—	—

2020 年，处于第一梯队的市（州）有 46 个、占比 65.7%，处于第二梯队的市有 11 个、占比 15.7%，处于第三梯队的市（盟）有 13 个、占比 18.6%，处于第四梯队的市（州、盟）无；其中，河南省处于第一梯队的市有 12 个、占河南省沿黄城市的比例为 100%，处于第二梯队的市无，处于第三梯队的市无，处于第四梯队的市无。

2022 年，处于第一梯队的市（州）有 46 个、占比 65.7%，处于第二梯队的市有 9 个、占比 12.9%，处于第三梯队的市（盟）有 15 个、占比 21.4%，处于第四梯队的市（州、盟）无；其中，河南省处于第一梯队的市有 12 个、占河南省沿黄城市的比例为 100%，处于第二梯队的市无，处于第三梯队的市无，处于第四梯队的市无。

综上所述，2017~2022 年黄河流域大部分市域环境治理水平处于第一梯队，且第三梯队逐渐由上游城市变为中游城市；河南省处于黄河流域的城市环境治理则一直保持在第一梯队，这表明河南省非常重视环境治理，整体环境治理水平较高。

（二）环境治理水平的全局空间属性分析

本节使用 Geoda 软件计算黄河流域 70 市域环境治理指数的全局莫兰指数，结果如表 9-11 所示。

表 9-11　黄河流域 70 市域环境治理水平全局莫兰指数及其检验结果

年份	Moran's I	Z 检验值	p 值
2017	0.007	0.227	0.331

续表

年份	Moran's I	Z 检验值	p 值
2018	0.045	0.659	0.156
2019	0.232	2.533	0.026
2020	0.173	2.160	0.040
2021	0.056	0.880	0.137
2022	0.230	2.768	0.018

从表 9-11 可以看出，2019 年、2020 年和 2022 年黄河流域 70 市域间的环境治理水平全局莫兰指数均通过显著性检验，而 2017 年、2018 年和 2021 年黄河流域 70 市域间的环境治理水平全局莫兰指数未通过显著性检验，表明黄河流域 70 市域间的环境治理水平在 2019 年、2020 年和 2022 年存在显著的空间聚集效应，在 2017 年、2018 年和 2021 年不存在显著的空间聚集效应。从变化趋势来看，2017~2022 年黄河流域 70 市域的环境治理水平全局莫兰指数呈现先增加后减少而后又增加的趋势，这说明黄河流域各市（州、盟）环境治理水平之间的空间联系经历了一个先紧密后疏离又紧密的过程。

（三）环境治理水平的局部空间属性分析

1. Moran 散点图分析

为了更直观地观察不同时期黄河流域环境治理水平全局莫兰指数的变化，选取 2018 年、2020 年和 2022 年三个时间节点，利用 Geoda 软件绘制 Moran 散点。

根据表 9-12，2018 年，有 10 个市位于第一象限、占比 14.3%，有 36 个市（州、盟）分布在第三象限、占比 51.4%，两者合计占比 65.7%；有 9 个市落于第二象限、占比 12.9%，有 15 个市位于第四象限、占比 21.4%，两者合计占比 34.3%。由此可见，黄河流域 70 市域 2018 年环境治理水平表现出更强的局部空间集聚效应，而空间差异性相对较弱。共有 25 个市落于第一和第四象限、占比 35.7%，这表明该部分市域的环境治理水平较高，但其中只有 40%的市域能够较好地辐射带动周边地区。共有 45 个市（州、盟）分布在第二和第三象限、占比 64.3%，这表明该部分市域的环境治理水平仍有待提高，需要加大对其环境治理力度。其中，河南省落在第一象限的市（区）有 4 个，落在第二象限的市有 3 个，落在第三象限的市无，落在第四象限的市有 5 个，这表明河南省局部空间集聚效应更强，空间差异性弱，且大部分市域的环境治理水平较高。

2020 年，有 14 个市（州、盟）分布在第一象限、占比 20%，有 40 个市（州、盟）处于第三象限、占比 57.1%，两者合计占比 77.1%；有 5 个市（州）落于第二象限、占比 7.1%，有 11 个市（州）位于第四象限、占比 15.7%，两者合计占比 22.8%。由此可见，黄河流域 2020 年环境治理水平表现出更强的局部空间集聚效应和相对较弱的空间差异性。共有 25 个市（州）落于第一和第四象限、占比 35.7%，这表明该部分市域的环境治理能力较强，且其中有 56%的市域能够很好地带动周边地区的环境治理能力。共有 45 个市（州、盟）分布在第二和第三象限、占比 64.3%，这表明该部分市域的环境治理能力处于较低水平，仍需要加大对其环境治理力度。其中，河南省落在第一象限的市有 10 个，落在第二象限的市无，落在第三象限的市无，落在第四象限的市有 2 个，这表明河南省局部空间集聚效应更强，空间差异性弱，且大部分市域的环境治理水平较高。

表 9-12　黄河流域 70 市域典型年份环境治理水平四象限分布

象限	2018 年	2020 年	2022 年
第一象限	西安市、宝鸡市、咸阳市、安康市、商洛市、郑州市、开封市、洛阳市、焦作市、庆阳市	西安市、宝鸡市、安康市、商洛市、郑州市、开封市、洛阳市、平顶山市、鹤壁市、新乡市、焦作市、濮阳市、三门峡市、南阳市	西安市、宝鸡市、咸阳市、安康市、郑州市、开封市、洛阳市、鹤壁市、新乡市、焦作市、濮阳市、三门峡市、南阳市、菏泽市
第二象限	延安市、太原市、鹤壁市、濮阳市、南阳市、济南市、东营市、泰安市、平凉市	济南市、济宁市、甘孜州、庆阳市、陇南市	济南市、淄博市、东营市、济宁市、德州市、庆阳市

续表

象限	2018 年	2020 年	2022 年
第三象限	呼和浩特市、包头市、乌海市、鄂尔多斯市、巴彦淖尔市、乌兰察布市、阿拉善盟、大同市、阳泉市、长治市、晋城市、朔州市、晋中市、运城市、忻州市、临汾市、吕梁市、淄博市、济宁市、德州市、菏泽市、西宁市、海东市、阿坝州、甘孜州、兰州市、武威市、张掖市、陇南市、临夏州、甘南州、银川市、石嘴山市、吴忠市、固原市、中卫市	呼和浩特市、包头市、乌海市、鄂尔多斯市、巴彦淖尔市、乌兰察布市、阿拉善盟、铜川市、延安市、榆林市、太原市、大同市、阳泉市、长治市、晋城市、朔州市、晋中市、运城市、忻州市、临汾市、吕梁市、淄博市、东营市、德州市、西宁市、海东市、兰州市、白银市、天水市、武威市、张掖市、平凉市、定西市、临夏州、甘南州、银川市、石嘴山市、吴忠市、固原市、中卫市	呼和浩特市、包头市、乌海市、鄂尔多斯市、巴彦淖尔市、乌兰察布市、阿拉善盟、铜川市、延安市、榆林市、太原市、大同市、阳泉市、长治市、晋城市、朔州市、晋中市、运城市、忻州市、临汾市、吕梁市、西宁市、海东市、阿坝州、甘孜州、兰州市、白银市、天水市、武威市、张掖市、平凉市、定西市、陇南市、临夏州、甘南州、银川市、石嘴山市、吴忠市、固原市、中卫市
第四象限	铜川市、渭南市、汉中市、榆林市、平顶山市、安阳市、新乡市、三门峡市、济源市、临沂市、聊城市、滨州市、白银市、天水市、定西市	咸阳市、渭南市、汉中市、安阳市、济源市、泰安市、临沂市、聊城市、滨州市、菏泽市、阿坝州	渭南市、汉中市、商洛市、平顶山市、安阳市、济源市、泰安市、临沂市、聊城市、滨州市

2022 年，有 14 个市分布在第一象限、占比 20%，有 40 个市（州、盟）位于第三象限、占比 57.1%，两者合计占比 77.1%；有 6 个市处于第二象限、占比 8.6%，有 10 个市落在第四象限、占比 14.3%，两者合计占比 22.9%。由此可见，黄河流域 2022 年环境治理水平表现出更强的局部空间集聚效应和相对较弱的空间差异性。共有 24 个市分布在第一和第四象限、占比 34.3%，这表明该部分市域的环境治理能力较强，且其中有高达 58.3%的市域对周边地区具有较强的辐射能力。共有 46 个市（州、盟）落于第二和第三象限、占比 65.7%，这表明该部分市域的环境治理水平仍有待提高，需要实施更强有力的环境治理措施。其中，河南省落在第一象限

的市有 9 个，落在第二象限的市无，落在第三象限的市无，落在第四象限的市有 3 个，这表明河南省局部空间集聚效应更强，空间差异性弱，且大部分市域的环境治理水平较高。

综上所述，黄河流域环境治理水平局部空间集聚效应逐渐增强，且大部分市域的环境治理水平较低；河南省环境治理水平局部空间集聚效应更强，且大部分市域的环境治理水平较高。

2. LISA 分析

本部分利用局部莫兰指数对黄河流域 70 市域环境治理水平空间异质性进行测算，用以探究其内部各市（州、盟）间具体的空间关联特征，为了更直观地观察不同时期黄河流域环境治理水平空间聚集性的变化，选取 2018 年、2020 年和 2022 年三个时间节点。

由表 9-13 可以看出，2018 年，高-高聚集区有 1 个，分布在黄河流域上游的甘肃省，该市的环境治理水平较高，与周边市（州、盟）的联系较为紧密，辐射带动能力比较强，具有空间溢出效应；低-低聚集区有 3 个，主要分布在黄河流域上游的青海省、四川省和甘肃省，分别分布着 1 个市、1 个市和 1 个市，这部分市的环境治理水平较低，空间差异性大；低-高聚集区主要分布在黄河流域上游的甘肃省和黄河流域中游的陕西省，分别分布着 2 个市和 1 个市，说明该地区的环境治理水平低于周边地区，需要加强与周边地区的联系，向周边地区学习，实施更有效有力的环境治理措施。

表 9-13　黄河流域 70 市域典型年份环境治理水平的 LISA 聚集分布

类型	2018 年	2020 年	2022 年
高-高聚集区	庆阳市	宝鸡市、安康市、商洛市、开封市	宝鸡市、安康市、开封市、新乡市
低-高聚集区	汉中市、白银市、天水市	渭南市、汉中市	渭南市、汉中市、商洛市
低-低聚集区	海东市、甘孜州、甘南州	太原市、大同市、临汾市	鄂尔多斯市、大同市、临汾市、银川市
高-低聚集区	—	—	—

2020 年，高-高聚集区有 4 个，主要分布在黄河流域中游的陕西省和下游的河南省，分别分布着 3 个市和 1 个市，这部分市的环境治理水平较高，与周边市（州、盟）的联系较为紧密，辐射带动能力比较强，具有空间溢出效应；低-低聚集区有 3 个市，主要分布在黄河流域中游的山西省，这部分市的环境治理水平较低，空间差异性大；低-高聚集区有 2 个，主要分布在黄河流域中游的陕西省，说明该区域的环境治理水平低于周边地区，需要加强与周边地区的联系，向周边地区学习，实施更有效有力的环境治理措施。

2022 年，高-高聚集区有 4 个，主要分布在黄河流域中游的陕西省和下游的河南省，分别分布着 2 个市和 2 个市，这部分市的环境治理水平较高，与周边市（州、盟）的联系较为紧密，辐射带动能力比较强，具有空间溢出效应；低-低聚集区有 4 个，主要分布在黄河流域上游的宁夏回族自治区、内蒙古自治区以及黄河流域中游的山西省，分别分布着 1 个市、1 个市和 2 个市，这部分市（州、盟）的环境治理水平较低，空间差异性大；低-高聚集区有 3 个，主要分布在黄河流域中游的陕西省，说明该区域的环境治理水平低于周边地区，需要加强与周边地区的联系，向周边地区学习，实施更有效有力的环境治理措施。

通过以上分析可知，高-高聚集区逐渐由黄河流域上游向黄河流域中下游转移，这类地区应在实施现有的环境治理措施之余积极探索更为有效有力的环境治理措施，以实现与周围地区的良性循环；低-低聚集区逐渐由黄河流域上游向黄河流域中游转移，这类地区不但自身环境治理措施实施效果欠佳，且周围地区也未能在环境治理方面有突出亮点，是整个黄河流域环境治理发展的主要短板区域，应积极探索出有突破性的环境治理之路；低-高聚集区则由黄河流域上游向黄河流域中游转移，这类地区应加强与周围地区的合作交流，发挥空间联动作用，因地制宜地制定出适合本地的环境治理措施。

四　黄河流域生态质量维度发展水平的空间演化分析

（一）生态质量水平的空间分布特征

为了将黄河流域不同时期生态质量水平全局莫兰指数的变化进行更为清晰直观地呈现，利用 Geoda 软件将黄河流域 2018 年、2020 年和 2022 年生态质量水平综合得分的空间分布情况以地图展示的形式进行可视化，并基于自然断点分类法将其得分情况分为4个等级。

由表9-14可知，2018年，处于第一梯队的市（州、盟）有46个、占比65.7%，处于第二梯队的市有20个、占比28.6%，处于第三梯队的市（州）有4个、占比5.7%，处于第四梯队的市（州、盟）无；其中，河南省处于第一梯队的市有2个、占河南省沿黄城市的比例为16.7%，处于第二梯队的市有10个、占河南省沿黄城市的比例为83.3%，处于第三梯队的市无，处于第四梯队的市无。

表9-14　黄河流域70市域典型年份生态质量水平阶梯分布

梯队	2018年	2020年	2022年
第一梯队	呼和浩特市、包头市、乌海市、鄂尔多斯市、巴彦淖尔市、乌兰察布市、阿拉善盟、铜川市、宝鸡市、延安市、汉中市、榆林市、安康市、商洛市、太原市、大同市、长治市、晋城市、朔州市、忻州市、吕梁市、鹤壁市、济源市、济南市、淄博市、东营市、济宁市、泰安市、临沂市、德州市、滨州市、菏泽市、西宁市、阿坝州、白银市、天水市、武威市、张掖市、平凉市、庆阳市、定西市、银川市、石嘴山市、吴忠市、固原市、中卫市	呼和浩特市、包头市、乌海市、鄂尔多斯市、乌兰察布市、阿拉善盟、铜川市、宝鸡市、延安市、汉中市、榆林市、安康市、商洛市、大同市、长治市、晋城市、朔州市、晋中市、忻州市、吕梁市、三门峡市、南阳市、淄博市、东营市、济宁市、泰安市、滨州市、西宁市、海东市、阿坝州、甘孜州、白银市、天水市、武威市、张掖市、平凉市、庆阳市、定西市、陇南市、临夏州、甘南州、银川市、石嘴山市、吴忠市、固原市、中卫市	呼和浩特市、包头市、乌海市、鄂尔多斯市、巴彦淖尔市、乌兰察布市、阿拉善盟、宝鸡市、延安市、汉中市、榆林市、安康市、商洛市、大同市、阳泉市、长治市、晋城市、朔州市、忻州市、吕梁市、鹤壁市、南阳市、淄博市、东营市、泰安市、临沂市、德州市、滨州市、西宁市、海东市、阿坝州、甘孜州、白银市、天水市、张掖市、平凉市、庆阳市、定西市、陇南市、临夏州、甘南州、银川市、石嘴山市、吴忠市、固原市、中卫市
第二梯队	西安市、咸阳市、渭南市、阳泉市、晋中市、运城市、临汾市、郑州市、开封市、洛阳市、平顶山市、安阳市、新乡市、焦作市、濮阳市、三门峡市、南阳市、聊城市、海东市、兰州市	巴彦淖尔市、西安市、太原市、阳泉市、运城市、开封市、洛阳市、平顶山市、鹤壁市、新乡市、临沂市、德州市、兰州市、	铜川市、太原市、晋中市、运城市、开封市、洛阳市、平顶山市、焦作市、濮阳市、三门峡市、济南市、济宁市、聊城市、菏泽市、武威市

续表

梯队	2018 年	2020 年	2022 年
第三梯队	甘孜州、陇南市、临夏州、甘南州	咸阳市、渭南市、临汾市、郑州市、安阳市、焦作市、濮阳市、济源市、济南市、聊城市、菏泽市	西安市、咸阳市、渭南市、临汾市、郑州市、安阳市、新乡市、济源市、兰州市
第四梯队	—	—	—

2020 年，处于第一梯队的市（州、盟）有 46 个、占比 65.7%，处于第二梯队的市有 13 个、占比 18.6%，处于第三梯队的市有 11 个、占比 15.7%，处于第四梯队的市（州、盟）无；其中，河南省处于第一梯队的市有 2 个、占河南省沿黄城市的比例为 16.7%，处于第二梯队的市有 5 个、占河南省沿黄城市的比例为 41.7%，处于第三梯队的市有 5 个、占河南省沿黄城市的比例为 41.7%，处于第四梯队的市无。

2022 年，处于第一梯队的市（州、盟）有 46 个、占比 65.7%，处于第二梯队的市有 15 个、占比 21.4%，处于第三梯队的市有 9 个、占比 12.9%，处于第四梯队的市（州、盟）无；其中，河南省处于第一梯队的市有 2 个、占河南省沿黄城市的比例为 16.7%，处于第二梯队的市有 6 个、占河南省沿黄城市的比例为 50%，处于第三梯队的市有 4 个、占河南省沿黄城市的比例为 33.3%，处于第四梯队的市无。

综上所述，2017~2022 年，黄河流域大部分市域生态质量水平处于第一梯队，且第三梯队逐渐由下游城市向中上游城市转变；河南省大部分城市则从第二梯队逐渐向第三梯队过渡，第一梯队存在城市较少，与资源利用维度和环境治理维度对比，河南省生态质量水平较低，是制约河南省生态保护水平的主要短板。

（二）生态质量水平的全局空间属性分析

本节使用 Geoda 软件计算黄河流域生态质量指数的全局莫兰指数，结果如表 9-15 所示。

表 9-15　黄河流域 70 市域生态质量水平全局莫兰指数及其检验结果

年份	Moran's I	Z 检验值	p 值
2017	0.293	3.09	0.002
2018	0.425	4.34	0.001
2019	0.471	4.64	0.001
2020	0.434	4.59	0.001
2021	0.392	4.02	0.002
2022	0.432	4.494	0.001

从表 9-15 可以看出，2017~2022 年黄河流域 70 市域间的生态质量水平全局莫兰指数均通过显著性检验，表明黄河流域 70 市域间的生态质量水平在 2017~2022 年均存在显著的空间聚集效应。从变化趋势来看，2017~2022 年黄河流域的生态质量水平全局莫兰指数呈现先增加后减少随后又增加的趋势，这直观地表明了黄河流域各市（州、盟）生态质量水平之间的空间关系先紧密后疏离最后又加强了紧密程度。

（三）生态质量水平的局部空间属性分析

1. Moran 散点图分析

为了更直观地观察不同时期黄河流域生态质量水平全局莫兰指数的变化，选取 2018 年、2020 年和 2022 年三个时间节点，利用 Geoda 软件绘制 Moran 散点图。

根据表 9-16，2018 年，有 25 个市（盟）处于第一象限、占比 35.7%，有 29 个市（州）分布在第三象限、占比 41.4%，两者合计占比 77.1%；有 11 个市（州）位于第二象限、占比 15.7%，有 5 个市（州）落于第四象限、占比 7.1%，两者合计占比 22.8%。由此可见，黄河流域 2018 年生态质量水平表现出更强的局部空间集聚效应，而空间差异性相对较弱。共有 30 个市（州、盟）位于第一和第四象限，占比 42.9%，这表明该部分地区拥有较高的生态质量水平，且其中有高达 83.3%的市域能够对周边地区有较强的辐射作用。共有 40 个市（州）分布在第二和第三象限，占比 57.1%，这表明该部分市域的生态质量处于较低水平，仍需提高生态质量保护能力。其中，河南省落在第一象限的市无，落在第二象限的市无，落在第三象限的市有 12 个，落在第四象限的市无，这表明河南省局部空间集聚效应更强，空间差异性弱，且大部分市域的生态质量水平较低，仍需加大生态质量保护力度。

表 9-16 黄河流域 70 市域典型年份生态质量水平四象限分布

象限	2018 年	2020 年	2022 年
第一象限	呼和浩特市、包头市、乌海市、鄂尔多斯市、巴彦淖尔市、乌兰察布市、阿拉善盟、汉中市、榆林市、朔州市、淄博市、东营市、济宁市、临沂市、滨州市、白银市、武威市、张掖市、平凉市、庆阳市、银川市、石嘴山市、吴忠市、固原市、中卫市	包头市、乌海市、鄂尔多斯市、乌兰察布市、阿拉善盟、榆林市、大同市、朔州市、阿坝州、甘孜州、白银市、天水市、平凉市、庆阳市、定西市、陇南市、甘南州、银川市、石嘴山市、吴忠市、固原市、中卫市	呼和浩特市、包头市、乌海市、鄂尔多斯市、乌兰察布市、阿拉善盟、榆林市、大同市、朔州市、东营市、西宁市、海东市、阿坝州、甘孜州、天水市、平凉市、定西市、陇南市、银川市、石嘴山市、吴忠市、固原市、中卫市
第二象限	宝鸡市、延安市、安康市、商洛市、大同市、长治市、吕梁市、泰安市、西宁市、阿坝州、天水市	延安市、汉中市、安康市、商洛市、长治市、吕梁市、东营市、泰安市、西宁市、张掖市	延安市、汉中市、安康市、商洛市、长治市、晋城市、吕梁市、泰安市、德州市、滨州市、白银市、张掖市、甘南州
第三象限	西安市、铜川市、咸阳市、渭南市、太原市、阳泉市、晋城市、晋中市、运城市、临汾市、郑州市、开封市、洛阳市、平顶山市、安阳市、鹤壁市、新乡市、焦作市、濮阳市、三门峡市、南阳市、济源市、德州市、聊城市、兰州市、定西市、陇南市、临夏州、甘南州	西安市、铜川市、宝鸡市、咸阳市、渭南市、太原市、阳泉市、晋城市、晋中市、运城市、临汾市、郑州市、开封市、洛阳市、平顶山市、安阳市、鹤壁市、新乡市、焦作市、濮阳市、三门峡市、南阳市、济源市、济南市、淄博市、济宁市、临沂市、德州市、聊城市、滨州市、菏泽市	西安市、铜川市、宝鸡市、咸阳市、渭南市、太原市、阳泉市、晋中市、运城市、临汾市、郑州市、开封市、洛阳市、平顶山市、安阳市、鹤壁市、新乡市、焦作市、濮阳市、三门峡市、南阳市、济源市、济南市、济宁市、临沂市、聊城市、菏泽市、兰州市、临夏州
第四象限	忻州市、济南市、菏泽市、海东市、甘孜州	呼和浩特市、巴彦淖尔市、忻州市、海东市、兰州市、武威市、临夏州	巴彦淖尔市、忻州市、淄博市、武威市、庆阳市

2020年，有22个市（州、盟）处于第一象限、占比31.4%，有31个市分布在第三象限、占比44.3%，两者合计占比75.7%；有10个市处于第二象限、占比14.3%，有7个市（州）位于第四象限、占比10%，两者合计占比24.3%。由此可见，黄河流域2020年生态质量水平表现出更强的局部空间集聚效应，而空间差异性相对较弱。共有29个市（州、盟）分布在第一和第四象限，占比41.4%，这表明该部分市域的生态质量水平较高，且其中有高达75.9%的市域能够对周边地区有较强的带动作用。共有41个市落于第二和第三象限，占比58.6%，这表明该部分市域的生态质量处于较低水平，仍需提高生态质量保护能力。其中，河南省落在第一象限的市无，落在第二象限的市无，落在第三象限的市有12个，落在第四象限的市无，这表明河南省生态质量水平局部空间集聚效应更强，空间差异性弱，且大部分市域的生态质量水平较低。

2022年，有23个市（州、盟）分布在第一象限、占比32.9%，有29个市位于第三象限、占比41.4%，两者合计占比74.3%；有13个市（州）处在第二象限、占比18.6%，有5个市（州）落于第四象限、占比7.1%，两者合计占比25.7%。由此可见，黄河流域2022年生态质量水平表现出更强的局部空间集聚效应，而空间差异性相对较弱。共有28个市（州、盟）分布在第一和第四象限、占比40%，这部分市域的生态质量水平较高，且其中有82.1%的市域能够对周边地区实施较大的影响力。共有42个市（州）落在第二和第三象限、占比60%，这表明该部分市域的生态质量处于较低水平，仍需提高生态质量保护能力。其中，河南省落在第一象限的市无，落在第二象限的市无，落在第三象限的市有12个，落在第四象限的市无，这表明河南省生态质量水平局部空间集聚效应更强，空间差异性弱，且大部分市域的生态质量水平较低。

综上所述，黄河流域生态质量水平局部空间集聚效应较强，且大部分市域的生态质量水平较低；河南省生态质量水平局部空间集聚效应更强，大部分落在第三象限，故大部分市域的生态质量水平较低。

2. LISA分析

本节利用局部莫兰指数对黄河流域生态质量水平空间异质性进行测算，用以探究其内部各市（州、盟）间具体的空间关联特征，为了更直观地观察不同时期黄河流域生态质量水平空间聚集性的变化，选取2018年、2020年和2022年三个时间节点。

由表9-17可以看出，2018年高-高聚集区有6个，均分布在黄河流域上游的内蒙古自治区，该区域的生态质量水平较高，与周边市（州、盟）的联系较为紧密，辐射带动能力比较强，具有空间溢出效应；低-低聚集区有1个，分布在黄河流域上游的甘肃省，该区域的生态质量整体水平较低，空间差异性大；低-高聚集区分布在黄河流域上游的四川省，分布1个州，说明该地区的生态质量整体水平低于周边地区，需要加强与周边地区的联系，向周边地区学习，有效有力地提高当地生态质量水平；高-低聚集区主要分布在黄河流域上游的四川省，分布着1个州，说明该州的生态质量水平高于周边地区，该地区应加强与周边地区的联系，积极有效发挥空间联动作用，通过辐射作用提升区域整体生态质量水平。

2020年，高-高聚集区有4个，主要分布在黄河流域上游的内蒙古自治区、四川省和宁夏回族自治区，分别分布着2个市、1个州和1个市，这部分市（州、盟）的生态质量整体水平较高，与周边市（州、盟）的联系较为紧密，辐射带动能力比较强，具有空间溢出效应；低-低聚集区有8个，主要分布在黄河流域下游的河南省和山东省，分别分布着7个市和1个市，这部分市（州、盟）的生态质量水平较低，且周边区域的生态质量水平也较低；低-高聚集区有2个，主要分布在黄河流域上游的内蒙古自治区，说明该区域的生态质量水平低于周边地区，需要加强与周边地区的联系，向周边地区学习，有效有力地提高当地生态质量水平；高-低聚集区主要分布在黄河流域下游的山东省，分布着1个市，说明该市的生态质量整体水平高于周边地区，该地区应加强与周边地区的联系，积极有效发挥空间联动作用，通过辐射作用提升区域整体生态质量水平。

2022年，高-高聚集区有5个，主要分布在黄河流域上游的内蒙古自治区和宁夏回族自治区，分别分布着4个市和1个市，这部分市（州、盟）的生态质量整体水平较高，与周边市（州、盟）的联系较为紧密，辐射带动能力比较强，具有空间溢出效应；低-低聚集区有9个，主要分布在黄河流域中游的陕西省和黄河流域下游的河南省，分别分布着3个市和6个市，这部分市（州、盟）的生态质量水平较低，且周边区域的生态质量水平也较低；低-高聚集区有1个，主要分布在黄河流域上游的内蒙古自治区，说明该区域的生态质量整体水平低于周边地区，需要加强与周边地区的联系，向周边地区学习，有效有力地提高当地生态质量水平；高-低聚集区主要分布在黄河流域中游的陕西省，分布着1个市，说明该市的生态质量整体水平高于周边地区，该地区应加强与周边地区的联系，积极有效发挥空间联动作用，通过辐射作用提升区域整体生态质量水平。

通过以上分析可知，高-高聚集区一直保持在黄河流域上游，这类地区应在实施现有的生态质量保护措施之余积极探索能够更为有效地提升生态质量水平的措施，以实现与周围地区的良性循环；低-低聚集区逐渐由黄河流域上游向黄河流域中下游转移，这类地区不但自身生态质量保护措施实施效果欠佳，且其周围地区也未能在生态质量保护方面有突出亮点，是整个黄河流域生态质量发展的主要短板区域，应积极探索出有突破性的生态质量保护之路；低-高聚集区一直保持在黄河流域上游，这类地区应加强与周围地区的合作交流，发挥空间联动作用，因地制宜地制定出适合本地的生态质量保护措施；高-低聚集区则由黄河流域上游转变为黄河流域下游后又转变为黄河流域中游，这类地区应加强与周边地区的联系，积极有效发挥空间联动作用，通过辐射作用提升区域整体生态质量水平。

表 9-17　黄河流域 70 市域典型年份生态质量水平的 LISA 聚集分布

类型	2018 年	2020 年	2022 年
高-高聚集区	呼和浩特市、包头市、乌海市、鄂尔多斯市、巴彦淖尔市、阿拉善盟	包头市、乌海市、甘孜州、中卫市	呼和浩特市、包头市、乌海市、鄂尔多斯市、中卫市
低-高聚集区	甘孜州	呼和浩特市、巴彦淖尔市	巴彦淖尔市
第三象限 低-低聚集区	甘南州	郑州市、洛阳市、安阳市、鹤壁市、新乡市、焦作市、濮阳市、德州市	铜川市、宝鸡市、咸阳市、郑州市、开封市、洛阳市、新乡市、焦作市、濮阳市
高-低聚集区	阿坝州	泰安市	延安市

第五节　结论

生态保护准则层方面，2017~2022 年，黄河流域生态保护水平局部空间集聚效应逐渐增强，但大部分市域的生态保护水平较低；随着时间推移，高-高聚集区由黄河流域中上游逐渐转变为黄河流域中游，低-低聚集区由黄河流域上游转变为黄河流域下游又转变为黄河流域上游，而低-高聚集区则一直保持在黄河流域中游，黄河流域中游的生态保护协同治理水平有所提高，但流域系统治理顶层设计不足，部分地区仍需加强生态保护协同治理。

河南省生态保护水平局部空间集聚效应较强，且大部分市域的生态保护水平较高，但未形成良性的“高-高聚集区”，仍需加强上下游、干支流、左右岸协同治理能力。

资源利用维度层方面，2017~2022年，黄河流域资源利用水平局部空间集聚效应逐渐增强，且大部分市域的资源利用水平较高；随着时间推移，高-高聚集区一直保持在黄河流域中上游，低-低聚集区由黄河流域上游转变为黄河流域上下游兼有，2020年黄河流域上游出现低-高聚集区，2022年黄河流域上游出现高-低聚集区，黄河流域下游资源利用水平未形成良性的空间溢出效应，治理模式仍存在碎片化的问题，应积极探索更为有效的资源利用措施，打破技术、信息、数据共享等方面存在的壁垒，实现与周围地区的良性互动。河南省资源利用水平局部空间集聚效应很强，且大部分市域的资源利用水平较高，但仍应积极有效发挥空间联动作用，通过辐射作用提升区域整体资源利用水平。

环境治理维度层方面，2017~2022年，黄河流域环境治理水平局部空间集聚效应逐渐增强，且大部分市域的环境治理水平较低；高-高聚集区逐渐由黄河流域上游向黄河流域中下游转移，低-低聚集区逐渐由黄河流域上游向黄河流域中游转移，低-高聚集区则由黄河流域上游向黄河流域中游转移，黄河流域下游环境协同治理水平有所提高，而中游在生态环境协同治理方面未能形成良好的空间聚集效应。河南省环境治理水平局部空间集聚效应较强，且大部分市域的环境治理水平较高，但同时也应树立协同治理理念，尽量避免“九龙治水”管理乱象，积极打造完善的协同治理体系。

生态质量维度层方面，黄河流域生态质量水平局部空间集聚效应较强，且大部分市域的生态质量水平较低；高-高聚集区一直保持在黄河流域上游，低-低聚集区逐渐由黄河流域上游向黄河流域中下游转移，低-高聚集区一直保持在黄河流域上游，高-低聚集区则由黄河流域上游转变为黄河流域下游后又转变为黄河流域中游，黄河流域上游协同治理水平较高，应加强与周围地区的合作交流，有效发挥空间联动作用，黄河流域中下游逐渐出现“高-低聚集区”，未能有效发挥辐射作用，有关政府部门应积极协同构建完备的治理体系。河南省生态质量水平局部空间集聚效应很强，但大部分市域的生态质量水平较低，应积极破解流域行政分割现状，尽快形成各部门、组织、企业以及公众跨区域协同治理结构。

第十章　河南践行黄河流域生态保护协同治理的问题挑战

加快推动黄河流域生态保护协同治理不仅是缓解水资源矛盾、实现可持续发展的必由之路，也是提高生态系统质量、筑牢国家生态安全屏障的重要支撑。河南践行黄河流域生态保护战略必须走生态优先、绿色发展的现代化道路，准确把握黄河流域生态保护协同治理面临的问题挑战和重大实践问题，落实好黄河流域生态保护和高质量发展战略部署。本章从黄河流域生态保护、协同治理和高质量发展三个方面论述河南践行黄河流域生态保护协同治理面临的困难挑战，为维护黄河长治久安、促进黄河流域经济社会可持续发展提供决策参考。

第一节　河南践行黄河流域生态保护面临的问题挑战

一　水资源紧张，生态用水被大幅压缩

黄河是一条典型的资源型缺水河流，其不仅在水资源总量上显得捉襟见肘，而且在空间和时间上的分布也极为不均。长时间的缺水干旱导致了区域性和季节性的严重缺水现象，给黄河流域的可持续发展带来了巨大挑战。从总量上看，黄河多年平均径流量约为580亿立方米，受大气环流的影响，黄河流域降水量较少，但是蒸发能力很强，近些年黄河径流量降到535亿立方米，据第三次水资源调查，黄河的径流量已经低至490亿立方米，相较以前降幅达到15.5%，径流量仅为长江的5%，黄河近些年水资源量减少明显。尽管仅占全国河川径流量的2%的黄河创造了近两成的国内生产总值，为区域经济发展提供了不竭的动力源泉，但是黄河作为中国水资源开

发利用程度最高的河流，远超 40%的生态警戒线。水资源是黄河流域最大的刚性约束，高开发、高消耗的状态导致了资源性缺水的常态化。同时，流域内的产业经济发展亟须从粗放型向集约型转变，水资源供需矛盾异常突出，长期存在水资源分配不均衡、过度消耗、使用效率低下、污染防控能力薄弱等问题，使得黄河的水资源保障形势极为严峻。

从用水结构上看，黄河流域水资源利用较为粗放，农业用水效率不高，黄河流域中下游地区以传统的大水漫灌为主，灌溉方式相对落后，农业用水量占总用水量比重超过 80%，高于全国平均水平，这表明农业节水规模化集约化程度不高，产业用水结构存在不平衡、不协调问题。黄河流域是我国重要的粮食主产区和农牧业基地，农业用水占据水资源消耗的主要份额，远超工业、生活和生态用水的总和。为了优化水资源利用，黄河流域需要坚持根据水资源量来合理规划农业用地和产量，严格限制农业用水的总量。加强灌区的用水管理，严格控制黄河流域灌溉的规模，确保在满足农业生产需求的同时，提升输水和配水的效率，以减少水资源的浪费，并保护生态环境的可持续性。随着全球气候变化和生态系统不断变化，黄河的供水能力大幅下降。特别是进入 21 世纪后，这种趋势更加明显。与此同时，人类活动对黄河流域的供水量也会产生显著影响，我们需要更加关注并合理管控人类活动对河流生态的影响。由于黄河径流的显著减少，黄河河口三角洲的面积不断减小，湿地资源逐步枯竭。当前，水资源的匮乏成为推动黄河流域生态保护最棘手的难题，水资源保障的形势已经变得异常严峻，亟待采取有效的措施来应对这一局面。

在黄河流域经济社会发展的过程中，实现水资源的集约节约利用显得尤为迫切和重要。作为我国重要的自然防护带和经济发展战略区，黄河流域在推动区域经济繁荣和保障生态稳定性等方面起着不可替代的重要作用。在特定发展时期，黄河流域的水资源利用必须得到严格控制，确保水资源能够合理利用和有效保护，这是推动产业附加值提升和经济社会全面协调发展的必然选择。因此，相关立法工作必须强调规范用水和合理用水，统筹协调上下游农业工业用水，提升水资源的利用效率。与此同时，构建公平有效的利益平衡机制，以预防未来上下游之间因水资源问题而产生更大矛盾。这样的立法举措旨在实现水资源的可持续利用，保障黄河流域的长期繁荣与稳定。

水资源的可持续利用应基于水资源供给的实际情况来规划产业发展和城市建设。为实现水资源与经济社会发展的和谐共生，及时准确地识别、评估和应对潜在的水资源风险尤为重要。首先，建立水资源承载能力监测预警系统，该系统能够实时监控流域水资源状况，一旦接近或达到临界状态，便立即发出预警信号。这一机制不仅有助于我们及时应对水资源紧张的局面，还能为水权的市场化配置提供准确可靠的数据支持，以实现水资源的优化配置和高效利用。其次，打造流域生态水文动态监测与风险防控网络。黄河上游水库对水资源和泥沙实施综合性、系统性管理，导致流量恒定的前提下，水位出现下降现象，进而影响下游水供应量和经济社会的长期稳定发展。因此，我们需要预先进行科学规划，合理应对这一挑战，并建立相应的预警方案以有效解决黄河下游供水能力下降问题。为了支持预警机制的有效运行，我们需要借助智能数据分析技术，建立水文水质监控系统，推动流域环境观测信息的即时互联互通。此外，我们还应利用专业平台实现监测数据的共享与开放，以便社会更好地了解流域水资源的状况，并参与水资源保护的工作。

二　水土流失严重，生态环境脆弱

黄河流域的自然生态是其实现经济社会持续发展的重要基石，推动黄河流域生态保护协同治理需要立足于生态系统全局，把黄河生态系统作为一个有机整体来谋划。然而黄河流域自然生态系统敏感脆弱，水资源保障形势严峻，水沙环境条件不协调，加之人类过度开发和利用黄河流域的自然资源，生态环境受到严重影响，全流域水生态失衡问题已十分突出，有必要推动全流域水资源、水生态、水环境协同治理。水生态问题主要表现为干流过度的人为建设和调整，支流径流量减少，河流的自然流动路径遭受破坏，天然绿色水岸和湿地的面积持续缩小。这些问题共同凸显了黄河流域水生态的系统性和整体性挑战。流域的水生态问题在不同阶段表现突出，且具有明显的地域特色。在上游，部分地区出现水源涵养能力下降、草场退化、山区森林覆盖率降低、生物多样性下降等问题。而中游地区，其生态系统相对脆弱，部分河道、湿地、湖泊生态功能降低或丧失，水土流失问题依然严峻。到了下游，水生态流量偏低，窟野河、大黑河、石川河等支流在非汛期断流常态化，生态保护与治理的需求与滩区居民在农业等生产生活方面的需求之间的矛盾日益尖锐。

一些重要的生态空间如水源涵养区和河湖缓冲带，因过度开发而遭受严重破坏，复合生态系统完整性受损和稳定性降低，导致生态功能衰退、河湖的生物多样性和自然净化能力大幅下降。黄河下游河道不仅是水下动物重要的生活空间，还是它们生命迁徙的必经之路。下游不少地区分布着大量湿地，生长着多种珍稀动物。为了维持湿地面积和保障生物多样性，需要减少自然水域水量的消耗。自1999年实施黄河水量统一管理和调度以来，黄河水量不稳定和断流的情况受到了一定程度的遏制，水资源短缺的情况也得了较好的解决。然而，年均入海水量仅为161亿立方米，造成黄河三角洲湿地补水不足，这远不能满足下游河道内生态环境所需的用水量。黄河下游的滩区不仅承载着洪水调控和砂石沉淀的重要功能，还是下游人民共同的家园和生活基地，同时亦涵盖了众多保障生态安全的自然屏障。滩区的综合治理工作需要同时兼顾防汛风险管理、生态系统稳定以及城乡区域协调发展。在当前加快建设社会主义现代化国家、缔造和谐美丽的中华大地的大背景下，滩区的治理不仅要致力于引领人民走上生活富裕之路，更要为他们创造一个和谐舒适、绿色友好的居住家园，确保人与自然和谐共生。

黄河三角洲处于一个多元自然环境的交汇点，不同元素相互交织，多种驱动体系相互融合，形成多样的生态交错地带。作为全球瞩目的湿地之一，黄河三角洲对东北亚内陆和环西太平洋的鸟类迁徙至关重要，特殊的地理区位、优越的生态环境，为它们提供了中转、越冬和繁殖的宝贵场所，对维持渤海湾和黄河下游流域生态平衡、保持生物多样性方面具有重要意义。由于该区域地处暖温带偏南端，水热条件优越，吸引了大量冬候鸟和旅鸟，使该区域拥有极为丰富的生物多样性，据统计，黄河三角洲共计1543种野生动物，其中水生动物641种，鸟类283种。然而，在20世纪90年代，由于黄河流域连年干旱少雨，枯水期延长，黄河来水来沙减少，湿地淡水资源短缺以及黄河资源的过度开发、人类过度的生产活动等，湿地面临严重的萎缩问题，生物多样性也受到了严重威胁。为缓解黄河流域水资源供需矛盾和黄河下游断流形势，自1999年起，我国以生态优先、绿色发展为导向，坚持流域系统统筹，实施了水量统一调度和调水调沙生态补水，旨在落实“节水优先、空间均衡、系统治理、两手发力”的治水思路和强化水资源刚性约束。这些努力取得了一定成效，河口芦苇沼泽湿地得到了恢复，接近20世纪90年代的水平。

尽管如此，由于区域地理环境是人类生存的基础，人类生产和生活对区域地理环境具有反作用，在人地关系中，人类活动起主导作用，人类可在生产和生活中自觉主动地改造地理环境，也有不自觉的破坏，河口三角洲的天然湿地仍然面临萎缩的困境。与20世纪80年代相比，如今黄河天然湿地减少了50%，而人工湿地如坑塘和盐田等面积则激增了11倍，人工湿地大幅扩张的背后是自然湿地不断减少。同时，由于入海水沙量的减少、海岸过量采砂、海平面上升、不合理的海洋工程建设、滨海湿地退化以及风暴潮灾害加剧等现象，海岸出现岸线后退、潮滩变窄等现象，海滨湿地减少四成，这对黄河的调控与修复带来不小的挑战。因此，尽管已有一定的生态恢复措施，但黄河三角洲地区仍需要更加全面和有效地保护与管理，以确保其生态系统的健康和稳定。

高质量发展是新时代的硬道理，也是推动黄河流域保护治理的治本之策。然而流域严峻的环境失衡问题已成为阻碍沿黄地区可持续发展的重要因素。为了应对这一挑战，我们必须从流域的整体性和系统性视角出发，以水生态保护、水环境治理、水资源保障"三水统筹"为工作抓手，全面而深入地推进流域的自然生态保护与修复工作，持续巩固和改善黄河自然环境的品质与稳定性，营造水清鱼跃、草木葱茏、人与自然和谐共生的生态环境。这需要我们从国家层面出发，构建一套完善的生态恢复与保护综合策略，坚持山水林田湖草沙一体化保护和系统治理，大力推进河湖生态保护修复，坚持精准、科学、依法治污，以确保全流域生态系统的综合防护、系统整治与全方位管理得以有效实施。此次立法工作旨在以法律的形式明确政策的地位和作用，坚持科学立法、民主立法、依法立法，致力于完善生态环境保护的法律框架，从而为自然生态保护修复提供坚实的法律保障。通过这样的方式，我们可以更加有效地解决流域内突出的水生态问题，加强对重要生态系统保护和修复，为黄河生态文明建设提供可靠保障，为黄河流域的可持续发展奠定坚实的基础。

生态补偿机制是推动黄河流域生态治理的核心需求，更是保障流域经济绿色发展的重要基石。围绕黄河流域资源的采掘与管理、有害物的削减与控制、水资源的储备与高效利用以及绿色产业培育等方面，开展环境保护与补偿行动。为了更高效地推进这一机制，我们应积极探索构建基于市场的生态服务与资源交换平台，如污染减排信用交易和资源配额市场化交易等，从而合理补偿黄河流域中上游地区为生态保护环境治理做出的牺牲。为了实现这一目标，我们需要对黄河流域内不同区域地理条件、气候条件、地质地貌、资源储备等条件进行科学评估，为制定多途径产业化的生态价值补偿体系提供有力的标准和依据，确保补偿的公平性和有效性。通过这样的方式，我们不仅能够促进黄河流域的生态平衡，还能够为流域的经济社会可持续发展提供有力保障。

三　资源环境承载力不足，环境污染防治任务艰巨

黄河流域具备适宜农耕时代拓展和深化的生态系统和支撑产业结构转型的关键资源，然而黄河流域面临着资源环境承载力不足和系统性环境风险日益严重的双重挑战，这凸显了该地区人地关系的紧张态势。作为我国重要的自然环境保障系统和经济发展区域，黄河如何优化流域人口与环境的和谐共生，全面应对和解决易损自然生态系统、水资源供需矛盾、地区经济增长滞后等综合性问题，构建流域一体化保护与治理体系显得尤为重要。尽管黄河流域拥有丰富的自然资源，适宜耕种和发展畜牧业，并为工业生产提供必要的原材料，对加快推动工业化进程、保持较快的经济增长速度、加快产业结构调整和转型升级、上下游区域经济一体化有着重要作用。但是这一优势地位在长期的高强度开发下逐渐受到威胁，黄河流域普遍面临严重的环境污染和生态破坏等问题，如过度开采导致地表塌陷，土地资源和水资源受到严重污染，已经导致资源环境承受了巨大的压力，系统性风险不断累积。黄河流域的水环境问题尤为突出，资源性缺水和工程性缺水严重，生态用水短缺、局部水体水质较差、河湖生态系统服务功能受损、水源地污染等问题未得到根本性解决，水质普遍较差，尤其是在城市河段，河流污染严重。根据 2021 年全国地表水监测结果，水质优良（Ⅰ~Ⅲ类）断面比例为 84.9%，劣Ⅴ类断面比例为 1.2%；黄河流域的水质监测结果显示，水质优良（Ⅰ~Ⅲ类）断面比例为 81.9%，劣Ⅴ类占 3.8%，黄河流域的水质状况低于全国平均水平，劣Ⅴ类水体的比例更是全国平均水平的三倍多。

重化工业的集聚进一步加剧了黄河流域的水环境压力，使得黄河干流

及其重要支流如汾河、伊洛河等面临巨大的水质改善挑战；农村饮用水水源地的保护状况令人担忧，由于农田排水、农业塑料薄膜的残留以及畜禽粪便等农业面源污染的加剧，部分地区的水质已经出现不达标甚至恶化的趋势，一些原本的水源功能因此受到严重损害；非铁金属资源区的土壤健康受损问题也日益凸显，堆放的采矿剩余物、矿冶尾渣以及熔融残留物存储区给周边生态环境带来了潜在威胁；现有的清洁生产设施与技术、公司的运营机制以及污染监测与快速响应机制均未能充分满足生态环境保护的严格要求。黄河部分支流有害物质输出量已严重超过水环境耐受限度，农业扩散性污染前景堪忧，部分地区土壤有害物质超标对水生生态系统危害较大。

黄河的水资源虽然仅占全国2%，却承载了全国约6%的废污水和7%的COD排放量，而干流及主要支流的水质达标率仅为48.6%。随着工业化和城市化进程的加快，废水污水的产生和排放量不断攀升，与经济发展速度相比，黄河流域的污染治理工作却显得严重滞后。流域内的清洁生产和污染治理能力整体偏低，难以有效应对日益严峻的水污染问题，加之黄河流域受自然气候影响，降水量减少，水量偏小，这进一步削弱了其水体稀释和降解污染物的能力。这些因素共同导致流域水质不理想，水污染对黄河流域的高质量持续发展构成了显著威胁。因此，我们迫切需要增加用于改善水环境的水量，以缓解水污染带来的压力，确保黄河流域的可持续发展。在流域中上游经济带分布众多重要的重化能源生产中心，该地区多以传统能源化工和农业生产作为主要经济支柱产业，产业转型升级滞后，内生动力不足，污水输出逐年积累，但环境的管理和改善相对滞后。部分企业存在污染治理设施不正常运行甚至有屡次整改仍违法排放污染物的现象，加剧了水环境的恶化。随着流域经济社会的不断发展，交通、水利、能源、通信等基础设施仍然薄弱，生态环境总体恶化的趋势尚未得到有效控制，经济增长与生态治理之间对立关系将更为紧张，黄河流域的水质安全保障和风险管控任务将变得更为艰巨。

农村地区在饮用水水源地的保护方面存在显著不足。一是缺乏足够重视。部分地区未能充分认识到农业面源污染防治工作的关键性和紧迫性，导致相关的政策与措施未能得到有效执行，进而影响农业农田径流与渗漏污染综合整治的实际效果。二是全局性治理方法缺乏。当前的农业环境综合整治主要集中在局部性、轻量级的单一环境治理上，而缺乏针对整个区域或流域层面的整体性、综合性的治理工程。这只能取得局部效果，而难以形成整体性的改善。三是长效运行机制不健全。许多农业水环境保护设施在建成后，由于缺乏必要的运营管理资金，难以长期稳定运行，从而无法持续发挥其在农业面源污染防治中的作用，农田积水排放、塑料薄膜废弃物、养殖动物排泄物等农业生态环境日益严重，部分地区的水体清洁度难以达标，甚至面临进一步恶化的风险，进而引发环境调节能力的部分丧失。

此外，土壤的重金属污染问题也不容忽视，废弃的矿石处理残留物与冶炼副产品对邻近水域和地表层带来严重不良影响和潜在危害，例如，尾矿水回用及处理设施未建设或未正常运行，尾矿处理残留液未经处理直接排入河流或湖泊，不仅造成资源的低效利用，还对水域和地表层造成严重污染；尾矿库截排水工程欠缺，大量山坡径流因地势流向尾矿库，导致尾矿库水位上升。尾矿水排除将引起水质恶化，危及下游人民的健康福祉。这些污染源不仅难以彻底清除，而且治理难度极大。更为严峻的是，当前在清洁生产设施与技术、公司的运营机制以及污染监测与快速响应机制等方面，都尚未达到生态治理的标准。这意味着，在面对日益严峻的环境污染问题时，我们还需要在多个方面加强投入，提升治理能力，以确保生态环境的持续健康。因此，应加强污水处理设施扩建与配套管网建设，力求实现污水管网的全面覆盖，并确保雨水与污水完全分流。同时，积极推进水质自动监测站和断面水质自动监测站等关键站点的建设，以实时、准确地掌握水质状况。针对工业污染源，实施全面达标排放计划，并建立完善的综合督导机制，确保企业按照标准对治污设施进行升级和改造，从而达到并维持排放标准，保障环境的持续改善。

黄河部分河段的有害物质释放率已显著超过其水体自净能力，尤其是农田扩散性污染愈发严重，农业生产过程中由于化肥、农药、地膜等化学投入品不合理使用，其产生的氮、磷、有机质等营养物质在降雨和地形的共同驱动下侵蚀土壤，土壤污染会对水体环境产生不良影响，导致黄河流域在水环境质量、水生态、水资源等方面面临突出问题。因此，有必要通过法律制定对黄河流域污染物排放加以严格管控与约束，对于黄河流域内那些没有统一规定排放标准的水污染物，黄河流域的各省（区）级人民政府将制定地方性水污染物污染控制指标，以确保污染物的排放得到有效管理和控制；对于国家水环境质量标准中尚未涵盖的项目，黄河流域的省（区）级人民政府有权制定补充规定，以填补这些空白。同时，对于国家水环境质量标准中已经明确规定的项目，黄河流域的省（区）级人民政府还可以根据实际情况，制定更为严格的地方水环境质量标准，旨在进一步保护黄河流域的水环境。制定完成后，这些标准需要报送给国务院生态环境主管部门进行备案，以确保标准的合规性和有效性。

加强黄河流域污染防治工作也需要特别关注重要支流以及主要污染问题的治理，从源头上着手减少污染物排放。在法律层面，我们应制定相应的条款，包括有害排放物总量规制、农田与村落污染整治、排放设施监控与治理以及水土污染协同治理等，以确保黄河流域的水环境得到有效保护。在执行层面，应加强排污口监管和整治。首先，在黄河流域的河道和湖泊范围内，任何单位或个人若计划设置、更新或拓展排污设施，必须事先向负责监管该区域的环保部门提交申请并获得其批准，确保排污活动符合环保规定，并有效维护黄河流域的水环境质量。其次，在黄河流域中，若某个生态功能区的水体清洁度未能达到要求，那么除了涉及城乡污水综合净化设施等关系群众生活改善工程的排污口之外，对于其他更新或拓展排污设施的申请，应当实施严格的控制和管理措施，旨在保护黄河流域的水环境，避免进一步的污染，确保水质能够得到有效的提升和改善。最后，黄河流域地方各级人民政府应当在其管辖范围内对水污染源排放点进行全面的排查和整治工作。在这一过程中，需要明确每个排污口的责任主体，并根据不同排污口的特性、影响程度等因素，实施有针对性的分类管理措施，确保黄河流域的排污口得到有效监管，从而保护水环境，维护生态平衡。

第二节　河南践行黄河流域协同治理面临的问题挑战

一　流域水沙不协调，防洪安全和应急能力不足

新中国成立以来，得益于黄河流域防汛抗旱减灾体系的不断完善，汛期的黄河中下游基本上没有出现较大险情。但从生态环境和治理水平上看，

游荡性河势和“地上悬河”形势严峻，黄河流域依旧面临洪水威胁。生态环境方面，黄河下游流经华北平原，坡度放缓，从中游输往下游的大量泥沙淤积在下游河床中，地上悬河总长度超过800公里，河床高于地面4~6米，在河南开封河段有的地方河床高度甚至高出地面10米以上。形成“地上悬河”的原因在于：20世纪后期与亚洲季风关联的降水量减少和人类活动对黄河水无节索取使得黄河天然径流量下降，提高滩地受洪水侵袭的风险，黄河下游河道主河槽变窄变浅，进一步造成河道底部泥沙堆积、行洪能力下降。且1958年以来滩地居住的群众在黄河滩内顺着河槽修筑了大量的堤坝，在保护滩区农业生产的同时，隔断了滩槽水沙交换的渠道，造成主槽和嫩滩严重淤积、平滩流量减少，逐步形成“槽高、滩低、堤根洼”的所谓“二级悬河”态势。此外，近300公里的游荡性河段河势没有得到有效控制，由于游荡性河段河道宽浅，洲滩密布，汊道众多，常出现“横河”“斜河”，危及黄河大堤安全。一旦发生漫滩洪水，由于河道横向坡度陡峭而纵向坡度相对平缓，极易出现洪水越堤泛滥的现象。

在治理能力方面，小浪底水库、三门峡水库等水利枢纽的调沙调水能力有待进一步建设。实践表明，建设完善的水沙调控体系是实现黄河长治久安的关键抓手，但是从现实来看，黄河中下游防洪短板突出，水沙调控体系在控制和管理洪水、协调水沙关系、优化资源配置等方面的功能无法充分发挥，导致黄河洪水预见期短、潜在威胁大，尤其威胁黄河下游滩区的经济发展和居民的正常生活。河流的调水调沙和防洪泄流能力主要取决于水利枢纽系统的水沙调节能力。小浪底水库与支流陆浑、故县、河口村水库相机配合的联合调度模式，在维持下游河道中水过流、排沙减淤、保障抗旱用水安全等方面发挥重要作用，基本构成了以堤挡水、水库调蓄的洪水应对与灾害防御系统，但小浪底水库自身水资源调配与泥沙控制之间存在冲突，有利于库区排沙和下游河道输沙的大流量天数少，导致库区洪水动力不足，水库异重流排沙效果差，现已显现出储水调沙能力有限与沙石清除效果不佳的问题。预估未来小浪底水库拦沙库淤塞情况将非常严重，对泥沙浓度高的洪水统筹调节能力不足，含沙水流自然沉降法效率不高。由于含沙分层流是泥沙浓度高河流特有的水流状态，当沙量充沛的河流遇到库内纯净水源后，不能有效发挥水资源调配与泥沙控制的功能。此后黄河下游河床的高度会继续增加，泥沙将在平坦地区不断沉积，因此必须完善流域管理的重要节点。

2013 年国务院批复的《黄河流域综合规划（2012—2030 年）》确定了“以干流的龙羊峡、刘家峡、黑山峡、碛口、古贤、三门峡和小浪底等 7 座大型骨干水库为核心的黄河水沙调控体系”。目前黄河水沙调控的重要基础设施只有 4 座，距离目标数量有一定差距，同时水库的空间布局存在一定的局限性，其中：刘家峡水库的库容量不足，对黄河干流泥沙空间优化配置的潜力和能力有待提升，调节泥沙的能力相对有限，与内蒙古段干流淤积地距离较远，使河道防洪和泄洪的能力大幅降低，导致防洪减灾与冲沙调控功能难以有效发挥，一旦有极大洪水发生，河道沿岸的居民生命财产安全无法有效保障；三门峡水库对潼关河段水位有一定影响，如果充分使用，不利于渭河下游水患的治理，因而很难为小浪底水库提供强劲的水力驱动。综合以上分析，能够充分发挥水沙调节功能的水库只剩龙羊峡、小浪底两座相隔甚远的水库，且上游龙羊峡水库下泄大流量水流，影响河道的行洪能力，对泥沙调控的能力有限，两者之间缺乏保障水库安全和正常运行的枢纽水库。当前黄河水沙资源优化管理系统有待进一步完善，需要尽量满足流域内生态保护、有效治理和资源调控的需求，以及促进流域经济持续发展的迫切要求。

二　黄河流域发展水平参差不齐，协同治理体系不完备

（一）地理空间分散布局，流域协调发展的内生动力不足

当前，黄河流域各省区已陆续实施跨行政区生态补偿试验，意在平衡区域间利益差异，通过生态补偿激励政策，紧紧围绕促进黄河流域生态环境质量持续改善、推进水资源节约集约利用两个核心，支持引导各地区加快建立横向生态补偿机制，促进区域协调发展，然而当前尚缺乏一套全面而高效的协同治理体系。行政区划的界线和涉及多个职能部门的复杂性，导致了横向与纵向治理分散、部门间协调不足的局面。这种各自为政、缺乏协调的管理模式无疑增加了流域协同治理的难度。与此同时，参与跨区域资源平衡机制的自我驱动力并不强劲。当前的利益共享与责任共担机制试点主要集中在省区内以及接壤省域之间，但由于流域不同省份的发展水平参差不齐，发展方向各不相同，加上资金紧张、补偿尺度各异等问题，

地方政府在参与利益共享与责任共担机制时内在驱动力不足。这导致绿色发展与经济效益的平衡难以实现，即便达成了正式合约，其实施成效也不尽如人意。因此，如何在确保生态环境利益的同时，提升地方政府参与横向补偿机制的内生动力，是当前黄河流域生态补偿工作面临的重要课题。

（二）生态补偿模式单一，生态产品价值实现滞后

黄河流域在生态补偿方面面临多重挑战。一方面，资金渠道相对单一，主要依赖中央财政的纵向转移支付，而横向转移支付的资金规模有限。这种“输血式”的补偿模式限制了市场参与者的活跃度。与长江流域相比，黄河流域的生态保护资金显得较为有限，主要依赖于省（区）级和市县级财政，以及中央专项补偿引导（奖补）资金和各省区财政的跨省区补偿。受经济下行压力等因素影响，黄河流域未来财政收入将维持中低速增长，但刚性财政支出有增无减，财政收支矛盾加大，尤其是生态保护区域的基层市县财政收支矛盾较大，非常依赖中央和省的纵向转移支付。在加大生态保护纵向补偿力度的同时，鼓励并支持主要河道及其分支沿线的省级行政区依据自身情况，自主创建并实施跨界生态保护补偿机制。对生态地位举足轻重的跨行政区域重点流域横向生态服务交易，国家与地方财政分别提供指导性资金扶持。

另一方面，黄河流域在生态产品市场化运作机制上也存在不足。尽管黄河上中游拥有多样的生态服务产出，但由于绿色环保产品的发展存在短板，配套设施与基础工程发展滞后，产品趋同性明显，缺乏个性，导致自然资源价值化和市场导向型改革步伐迟缓。此外，流域间生态产业联合发展滞后，绿色资产权益市场参与度不高，资本化交易活跃度低，涉及金额偏低，交易机制尚未完善，体系构建有待加强。这些问题共同制约了自然环境商业化、产业的绿色转型与升级，导致经济价值转化效果有限。应全力推进绿色产业的繁荣发展，延伸业务链条，以市场化经营原则，开展生态产品价值实现的商业化探索，在做好能源清洁低碳利用、污染协同高效治理、生态系统保护修复、健康产品创新供给的同时，围绕几大业务持续产出优质生态产品，创新商业模式和技术体系，拓展延伸生态产品产业链和价值链，优化生态产品供给，开展生态产品价值实现的商业化路径探索，积极探索“生态修复+”模式创新应用，大力支持“污染治理+”模式推广和创新。

（三）经济发展与资源空间分布不相匹配，局部地区生态环境风险较大

黄河流域国土空间在资源地域布局与经济成长架构之间存在不协调性、城市扩张与工业发展不断压缩生态用地、特定区域面临严重的生态环境威胁等现实问题。黄河流域贯穿我国东中西部三大经济板块，但是黄河流域的中上游地区共处一个自然生态圈内，这意味着上中下游之间必须建立紧密的合作与协调。如果这些地区无法共同致力于生态保护和环境治理，那么黄河流域生态治理将无从谈起。因此，形成强化生态整体保护、推动环境综合治理的局面，是推动黄河流域生态保护协同治理的关键所在。

齐心共护黄河生态，携手推进综合治理，使其成为人民的福祉之源。在生态保护方面，我们需要将黄河生态系统视作一个紧密相连的整体，并细致考虑其上中下游之间的不同特点。在黄河的上游地区，我们应重点关注如三江源、祁连山和甘南等水源保育区，实施一系列自然环境关键性捍卫重建工程，以此增强这些地区的水源调节与补给能力，确保水资源的稳定供应。对于黄河的中游，应主要聚焦于水土保持和污染治理。在条件允许的地方，可以积极建设旱作梯田和淤地坝等设施，以减轻水土流失。而在某些地区，则应更多地依靠自然恢复的力量，减少人为干预，让生态系统得以自然恢复。针对污染严重的支流，需要下大力气进行治理，确保水质达标。对于黄河的下游三角洲地区，应着重于防护行动，确保河流生态系统的生机活力，同时增进生物种类丰富性。通过合理的保护措施，我们可以让黄河三角洲成为生态丰富、生机盎然的自然区域。

在治理黄河方面，黄河水少沙多、水沙关系失衡，成为治理过程中的一大难题。尽管近年来黄河整体状况相对稳定，但我们必须保持高度警惕，不可掉以轻心。为了应对这一挑战，需要将焦点放在水沙关系的调节上，这是解决黄河问题的关键所在，需要进一步完善水沙调控机制，解决目前存在的多头管理、分散治理的问题。具体而言，开展水流通道及其沿岸的湿地地带的全面改造与升级工程是当务之急，有助于降低黄河下游泥沙沉积速度，稳固黄河沿线的安全防护体系。总之，我们需要通过精准施策、综合治理，有效解决黄河水沙关系不协调的问题，确保黄河的持久安澜和生态健康。

在传承中华文化方面，黄河文化，作为中华文明的核心支柱，深植于中华民族的血脉之中，是我们的根源与灵魂。为了守护这一宝贵遗产，我们需系统性地推进黄河文化遗产的保护工作，细致探寻其所蕴含的深厚时代内涵与价值。传承并讲述黄河的辉煌篇章，我们不仅能够继承并发展这一文化脉络，更能稳固我们的文化自豪感，为铸就中华民族伟大复兴的辉煌篇章汇聚起强大的精神动力。

（四）区域利益平衡协调机制缺乏，多头管理和交叉管理现象较为普遍

黄河流域现有自然环境治理机制是基于机械化大生产的现代社会文明状态，表现为层级垂直管理体系，黄河流域发展不均衡、区域利益平衡协调机制缺乏，流域管理职责划分不清晰，权责分散与重叠，难以实现黄河流域共生共存共育共荣的高质量发展需求。黄河流域的资源调配、绿色发展、湿地保育、暴雨污水管网系统建设等多个方面，牵涉环境要素、人文地理、农业等多个政府部门。然而，由于这些部门优化资源配置和提升利用效益的目标、所依据的法规各不相同，导致了管辖争议。这种情况下，部门间常常出现协作不畅的问题。尽管黄委会、黄河局等流域机构在跨地区协同和综合治理方面承担一定职责，但在全局性规划和地域性权益方面，仍存在明显的不足。

黄河流域是一个紧密相连、相互依存的系统。传统的治理模式，即各级政府通过垂直化管理以及政府主导投资的治理方式，已经难以有效破解流域内普遍分布、形态各异、紧密交织且日趋严峻的自然地理问题。这种传统的政府中心化治理框架体系导致了流域内自然环境保护失去内部推动力和长期稳定性，在面对黄河流域日益严重的生态环境问题时显得力不从心，且难以保证长期的、可持续的改善效果。

治理黄河的核心在于保护，而治理本身则是实现保护的关键环节。在管理过程中，联合行动是突破瓶颈的核心环节。要提升联合行动的效能，关键在于对既定层级结构进行必要的变革与重塑。在国家战略层面的指引下，我们需要从过去权威主导型管理模式转向更加注重各方权益参与的治理方式。这不仅仅是对机构设置的改革，更涉及多元共治机制和多利益相关者协同管理的创新。以多维协同治理替代过去的权威主导型管理模式，

这也是环境治理所必需的基本范式。简而言之，黄河治理需要以保护为核心，通过协同合作和管理架构的转型，实现治理模式的现代化，以满足生态文明发展的要求。

三　流域遗产保护职责分配不清晰，创新应用缺乏动力

黄河流域因其别具一格的地域与文化景观孕育了种类繁多的文化，这些资源既包含有形和无形文化遗产，也涵盖了地质奇观与自然名胜古迹。这些遗产不仅是华夏文明的重要体现，更是接续黄河文化脉络、彰显文明底蕴不可或缺的重要组成部分。然而，当前黄河流域的综合性文物管理与保护框架仍主要依赖于实体文物保护体系，尽管各地区已结合禀赋对工业古迹和自然奇观进行保护，但多层次、多维度的协同治理框架尚未形成。从整体来看，黄河文化的传世之宝地理边界尚需精确界定，自然瑰宝和文化宝藏的保护工作往往相互独立，缺乏有效的整合。同时，遗产保护的责任归属存在争议，公民的投入度有待提高。部分遗产因破坏性的开发而受损严重，而修复与保养工作又缺乏必要的效果评估系统。在守护工艺与展览途径上，现行方案缺乏多样性，文化市场潜力未得到充分释放，导致文化产业增长乏力，市场差异化不足。

当前，黄河流域的地域性垂直管理的文化遗产守护框架在面对以自然水文单元为基础、横跨多地的以水文化为核心的线性遗产体系时，显得力不从心。为了更有效地保护和管理这些珍贵的遗产，此次法律制定需要特别关注黄河文化古迹保育的法制建设。具体而言，我们需要明确界定黄河文化遗产的涵盖领域与范围划定，并清晰划分相关核心职责，确保各项保护措施相互兼容、全面完整。同时，构建一个统一的黄河文化遗产保护机构与联络体系，以便更有效地协调各方力量，共同推动遗产保护工作。在资金方面，建立黄河文化遗产保护财政支持资金、公共财政收支规划与运营收入管理制度，为遗产保护提供稳定的资金支持。此外，还应制定优惠政策制度，鼓励社会资金和国际基金参与黄河文化遗产的保护工作，形成多元化的资金筹措渠道。通过这样的法制建设和制度完善，我们能够更好地适应黄河文化遗产的特殊性和复杂性，确保这些珍贵的文化遗产得到全面、有效的保护和管理。

第三节　河南践行黄河流域高质量发展面临的问题挑战

一　流域经济社会发展水平偏低，保护和发展矛盾突出

（一）盲目追求发展速度

在黄河流域的九省区中，受地貌特征带来的限制，沿黄各省区发展不均衡导致联系松散，区域合作意愿欠缺，合作机制的高效性不足，流域管理现代化水平亟待提升。各地的产业演进阶段和资源禀赋不尽相同，即使在同一行政区域内产业发展水平也参差不齐。黄河流域九省区普遍承受着国内生产总值增长目标的刚性约束，导致了一种盲目追求发展速度的心态。由于沿黄省区有丰富的资源基础和庞大的市场需求，在“速度情结”的驱使下，黄河流域各省区纷纷与东部地区比较产业结构、竞争发展速度、争相发展产业，依托黄河资源的丰富性，就近发展大型能源开采与原材料生产体系等，规划并构建能源、矿产及基础材料产业园区，奠定了资本密集型工业的发展基石，但是黄河流经的地区多数是生态脆弱的干旱半干旱区域，生态环境脆弱，高污染、高耗能的产业对黄河流域地区带来严重的生态环境问题，目前，沿黄省区已经步入产业转型的关键阶段，产业构成与演进路径正经历着前所未有的转型。伴随生态文明建设与可持续发展重大国家战略出台，黄河流域实现产业增长与生态可持续性的和谐共生，通过技术革新引领传统制造业适应新型工业化发展需求，迈向绿色环保的生产新境界。因此，黄河九省区应摆脱以“投资拉动型”为主的传统增长模式，依托能源和原材料等产业的竞争力进行拓展，将重型产业结构改造为绿色低碳的可持续发展模式。

（二）倾向投资“两高”产业

黄河流域的部分省区倾向于引进投资数额大、周期长、年产值高的“大项目”，并且这些项目往往偏向于“两高”（高能耗、高污染）类型。然而随着产业结构的升级和环保要求的提高，东部地区的企业正在迅速转

型，寻求高科技、轻资产、高产值、低占地和低污染的发展模式，通过逐渐淘汰“两高”项目，以符合土地资源紧张和环保标准日益严格的环境。在这种情况下，一些欠发达地区，由于凭借要素禀赋优势以及能源成本优势，成为“高能耗、高排放”项目转移投资的热门选择。这些地区将这些产业转移项目视为推动经济增长的宝贵机会。为了加快经济发展步伐并通过考核评估，这些地区以资本引入为名义，积极引进这些项目，并提供低廉的土地价格和优惠的电费政策，甚至为了吸引大型企业，还会额外安排矿产资源利用。然而，由于这些大项目通常投资成本高昂、审批环节烦琐冗长、建设过程耗时长久，经常出现未经充分论证就匆忙启动项目以及先建设后补批的情况。

因此，加强沿黄省区间的经济联系、推进区域分工协作，必须加快沿黄省区产业结构转型和建设现代化产业体系。一方面，前瞻布局未来产业体系。在第四次工业革命过程中，生物产业不仅是当前经济发展的重要引擎，更是未来科技创新和产业升级的关键领域。在青藏高原、内蒙古高原、黄土高原等黄河中上游地区独特的生态栖息地，汇聚了众多珍稀独特的生物种群，这些资源是大生物产业原料供应链中的关键组成部分。可以优先将黄河中上游地区作为生态与经济协同发展的典范，将未来现代生物工程和现代科技紧密结合，进而培育和发展现代生物产业体系。另一方面，统筹布局建设新能源基地，黄河流域的内蒙古、宁夏、甘肃、青海等省区都有丰富的风能、太阳能、水能等资源，如果缺乏统筹谋划，不利于沿黄地区发展水平的提高。在陕西、内蒙古、宁夏等地，煤炭被视为一种基础能源来源。为了提升能源结构的多元化和可持续性，需要将煤炭这样的常规能源与太阳能、水能等非碳能源进行巧妙的结合和搭配。这一整合过程需要依据系统思维的方法论，确保能源的供给在规划、组织和配置等各个环节都能实现高度的系统化和有序化，进而保障我国能源的稳定供应和国家能源安全。

（三）环保理念有待确立

地方政府为了快速推动经济增长，往往陷入“项目为王”的陈旧思维中。这些地区倾向于先引进项目、发展产业，再考虑环保问题，存在一种“先上车后补票”的心态。他们往往采取“捡到篮子都是菜”的策略，即不论项目的环保性和可持续性，只要有助于经济增长就引入。然而，当经济面临下行压力时，投资力度往往会出现收缩，导致一些项目无法持续进行。为了确保经济的持续增长，部分地区会适度平衡经济发展与生态保护的关系，倾向于将项目置于优先位置，进而导致产业发展与生态环保之间的平衡被打破，产业结构缺乏多样性，缺乏独特的产业特色和差异化发展。这不仅影响了生态环境的健康，也制约了经济的可持续发展。因此，沿黄九省区应秉持绿色发展理念，将生态保护置于优先地位，将绿色理念融入产业结构高端化、交通网络互联互通、对外合作交流扩大开放、城乡治理一体化推进等方面，贯穿于区域发展的各个环节。在新动能培育上加大力度，推动增长动力加强，着力提升电子信息等新兴产业的竞争力和优势；通过优化调整，减少落后产能的占比，坚决关停并转煤炭等低效益高风险的产能；加速生态价值向经济效益的转化，实现乘数效应，全面融入生态理念，驱动中医药产业向更高层次、更宽领域拓展，打造产业新高度，深化发展绿色金融和文化创意等现代服务业，促进经济向绿色化、高端化迈进。全面贯彻生态文明思想，以绿色发展为引领，优化城市服务功能和地域设计，实现城市与山水景观的和谐统一，打造生态宜居、生机勃勃的现代化新城。

二　产业发展方式粗放，新旧动能转换接续不力

（一）产业倚能倚重且结构性失衡

黄河流域最大的短板是高质量发展不充分，其中黄河流域的青海、甘肃、宁夏、内蒙古、陕西、山西六省区产业倚能倚重、低质低效问题突出，以能源化工、原材料、农牧业等为主导的特征明显，新兴产业集群的发展尚显薄弱。人才与资金流失制约新旧动能转换，资源配置亟待优化，导致该区域的主导产业明显以资源型和原材料型为主，矿业资源的开发和利用不仅为城市提供了大量原材料，也为城市的发展奠定了良好的基础，形成了以资源为支撑的经济格局，对城市和区域经济发展发挥重要推动作用。长期以来黄河流域过度依赖就地取材的发展模式，过度开采煤炭和矿山矿产资源。虽然矿产资源的开发利用是经济发展的重要组成部分，以煤炭、金属和非金属为代表的矿产资源是工业生产和人民生活的重要物质基础，但是矿产资源的开发利用对环境的影响也不容忽视，矿产资源的开采和加工过程中会产生大量的废气、废水和固体废弃物，这些废弃物对环境造成

了严重的污染和破坏。以资源消耗换取经济增长，“靠山吃山、靠水吃水、靠煤发电、挖煤变现”过度依赖资源的发展方式只会对生态平衡造成破坏，给人类生存和发展带来威胁。

首先是资源枯竭。除了青海，黄河流域的八个省区都存在着资源枯竭型城市，这些城市曾长期依赖于其丰富的资源进行开发，但随着资源的逐渐消耗和开采难度的增加，面临着经济转型和资源枯竭的挑战。具体来说，这些资源枯竭型城市包括四川的华蓥市和泸州市、甘肃的白银市和玉门市、宁夏的石嘴山市、内蒙古的包头市石拐区和兴安盟阿尔山市、陕西的铜川市和潼关县、山西的孝义市和霍州市、河南的焦作市与灵宝市和濮阳市以及山东的枣庄市和新泰市。这些城市在转型过程中需要寻找新的经济增长点，坚持把转变观念、创新思路作为城市转型的金钥匙，因地制宜强化顶层设计；改造提升传统产业和培育壮大新兴产业“双轮驱动”，实施大企业集团和“头雁企业”培育工程；把培育壮大独具特色的文旅康养产业作为引爆点，推动旅游业二次创业，让城市名片更亮、发展底色更绿；把建设宜居宜业生态文明城市作为转型的主战场，城市颜值气质实现双提升，坚持以打造精致城市为目标，不断提升城市颜值、气质、品质，增强吸引力、承载力。

其次是创新乏力。资源产业的过度繁荣，从某种角度看，实际上可能限制了区域的创新活力。资源型产业是指其产品成本构成中以自然资源为主体，或其生产要素的构成中自然资源占核心地位，并通过自然资源的消耗来实现生产。对于资源型产业而言，其主要的特征表现为对于自然资源的强烈依赖，因而资源型产业的竞争优势与其他制造业存在较大差异，其主要表现是以占有的资源为核心竞争力。伴随着我国经济的快速发展，我国的资源消费量也在不断上升，而资源型企业所掌控的资源越来越少，使得资源型企业面临巨大的压力和挑战，然而资源型企业往往缺乏科研创新的意愿，他们更倾向于依赖现有资源来获取利润。这种对资源的过度依赖不仅阻碍了区域创新的步伐，还导致了一系列问题：创新主体数量不足、创新活力匮乏、创新能力薄弱、创新环境不佳、创新人才流失、新兴产业培育滞后、市场竞争力不足以及整体抗风险能力较弱。这些问题共同制约了区域的可持续发展和长期竞争力。这就要求资源型企业树立技术创新的理念，转变传统经营方式，把技术创新作为企业建设和发展的重心，始终把引进、消化、吸收和再创新作为企业发展的基石；构建完善的技术创新体系，加大技术创新的经费投入，在条件允许的情况下成立专门的技术研发中心，加强与高校、科研机构的合作力度，积极引进先进技术，增强企业技术创新能力。

最后是产能过剩。降低煤炭在能源消费中的比重、提升清洁能源比重是打造优美环境、践行绿色发展理念的重大举措。煤炭过剩产能的化解是一个渐进式寻找市场平衡点的过程，在确保煤炭总产能不大幅变动的基础上，着力优化产能配置与布局。既需要积极主动淘汰低效产能以推动新旧动能转换，提升产业规模化、专业化水平，实现产业高效集聚与高效利用；同时也强化煤炭行业市场化机制，有效推进产能削减，依据市场规律，优化产能结构，精准对接市场变化，夯实煤炭市场基础，助力我国经济保持中高速增长并迈向高质量发展阶段。煤炭作为能源动力的核心，为有色金属、钢铁、玻璃、水泥等重工业领域提供了集聚发展的条件。由于我国煤炭资源丰富，火力发电成本相对较低，为这些行业提供了稳定且经济的电力支持。在这种能源优势下，这些行业往往会加大生产力度，追求更高的产能。然而，过度扩张的生产规模往往导致产能过剩的问题，即生产能力超过了市场需求，从而造成了资源的浪费和效率的降低。

（二）产业结构单一，产业转型升级面临困境

在《黄河流域生态保护和高质量发展规划纲要》中提出的“一轴两区五极”战略布局中，“两区”指的是粮食主产区和能源富集区。然而，当聚焦黄河流域以能源为原材料的制造业时，我们不难发现其总体发展水平相对滞后，尤其是“两高一低”的产业结构特征显著，创新引领且高附加值的前沿产业在当前的经济格局下发展空间正面临被挤压的风险，发展动力不足，这使得产业转型升级面临严峻挑战。产业间发展不均衡，经济体系的韧性显著下降，进而导致资源日益枯竭、环境承载压力增大与生态系统逐步退化，区域缺乏强有力的新兴产业支撑。黄河流域的上游和中游地区，特别是那些资源密集型区域，常常以煤炭资源为主导，形成了“一煤独大、一业独大”的产业结构，导致整个产业结构单一且不合理，其中原因在于以下方面。一是资源产业资产具有高度的专用性质，转型或重新配置的成本较高，产业链前后环节协同作用不明显，该地区的其他产业因缺乏必要的支持而发展滞后，同时教育和研发投资也显得捉襟见肘，人力资本积累

不足。二是资源产业的高利润吸引了大量资本投入，导致经济活动倾向于资源开采而非技术创新，从而抑制了创新活动的进展。

区域产业升级与市场竞争优势的不断提升是实现黄河流域生态保护协同治理不可或缺的关键驱动力。从产业布局来看，重化工业和传统产业占据主导地位，由于黄河流域内大多数省区经济发展相对滞后，产业层次比较低，尤其是高科技制造业和现代服务业的发展动力不足，加之依托自然资源优势的产业结构，资源单一性促使流域内产业发展呈现出第二产业显著领先的态势。此外，产业链不完整、产业结构同质化问题凸显，且初级加工环节在产业结构中占据过大的份额。例如，在2020年，黄河流域的原煤、原盐、焦炭等原材料及其加工品输出量在全国占有相当大的市场份额。总体来看，黄河流域的产业结构主要集中于原料的基础处理和半成品生产，而高端和精品产品的供给存在显著短板，技术上相对滞后，缺乏创新元素，产品种类相对单一，未能覆盖更广泛的消费者需求。这种工业化水平偏低的现状使得大部分企业仍集中在产业链的初级阶段，位于价值链的低附加值环节，且在创新链上扮演较为次要的角色，流域经济发展面临严峻挑战。与此同时，黄河流域中上游研发机构和高校的布局制约了流域的科研和创新能力，现有的资源和机制难以有效支持产业结构的优化。应加快黄河流域产业结构布局调整，坚决遏制黄河流域高污染、高耗水、高耗能项目盲目发展，严格执行钢铁、水泥、平板玻璃、电解铝等行业产能置换政策，推动黄河流域煤炭、石油、矿产资源开发产业链延链和补链，推进产业深加工，逐步完成产业结构调整和升级换代。

（三）新兴产业发展同质化

近年来，国家积极倡导发展新兴产业，黄河流域各省区迅速响应，力图通过创新推动新技术、新产品和新业态的蓬勃发展，并加速互联网、大数据、人工智能与实体经济的深度融合。然而，受限于产业链不完整、资金投入不足、高端人才匮乏以及营商环境等多重因素，黄河流域的九省区仅凭市场化机制和自身能力来发展新兴产业显得力不从心。政策激励和市场吸引力促使大量资本、技术和管理等资源纷纷涌入新兴产业，这在一定程度上加速了产业的发展，但也导致了新兴产业发展同质化的问题。特别是黄河流域中上游的省区，其新兴产业多集中于新型材料（如光伏材料、多晶硅、单晶硅等）

和新能源产业（如光伏发电、风力发电、储能电池、储能电站等），这种区域产业结构的趋同加剧了省区之间的产业同质化竞争。同时，技术支撑不足和产业链布局不匹配等问题，使得企业或产业链在快速兴起后也可能迅速衰落，形成“快生快死”的现象。如果不对新兴产业的发展方向进行综合研判，不进行差异化的战略设计，就可能会制约新兴产业的健康发展，最终可能导致大量企业倒闭，使得整个产业难以做大做强。因此，黄河流域各省区在推动新兴产业发展的同时，需要更加注重产业链的完善、技术创新的提升以及差异化战略的制定，以实现产业的可持续发展。

加快黄河流域产业结构转型升级，应该推动协同创新与自主创新“双向发力”。创新作为国家发展的核心驱动力，对于提升国家生产力具有举足轻重的地位。在黄河流域，尽管有西安、郑州、济南和青岛这四个城市的经济总量超过了万亿元，但总体来看，大部分区域仍处于发展相对滞后的状态。为了破解这一不平衡不充分的发展问题，科技创新成为关键。欠发达地区在创新驱动过程中面临着一些天然的局限，因此应将重点部署在四个方面：引进、消化、吸收和再创新。特别是科技创新，应通过不断的创新实践，来加强这些地区的自主创新能力。首先，在引进创新资源上，需要有全局性的规划。国家应制定相关政策，优化科技资源配置，如在黄河流域设立国家级实验室和创新中心，以集中创新资源，提升区域间的协同创新能力。同时，加大科研投入，特别是在技术引进和创新方面，细化财政支持政策，鼓励企业、研究机构和创新联盟的初期发展。此外，要完善人才政策，吸引和留住高端科技人才，为区域创新提供坚实的人才支撑。其次，在消化与吸收上，要立足黄河流域的自身优势和特色，加大在高端制造、新能源、新材料等领域的研发投入，积极承接国内外先进产业转移，推动新兴产业和未来产业的发展。在吸收先进技术的同时，注重培养本土的创新人才和团队，为产业链的延伸和竞争力的提升提供有力支持。最后，在再创新和自主创新方面，应充分发挥企业的主体作用，围绕先进制造业、现代煤化工、战略性新兴产业等领域，构建完整的创新链和产业链。通过科技创新，将知识转化为生产力，提升国家的科技自立自强能力。总之，黄河流域要实现经济的高质量发展，必须紧紧抓住科技创新这个牛鼻子，通过引进、消化、吸收和再创新，不断提升区域的整体创新能力和竞争力。

第十一章　河南践行黄河流域生态保护协同治理的对策建议

《黄河流域生态保护协同治理的河南实践》是以习近平新时代中国特色社会主义思想为指导，深入贯彻落实习近平总书记在黄河流域生态保护和高质量发展座谈会上的重要讲话精神，积极践行“节水优先、空间均衡、系统治理、两手发力”的治水思路和水利改革发展总基调，根据黄河流域中下游自然条件和资源环境承载能力，在总结分析现状和存在问题的基础上，统筹黄河流域中下游生态保护和高质量发展要求，综合考虑黄河长治久安、水资源节约集约利用、水生态环境保护、水土保持、体制机制创新等方面的目标和任务，提出河南践行黄河流域生态保护协同治理的对策建议。

第一节　重视黄河流域中下游生态保护

黄河流域生态保护工作是一项系统工程，要充分考虑中下游各地区的生态差异性，特别是在提高黄河流域生态保护的同时，更要充分考虑流域内各地区的生态差异性，黄河流域生态保护既要与经济社会发展相协调，又要与流域内各地区的生态差异相协调。加强统筹布局，协调推进中下游生态保护工作，重视黄河流域中下游干支流、水域陆域、自然和人工生态系统的系统保护。

一　推进黄河流域中下游湿地保护

实施黄河流域中下游支流生态系统修复工程。黄河中下游支流地区是人类活动高度集中的地区，由于长期过度开发黄河流域，其生态系统恶化，面临自然湿地面积减少、生态多样性减弱、土地盐碱化以及植被逆向演替等问题，需要引起重视。为保护黄河中下游地区生态系统，促进其良性发展，需要大力推进生态系统改造工程。建立以“洪水分级防御、泥沙分流淤积、三滩分区治理”为核心的黄河流域中下游地区生态廊道。在推进高滩移民建镇安置工作的同时，尽快推进嫩滩生态湿地建设，促进二滩生态农业发展。加大入河口地区湿地修复力度，继续开展湿地修复工程和扩大修复面积，积极做好荒碱地整治、围堰修筑和蓄淡压碱项目等工作。

积极支持绿色低碳转型试点在黄河中下游流域的推广。在黄河中下游地区选择若干具有典型示范带动作用的地区或园区，高标准建设产业改革试点，瞄准能源、煤化工等传统产业领域，加快企业绿色智能转型。制定增强区域联动、产业协同、优势互补的沿黄各地市生产制造产业政策措施，形成特色突出、上下贯通、能源优势向经济优势转化的现代产业链条，促进产业链条向中高端延伸。加强对新能源、新材料、数字经济等新兴产业的培育和发展，促进黄河流域中下游资源环境承载能力与经济发展的关联研究。

实施黄河流域中下游自然保护区修复提升项目。实施黄河湿地生态修复与水系连通工程，优化调整功能分区，加大黄河流域自然保护区的修复力度。对重要生态功能区实行限制或禁止开发行为的封闭管理，对各种违法违规行为进行严厉打击。勘界立标全面实施，推进保护区确权登记工作。依法开展探矿、采矿等清理整治活动，稳妥推进自然保护区耕地退田还林、还草、还湿工作，在确保河南省完成耕地保护和永久基本农田划定任务的基础上进行。

实施黄河流域中下游生态保护治理项目。生态修复黄河流域中小河流，构建促进黄河与自然保护区之间水系连通，自然保护区内部湿地连通，维护湿地和河流生态系统健康的科学合理、循环利用的水系。实施引排沟渠生态化改造和黄河流域支流入河口防护林工程，加强农田林网和海防林建设。深入开展黄河重大灾害和气候变化对洪水、风暴潮、地震海啸等造成的潜在影响评估，统筹规划防护工程建设，加快完善防护抢险体系。

实施黄河智慧工程建设。对大气、地表水、地下水、污染源等生态环境质量和监测实现全覆盖，并及时评估预警生态环境风险，统筹利用监测站点和地面生态系统、环境、气象、水文、水土保持等卫星遥感系统，加强数据整合分析和综合应用。

实施展示体验黄河生态系统项目工程。规划建设数字化的国家湿地公园和湿地博物馆，利用陆生、水生、自然、人工等不同类型河口湿地生态系统的综合优势，在统筹设计生态、人文景观的同时，积极推进生态教育、亲近自然、开展生态旅游等项目，着力打造湿地生态系统展示体验的知名目的地。

实施山区生态涵养修复工程。建立生态功能完善、季相变化丰富、具有观赏价值和山地植物特色、植物群落合理配置的生态体系，加强生物多样性监测网络、完备山地生态系统和珍稀濒危动植物资源保护、加大山地水土保护和水源涵养力度，深入推进山水林田湖草生态保护与修复工程。提高水土保持综合治理工作能力，加大对水土流失的监督管理。

实施健康水生态涵养项目。加大黄河干支流及入河口地区的水生态保护和修复，实施小流域水土保持治理工程。统筹实施生态修复工程，包括黄河沿岸防护林、农田防护、城乡绿网等。

开展滩区生态环境综合整治工作。实施滩区土地综合整治和生态保护修复工程，统筹黄河滩区生态空间和农业空间，促进土地利用结构调整。对破坏生态的乱捕滥猎鸟类、盗采乱石、采砂取土等行为进行严厉打击，使滩区的生态安全得到维护。

二　加强黄河流域中下游水源涵养能力建设

以退耕还林还草、天然林保护、封山禁牧等生态建设项目为抓手，加快实施黄河流域中下游水源涵养工程。及时了解黄河生态环境的变化规律，加强和完善湖泊、湿地等生态系统的监测和管理。扩大湖泊、湿地保护区面积，对流域水文生态过程进行科学管理，在促进水源向土地、草场渗透的同时，充分发挥水源涵养的优良功能。依靠自然保护，辅之生态建设，建立适宜的生态补偿制度，保障水源涵养功能有效实现。

实施黄河流域水质巩固提升行动。开展省级驻点技术帮扶，巩固提升水环境质量改善成效，加强黄河流域地表水水质监管，定期分析形势，预警提醒。开展冬春水质保障和汛期水质超标隐患排查整治，防止冬春季重点时段和主汛期水质反弹。实施“一河口一湿地”建设，推进黄河流域重要入黄支流工业园区水污染整治。指导各地、各沿黄城市积极争创生态环境部优秀河湖案例，继续推进省级优秀河湖案例评选活动，评选出黄河流域中下游优秀河湖案例。

重点做好黄河流域水资源保障能力提升工作。水是生存之本、文明之源，保护和修复生态环境，水资源至关重要。要以促进水网联通、互补、强化为重点，加强与全国水网、区域水网的互联互通和协同发展，加快构建现代水利体系。推进江河湖泊生态保护，提高水网智慧化水平，推进体制机制对水资源的法治管理，增强水资源配置优化能力，加强水旱灾害防御能力。抓好城乡黑臭水体整治、地下水污染防治，实施黄河流域污水资源化利用，补齐城镇污水收集管网短板。

保障黄河流域中下游生态流量。重点抓好黄河干支流，制定实施生态流量保障方案。以提高冬春枯水期生态流量、维护河道生态系统稳定为重点，加强黄河水量统一调度和调度方案执行监管力度。在黄河主要断面的关键时段开展生态流量监管，在确保黄河防汛安全的前提下，对沿黄湿地的鱼类产卵和生态用水加强监管。

严密防控环境风险。完成黄河干支流突发性水污染事件“一河一策一图”全覆盖，重点是涉危险废物、涉重金属企业和化工园区。以黄河干支流为重点，严控石化、化工、化纤、有色金属、印染等行业企业环境风险，加强石油、天然气管道环境风险防范，开展新增污染物环境调查监测和环境风险评估，推进黄河流域中下游突发环境风险排查和监测预警体系建设，加强黄河流域中下游应急物资库建设。

三　加强黄河流域中下游水资源节约利用

坚持以节水为重点，严格落实水资源管理制度，优化用水结构，推动节约用水，全面推进节水深度管控行动。

完善黄河流域中下游干支流水网系统。完善市、县两级水网，通过打通水系脉络、联合调度等方式，加强水系连通和局域水资源调配工程建设，确保供水安全。

加快开发利用非常规水源。制定再生水利用优惠政策，加强城镇再生水回用，优化再生水处理工艺，完善再生水利用设施和配套管网。

加强水资源的供应侧约束。适度压减农业用水，在兼顾水资源承载能力、满足河道生态基本用水需求的前提下，有效控制工业用水、保障基本生活用水。建立限审限批水资源超载区取水许可监测预警机制。统筹考虑黄河流域中下游水资源的科学配置，包括外调水和本地水，细化完善干支流水资源分配，并向各市、县（区）分解下达用水总量指标。

加大需求侧用水管理。实行以水定需，对水资源严重短缺地区，结合当地经济社会发展布局，提出城市生活用水、工业用水、农业用水控制指标，根据确定的可用水总量和用水定额，针对不同地区，将用水需求增长速度和规模控制在合理范围。严格执行取水许可制度，建立取水用水总量控制制度，推进合理取水规划和精确计量，全面实施黄河干支流取水口动态监管。坚决遏制不合理用水需求，限制高耗水行业发展，建立严禁用黄河水挖湖造景的长效机制。节约用水列入地方党政领导班子和领导干部政绩考核的约束性指标，在节约用水成效显著的地区，优先安排重大项目建设。

实现水资源利用的最优化。要优化过境水与当地水资源配置，外调水与当地水资源合理搭配，确保用水需求得到充分满足。加大非常规水资源利用比例，减少地下水开采量，优化地表水、地下水资源配置结构。优化水资源利用格局，统筹城乡生活、生产和生态用水需求，保障居民基本用水和生态用水需求，农业、工业用水合理分配，促进水资源利用效率提升。

做好城乡饮水安全保障工作。加大农村标准供水设施建设力度，推进农村饮水安全巩固工程，促进管理水平不断提高，农村饮水安全巩固工程不断取得新成效。加大城镇公共供水厂、管网建设和改造力度，增强城镇供水水源安全保障能力，加强应急备用水源建设。全面推进水源地标准化建设，依法依规对水源地保护区内的违法建筑和排污口进行清理，加大农村饮用水源地的保护力度。

推动开发利用非传统水资源。开展区域再生水循环利用试点工程，完善再生水管网等基础设施建设，将非传统水源纳入水资源统一分配体系，提高再生水等非传统水资源利用率。加快道路冲洗和公共绿化用水改革进程，通过推广合同节水管理等市场化运作模式，促进非常规水资源利用工程建设。

综合治理地下水超采区。严格落实地下水开采管控制度，在降低农业地下水开采量、强化超采漏斗治理措施、逐步实现重点区域地下水采补平衡等方面，采用高效节水技术和水源替代手段。恢复地下水生态水位，在地下水超采区，农业新增地下水禁止使用，非常规水源应优先使用工业用水，地下水使用量应逐步降低。

加强水资源生态系统保护。建立健全干支流生态流量监测预警机制，明确管控标准，保障河湖湿地基本生态水量，优化水资源配置结构，降低水资源开发强度，划定重点河湖生态水量。提升保障生态安全的能力。切实抓好重要湖泊生态修复补水工作，推进生态修复工程，确保湖泊面积不受侵害、不受损失。

积极推进节水增效措施在农牧业领域的实施。加大政策技术扶持力度，引导合理用水种植方式，提高农牧业生产效益，根据当地条件调整农牧业产业和种植结构，推广蓄水保墒等旱情农业节水技术。实施坡耕地整治，建设旱田农业示范区，根据当地条件发展草食畜牧业和草产业。加快推进灌区现代化建设，以大中型灌区为主要目标，建设水效高、生态好、水肥一体化技术推广、高效节水灌溉示范区等特色高标准农田。发展推广林业耐旱节水品种，重点抓好经济林和城镇绿化林节水。推进奶牛、生猪、禽类养殖业集约化发展，推广节水型供水和综合利用技术，提高畜禽养殖业用水效率。

积极推进工业节水减排工作。大力推进节水工艺、技术、装备推广，加大再生水利用力度，开展水资源节约和重点企业再利用改造，加强水资源综合利用和循环再生基础设施建设。提高工业废水再生利用效益。加快工业节水工艺升级改造，推动高耗水行业节水增效，如能源、化工、建材等。对高耗水工程、工业用水实行严格的定额管理。

积极推进城镇节水减损工作，加快推进再生水利用海绵城市创建工作。加强基础设施建设，实现雨污资源化，城镇水循环系统良性建设。紧密结合城市新城建设和旧城更新改造，积极推进老旧供水管网改造升级。开展公共机构节水技术升级、加强高耗水服务业用水监管等工作，促进水资源节约型城市发展，普及生活节水设备和节水新产品。

积极推进节约型水资源社会建设。严格执行水资源管理制度，严格水资源利用考核，积极实施水资源节约工程，全面推进县级节水型社会建设，加强对重点用水单位的监管，按照水资源状况和用水需求确定用水标准，努力实现水资源的高效利用。减少取水、用水过程中的损耗和污染，从经济和社会各方面促进全社会、各行业节约用水。推行合同节水管理的水效标识、节水认证和水权交易。加大宣传引导力度，推动全社会热爱水资源，保护水环境、珍惜水资源，促进节约用水，加快形成节水型生活方式，不断增强全民节约用水意识。

四　加强黄河流域中下游水土保持和生物多样性保护

持续治理黄河流域中下游水土流失问题。在黄河下游地区，为减少入黄泥沙对下游地区的淤积影响，稳步推进淤地坝拦、病险淤地坝除险加固工程建设，加快推进多沙粗沙区水土流失治理。强调复合生态修复的重要性，治理水土流失的重点不能单纯依靠增加林草地面积，积极推进树种结构调整、封育提升等生态修复工程。加大对生态植被的保护力度，对不合理开垦、乱砍滥伐造成的环境损害，要加强监督管理。以小流域为治理单元，建立黄河流域中下游水土保持生态示范区。

加强黄河流域中下游支流综合整治和河口保护修复工作。对符合条件的黄河流域中下游支流实施退耕还湿工程，改善鸟类栖息场所质量，对黄河流域中下游支流河口开展生态预警监测。

加大对黄河湿地、滩涂受气候变化影响的评估力度。依法退出支流区域油田开采，推进黄河支流水生物保护、鱼类产卵场修复改造示范项目，开展水沙治理对水生物资源环境影响评价工作，统筹实施黄河支流生态补水工程，建设黄河支流入河口公园等，促进黄河支流生态修复与重建示范项目的实施，促进黄河生态资源环境影响评价工作的深入开展。

实施黄河流域中下游生物多样性保护项目。加强湿地资源、植被、动物等生物多样性保护，实施黄河珍稀濒危动植物种群保护等工程。加大黄河中下游生物多样性保护优先区域的保护力度，营造有利于野生动植物繁衍生息的环境，深入实施生物多样性保护战略和行动计划。建立健全掌握生物多样性现状和濒危物种种群生存状况的生物多样性观测网络。开展黄河流域生物多样性本底调查，在黄河流域中下游及河源区等重点水域开展鱼类生态通道和栖息地修复工作。

第二节　推进黄河流域中下游生态协同治理

坚持以生态保护为重点，在黄河流域中下游全面推进生态协同治理。深入领会保护治理协同推进的理念，以治风险、治乱象、强水资源节约、优化生态环境、美化河道为重点，坚持把生态保护作为前提条件。应对风险就是要以防、以治为主，统筹管理，确保黄河中下游城市防洪无忧，确保黄河长治久安。要坚决遏制新问题的产生，持续减少已有问题的存量，建立起真正改善黄河生态环境的长效有效机制。强调节约用水的重要性，对大型湖泊水域的水资源利用实行严格管理，优化用水结构，在各个领域全面推行节水措施。坚持生态优先，以点带面、强化线条贯通、全面推进综合规划为重点，实施绿化为主、分散治理三大滩地，推动黄河中下游生态系统整体提升。环境优美，就是要加快建设景观廊道，高水平打造城市“会客厅”，着力改善黄河流域中下游人居环境，促进形成以人为核心的高品质人居环境。同时，为更好地打造黄河历史文化主地标，进一步抓好推进文旅融合发展的重大文化工程项目。

一　强化黄河流域中下游环境污染系统治理

围绕改善环境质量，实施科学、精准、依法治污，深入推进保卫蓝天碧水净土工作，统筹推进黄河流域水、大气、土壤污染综合治理，主要污染物排放明显减少，优质生态环境产品供给有效增加，黄河流域环境质量持续改善。

全面治理流域污染。开展黄河流域主要支流排污口排查整治专项行动，完善落实河长制、湖长制。督察有章可循，堵截违章现象，致力于城乡消除黑臭水体，打赢这场碧水保卫战。河道内源污染得到有效控制，水体环境容量和自净能力得到增强，生态护岸整治和底泥清淤疏浚得到落实。

为确保工业污染源排放全部达标，加大对高氟、高盐及涉重金属废水的深度治理和日常监管力度。

从源头上加强污染防治。推进河南省平原地区清洁采暖改造，加快淘汰燃煤小锅炉，提高工业炉窑清洁能源替代比例，严格落实新上煤耗项目用煤减量替代政策。支持获得国家、省命名的生态工业园区，推进各类园区循环化改造和生态工业园区建设，开展以依法强制推行清洁生产为抓手的企业清洁生产引领行动。

开展重点区域污染治理行动。对包括工地扬尘、工业企业堆场扬尘、矿山扬尘等在内的扬尘问题进行综合整治，减少区域扬尘污染。推进散煤、生活、农业废气治理工作，全面治理大气污染。积极推进移动源污染综合整治和更新工作，加强对移动源污染的实时监管和控制，加大对油品的监管执法力度，促进柴油货车和非道路移动式机械的清洁化。

以农用地土壤有害物质含量超标、农产品质量问题为重点，全面推进土壤污染防治行动，开展土壤污染源头大排查、大整治。开展耕地土壤环境治理与保护工作，推进耕地分类管理，对污染严重的耕地实行严格管理、严管重罚。实施保护性耕作、实施农药化肥减量计划、推广秸秆还田、增施有机肥、推行粮豆轮作、农用薄膜科学使用回收等措施，着力推进农业标准化建设。加大土壤污染源治理力度，以黄河流域中下游人口密集区为重点，有计划地推进建设用地土壤污染风险治理修复工作，确保安全有效利用化工企业腾退出来的土地。

对固废、地下水等进行全面整治。加强危废物、医废物收集处理，围绕提升危废处置能力、加强工业固废风险管控和历史遗留重金属污染区域治理等重点，开展工业固废综合整治行动，完善危废处置监管措施，实施规范管理。加快推进垃圾分类和资源化利用，有序发展垃圾焚烧发电，加强白色污染治理，提升农村有机废弃物收集、转化和利用水平，实现垃圾焚烧发电。开展地表水、地下水联合调蓄试点，实施地下水超采综合治理工程。实施地下水污染典型场地修复治理工程，科学划定地下水重点污染防治分区。

建立健全黄河流域中下游生态协同治理机制。在黄河干流等重点流域逐步建立水污染联防联控机制，对相邻地区大型燃煤设施、石化、化工、有色冶炼、钢铁、焦化等可能造成重大环境影响、复杂敏感的建设项目进行环评会商。

污染防治，推进水资源集约利用。牢固树立“绿水青山就是金山银山”的绿色发展理念，加强污染防治，支持企业走绿色发展道路、支持农业转变资源利用方式。一方面，积极推进产业结构的转型升级，指导工业产业走绿色、生态可持续发展之路，让绿色循环节能产业成为引导经济发展的重要力量；另一方面，强化污染防控，做好农业废物的资源化、绿色化利用，精准化肥用量，减少农业生产对环境的负面影响。同时，转变农业消耗水资源的方式，以技术为支撑、以绿色为导向、以优质为目标，加速农业生产内涵式、集约式发展。

启动黄河中下游大气污染综合整治行动。持续推进优化调整煤炭电力行业结构、淘汰更新落后产能、转型升级。贯彻落实国家要求，开展低效失效大气污染治理设施排查整治工作。组织重点行业企业争创龙头企业，促进重点行业环保绩效提升和深度治理。继续实施石化、化工、储油库等行业储罐挥发性有机物深度治理，推进油气回收在线监测安装系统建设，对储罐挥发性有机物进行重点治理。突出精准差异化管控，深化区域协作联控机制，提升应对重污染天气水平。

启动黄河流域中下游土壤污染控制行动。做好黄河流域中下游土壤污染源头管控工作，对优先督办的地块清单进行动态更新。及时更新重点土壤污染监管单位名录，在重点监管单位开展土壤污染隐患排查行动。对建设用地土壤污染风险管控和修复名录制度实行行业调查报告抽查全覆盖，切实保障重点建设用地安全。

在黄河流域中下游开展清退行动。充分利用卫星遥感等高科技手段，对固体废物违规堆放、偷倒填埋等问题进行精准排查。以黄河干流、重要支流、风景名胜区、自然保护区为重点，严厉查处涉固废违法行为，防范环境风险。

高标准打好污染防治攻坚战。“十四五”时期是河南省加快推动高质量发展、奋力实现转型目标的重要时期，是建设山清水秀、天蓝地净美丽河南的关键期。要站在政治工程、生态工程、发展工程、民生工程的高度，把治理措施落实到位，从根本上让黄河水丰、水好、景美。打好黄河干流流经区域生态环境综合治理攻坚战，统筹实施山水林田湖草一体化治理，筑牢守护黄河安澜屏障。坚决遏制盲目发展高耗能、高排放、低水平项目，持续推进发展方式向绿色低碳转变，打好黄河治污攻坚战，实现结构性减排。

突出能源交通结构优化，促进河南空气质量明显改善。打好大气污染重点城市综合整治攻坚战，重点是三门峡、洛阳、济源、焦作、新乡、郑州、开封、濮阳等市。打好固废污染防治攻坚战，推进绿色矿山、无废矿区建设，加强固体废物综合治理，强化生产过程资源的高效利用、梯级利用、循环利用。

加大农业面源污染治理力度。加大农田环境保护和治理力度，加强农业投入品管理，加快畜禽粪污资源化利用，提高地膜回收率和秸秆综合利用率，积极推进节肥增产、减少农药使用量。推广多元化适度规模经营，推广土壤化验配方施肥、有机肥替代部分化肥在黄河平原广泛应用。配备规模养殖场粪污处理设施，建立完善的农业废弃物综合利用体系。推行粪垫料回收再利用等资源化利用模式，实现粪便全收集、田间就地还田、专业化能源利用。推进废弃农田地膜、农药、化肥包装物的处理和清理工作，建立废旧地膜回收点，建立废旧农用包装物回收、处理、再利用的制度网络。

加大治理灌溉用水和农业用地污染力度。加强农田灌溉用水监测监管，严查固体废物、工业废水、医疗污水等未经无害化处理向农用地乱倒乱放行为。将耕地实行分类管理，按照农业用地污染程度划分为优先保护、安全利用、严格控制等类别。

提高污水收集处理效率，加强沿黄城镇污水收集管网建设，健全治污体系。雨污分流、截流调蓄改造建设将根据当地实际情况进行，确保实现稳定达标排放。加大推进提高再生水回用率的污水再生利用设施建设力度，深入开展黄河流域黑臭水体大排查、大整治，巩固治理黑臭水体成果，切实做到防微杜渐。对沿黄干支流城乡生活污水收集处理设施，结合水环境保护目标，实施精准提标改造。

城乡垃圾处理设施建设要统一规划，统筹推进。农村牧区污水、垃圾、餐厨和粪便处理设施，以县（区）为单位，统筹规划，统筹建设，统筹管理。探索建立效果收费、数量收费的垃圾处理服务机制，促进市场化、专业化垃圾处理设施建设和运营。积极推进城镇生活垃圾分类处理，建立垃圾焚烧处理、无害化处理设施和垃圾收运系统，有序推进城镇生活垃圾分类处理和垃圾分类处理设施建设工作。

改善空气质量状况。以郑州、新乡及周边地区为重点监控区，按照行业、地域制定具体监控措施，加强大气污染综合整治，强化联防联控，将秋冬供暖污染高发期确定为重点监控时段。推进冬季清洁供热设施改造，推广集中供热，推广电热、燃气供热、地源热泵供热、生物质能源供热等符合本地情况的分布式新型供热方式。

加强对黄河中下游生态环境的基础性研究。一方面，加强科研单位组织开展黄河流域污染底数、生态环境风险隐患、环境承载能力等基础性研究，深入了解和掌握黄河流域生态环境基本情况，探索水资源、水环境、水生态的变化特征和演变规律。通过对各地区、各类型生态环境问题的主要原因进行科学诊断，促进黄河流域生态协同治理的科学决策和有效实施。另一方面，在黄河流域建立生态环境科学资料中心。充分利用区块链、物联网、大数据等技术，将黄河流域水文、气象、水质、地质、生物等多尺度、多要素的信息数据，以及经济社会发展等多方面的信息数据进行整合，为生态协同高效治理、科学决策提供数据支撑。

加快清理整顿重点区域矿山作业，在推进尾矿综合利用的同时，降低坑水、选矿废水等重金属污染风险。盘活矿区自然资源，强化能源矿产资源开发企业生态环保责任，探索利用市场化方式推进矿山生态修复，按照“谁破坏谁修复”“谁修复谁受益”的原则进行。加大地质环境综合治理和生态环境修复工作力度，重点抓好采空区、沉陷区和露天剥坑环境协同治理。开展矿区污染治理和生态修复试点，统筹推进采煤沉陷区综合治理工作。

建设环保型矿井。认真贯彻落实绿色矿山创建行动，积极推进创建达标生产矿井工作。根据矿山环境状况调查结果，对照绿色矿山建设标准，全面推进矿山整治提升工作，加大边开采边治理工作力度。

二　加强黄河流域中下游基础设施互联互通

建立基础设施规划建设联动机制，以黄河流域生态保护协同治理为契机，合力推进黄河流域中下游环境整治。黄河流域资源丰富，但资源的开发利用需要统筹考虑黄河防汛和生态保护的需要，这就要求黄河流域生态保护必须统筹行动，协同推进，在资源开发上下功夫、在大保护上下功夫、在大治理上下功夫。尤其是水资源需要统一调配，以使用效率为优先导向，提高黄河流域中下游水资源的利用效率。

建立黄河流域中下游生态补偿与公共政策协调配合的治理机制。在建立公共政策协同机制过程中需要重点考虑和优先设计黄河流域生态补偿机制。同时，建立黄河流域一盘棋、共同富裕的发展理念，通过宏观层面的转移支付和公共政策的协同配合，将黄河建设成为生态河、文明河、幸福河，并通过生态补偿机制将黄河流域下游地区的转移支付流向黄河流域上游水源地和中游水土保护带，实现共同富裕。

多方协作，建立黄河流域生态协同治理的基础数据库，进而建立与之相适应的考核体制机制。对黄河流域生态保护协同治理的最新进展情况进行定期通报，促使各市自觉协同，共同发展。

通过对黄河流域中下游基础设施建设的科学规划和协调，加强基础设施规划布局，进一步提升区域基础设施建设能力。基础设施建设涵盖多个方面，包括综合交通、水利、环境、能源、资讯等各方面。构建高效、安全、便捷、绿色、低碳的综合立体交通走廊，促进交通体系发展，构建黄河流域中下游各地区交通一体化发展格局。在水利基础设施建设方面，为减缓中下游黄河流域淤积，在黄河流域中下游实施河道、滩区综合提升治理工程。经济发达地区为支持“生态功能区”“粮食主产区”等经济欠发达地区发展，可投资建设农业节水灌溉等相关环境基础设施，推动欠发达地区经济发展和环境保护。

三　补齐黄河流域中下游民生短板

河南省位于黄河“豆腐腰”部位，流域覆盖了河南省生态脆弱、人口密集、产业集中的区域。推进黄河流域横向生态补偿机制的建立，是河南省义不容辞的责任和使命。牢记“国之大者”，省委、省政府高度重视，把确保黄河流域横向生态补偿机制在河南建立起来、落到实处、见到成效，作为“决不能失信、决不能失败”的政治承诺。河南省财政厅会同省生态环境厅等有关厅局，推动黄河流域横向生态补偿机制从局部试点到逐步推广并取得积极进展，为流域生态保护协同治理提供了重要保障。

为确保省内黄河流域横向生态保护补偿机制工作规范顺畅，《河南省建立黄河流域横向生态保护补偿机制实施方案》和《关于建立河南省黄河流域横向生态保护补偿机制的实施细则》先后由省财政厅会同省生态环境厅等部门印发。随着省财政厅、省生态环境厅召开全省黄河流域横向生态保护补偿机制建设推进会，沿黄相关省辖市政府、市财政、生态环境主管部门作为责任主体，按照上述《实施细则》多轮会商，建立横向生态保护补偿机制、跨市域推进落实的实施细则，并开展了大量的基础工作。紧接着，金堤河横向生态保护补偿协议在滑县、长垣市、濮阳县三县签订。《黄河流域（伊洛河）横向生态保护补偿协议》已由郑州市、洛阳市、三门峡市签订，《黄河流域（蟒河、沁河）横向生态保护补偿协议》已由焦作市、济源示范区签订。这标志着金堤河、伊洛河、沁河和黄河主要一级支流蟒河建立了横向生态保护补偿机制，实现了生态保护横向补偿机制从无到有的突破性进展。

对水质改善突出、生态优良产品贡献大、节水效率高、补偿机制建设推进成效突出的市县，从 2021 年起，省财政安排黄河流域横向生态保护补偿省级引导资金给予资金奖励。省财政厅会同省生态环境厅经过研究，在全省黄河流域范围内选择了涉及郑州、洛阳、安阳、新乡、焦作、濮阳、三门峡、济源示范区等“七市一区”的伊洛河、沁河、蟒河、金堤河等 5 条黄河主要一级支流作为首批建立生态保护补偿机制的试点。2022 年濮阳市率先印发《濮阳市横向水生态环境保护补偿机制指导意见》，组织相关县（区）签订金堤河等流域横向生态保护补偿协议。本着“早建早补、早建多补、多建多补”的原则，省财政对濮阳市实行奖补并举、奖补结合。

河南与山东两省在 2021 年签署了黄河流域省际横向生态保护补偿协议，也在黄河流域省际横向生态保护补偿机制建设方面取得了阶段性进展。协议签订以来，河南段黄河干流水质持续稳定达标，刘庄断面年平均水质稳定在Ⅱ类，努力实现水质达标、保优。山东省按照协议要求，将补偿资金及时足额兑付给河南，随着黄河流域中下游横向生态保护补偿协议（豫鲁段）的顺利履行，两省的生态效益和经济效益实现双赢，让跨区域水污染治理由“各自为政”向“同舟共济”转变。豫鲁补偿协议的实施，将促进黄河流域加快形成责任明晰、协同共治的长效机制，推动黄河流域生态保护补偿机制在省际逐步铺开。

绿水青山就是金山银山，在推进横向生态保护补偿工作过程中，既要算经济账，更要算生态账。沿黄各市（州、盟）是横向生态保护补偿机制建设的主体，各地要从实际出发，积极开展市际协商谈判，已有相关工作基础的地市尽快签署补偿协议，暂未取得实质性进展的地市要借鉴其他地区的经验做法，主动沟通，加快推进补偿机制的建立。对流域横向生态保护补偿要从流域的系统性、完整性出发，以持续改善水生态环境质量为核心拓展补偿指标。对于水质相对稳定的地区，可因地制宜将水量、部分特征污染物等指标纳入补偿考核范围。不断拓宽补偿领域，加快探索空气、湿地等生态环境要素的横向生态保护补偿模式。

河南省财政安排引导资金下达各地，由各地统筹用于黄河干支流水污染防治和水生态环境保护项目。要充分发挥资金的引导作用，加强省级资金和地方自有资金的统筹整合，拓宽资金来源渠道，有效筹措社会资金，把有限的资金用到刀刃上，切实为黄河流域生态保护提供财力保障。市、县（区）财政部门、生态环境部门在推动流域横向生态保护补偿机制建设过程中，要共同研究解决机制推进中遇到的重大问题，合力推进流域生态治理。在沟通机制上，畅通协商合作的渠道，建立常态化的沟通机制。在资金监管上，共同开展绩效评价、强化信息公开，确保资金使用规范高效。

实行财政奖补机制，助力黄河流域生态保护协同治理。有效激发环保主体责任的落实，发挥财政政策的双重激励和约束作用，使环境治理成效与资金发放挂钩，激发各地区推进黄河流域治污攻坚的动力。充分利用财政资金的影响力，加强引导作用，建立各地区相互配合的政策框架。不同层级的财政部门要加大环保投入，发挥财政支持黄河流域生态保护协同治理的主导示范作用。同时，为逐级传导压力，层层强化责任，省级生态保护协同治理财政奖补机制应结合实际情况制定，扩大考核奖励制度覆盖到县、镇两级。建立生态保护奖励机制，使“省、市、区、镇”各级财政协调配合，信息流转顺畅。

四　保护传承弘扬黄河流域中下游文化

以黄河流域中下游生态保护协同治理为主题，积极组织面向公众的科普活动，借助新闻媒体和新媒体工具，广泛传播黄河流域生态保护成功案例。把黄河流域生态保护工作放在公众科普的首位，如在黄河沿岸各市开展《黄河保护法》系列科普活动。另外，以黄河流域丰厚的文化底蕴为承载，将诸多古建筑、古村落等丰富的文化历史遗存作为开展公众科普的窗口。

组建黄河流域生态保护协同治理联合研究中心，组织生态环境等领域优势科技力量，围绕黄河流域生态保护协同治理存在的重大问题开展联合研究。强化黄河联合研究顶层设计和项目谋划的组织实施，服务黄河流域生态保护协同治理科技攻关，有序推动黄河联合研究各项工作，以实实在在的科技行动让黄河成为造福人民的幸福河。形成“政、产、学、研、用”结合、多学科交叉融合的科技攻关团队，开展重大生态环境问题科技攻关和重点城市科技帮扶。对上支撑国家黄河流域生态保护治理科学决策，对下支撑地方生态保护治理，破解地方“有想法、没办法”的难题。

积极引导带动青少年参与黄河流域生态保护协同治理实践，充分发挥青少年在大江大河生态文明建设中的重要作用。组织开展“关爱河湖 保护黄河母亲河”科普讲座，组织青年科技工作者走进中小学校园和课堂，普及科学知识，传播科学思想，激发青少年对生态环境保护的兴趣，加深他们对生态文明思想与黄河生态保护治理的认识。

推动黄河文化遗产的系统保护。黄河流域有着数量众多的文化遗产，承载着中华民族的历史文化记忆。保护黄河文化遗产，就要按照历史发展的脉络，对各类黄河文化遗址、文物古迹、古籍文献等文化遗产进行保护、抢救、开发与管理，使黄河文化在当代仍能重现灿烂与辉煌，带给华夏子孙无与伦比的民族自豪感和文化自豪感。

优化黄河流域中下游文化旅游布局。打造红色研习、文化体验、乡村漫游等旅游精品线路，挖掘红色革命历史、革命事迹，开展黄河流域中下游革命文物保护利用工程。

培育壮大文化产业。实施文化产业数字化战略，在黄河文化创作、生产、传播、消费等各个环节，推广物联网、大数据、虚拟现实等新技术，加快新型文化企业、文化业态、文化消费模式发展。大力发展创意设计、动漫游戏、网络视听等新兴文化创意产业，引导新闻出版、广播影视、文化演艺、休闲娱乐、工艺美术等传统文化产业转型升级。鼓励沿黄城市、城镇和乡村挖掘特色文化资源，发展特色文化创意产业，培育一批具有较强竞争力的文化企业，打造一批内涵丰富、覆盖面广的黄河文化品牌，建设一批特色鲜明的黄河文化创意产业园区。

发展特色生态旅游。创建国家生态旅游示范区，以风景名胜区、水利风景区、湿地公园、森林公园、旅游度假区、生态休闲区为依托，培育黄河故道旅游精品，打造国家级黄河科学考察旅游基地。建立智慧化高效服务体系、网络化旅游交通集散体系和统一高效的旅游交通引导标识标牌体系。

本着“保护为主，开发适度”的理念，以加强中华民族的共同体意识为核心，致力于黄河文化的保护、传承和弘扬。对黄河文化的时代价值进行深度挖掘，增强黄河文化的传承动力。促进文化与旅游深度融合，推动黄河流域文化整体保护与创新发展，促进黄河流域文化艺术交流互鉴。

开展黄河中下游地区古代文化遗址、遗迹普查，建立黄河文化资源数据库，完善黄河文化资源普查并建立档案资料。启动黄河流域考古发掘与遗产研究，提升文物保护与认定力度，组织开展非遗专项调查，健全文化遗产等级分类名录和非遗保护名录。

加大对古城、古镇、古村、古灌区、古渡口、古道等遗产遗存的保护力度，推动黄河文化资源保护工作，实施黄河文化遗产系统性保护工程。

围绕深入推进华夏文明源流探索，开展黄河文化考古探索研究，集中科研资源开展系统性研讨。加强专门史和代表性文化支脉的研究，如农田水利、传统风俗、艺术文献、天文历算、黄河地名文化等。

保护利用黄河文化资源，推进黄河国家文化公园建设，新建、改建、扩建黄河文化博物馆、非物质文化遗产馆等，建设一批文化遗产，打造精品文化体验馆，建立智慧博物馆体系，整合黄河流域馆藏文物数字化信息。探索文化遗产展示利用的创新方式，推动文物保护领域关键技术的突破和应用。借助沿黄公路，打造沿黄文化旅游公路、名胜古迹鉴赏之路，串起黄河地区历史遗址、名城名镇名村、历史文化街区、自然遗存。

大兴黄河流域中下游文艺创作之风。加大舞台美术作品和影视作品创作力度，推出一批优秀的黄河题材文艺精品，加大黄河文化题材文艺精品策划力度。加强对具有民族和地域特色的黄河文化的传承和弘扬，收集整理和数字化改造黄河题材经典文艺作品。确立黄河流域中下游生态保护协同治理主题创作选题，支持黄河文化题材作品创作。

全方位传播黄河文化。积极参与《中国黄河》全国形象宣传推广行动，推出“美丽河南”宣传主题，在全媒体形成讲好河南“黄河故事”的全媒体、多角度、立体式宣传报道格局。

结合“一带一路”建设，参与实施黄河文化海外推介工程，深入推进黄河流域文化交流合作。以黄河文化为主题，联合有关国家举办国际文化交流活动，加强与驻外使领馆等机构的联系，互办文化年、艺术节。宣传黄河优秀文化作品，推动黄河题材作品海外传播，积极参与世界大河流域交流合作。

推动文化和旅游事业融合发展。孵化培育一批支持设计开发黄河文创产品、旅游商品的文化旅游企业。加强“互联网+旅游”智慧景区建设，打造黄河文化旅游带，打造黄河旅游信息化服务“微平台”。

打造多个黄河旅游标志性目的地，打造旅游经典线路。推出农耕民俗休闲体验和水利文化研学教育产品，整合小浪底水利工程、田园景观资源以及农事活动，打造小浪底文化旅游线。以打造爱国主义教育红色旅游线路为抓手，选择典型抗战遗址和革命纪念馆，开发红色文化资源。

构建黄河文化保护与传播的机制和方式。一是编制指导黄河流域各市、县（区）特色文化产业链条建设的专项规划。培育精品、打造品牌，利用地域代表性的非物质文化遗产，联合打造大黄河文化带。二是建立黄河文化遗产协同保护制度，提升黄河文化遗产保护水平，推动建立省内外城市之间、文化遗产保护规划、措施和方案之间的区域合作机制。以资源共享为依托，推进省际合作，塑造独具特色、相互贯通的文化产品和旅游线路，促进黄河文化体系建设加快发展，实现资源共享、效益共赢。

第三节　促进黄河流域中下游生态高质量发展

构建黄河流域中下游生态保护协同治理目标指南，引领黄河流域中下游生态高质量发展，建设造福河南人民的绿色平安流域和魅力幸福家园，打造黄河安澜保障示范区、生态保护治理样板区和水资源节约集约利用先行区。

一　构建黄河流域中下游城乡发展新格局

实现黄河流域生态保护协同治理要做好统筹规划，把握整体观念，推动黄河流域均衡协调发展。黄河中下游的生态环境差异大，应根据各地的生态条件、资源分布、经济水平，统筹考虑黄河流域的开发建设，中游区域加快传统产业结构升级更新，以技术创新为着力点减少对传统能源的依赖。下游区域加快推进新旧动能转换，发挥地区优势大力发展高新技术产业等新兴产业。

拉开黄河流域中下游生态文明示范创建活动的序幕。组织评选生态文明强县，打造黄河流域生态文明示范建设集群，以河南段沿黄城市、县（区）创建为重点，持续创建国家、省级生态文明建设示范区和“绿水青山就是金山银山”实践创新基地。选树黄河流域河南段生态环保小卫士，积极推进“美丽河南我做主”品牌创建活动。

二　建设黄河流域中下游特色优势现代产业体系

探索建立发挥黄河流域中下游各市、县（区）作用的产业协同合作机制。与长江流域不同的是，黄河流域在产业发展中需要将生态脆弱性和水土保护置于优先地位，在严格的保护中促进产业的有序发展。建议黄河流域河南段各市建立产业项目合作开发和协同发展机制，按照节水原则和绿色发展要求，商定产业项目落地标准，避免恶性竞争。

构建促进黄河流域经济发展的产业空间优化布局协调机制。一是处理好产业发展的关系，处理好生态功能区的生态保护。生态功能重要的地区，比如水源涵养区提供生态产品，首先要保证它的生态功能，其次要让生态环境资源的红利通过资源优势的发挥释放出来。二是促进现代农业产业结构升级，加强区域内农业的分工协作。粮食主产区要以地方特色资源为依托，通过区域内的农业协作和分工，打破农业生产要素的地域限制，推动农业产业链条的培育和发展，促进农业产业结构的升级换代，促进农产品增产提质。三是以提升区域中心城市承载力为抓手，加快产业转型升级。积极推进城市群中心城市优势产业创新，加强中心城市之间的联系与协作，对城市群内外产业布局进行统筹规划，推动城市群发展，提升黄河流域中下游核心城市环境承载力。

加强顶层设计，建立有效协调机制。一是强化创新驱动，具体来说，在法治建设、制度创新等方面，积极推进黄河流域生态治理。建立跨区域合作机制，促进企业主体深度参与，政府搭建沟通平台，发挥社会团体的积极作用。二是国家实验室、国家技术创新中心等国家级创新平台布局黄河流域中下游地区。综合考虑当前形势，围绕促进黄河流域中下游地区科技创新水平提升，优化整合科技资源，建设一系列国家级实验室、国家技术创新中心、国家工程中心、企业技术中心，汇聚各类高端人才。整合郑州地区高校和研究机构资源，在水资源保护利用、生态环境治理、粮食生产等领域，联合郑州大学、河南农业大学、河南省农业科学院开展综合性研究。三是充分发挥全球资源的作用，积极推进双向开放。黄河流域各高校积极响应“一带一路”倡议，面向共建“一带一路”国家招收留学生，设立培训、技术转移中心，为促进“一带一路”基础设施建设、产能合作培养专业人才等，为“一带一路”建设做出贡献。四是黄河流域各市县要加大研发投入，同时加强上、中、下游协作，建立产学研用协同创新模式，统筹协调不同区域的技术创新主体，做到共同参与，共享利益，共担风险。打造具有国际竞争力的创新资源聚集区，有序推进郑洛新自主创新示范区综合配套改革试验，深入研究推动鲁豫自贸试验区在黄河流域的辐射带动作用。五是促进工业转型升级。积极培育产业竞争新优势，在促进战略性新兴产业发展上加大力度。着眼于未来产业竞争的制高点，重点发展高端装备制造、新一代信息技术和新能源汽车等产业。加快黄河流域第一、第二传统产业提档升级，提升传统优势产业品牌建设、结构优化和绿色生产水平，包括煤炭、钢铁等产业。

推进重大科技项目建设。加快特种材料、新能源技术等应用基础研究，立足现代农业、新能源、新材料等优势学科领域。加强科技创新前瞻性布局和资源共享，围绕优化教育结构、构建区域创新生态系统、打造黄河流域科教创新高地，推进人才链与创新链深度融合。打造科技自主创新高地，推动高端创新资源向郑州集聚，为加快区域创新高地建设创造条件，打造黄河流域国家综合性科学研究中心。

激发各类人才的创新活力。深入实施“英才兴豫”行动，围绕黄河流域生态保护协同治理的需要，凝聚一批具有引领作用的科技创新人才。完善普惠与个性化相结合的人才政策体系，对来豫工作的境内外高端人才开辟绿色通道，探索开展“云招聘”模式，既要充分尊重现有人才，又要用好用足引进人才。支持高校设置一批急需领域学科，包括生态保护、现代农业、智能制造和公共卫生等。实施现代产业学院建设规划，组建若干所产业学院，进行学科交叉、专业交叉。加快调整产业结构，在实施动态监测评价产业的同时，做强优势特色产业。

加快创新成果转移转化。健全以知识价值为导向的收益分配激励机制，对具有独立法人资格的高校、科研院所所属事业单位法人代表开展股权激励试点。支持高校科研院所开展产学研合作，横向科研项目到位资金达到一定标准的，可视同省重点研发计划项目予以认定。大力推进创新创业，支持科研人员到大专院校和科研院所创办科技型企业。培育网上网下相结合的科技成果交易市场，探索以促进科技成果资本化、产业化为重点的人力资本产业园等新模式。

促进科教创新深度融合。支持省内高校、科研院所与沿黄省区高校、科研院所、行业企业、地方政府联合，共建技术创新中心、成果转移转化基地等创新平台，助力黄河流域中下游生态保护协同治理。深化国内一流高校和科研院所战略合作，源头创新和前沿技术研究能力、关键共性技术有效供给能力明显提升，科技创新和前沿技术研究能力不断增强。支持郑州大学等高校与山东大学、西安交通大学、兰州大学等高校深化合作，组建黄河流域高校创新发展联盟和应用技术大学联盟，推动建立面向黄河流域中下游地区服务的学科共建、人才共培、大型科学仪器共享机制，促进驻豫高校创新发展。

促进政策的叠加效应。紧密结合省情实际，加强黄河流域生态治理、乡村振兴、生态保护等各项重大决策部署的深度融合、协同推进，着力在契合点上下功夫，努力实现绿水青山变金山银山。通过将相关支出项目纳入财政重点绩效考评范围，强化财政资金使用效益双监控，提高绩效目标实现程度和预算执行进度，进而带动黄河流域中下游生态环境整体改善。在实施农村生活污水治理方面，通过专项债务、国有企业融资等多种模式，积极拓宽融资渠道，保障资金需求。

黄河流域生态协同治理必须创新政府管理机制，科学划定各类生态保护边界，进一步健全生态法规。根据黄河流域生态环境状况，划分黄河流域生态保护区域，以构建绿色生态屏障为核心，以加强自然保护区和生态功能区建设为主要任务。科学划定生态红线区域，将具有代表性的重点区域纳入生态红线保护范围，充分发挥包括水土保持、涵养水源、防风固沙和保护生物多样性在内的生态保护功能。切实抓好黄河流域生态安全维护工作，对于已有法律法规保护生态红线的行为，必须切实贯彻落实相关法律法规，才能保护生态红线，确保生态安全。在制定生态红线保护相关法律法规的基础上，结合河南自身实际，对突破生态红线的行为予以细化落实，加大惩处力度。同时，通过完善生态环境行政执法管理和执法监督检查制度，深化涉及生态保护和建设的行政审批制度改革。

健全黄河流域生态保护协同治理长效机制。黄河流域横跨多个省区，需要促进政府、企业、社会团体和社会公众等各方共同参与黄河流域生态治理，才能实现高质量的生态发展。形成多元主体协同的整体格局，不同区域、不同主体、不同机构、不同部门通力合作，共同参与黄河流域生态治理。在黄河流域各地发展与统筹协调发展发生冲突的情况下，更多的应该是各地区的协调配合。强化治理主体之间的协调合作意识，使之深深融入黄河流域生态系统保护的全局性考虑之中，通过各种方法妥善处理各种关系，变跨区域、跨部门的竞争为合作，加强治理主体之间的协调合作，实现流域内自然资源管理和生态环境治理公开透明，建立健全黄河流域相关生态信息公开和沟通机制。加强高校和科研院所生态保护协同治理、推动高端生态文明建设的话语权。借助大数据有效带动流域内产业主导功能区规划升级，以黄河流域重点生态功能区保护和优质发展为中心，实时监测自然资源动态和生态环境变化情况，形成高效服务生态协同治理目标的综合考核体系。

有效加强黄河流域中下游生态功能区建设。黄河流域郑州桃花峪以下河段以地上河为主，黄河下游要做好黄河湿地保护和优质开发工作，提高生物多样性。明确不同类型空间保护和优质开发的具体措施，通过规划保护黄河流域山、水、林、田等国土资源，加强黄河流域综合生态系统治理，推进黄河流域涵养水源、保持水土、保护农田湿地、净化空气、生态环境明显改善等生态保护工程。推动水环境治理工程项目技术规范和指南制定工作，支持各地制定流域和行业水污染物排放标准。适时开展跨省区重大规划、标准和生态环境影响项目执行情况会商。

三 全力保障黄河流域中下游长治久安

坚持以黄河流域中下游干流、蓄滞洪区和支流河道为构架，以根治水患、防治旱灾为目标，加快实施防汛抗旱水利提升工程。强化综合防洪减灾体系建设，强化黄河岸线资源管控，筑牢沿黄地区人民群众生命财产安全防线，统筹推进黄河流域干流建设，全面提升水旱灾害综合防治能力。

对黄河河道、滩区等实施综合整治提升行动。实施黄河流域中下游防汛工程，对游荡性河道重点河段进行全面整治，对维护河槽稳定、提高主槽排洪输沙能力、确保不决堤的重点河段开展险工、控导改造加固和新建续建工程建设。进行河口综合整治，实施河口防洪治理提升工程，提高堤防建设标准，切实加强河涌治理，确保河道安全度汛。

全面提升洪水监测预警能力。优化水文站网布局，完善水情测报设施建设，建成调度水情监测、水情工程管理体系。建立提升山洪灾害防御等基层防汛预报预警能力的洪水调度体系、洪水管理公共服务体系和灾害预警信息系统。建成堤防和重点险工、控导视频监控系统，有序推进水位、冰凌、环境等信息的收集，对黄河流域中下游骨干河道的运行状况实现动态感知。

加强城乡灾害防范能力，完善防洪、排水等公共设施，增强灾害抢险减灾整体能力。加大应急抢险队伍建设力度，建立水旱灾害防护训练基地，加大对专业机动抢险能力的经费和装备投入。完善防汛物资储备体系，建立水旱灾害防御物资库与完善物资储备和保障中心。加强安全运行监管，推进黄河流域中下游防汛抗旱措施落实，构建黄河流域水利工程联合调度平台。强化抢险救灾队伍和物资装备统筹保障能力，加强基层防灾减灾体系和能力建设。加强不同地区、不同行业协同作战，建立信息共享和定期会商制度，建立干支流防汛抗旱和水资源管理、重要水利工程统管会商等协调机制。

提高防洪减灾技术保障工作的整体水平。加强与流域相关管理机构合作共建立体化数据采集监测网络，在黄河中下游建设大型数据中心，搭建数字化平台。建立生态环境感知、数据管理和中下游黄河流域业务应用体系。加强对超标准洪水应急预案、当前河道情况下的防洪能力、泄洪闸分洪能力、骨干河道智慧防洪指挥系统、防洪抢险新技术等方面的研究。为充分发挥应急调控区作用，确保安全度汛，建立防汛长效机制，加强对中下游水库的联合防汛调度，合理调节河道汛期水位。

合理确定生产、生活、生态空间管理边界，建立健全岸线资源保护长效机制，在确保黄河防洪安全的前提下，立足环境资源承载能力，科学划分岸线功能区。加强用途管制，全面提升河道滩区治理，在确保河势稳定的基础上，保障河道行洪能力和调蓄湖泊功能。严格执行环境准入制度，杜绝沿海产业和房地产项目过度开发，加快推进交通设施建设、城镇乡村规划、特色产业培育、文化旅游资源开发。实施引黄治沙和生态保护修复工程，推进黄河泥沙资源化利用试点，优化取水口布局，研究河道治理模式，加强黄河水沙综合利用。

加强防沙治沙能力，完善防沙治沙制度，减少干流淤积，降低河床高度，增强干流抗凌能力和防洪能力。优化支流防沙治沙体系，实施中游水土保持、引洪滞沙工程与下游堤防除险加固等治理措施。建立水土保持措施、河道拦沙工程、放淤调度为主要内容的水沙整治防治体系。推进相关重大水利工程建设、减缓河道淤积、降低防汛风险等，支持黄河主次支流水库群联合调度。积极推进河道治理、蓄洪区建设、滩区治理、水库调度和病险水库治理等工作，在黄河干支流堤防的基础上，把防沙治沙放在重要位置，提高应急处置能力。

增强黄河流域中下游干支流堤防防洪能力。构建防洪减灾体系，在减轻崩岸险情、增强防洪抗险能力、确保不发生决堤险情的同时，统筹黄河干支流防洪体系建设，切实把黄河干流堤防建设搞上去。加强黄河流域干支流堤防工程达标建设，实施干支流堤防新建工程、加高加固工程、河段控导工程、崩岸治理工程、河道滩区综合治理工程、监测预警能力建设工程等，加大黄河流域中下游干支流堤防工程达标建设力度。

四　加快黄河流域中下游改革开放步伐

发挥政府引导和调节市场的功能。以生态环境为导向开展自然、农田、城镇、矿山生态系统保护与修复工程和项目试点，探索生态产业发展。支持社会资本参与黄河流域生态保护协同治理，鼓励社会资本在生态系统和水生态环境监测管理等领域面向市场提供服务。

加大黄河流域中下游生态保护协同治理资金统筹力度。认真管好预算内资金、财政存量资金、财政专户资金等自有财力，优先保障黄河流域生态保护协同治理战略任务的顺利实施，合理规范使用上级转移支付资金，优先安排省级减免税专项一次性转移支付，优先安排与农村振兴规划衔接等方面的资金投入。在积极吸引社会资本参与生态协同治理的同时，拓展融资渠道，共同促进黄河流域生态环境不断向好。

优化黄河流域生态协同治理机制。加强黄河流域水利部门的防汛、监测、调度和监督工作，履行国家赋予的生态建设、环境保护、节约用水、防洪减灾等职责。确保监管工作覆盖干支流，推行河湖长制，建立河湖长绩效考核制度，确保河长制工作全面开展。建立流域生态环境突发事件应急预案体系，提高应对和处置能力，加强生态环境风险防范工作。落实市、县两级政府对生产建设活动的生态保护、污染防治、节约用水、水土保持等目标责任，实施严格监管。

完善生态产品实现价值的机制。开展生态环境损害考核，提高破坏生态环境违法成本，实行严格的黄河流域生态环境损害赔偿制度。积极推进沿黄城市间水权置换工作，在排污权开发等前期布点和跨省交易中积极参与水权置换工作。

坚持问题导向，运用营商环境考核和监督作用，推进市场化改革，推动落实河南省改善营商环境工作措施，促进营商环境优化。深入推进“互联网+政务服务”改革，打造数字政府和高效便捷的政务服务环境，借鉴和复制先进经验做法，推行权责清单和市场准入负面清单制度。依法依规平等对待各类市场主体，保护其合法权益，清除其存在的市场壁垒，清理其歧视性规定和做法，积极吸纳投资兴业的民企和民资进入。支持耕地占补平衡跨区域流转和城乡建设用地增减挂钩指标调剂，降低劳动力要素流动障碍。推进要素市场化改革，加快推进河南省沿黄地区电力现货交易市场建设。通过优化要素价格形成机制、提高资源配置效率等措施，促进资本市场化配置，促进黄河流域中下游技术和数据市场发展。

第十二章　结论与展望

第一节　主要研究结论

本书按照“普遍性分析—理论研究—政策提升”的研究思路，在时间和空间双重维度下，以黄河流域为研究对象，在对黄河流域生态保护研究背景、价值意义、实践探索、典型成效和经验启示分析的基础上，从全流域、省级和市级三级以及准则层、维度层和指标层三个层面，采用文献梳理法、综合指数法、计量分析、空间分析以及影响因素识别等方法对黄河流域生态保护的发展状况、协调融合、时空演变和影响因素等进行了系统的分析和实证研究，得出以下结论。

一　明确了河南践行黄河流域生态保护协同治理的价值意义、积极探索、典型成效和经验启示

河南践行黄河流域生态保护协同治理，不仅是推动地区产业绿色化转型的现实需要，也是区域经济保持发展活力、持续健康发展的前提条件，能够为新时期河南的高质量发展提供重要支撑，还是使民生福祉更加殷实的坚实基础，更是实现中国式现代化展现河南担当的主动选择。河南在践行黄河流域生态保护协同治理过程中结合本地实际，积极探索，在流域内率先构建了“1+N+X”“金字塔”式的规划政策体系，坚定实施了一系列工程项目、联合举办了一系列首创活动，在全流域率先树立起生态保护的河南标杆。河南践行黄河流域生态保护协同治理成效显著，生态环境持续向好，高质量发展势头良好，民生福祉更加殷实，文化事业大放异彩，协同治理体系加快构建。党的全面领导是河南践行黄河流域生态保护协同治理的坚强保证、黄河发展战略是河南践行黄河流域生态保护协同治理的根本

遵循、制度规范是河南践行黄河流域生态保护协同治理的有力保障等经验以及坚持党的全面领导、坚持服务国家战略、树立“一盘棋”思想等也是河南践行黄河流域生态保护协同治理的重要启示。

二　构建了省、市两级的黄河流域生态保护指标体系并对发展水平进行测算和分析

在对黄河流域生态保护进行梳理、分析的基础上，从省、市两级和资源利用、环境治理和生态质量三个维度分别构建了衡量黄河流域生态保护的指标体系，其中，省级包含 20 个指标，市级包含 16 个指标。采用反熵权法确定权重，计算出各个维度的综合发展指数，并进行分析。2017~2022 年黄河流域生态保护总指数呈现波动上升发展趋势，由 2017 年的 0.480 上升至 2022 年的 0.514，三个维度指数中资源利用指数、生态质量指数呈现波动上升演化态势，环境治理指数在波动中趋于稳定。省级层面：各省区生态保护总指数呈波动发展趋势，不同省区之间发展差距较大，中游、下游省区生态保护水平整体较高。河南层面：各地市生态保护总指数均呈上升趋势，生态保护水平不断提高，地市之间发展相对均衡。三个维度指数中，资源利用、生态质量的变异系数波动下降，环境治理的变异系数波动上升，各地市收敛性整体降低，发展均衡性有所减弱。2017~2022 年全流域层面的基尼系数呈现“上升—下降”循环波动变化，由 2017 年的 0.076 增长至 2022 年 0.077。全流域、上游、中游、下游地区的 Kernel 密度估计函数分布重心均呈现“先左移后右移”整体波动向右移动的发展趋势。

三　测算了全流域、省、市三级黄河流域生态保护的协调融合水平

在对黄河流域全流域、省、市三级生态保护总指数测算的基础上，采用耦合协调理论对黄河流域全流域、省、市三级生态保护的三个维度之间以及两两之间的耦合度和耦合协调度进行了测算。2017~2022 年，全流域资源利用、环境治理和生态质量三个维度的耦合度呈上升趋势，耦合度由 2017 年的 0.239 上升至 2022 年的 0.943，由低度耦合上升为高度耦合。全流域三维度的耦合协调度呈上升趋势，由 2017 年的 0.186 上升为 2022 年的 0.798，由严重失调提升为中级协调。省级层面：2017~2022 年黄河流域九

省区的三个维度的耦合水平除内蒙古轻微下降外，其余八个省区均保持上升趋势。市级层面：2017~2022 年黄河流域九省区 70 个城市三个维度之间的耦合度基本处于上升趋势，仅有甘肃的平凉由高度耦合降为中度耦合；三个维度之间的耦合协调度基本有不同程度的改善，仅有甘肃的平凉由勉强协调降为濒临失调。

四　评价了河南践行黄河流域生态保护协同治理的政策效应

以河南省 17 个省辖市为研究对象，采用双重差分模型（DID）对河南省实施河长制政策前后的政策效应进行了评价，选用包括经济发展、产业结构、技术创新、外商投资、政府干预、金融发展和环境规制等方面的指标，采用 MaxDEA 软件计算了绿色全要素生产率并实证分析了河长制对绿色全要素生产率的影响。河南省在黄河实施的河长制政策显著降低了工业二氧化硫的排放量，有效降低了城市空气污染。河长制政策显著提高了城市的绿色全要素生产率，有效提升了城市绿色经济发展水平。

五　识别了河南践行黄河流域生态保护协同治理的影响因素

首先运用 Super-DEA 模型测算生态保护协同治理效率，然后运用莫兰指数以及 Geary's C 指数测度了空间自相关程度，最后运用时空双固定效应下的空间杜宾模型分析河南省沿黄各地市生态保护协同治理效率的影响因素。河南省黄河流域生态保护协同治理效率呈现一定的地区差异和时间上的波动。莫兰指数和 Geary's C 指数总体上呈现空间相关性，河南沿黄各省辖市在生态环境治理和协同保护方面存在一定的空间相关性与集聚效应。城镇化率、技术进步和文化发展对河南省生态环境协同治理效率影响基本呈现积极效应，产业结构则呈现复杂的双重效应。

六　探求了河南践行黄河流域生态保护协同治理的空间效应

采用全局莫兰指数 I 来衡量黄河流域 70 个城市生态保护水平的空间相关性并运用局部莫兰指数 I_i 来进一步检验黄河流域 70 个城市生态保护水平局部空间相关性。从综合得分看，2017~2022 年，黄河流域大部分区域生态保护水平处于第一梯队，且第三梯队逐渐由下游城市变为中游城市；河南省大部分城市则一直保持在第一梯队。2017~2022 年黄河流域的生态保护水平全局莫兰指数先增后减，由 2017 年的 0.475 增加至 2019 年的 0.535 后减少至 2022 年的 0.381。通过 Moran 散点图可以发现黄河流域生态保护水平局部空间集聚效应逐渐增强，且大部分市域的生态保护水平较低；河南省生态保护水平局部空间集聚效应更强，且大部分市域的生态保护水平较高。

第二节　研究展望

本书以黄河流域为研究对象，系统研究了河南在推进黄河流域生态保护协同治理过程中的典型做法、成效，实证分析了黄河流域生态保护发展水平、协调融合水平、政策效应、影响因素和空间效应，为黄河流域生态保护协同治理研究提供了有益补充，为政府相关部门对黄河的生态保护提供参考，但是受限于客观条件、时间以及自身能力等，还存在一定的局限性，后续研究还可以重点关注以下几个方面内容。

一　研究数据及指标方面

本书从黄河流域全流域、省、市三级对生态保护进行了系统研究，较为立体地呈现了黄河流域生态保护的现状特征，但是县级数据往往更加具有针对性，县级往往是落实国家战略的关键一环，由于黄河流域覆盖的县级城市太多、县级数据质量欠佳以及可得性不理想，受限于人力、物力和时间成本，本书暂未涉及黄河流域县级层面的相关研究，后续研究可进行完善补充。另外在指标选取方面，本书在省级和市级层面分别选取了 20 个和 16 个指标，但是选取的指标与长江流域相关指标的选取区分度不大，未充分显示黄河流域的特征，且黄河流域生态保护具有明显的季节性，比如众所周知，黄河含沙量巨大，控沙治沙一直是黄河治理的重中之重，且含沙量季节性变化明显，但是受限于工作实际，含沙量的数据并未采集。后续研究可在指标选取时突出黄河流域特征及季节性特点。

二　研究样本扩容和时间跨度

本书的研究对象是黄河流域九省区 70 个城市，规模基本覆盖了黄河流域主要城市，且黄河流域横跨我国东、中、西部地区，覆盖范围较广，但是黄河流域多个省区与长江流域、淮河流域等交叉重叠、关系密切，而且生态保护应注重整体性，不应局限于一隅，因此对研究样本的扩容应是后续研究的问题。受限于数据质量以及可得性，本书研究时间段集中于党的十九大以来，即 2017~2022 年，研究时间跨度略小；此外，黄河流域生态保护的协同治理研究应是动态的、长期的，因此后续研究中应进行补充。

三　关注城市群以及城市群之间的协作

本书选取了黄河流域 70 个城市进行了相关研究，均以单个城市为个体进行，实际上黄河流域上、中、下游已形成了六大城市群，分别是兰西城市群、宁夏沿黄城市群、呼包鄂榆城市群、关中平原城市群、中原城市群和山东半岛城市群，本书并未对城市群以及城市群之间的协同治理进行研究，实际上城市群往往能形成很好的抱团治理效果，城市群内部以及城市群之间的协作效应可以作为后续研究的一个方面。

四　注重与其他国家战略的衔接融合

本书的研究基于黄河流域生态保护和高质量发展这一国家战略，但是黄河流域还叠加了其他的重大国家战略，比如中部地区崛起和西部大开发战略等；此外，黄河流域部分省区还积极融入长江经济带、粤港澳大湾区和京津冀协同发展等国家战略，因此，对黄河流域的研究应立足黄河流域又不限于黄河流域，加强与京津冀、长三角、粤港澳大湾区的深度衔接，加强与长江经济带的融合联动，后续研究可将相关内容作为重要方向。

参考文献

黄承梁、马军远、魏东、张连辉、张彦丽、杜焱强：《中国共产党百年黄河流域保护和发展的历程、经验与启示》，《中国人口·资源与环境》2022年第8期。

周伟：《黄河流域生态保护地方政府协同治理的内涵意蕴、应然逻辑及实现机制》，《宁夏社会科学》2021年第1期。

田美荣、冯朝阳、王世曦、田雨欣、牛茜彤：《近70年来黄河流域生态修复历程及系统性修复思考》，《环境工程技术学报》2023年第5期。

侯学勇：《融贯论视角下的黄河流域生态保护机制审视——以〈黄河保护法〉相关规定为分析对象》，《法学论坛》2023年第3期。

宋冠群：《黄河流域生态保护和高质量发展国家战略背景下河南经济发展路径》，《黄河·黄土·黄种人》2020年第15期。

俞可平：《全球治理引论》，《马克思主义与现实》2002年第1期。

陈振明：《国家治理转型的逻辑：公共管理前沿探索》，厦门大学出版社，2016。

政务报道组：《加强全流域跨区域协作 奏响新时代黄河大合唱》，《中国水利报》2020年10月1日。

习近平：《在黄河流域生态保护和高质量发展座谈会上的讲话》，《中国水利》2019年第20期。

李贵成：《以系统思维推进黄河流域协同治理》，《河南日报》2019年12月6日。

河南省统计局：《数说我省黄河流域十年之变》，《河南日报》2022年10月11日。

魏哲哲、张璁、张天培：《沿黄九省区形成共治合力——生态优先 绿色发展》，《人民日报》2024年4月2日。

邱超奕、韩鑫、李心萍：《区域协调发展整体效能稳步提升（开局之年中国经济高质量发展述评⑦）》，《人民日报》2023 年 12 月 26 日。

马淑芹、许超、夏瑞、李丹、周俊丽：《协同推进黄河流域生态保护治理的问题、挑战与建议》，《环境保护》2023 年第 51 期。

刘树、毛春合：《协同治理下黄河流域生态治理的优化路径——以贵德段为例》，《河北环境工程学院学报》2024 年第 34 期。

《论黄河流域生态文明建设的重要意义》，人民网，http：//theory. people. com. cn/n1/2019/1114/c40531-31455061. html。

《黄河文化：成就中华文明赓续不辍》，光明网，https：//news. gmw. cn/2023-11/12/content_36959985. htm。

王莉：《以协同治理深入推进黄河流域生态保护和高质量发展——以黄河流域乌海段为例》，《内蒙古统战理论研究》2023 年第 6 期。

王滔：《黄河流域水环境治理须强化“一盘棋”意识》，《环境经济》2024 年第 3 期。

何苗、任保平：《黄河流域生态保护与高质量发展耦合协调的协同推进机制》，《经济与管理评论》2024 年第 40 期。

张倩：《黄河流域横向生态补偿的协同治理困境与实践路径》，《人民黄河》2023 年第 8 期。

秦华、任保平：《黄河流域城市群高质量发展的目标及其实现路径》，《经济与管理评论》2021 年第 6 期。

《黄河流域生态保护和高质量发展规划纲要》，中国政府网，https：//www. gov. cn/zhengce/2021-10/08/content_5641438. htm。

《黄河流域生态环境保护规划》，生态环境部网站，https：//www. mee. gov. cn/ywgz/zcghtjdd/ghxx/202206/t20220628_987021. shtml。

《黄河国家文化公园建设保护规划》，国家发展和改革委员会网站，https：//www. ndrc. gov. cn/fzggw/jgsj/zys/sjdt/202307/t20230723_1358614. html。

《黄河保护法》，生态环境部网站，https：//www. mee. gov. cn/ywgz/fgbz/fl/202210/t20221030_998324. shtml。

《“十四五”黄河流域生态保护和高质量发展城乡建设行动方案》，住房和城乡建设部网站，https：//www. mohurd. gov. cn/gongkai/zhengce/zhengcefilelib/202201/20220124_764232. html。

《关于印发〈黄河生态保护治理攻坚战行动方案〉的通知》，中国政府网，https：//www. gov. cn/zhengce/zhengceku/2022-09/07/content_5708710. htm。

《科技部关于印发〈黄河流域生态保护和高质量发展科技创新实施方案〉的通知》，中国政府网，https：//www. gov. cn/zhengce/zhengceku/2022-11/02/content_5723782. htm。

《工业和信息化部 国家发展改革委 住房城乡建设部 水利部关于深入推进黄河流域工业绿色发展的指导意见》，中国政府网，https：//www. gov. cn/zhengce/zhengceku/2022-12/13/content_5731663. htm。

《河南省人民代表大会常务委员会关于促进黄河流域生态保护和高质量发展的决定》，河南人大网，https：//www. henanrd. gov. cn/2021/09 - 30/132321. html。

《河南省人民政府办公厅关于印发河南省四水同治规划（2021—2035年）的通知》，河南省人民政府网，https：//www. henan. gov. cn/2022/01-24/2387558. html。

《河南省人民政府关于印发河南省“十四五”水安全保障和水生态环境保护规划的通知》，河南省人民政府网，https：//www. henan. gov. cn/2022/01-21/2386201. html。

《河南省人民政府关于印发河南省“十四五”生态环境保护和生态经济发展规划的通知》，河南省人民政府网，https：//www. henan. gov. cn/2022/02-23/2403328. html。

《河南省黄河河道管理条例》，河南省人民政府网，https：//www. henan. gov. cn/2023/04-11/2722537. html。

《河南省人民政府办公厅关于印发河南省以数据有序共享服务黄河流域（河南段）生态保护和高质量发展试点实施方案的通知》，河南省人民政府网，https：//www. henan. gov. cn/2022/07-04/2480425. html。

《关于印发〈河南省贯彻《黄河保护法》推进黄河流域节水减污增效实施方案〉的通知》，河南省发改委网站，https：//fgw. henan. gov. cn/2023/09-11/2813319. html。

《河南省人民政府办公厅关于印发河南省推动生态环境质量稳定向好三年行动计划（2023—2025年）的通知》，河南省人民政府网，https：//www. henan. gov. cn/2023/07-20/2781546. html。

牛瑞芳：《扛稳河南责任，让黄河成为造福人民的幸福河》，《人大建设》2021 年第 11 期。

陈艳珍：《推动黄河流域生态保护和高质量发展的对策探讨》，《中共山西省委党校学报》2022 年第 4 期。

刘文锴：《华北水利水电大学服务黄河流域生态保护和高质量发展的思考》，《中国水利》2019 年第 21 期。

陈少炜、罗林杰：《基于 CNKI 的黄河流域生态研究知识图谱分析》，《科技和产业》2022 年第 11 期。

谭勇：《全省生态环境质量稳定向好》，《河南日报》2023 年 12 月 6 日。

王幸新：《郑汴洛构建黄河体育文化旅游带 SWOT 分析》，《西部旅游》2023 年第 8 期。

王林伶、许洁、陈峻：《黄河流域生态保护和高质量发展成效、问题及策略》，《宁夏社会科学》2023 年第 6 期。

黄文：《“两山”理论引领乡村振兴的路径探析——以济南市莱芜区房干村为例》，《广东蚕业》2022 年第 12 期。

河南省乡村振兴局：《巩固拓展脱贫攻坚成果　中原大地迈向村美民富》，《河南日报》2024 年 1 月 8 日。

许奥博、耿杨洋：《谱写幸福生活新篇章》，《陕西日报》2024 年 1 月 24 日。

王振存：《中原经济区建设的首席智囊团——河南大学服务政府重大决策综述》，《河南教育（中旬）》2012 年第 10 期。

侯爱敏：《去年河南经济增长态势趋势持续稳定向好》，《郑州日报》2024 年 1 月 25 日。

曹雷：《“十三五”以来中原城市群发展现状及问题研究》，《中国国情国力》2023 年第 5 期。

林永然、张万里：《协同治理：黄河流域生态保护的实践路径》，《区域经济评论》2021 年第 2 期。

申浩宇：《河南区域经济发展优势与策略》，《今日财富（中国知识产权）》2023 年第 10 期。

贺卫华、张光辉：《黄河流域生态协同治理长效机制构建策略研究》，《中共郑州市委党校学报》2021 年第 6 期。

付飞鹏、李琰：《河南旅游演艺产业发展战略研究》，《西部旅游》2024年第3期。

河南省统计局、国家统计局河南调查总队：《2023年河南省国民经济和社会发展统计公报》《河南日报》，2024年3月30日。

黄燕芬、张志开、杨宜勇：《协同治理视域下黄河流域生态保护和高质量发展——欧洲莱茵河流域治理的经验和启示》，《中州学刊》2020年第2期。

张卓群、张涛、冯冬发：《中国碳排放强度的区域差异、动态演进及收敛性研究》，《数量经济技术经济研究》2022年第4期。

杨骞、王珏、李超等：《中国农业绿色全要素生产率的空间分异及其驱动因素》，《数量经济技术经济研究》2019年第10期。

杨骞、秦文晋：《中国产业结构优化升级的空间非均衡及收敛性研究》，《数量经济技术经济研究》2018年第11期。

龙亮军：《中国主要城市生态福利绩效评价研究——基于PCA-DEA方法和Malmquist指数的实证分析》，《经济问题探索》2019年第2期。

廖建凯、杜群：《黄河流域协同治理：现实要求、实现路径与立法保障》，《中国人口·资源与环境》2021年第10期。

钞小静、周文慧：《黄河流域高质量发展的现代化治理体系构建》，《经济问题》2020年第11期。

司林波、张盼：《黄河流域生态协同保护的现实困境与治理策略——基于制度性集体行动理论》，《青海社会科学》2022年第1期。

沈坤荣、金刚：《中国地方政府环境治理的政策效应——基于“河长制”演进的研究》，《中国社会科学》2018年第5期。

杜海娇、邓群钊：《河长制治理：政策工具、水利工程与系统治理效果》，《中国人口·资源与环境》2024年第2期。

颜海娜、曾栋：《河长制水环境治理创新的困境与反思——基于协同治理的视角》，《北京行政学院学报》2019年第2期。

王川杰、李诗涵、曾帅：《“河长制”政策能否激励绿色创新?》，《中国人口·资源与环境》2023年第4期。

李雪松、周敏、汪成鹏：《地方政府环境政策创新与企业环境绩效——基于长三角地区河长制政策的微观实证》，《中国人口·资源与环境》2023

年第3期。

刘子晨：《黄河流域生态治理绩效评估及影响因素研究》，《中国软科学》2022年第2期。

陈少炜、罗林杰、查欣洁：《黄河流域生态福利绩效测算及影响因素分析》，《生态经济》2021年第9期。

林江彪、王亚娟、马静：《黄河流域绿色发展水平时空分异及影响因素研究》，《统计与决策》2023年第5期。

宋成镇、刘庆芳、宋金平等：《黄河流域城市转型效率动态演变及经济转型的影响路径》，《经济地理》2024年第2期。

贾海发、马旻宇：《黄河流域省域生态文明建设水平测度及影响因素研究》，《青海社会科学》2023年第3期。

薛飞、周民良：《环境同治下京津冀地区绿色全要素生产率时空演化及影响因素分析》，《北京工业大学学报（社会科学版）》2021年第6期。

胡宗义、何冰洋、李毅：《中国流域水污染协同治理研究》，《中国软科学》2022年第5期。

张宁、李海洋、张俊飚等：《中国水环境协同治理的时空演化特征及影响因素——基于治水流程闭环与协同机制统筹的思考》，《中国环境科学》2023年第12期。

王金南：《黄河流域生态保护和高质量发展战略思考》，《环境保护》2020年第Z1期。

张保伟、崔天：《黄河流域治理共同体及其构建路径分析》，《人民黄河》2020年第8期。

梁静波：《协同治理视阈下黄河流域绿色发展的困境与破解》，《青海社会科学》2020年第4期。

薛栋、许广月：《构建黄河流域环境协同治理的路径分析》，《河南工业大学学报（社会科学版）》2022年第3期。

杨旭、孟凡坤：《黄河流域生态协同治理视域下国家自主性的嵌入与调适》，《青海社会科学》2022年第5期。

赵瞳：《黄河流域协同治理存在的突出问题及其破解》，《学习论坛》2023年第3期。

冯莉：《〈黄河保护法〉视域下流域生态管理创新机制研究》，《人民黄河》2023 年第 7 期。

沈世琳：《郑州黄河流域生态保护和高质量发展的问题及建议》，《商展经济》2022 年第 15 期。

董旭、郭可佳、杨亚丽：《黄河流域生态保护和高质量发展：过去、现在与未来》，《郑州航空工业管理学院学报》2022 年第 3 期。

曹源：《基于黄河流域生态保护的河南高质量发展研究》，《合作经济与科技》2022 年第 14 期。

张敏、吕艳荷、刘磊：《黄河流域水生态保护的主要问题与对策建议》，《四川环境》2021 年第 5 期。

夏军、刘柏君、程丹东：《黄河水安全与流域高质量发展思路探讨》，《人民黄河》2021 年第 10 期。

宫银峰：《郑州推动实施黄河流域生态保护和高质量发展战略问题研究》，《中共郑州市委党校学报》2021 年第 4 期。

薛澜、杨越、陈玲：《黄河流域生态保护和高质量发展战略立法的策略》，《中国人口·资源与环境》2020 年第 12 期。

郜国明、田世民、曹永涛：《黄河流域生态保护问题与对策探讨》，《人民黄河》2020 年第 9 期。

刘昌明、刘小莽、田巍：《黄河流域生态保护和高质量发展亟待解决缺水问题》，《人民黄河》2020 年第 9 期。

王浩、胡鹏：《水循环视角下的黄河流域生态保护关键问题》，《水利学报》2020 年第 9 期。

于法稳、方兰：《黄河流域生态保护和高质量发展的若干问题》，《中国软科学》2020 年第 6 期。

张红武：《黄河流域保护和发展存在的问题与对策》，《人民黄河》2020 年第 3 期。

《山东省黄河保护条例》，黄河水利委员会山东黄河河务局网，http：//sdb. yrcc. gov. cn/policies/80。

王璟：《大力实施黄河流域生态保护和高质量发展战略》，《山西日报》2024 年 2 月 6 日。

杜梦伟：《黄河流域生态保护和高质量发展的路径研究》，大河网，https：//s. dahe. cn。

赵亮、汪悦：《多元共治 助力黄河上游生态协同治理》，《中华环境》2023年第9期。

曾鸣：《共同抓好大保护 协同推进大治理》，河南日报客户端，2023年12月27日。

《黄河流域生态保护和高质量发展丨枣庄探索黄河流域污染协同治理新路径》，山东省生态环境厅网站，http://sthj.shandong.gov.cn/was5/web/search。

《积极推进黄河流域生态保护和建设》，求是网，http://www.qstheory.cn/zhuanqu/bkjx/2019-10/30/c_1125171680.htm。

《净化“毛细血管”、携手清“四乱”，陕西协同治理共护黄河安澜》，中国长安网，http://www.chinapeace.gov.cn/chinapeace/c100063/2023-04/14/content_12649254.shtml。

《推动黄河流域生态保护和高质量发展》，人民论坛网，http://www.rmlt.com.cn/2024/0307/696946.shtml。

《内蒙古自治区黄河流域生态保护和高质量发展规划》，杭锦旗人民政府网，http://www.hjq.gov.cn/zwgk2023/xxgk/fdzdgk/ghjh/zxgh/202309/t20230905_3483372.html。

《强化沿黄工业园区水污染治理 推进黄河流域生态保护》，河南省生态环境厅网，https://sthjt.henan.gov.cn/2023/11-20/2850423.html。

《山东省黄河流域生态保护和高质量发展规划》，山东省生态环境厅网，http://www.sdein.gov.cn/dtxx/hbyw/202202/t20220215_3858603.html。

《生态保护与协同创新 助推黄河流域高质量发展》，河南省人民政府网，https://www.henan.gov.cn/2019/10-29/991240.html。

张琳、尉泽：《统筹推动黄河流域生态保护和高质量发展》，中工网，https://www.workercn.cn。

余东华：《推动流域协同合作，共建美丽幸福黄河》，光明理论网，https://theory.gmw.cn/2021-10/28/content_35269249.htm。

田文富、完世伟：《推进黄河流域生态空间一体化保护和环境协同化治理》，兰州新区网，http://www.lzxq.gov.cn/system/2019/11/25/030010689.shtml。

毛涛：《协同抓好黄河流域生态保护》，求是网，http://www.qstheory.cn/llwx/2019-09/27/c_1125047311.htm。

郑筱津：《协同治理视角下的流域国土空间规划治理路径——基于河南省黄河流域的实践探索》，中国城市规划网，https：//www. planning. org. cn。

《以科技行动让黄河成为造福人民的幸福河》，中国环境网，https：//www. cenews. com. cn/news. html。

邹松兵：《全面推动甘肃省黄河流域高质量发展，多措并举实现一河净水送下游》，齐鲁晚报网，https：//www. qlwb. com. cn/detail/23395366. html。

后　记

2019 年 9 月 18 日，习近平总书记在河南郑州主持召开黄河流域生态保护和高质量发展座谈会时指出，“黄河宁，天下平”，并从实现中华民族永续发展的战略高度强调：“治理黄河，重在保护，要在治理。”作为黄河流域的重要省份，河南省积极谋划和建设黄河流域生态保护和高质量发展核心示范区，河南省人民政府明确提出：“要在全流域率先树立河南标杆。”河南省不仅在黄河全流域率先实施《河南省黄河流域水污染物排放标准》，而且与山东省签订黄河流域（豫鲁段）横向生态保护补偿协议，充分体现了黄河流域生态保护与协同治理中的“河南担当”。

2024 年是习近平总书记黄河讲话五周年，为了充分发挥理论先行、理论引领、理论破难和理论聚力的重要作用，充分展示河南贯彻落实习近平总书记黄河讲话精神所取得的成就和经验，课题组立足学术前沿，在系统收集数据资料和深入调研的基础上编写了《黄河流域生态保护协同治理的河南实践》一书。

本书系统梳理了河南在黄河流域生态保护过程中取得的主要成效，客观总结了河南在黄河流域协同治理过程中收获的经验启示，立体式展现黄河流域生态保护与高质量发展战略在河南的生动实践，精准找出黄河流域河南段生态保护与环境治理协同推进过程中面临的痛点、堵点、难点和关键点，全方位呈现黄河流域生态保护协同治理的“河南模式”。

本书的编撰得到了河南省委宣传部的大力支持，已被列入省委宣传部“八大工程”重点项目，也成功入选河南省社会科学院重点推出的“中国式现代化的河南实践系列丛书”。河南省社会科学院党委书记、院长王承哲，党委副书记李同新，副院长王玲杰，副院长郭杰等院领导高度重视和大力支持本书的编写及出版，并提出了战略性、建设性的指导意见。

本书是河南省社会科学院统计与管理科学研究所所长曹明领衔创研的

成果，曹明负责本书研究主题确定、学术规范性评估、全文审核和统稿，杜明军负责框架设计和组织撰写，董黎明负责统稿和排版。参与本书撰写的同志（以章为序）：绪论，马昂；第一章，杨玉雪；第二章，董黎明；第三章，曹雷；第四章，肖悦；第五章，李莹莹；第六章，董黎明；第七章，付梦媛；第八章，宋俞辰；第九章，李亚芳；第十章，史云瑞；第十一章，张登耀；第十二章，董黎明。

本书是曹明研究员主持的2024年度河南省社会科学院创新工程项目“黄河流域生态保护协同治理研究”（项目批准号：24A07）的阶段性研究成果。在撰写过程中，课题组充分发挥统计与管理科学研究所的学科优势，全面挖掘课题组成员在中国式现代化、区域经济学、产业经济学、社会治理、生态文明、创新驱动等重点学科、特色优势学科、新兴学科和交叉学科领域的前期学术积累，在及时跟踪河南省黄河流域各地生态保护协同治理相关政策及规划落实情况的基础上，进行深入的计量分析和系统的理论升华，以期更好地为河南省委省政府推动沿黄地区人与自然和谐共生的现代化决策提供数据支持和理论支撑，为确保黄河安澜、环境治理提质增效提供一揽子解决方案。

本书是课题组成员多次深入讨论、互相启发形成的集体成果，由于统计与管理科学研究所是省直事业单位重塑性改革中新组建的科研单位，课题组成员约半数为去年新入职的博士（博士后）和硕士，整个科研团队建设仍处在磨合优化提升阶段，书中难免会有不足和有待完善之处，因此恳请读者批评指正，以利于我们不断创新思维、拓宽视野和提升站位，以便我们在中国式现代化的河南实践中更好地发挥省委省政府的思想库、智囊团作用！

编　者

2024年6月

图书在版编目（CIP）数据

黄河流域生态保护协同治理的河南实践 / 曹明主编 ；杜明军副主编. -- 北京：社会科学文献出版社，2024. 12. -- （中国式现代化的河南实践系列丛书）. -- ISBN 978-7-5228-4094-9

Ⅰ. X321. 261

中国国家版本馆 CIP 数据核字第 2024LS3267 号

·中国式现代化的河南实践系列丛书·

黄河流域生态保护协同治理的河南实践

主　　编 / 曹　明
副 主 编 / 杜明军

出 版 人 / 冀祥德
组稿编辑 / 任文武
责任编辑 / 丁　凡
责任印制 / 王京美

出　　版 / 社会科学文献出版社 · 生态文明分社（010）59367143
　　　　　地址：北京市北三环中路甲 29 号院华龙大厦　邮编：100029
　　　　　网址：www. ssap. com. cn
发　　行 / 社会科学文献出版社（010）59367028
印　　装 / 三河市龙林印务有限公司

规　　格 / 开　本：787mm × 1092mm　1/16
　　　　　印　张：22. 5　字　数：367 千字
版　　次 / 2024 年 12 月第 1 版　2024 年 12 月第 1 次印刷
书　　号 / ISBN 978-7-5228-4094-9
定　　价 / 88. 00 元

读者服务电话：4008918866